Jetzt helfe ich mir selbst

Motor
buch
Verlag

Einbandgestaltung: Luis dos Santos

Abbildungen: Daimler AG, Stuttgart; Bosch, Dunlop; Michelin; Hella; R. Althaus in Zusammenarbeit mit »Sternwarte« Berlin.
Die Nutzung des WIS-Informationssystems für Mercedes-Benz-Pkw ist von der Daimler AG lizenziert.

ISBN 978-3-613-02519-6

3. Auflage 2011

Sie finden uns im Internet unter:
www.motorbuch-verlag.de

Herstellung: Althaus & Partner, 10317 Berlin
Druck und Bindung: Druck + Verlag Südwest
Printed in Germany

Rainer Althaus

MERCEDES-BENZ
E-KLASSE
Limousine 2002 und T-Modell 2003

Zur Premiere 2002

Dieselmotoren		
Vierzylinder	2,1 Liter CDI	110 kW/150 PS ab 03/02
Fünfzylinder	2,7 Liter CDI	130 kW/177 PS ab 03/02
Benzinmotoren		
Sechszylinder	2,0 Liter	130 kW/177 PS ab 03/02
Sechszylinder	2,0 Liter	165 kW/224 PS ab 03/02
Achtzylinder	5,0 Liter	225 kW/306 PS ab 03/02

»Neue Generation« 2006

Dieselmotoren		
Vierzylinder	2,1 Liter CDI	100 kW/136 PS ab 06/06
Vierzylinder	2,1 Liter CDI	125 kW/170 PS ab 06/06
Sechszylinder	2,8 Liter CDI	140 kW/190 PS ab 06/06
Sechszylinder	3,2 Liter CDI	165 kW/224 PS ab 06/06
Achtzylinder	4,0 Liter CDI	231 kW/314 PS ab 05/05
Benzinmotoren		
Vierzylinder	1,8 Liter Kompr.	135 kW/184 PS ab 06/06
Sechszylinder	3,0 Liter	170 kW/231 PS ab 06/06
Sechszylinder	3,5 Liter	200 kW/272 PS ab 12/04
Achtzylinder	5,5 Liter	285 kW/388 PS ab 06/06
Achtzylinder	6,2 Liter	378 kW/514 PS ab 06/06

Inhaltsverzeichnis

Was tun bei Pannen und Störungen

Störungsbeistände

Ein Ratgeber stellt sich vor

»Jetzt helfe ich mir selbst« ist ein Ratgeber rund ums Auto. Er zeigt, wie die Technik funktioniert und wie Sie Ihr Fahrzeug optimal pflegen und warten. Sie werden sehen: Do it yourself macht Spaß und spart Geld. Und mit dem richtigen Know-how schrumpft manche Panne zur Bagatelle, weil oft einige Handgriffe genügen, ein Auto wieder flott zu machen.

Ein Ratgeber mit System

Jedes Kapitel dieses Ratgebers gliedert sich stets in die Abschnitte Theorie, Wartung, Störungsbeistand und Reparatur.

Theorie. Hier informieren Sie sich über Technik und Funktionen. Neben ausführlichen Beschreibungen finden Sie in diesem Abschnitt ein **Techniklexikon** mit Hintergrundwissen zu speziellen Problemen.

Wartung. Eine detaillierte Anleitung führt Step by Step durch alle Arbeiten. Arbeitssymbole verdeutlichen Zeitaufwand, Schwierigkeitsgrad sowie Gefahren für Sicherheit und Umwelt. Illustrationen veranschaulichen Arbeitsabläufe und Probleme.

Reparatur. Beginnt in der Regel mit dem **Störungsbeistand**, der Störungen, Ursachen und Abhilfen auflistet. Die Arbeitsschritte werden nach dem gleichen Muster dargestellt wie die Wartungsarbeiten. **Praxistipps** helfen Ihnen bei der Umsetzung und bei Problemen. Wollen Sie zum Beispiel mit einer Wartung beginnen, schlagen Sie das Inhaltsverzeichnis des entsprechenden Kapitels auf: Die Seitenangaben bei den Wartungspunkten führen Sie direkt zur Beschreibung der Arbeitsschritte. Den gleichen Weg beschreiten Sie bei den Reparaturen.

Technik-Themen und Störungsbeistände erschließen Sie über die Inhaltsübersicht und das Stichwortverzeichnis.

Wartung und Inspektion

Sie finden den Wartungsplan von »Jetzt helfe ich mir selbst« auf den hinteren Buchseiten. Er basiert auf

Wartung

Motor durchdrehen XX
Ventilspiel prüfen XX
Ventile einstellen XX
Kompressionsdruck messen XX

Reparatur

Zahnriemenzustand prüfen XX
Zahnriemenspannung behelfsmäßig prüfen XX

Eine Übersicht der Wartungen und Reparaturen finden Sie auf der ersten Seite jedes Kapitels. Die Seitenangaben führen Sie direkt zu den Arbeitsschritten.

Die Bauteile des Motors — **Technik-lexikon**

Motorblock. Hier sind die beweglichen Teile gelagert. Er besteht bei vielen Motoren aus Grauguss. Der Motorblock trägt auch Aggregate wie Lichtmaschine, Anlasser und Zündanlage.

Zylinderkopf. Schließt den Zylinder nach oben ab. Er enthält Kanäle für Frisch- und Abgas, Ventilsitze, Lager und Führungen für Teile der Ventilsteuerung, Zündkerzengewinde, Wasserkanäle und Brennraum.

Technik auf den Punkt gebracht: *Knappe und präzise Infos über Begriffe, Funktionen und Zusammenhänge.*

Arbeits-schritte | 30.000 km 2 Jahre

1 Ansauggeräuschdämpfer abbauen. Beim Diesel: Luftansaugleitung abbauen. Bei allen Motoren: elektrische Steckverbindungen lösen.

2 Sechs Schrauben der Zylinderkopfhaube lösen und Haube vorsichtig abnehmen. Sitzt der Deckel fest, lösen Sie ihn durch Schläge mit Handballen oder Hammerstiel.

3 Für die Messung von Ein- und Auslassventil eines Zylinders müssen beide Ventile entlastet sein. Dazu den Motor durchdrehen, bis an der Nockenwelle die Spitzen beider Nocken von Zylinder 1 (in Fahrtrichtung rechts) symmetrisch nach links und rechts oben zeigen (OT-Markierung beachten). Diese Position entspricht dem Oberen Totpunkt.

Die Arbeitsschritte führen Sie Step by Step durch Ihre Wartungen und Reparaturen. Hier steht, wo Sie den Hebel ansetzen und worauf Sie dabei achten müssen.

Kühlsystem

Störungs-beistand

Störung	Ursache	Abhilfe
A Temperatur-Anzeigenadel steht im roten Bereich.	**1** Keilrippenriemen zu schwach gespannt oder gerissen.	Riemenspannung kontrollieren oder Riemen ersetzen.
	2 Zu wenig Flüssigkeit im Kühlsystem.	Auffüllen, notfalls aus der Scheibenwaschanlage.
	3 Kabel zur Temperaturanzeige hat Masseschluss.	Kabel am Temperaturgeber abziehen, Zeiger muss zurückgehen, sonst Masseschluss; Kabelverlauf kontrollieren.

Der ideale Pannenhelfer: *Der »Störungsbeistand« hilft Ihnen, Fehlern und Defekten an Ihrem Fahrzeug systematisch auf den Grund zu gehen. Außerdem finden Sie hier Tipps, wie Sie mit einer Störung fertig werden.*

Praxistipp

Kompressions-druckluft strömt aus

Wenn Kompressionsdruckluft an einer der folgenden Stellen ausströmt, hat dies meist diese Ursachen:

- Ansaugkrümmer oder Luftfiltergehäuse: defektes Einlassventil.
- Geöffneter Kühler oder Kühlmittel-Ausgleichsbehälter: defekte Zylinderkopfdichtung.

Praxistipps für Schrauber: *Hier steht, wie Sie schnell und effektiv Fehler feststellen und Probleme lösen.*

dem Wartungsplan, den der Fahrzeughersteller an seine Vertragswerkstätten ausgibt. Außerdem enthält er einige Wartungsarbeiten an Baugruppen, die der Prüfer von TÜV oder DEKRA bei einer Hauptuntersuchung in Augenschein nimmt.

Kein Do it yourself bei Garantie

Wenn Sie einen neuen Wagen fahren: Halten Sie die Wartungsintervalle des Herstellers unbedingt ein. Vor allem: Verzichten Sie aufs Do it yourself. Der Hersteller erfüllt nämlich selbst berechtigte Garantieansprüche nur dann, wenn die Wartungsarbeiten an Ihrem Wagen rechtzeitig von einer Vertragswerkstatt erledigt wurden. Das gilt übrigens auch, wenn Sie ein Fahrzeug mit Austauschmotor fahren.

Ratgeberservice: Checklisten

Auf der vorderen und hinteren Umschlaginnenseite dieses Ratgebers finden Sie eine Reihe von Checklisten, die Ihnen helfen, Ihr Fahrzeug für Alltag, Winter und TÜV/DEKRA fit zu machen. Hier steht, welche Arbeiten Sie durchführen sollten und auf welchen Seiten Sie die Arbeitsanleitungen dazu finden. Die benötigte Liste kopieren und alle Arbeiten Punkt für Punkt abhaken.

Die Arbeitssymbole

Der Umweltbaum soll Sie für den Umweltschutz sensibilisieren. Er taucht immer dann auf, wenn eine Arbeit oder die dabei anfallenden Abfälle für die Umwelt problematisch sind.

Die Zahl der Schraubenschlüssel signalisiert den Schwierigkeitsgrad. 1 Schlüssel = leichte Arbeit; 2 Schlüssel = anspruchsvolle Arbeit; 3 Schlüssel = schwierige Arbeit.

Die (Sand)Uhr signalisiert den Zeitaufwand für den Hobby-Schrauber. Die kalkulierte Zeit berücksichtigt Ihre fehlende Routine und die Möglichkeit, dass Sie nicht optimal ausgerüstet sind.

Das Ausrufezeichen steht für Arbeiten, die die Betriebssicherheit Ihres Fahrzeugs betreffen. Wenn Sie nicht absolut kompetent sind: Hände weg! Das ist ein Fall für die Werkstatt.

Die Prüfplakette klassifiziert eine Vorsorgearbeit für die Hauptuntersuchung. Sie sparen Geld und Zeit, wenn Sie die markierten Wartungs- und Prüfarbeiten vor Ihrem Termin bei TÜV oder DEKRA durchführen.

Die Wartungsplakette bezeichnet alle Wartungsarbeiten für Ihren Wagen, die auch die Werkstatt bei Inspektion und Service durchführt. Sämtliche Punkte entsprechen dem offiziellen Wartungsplan des Herstellers.

MERCEDES-BENZ E-KLASSE

Bei der neuen E-Klasse zeigt sich das 1995 eingeführte »Vier-Augen-Gesicht« mit leicht schräg gestellten Doppelscheinwerfern und Klarglas-Optik. Das T-Modell gehört inzwischen zu den weltweit meistverkauften Kombi-Fahrzeugen.

Erfolgsmodell in der Oberklasse

Chronologie und Identifizierung

Mit der neuen E-Klasse vom Frühjahr 2002 löste Mercedes-Benz ein außerordentlich erfolgreiches Modell ab, das mit einem durchschnittlichen Absatz von über 200 000 Fahrzeugen pro Jahr schon bis dahin die meistverkaufte Oberklasse-Limousine der Welt war. Der Anteil der E-Klasse an diesem Marktsegment beträgt durchschnittlich 24 Prozent, in manchen Ländern sogar über 40 Prozent. Seit 1995 hatte die DaimlerChrysler AG rund 1,4 Millionen Limousinen der E-Klasse produziert.
Bewusst setzte man bei der neuen Limousine auf die Weiterentwicklung eines erfolgreichen Konzepts. Das neue Modell wurde wieder ein Stück dynamischer, fahraktiver und attraktiver als sein

Vorgänger. Die Grundwerte allerdings blieben unverändert: Sicherheit, Komfort, Qualität, Ästhetik, Individualität und Wertbeständigkeit.
Den Schöpfern zufolge setzt das Design die elegante Linienführung des Vorgängermodells fort und betont mehr denn je den dynamischen Charakter der Limousine. Das markante Vier-Augen-Gesicht, mit dem die E-Klasse 1995 einen Design-Trend initiierte, zeigt sich nun mit leicht schräg gestellten Doppelscheinwerfern und Klarglas-Optik in neuer Interpretation. Die Seitenansicht soll »die gleiche Botschaft« zum Ausdruck bringen: Typisch E-Klasse, aber mit neuer Sportlichkeit und Eleganz.

Starke und sparsame Motoren

Für die neue Mercedes-Limousine standen zunächst fünf Motoren zur Auswahl. Die drei Benziner mit sechs und acht Zylindern boten beachtliche 130 kW/177 PS, 200 kW/272 PS sowie 225 kW/306 PS Leistung. Zwei CDI-Triebwerke mit vier und fünf Zylindern und einer Leistung von 110 kW/150 PS bzw. 130 kW/177 PS waren die Diesel-Motorisierung.
Gegenüber dem Vorgängermodell verringerte sich der Kraftstoffverbrauch der E-Klasse mit den neuen Motoren maximal um 0,9 Liter je 100 Kilometer. Das maximale Drehmoment der Dieselmotoren stieg um acht Prozent. Es erreichte beim E 270 CDI mit 425 Newtonmetern einen neuen Spitzenwert.
Die Diesel-Direkteinspritzer der Erstmotorisierung zählen zur zweiten Generation der CDI-Motoren und zeichnen sich durch eine Reihe wegweisender technischer Innovationen aus. Den Vierzylinder des E 220 CDI rüstet Mercedes-Benz erstmals mit zwei Ausgleichswellen aus und erzielt dadurch ein beachtliches Plus an Geräusch- und Schwingungskomfort.
Zwischen 2003 und 2005 wurde die Motorenpalette der E-Klasse weiter ergänzt. Hinzu kamen ein Vierzylinder-Benzintriebwerk mit Kompressor sowie weitere CDI-Motoren mit vier, sechs und acht Zylindern. Mit der »neuen Generation« der E-Klasse, die seit Juni 2006 am Markt ist, werden zehn Triebwerke für das Fahrzeug angeboten (siehe Kapitel »Die Motoren«).

Die Abmessungen der Limousine

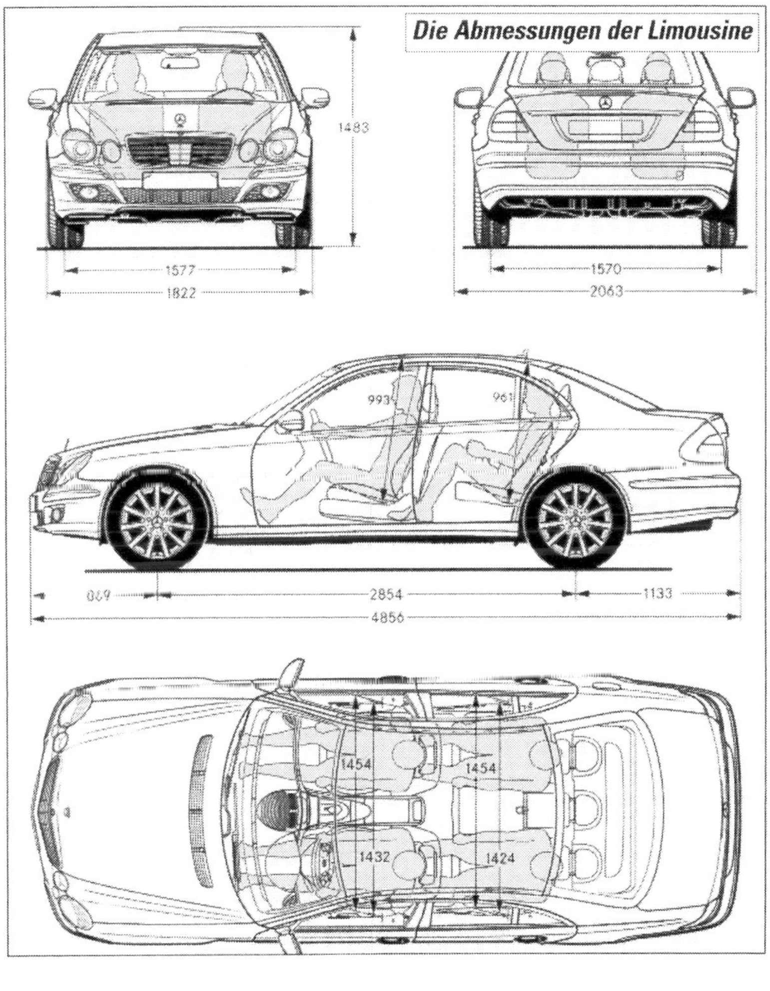

Führung in der Oberklasse

Im Hauptabsatzmarkt Deutschland gewinnt die E-Klasse zunehmend höhere Marktanteile. Inzwischen ist sie mit Abstand das meistverkaufte Oberklasse-Modell. Auch in Westeuropa behauptet sie eine Führungsrolle. Mit gutem Grund stellte Mercedes-Benz daher nach vier Jahren Produktionszeit der neuen E-Klasse, in denen rund eine Million Fahrzeuge verkauft wurden (860.000 Limousinen, 140.000 T-Modelle), 2006 die »neue Generation« vor. Rund 2000 Teile wurden dafür neu oder weiterentwickelt, das neue Design wirkt noch dynamischer und souveräner, und technologisch werden ebenfalls wieder neue Maßstäbe gesetzt. »Pre-Safe«, »Intelligent Light System«, »Neck-Pro«-Kopfstützen sowie adaptives Bremslicht sind Innovationen, die nach Angaben von Mercedes-Benz in diesem Marktsegment kein anderes Automobil bietet.

Weltweit erfolgreicher Kombi

Im März 2003 komplettierte Mercedes-Benz mit einer dynamisch-eleganten Kombilimousine das Modellprogramm der erfolgreichen E-Klasse. Das neue T-Modell baut auf dem Erfolg seines Vorgängers auf, für den sich seit 1996 über 266.000 Autofahrerinnen und Autofahrer entschieden hatten. Das Fahrzeug zählt damit weltweit zu den meistverkauften Kombis seiner Klasse.

Formal beweist auch die neue Kombilimousine, dass sich anspruchsvolle Ästhetik und hoher Nutzwert perfekt vereinen lassen. Funktionell bietet das neue T-Modell intelligente Neuentwicklungen, technisch geht es mit Innovationen wie der elektrohydraulischen Bremse Sensotronic Brake Control (SBC) überzeugend zur Sache. Eindrucksvoll sind die neuen Komfortfunktionen Stau- und Anfahr-Assistent, das Luftfedersystem Airmatic DC, das aktive Kurvenlicht, adaptive Frontairbags und Gurtkraftbegrenzer, Common-Rail-Diesel der zweiten Generation sowie die Easy-Pack-Heckklappe, die sich auf Knopfdruck öffnet oder schließt.

90 Liter mehr Stauraum

Die neue asymmetrisch geteilte Fondsitzanlage lässt sich mit wenigen Handgriffen vollständig nach vorne klappen, wodurch eine große, ebene Ladefläche entsteht. Das Fassungsvermögen des Gepäckabteils beträgt je nach Position der Fondsitze zwischen 690 und 1950 Liter (VDA-Messmethode) und übertrifft bei den häufigsten Beladungsvarianten und bei Nutzung des Staufachs in der Reserveradmulde die Werte des Vorgängermodells um 90 Liter.

Für die T-Modelle standen 2003 zunächst drei Benzin- und drei CDI-Dieselmotoren zur Auswahl. Alle Diesel-Triebwerke der T-Limousinen E 220 CDI, E 270 CDI und E 320 CDI gehören zur zweiten Generation der Common-Rail-Motoren des Konzerns.

Neuer Twinpulse-Vierzylinder

Neben den beiden Sechszylinder-Benzinmotoren der T-Modelle E 240 und E 320 wird ein neu entwickeltes Vierzylindertriebwerk mit Twinpulse-System eingesetzt. Es bietet durch die Kombination verschiedener Technologien wie Kompressor-Aufladung, Ladeluftkühlung, Vierventiltechnik, variabel verstellbare Nockenwellen und Lanchester-Ausgleich bei sparsamem Kraftstoffverbrauch ein Maximum an Fahrspaß und Laufruhe.

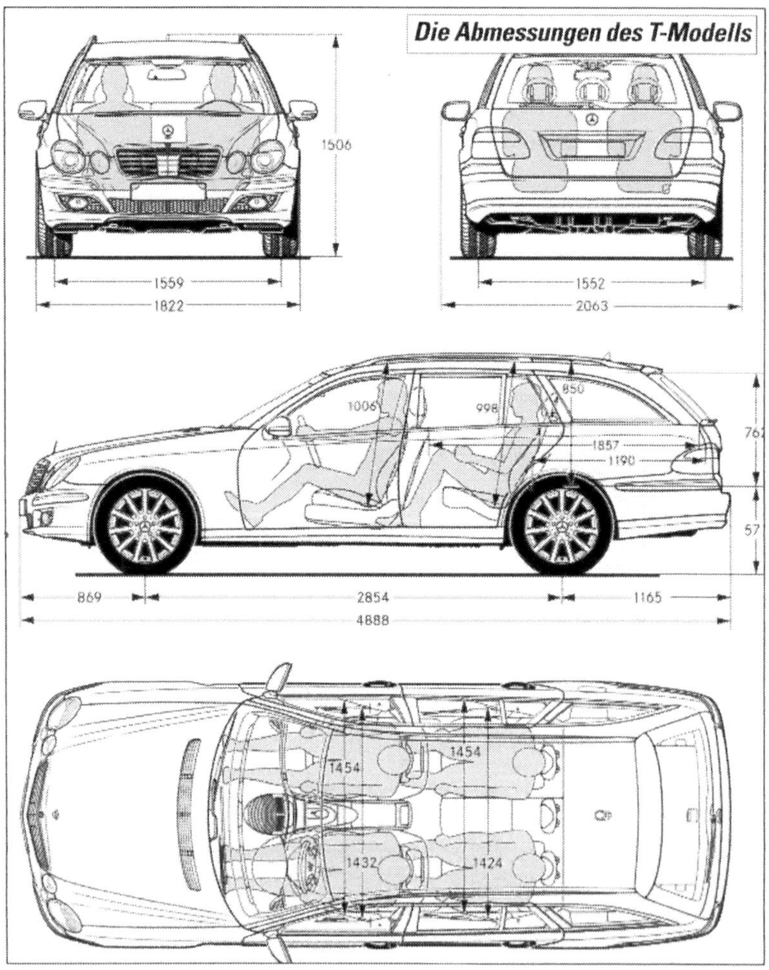

Die Abmessungen des T-Modells

Sicherstes Auto der Klasse

Die umfassende Sicherheitsausstattung macht Limousine und T-Modell mit dem »E« zum sichersten Auto dieser Fahrzeugklasse. Für ein deutliches Plus an Agilität und Fahrspaß schließlich sorgt neben den neuen Motoren das Direct-Control-Paket mit direkterer Lenkung und neu abgestimmtem Fahrwerk.
Die E-Klasse und ihre Vorgängermodelle sind seit gut 60 Jahren das »Herz« von Mercedes-Benz und repräsentieren markentypische Grundwerte wie Sicherheit, Komfort, Innovation, Wirtschaftlichkeit und Qualität. Seit 1946 wurden insgesamt rund zehn Millionen Oberklasse-Limousinen an Kunden ausgeliefert.

Größte Typenvielfalt

Eine weitere Rekordmarke setzt das Typenprogramm. 29 Modellvarianten stehen zur Auswahl, 16 Limousinen und 13 T-Modelle. Damit bietet Mercedes-Benz das größte und vielseitigste Angebot in diesem Marktsegment. Im »Avantgarde«-Design wird bei allen Modellvarianten die dynamische Komponente im Erscheinungsbild noch zusätzlich wirkungsvoll verstärkt. Weitere Design-Lines sind »Classic« und »Elegance«.
Im Interieur unterscheidet sich die neue Generation vom Vorgängermodell unter anderem durch neue attraktive Farben, ein neues Vierspeichen-Lenkrad mit elliptischen Bedientasten und ein neues Bediengerät der serienmäßigen Klima-Anlage »Thermatic«. Neu ist die optionale leistungsstarke Vier-Zonen-Klimaanlage Thermotronic, deren Mikro-Computer die Temperatur für Fahrer und Beifahrer sowie für die Mitfahrer auf den äußeren Sitzplätzen im Fond individuell ermittelt und dosiert.

In allen Motorisierungen ab E 240 gibt es Limousine und T-Modell auch als Allradfahrzeug 4Matic.

Noch höhere Sicherheit

Die Insassensicherheit wird durch neue intelligente Rückhaltesysteme weiter erhöht, die sich der jeweiligen Situation anpassen. Neben adaptiven Front-Airbags gehören dazu zweistufige Gurtkraftbegrenzer und eine automatische Gewichtsklassifizierung des Beifahrers. In Kombination mit zusätzlichen Crash-Sensoren ermöglichen diese Systeme einen noch präziseren, auf das tat-

Die Typen der neuen E-Klasse

Verkaufs-bezeichn.	Typen 211.	Mech. Getr.	Autom. Getr.
E 200 CDI	004/007/	716.6xx	722.699
E 220 CDI	006/206/606/608	716.6xx	722.640
E 270 CDI	016/216/616	716.6xx	722.640
E 280 CDI	020/023/223/620	716.6xx	722.640
E 320 CDI	022/222	--------	722.626
E 400 CDI	028	--------	722.639
E 420 CDI	029	--------	722.903
E 280 CDI 4Matic	084/	-------	722.689
E 320 CDI 4Matic	289	-------	722.689
E 200 Kompres.	041/042/241/242	716.6xx	722.695
E 230	052	------	722.998
E 240	061	716.6xx	722.696
E 280	054/254	716.6xx	722.999
E 320	065/265	------	722.618
E 350	256	------	722.906
E 500	070/072/270/272	------	722.633/ 901/904
E 240 4Matic	080	------	722.667
E 320 4Matic	082	------	722.668
E 350 4Matic	087287	------	722.676
E 500 4Matic	090/290	------	722.689
E 55 AMG Komp.	076/276	------	722.643
E 63 AMG	077/277	------	722.907

Motorisierung siehe im Kapitel »Die Motoren«

sächliche Unfallgeschehen abgestimmten Insassenschutz. Sidebags für Frontpassagiere, großflächige Windowbags, Leistungsgurtstraffer, automatische Kindersitzerkennung und Überschlagsensor sind weitere Komponenten der serienmäßigen Sicherheitsausstattung.

Hochfeste Bleche und Alu-Teile

Die Karosseriestruktur weist noch größere Verformungszonen im Frontbereich auf, die beim Aufprall noch besser die Energie aufnehmen. Die Fahrgastzelle bleibt selbst bei schweren Kollisionen weitgehend unbeschädigt. Der Anteil hochfester Blechlegierungen wurde bei der neuen E-Klasse fast verdoppelt. Motorhaube, vordere Kotflügel, Kofferraumdeckel und Front- sowie Heckmodul sind aus Aluminium.
Eine Weltneuheit ist der fahrdynamische Multikontursitz mit mehreren Luftkammern. Diese füllen oder leeren sich je nach Fahrsituation automatisch, um Fahrer und Beifahrer in Kurven perfekten Seitenhalt zu bieten.
Autoradio Audio 50 APS und innovatives Bedien- und Anzeigesystem Comand APS mit integriertem Navigationsrechner haben grafikfähige Farbdisplays. Auf ihnen erscheinen in Verbindung mit einem fest installierten Autotelefon auch SMS-Nachrichten, E-Mails und die Online-Dienste des Mercedes-Benz Portals. Die Sprachbedienung Linguatronic steuert an Bord der neuen E-Klasse erstmals auch das Navigationssystem.

Der E 63 AMG mit 514-PS-Motor und 630 Nm maximalem Drehmoment ist die stärkste E-Klasse aller Zeiten.

Kontinuierliche Modellpflege

September 1953
Daimler-Benz-Vorstand Dr. Fritz Könecke präsentiert mit dem neuen Mercedes-Benz 180 den Grundstein für eine Modellreihe, die heute E-Klasse heißt. Mit dem Styling der 30-er Jahre wird rigoros gebrochen. Durchgehende Wagenflanken ohne freistehende Kotflügel formen eine selbsttragende Ponton-Karosserie. Eine Rahmen-Bodenanlage macht das Fahrzeug verwindungssteifer als das Vorgängermodell 170 S und spart deutlich Gewicht. Die Doppelquerlenker-Vorderradaufhängung ist mit einem Fahrschemel verbunden, der Motor und Getriebe trägt und viele Reparaturarbeiten vereinfacht. Ein Vierzylinder mit 1,8 Litern Hubraum und 52 PS bringt den Typ 180 auf 126 km/h.

September 1955
Die Zweigelenk-Pendelachse wird gegen die modernere Eingelenk-Konstruktion mit tief liegendem Drehpunkt ausgetauscht. Das Fahrverhalten wird dadurch nochmals deutlich verbessert.

Mai 1956
Der erfolgreiche Typ 180 wird durch den Mercedes-Benz 190 ergänzt. Dieser unterscheidet sich vor allem durch den 75 PS starken Vierzylinder mit oben liegender Nockenwelle.

September 1957
Auch der Typ 180 geht mit dem neuen Motor an den Start, allerdings nur mit 65 PS. Er hat die etwas breitere Kühlermaske und die größeren Heckleuchten des ersten 190-er.

Oktober 1958
Der Typ 190 wird in einer Selbstzünder-Variante angeboten, nachdem es seit dem Frühjahr 1954 schon den 180 D mit 40 PS gibt. Das Triebwerk des 190 D wurde aus dem Benzinmotor entwickelt, mit einer in der Diesel-Welt ungewöhnlichen oben liegenden Nockenwelle, mit 50 PS Leistung und mit 125 km/h Höchsttempo.

1961 - 1968
Ein Mercedes-Benz mit »Heckflossen« wird Nachfolger des »Ponton«. Er ähnelt den Modellen der S-Klasse, die bereits zwei Jahre vorher an den Start gegangen sind. Äußerliche Unterschiede sind der kürzere Vorbau und die runden Scheinwerfer. 80 PS beschleunigten den Mercedes-Benz 190c auf 150 km/h. Zwei Monate nach dem Benziner kommt der 190 Dc, der mit Dieseltriebwerk in 29 Sekunden von null

auf 100 km/h eilt und eine Spitzengeschwindigkeit von 130 km/h erreicht.
August 1962: Viergang-Automatik,
1963 Scheibenbremsen an den Vorderrädern und zwei getrennte Bremskreise.
September 1965
Zur Internationalen Automobil-Ausstellung Frankfurt/Main bekommt der Motor mehr Hubraum, 95 PS Leistung, eine fünffach gelagerte Kurbelwelle und die Typenbezeichnung Mercedes-Benz 200. Zusätzliche Leuchteinheiten unter den Scheinwerfern enthalten Nebel-, Park- und Blinkleuchten. Die Heckleuchten werden trapezförmig.

1968 bis 1976

Der Typ »Strich 8« wird eingeführt: vom 200 D/8 bis zum 250/8. Das Kürzel »/8« soll auf das Einführungsjahr 1968 hinweisen. Innovationen sind: Schräglenker-Konstruktion statt Pendelachse, Schmetterlings-Scheibenwischer, versenkte Schalter im gepolsterten Armaturenbrett, Fußfeststellbremse und der bahnbrechende Multifunktionshebel.
Den intern W 115 genannten Typ gibt es zunächst mit Vierzylinder-Benzin- und Dieselmotor, den optisch fast gleichen Typ 114 mit Sechszylinder-Benzinmotor.
1974: Erster Fünfzylinder-Pkw der Welt. Mit 80 PS leistungsstärkster Diesel-Pkw. Sicherheitsausstattung: Sicherheits-Karosserie, Sicherheitstürschlösser, entschärfter Innenraum, Sicherheitslenksäule. Dazu kommen später verschmutzungsarme Seitenscheiben und Rückleuchten, Kopfstützen vorn und Automatikgurte.

1976 bis 1984

Der Nachfolger W 123 ist 45 mm länger und 16 mm breiter. Topmodelle sind der 280 und 280 E. Die neue Modellreihe umfasst vier Limousinen mit Diesel- und fünf mit Benzinmotor. Der Tank liegt jetzt geschützt über der Hinterachse, wodurch lange Knautschwege für das gesamte Heckteil entstehen. Durch Verzicht auf den Fahrschemel wird auch vorn eine größere Knautschzone ermöglicht.
1977: Neben Limousine und Coupé der Modellreihe 123 wird ein Kombimodell mit dem »T« an der Heckklappe präsentiert. Es soll für »Touristik und Transport« stehen und den Kombi von seinem Image als »Nutzfahrzeug« befreien. Das heutige T-Modell der E-Klasse war damit vor drei Jahrzehnten der Trendsetter für diese erfolgreiche Auto-Spezies.

1984 bis 1994

Dezember 1984: Neues Styling, neue Karosserie, neue Achsen, neue Motoren, eine um 30 Prozent reduzierte Luftwiderstandsfläche und weniger Gewicht. Der W 124 ist durch und durch neu konzipiert. Hochfeste Stahlbleche machen ihn leichter und helfen den Kraftstoffverbrauch um 20 Prozent zu senken. Die optimierte Gabelträgerstruktur des Vorderwagens verringert Verletzungsrisiken beim Frontalaufprall. Automatisches Sperrdifferenzial (ASD), Antriebs-Schlupf-Regelung (ASR) und Vierradantrieb 4MATIC.
1985: T-Modell, im **März 1987** zwei Coupé-Modelle.
1989: »Initiative Diesel 89« mit überarbeiteten Triebwerken, die die Partikelemissionen um 40 Prozent reduzieren.
1993: Die obere Mittelklasse heißt jetzt »E-Klasse«. Weltneuheit ist die Vierventiltechnik für den Diesel, der serienmäßig Abgasrückführung und Oxidationskatalysator erhält. Neue Benzinmotoren mit Vierventiltechnik, vollelektronisches Motormanagement mit verteilerloser Hochspannungszündung und CAN-Datenbus.
1994: T-Modell mit vorbildlich großem Ladeabteil.

1995 bis 2001

Juni 1995: Als Symbol eines neuen Markenbilds gehen europaweit »New Eyes« an den Start. Vier elliptischeScheinwerfer formen ein ganz neues, dynamisches Gesicht. Sensationeller Luftwiderstandsbeiwert von c_W 0,27, mehr als 30 technische Innovationen, reichhaltige Serienausstattung und vorbildliche Insassensicherheit. Als erster Automobilhersteller setzt Mercedes-Benz serienmäßig Gurtkraftbegrenzer und Sidebags ein. Erstmals stehen in dieser Modellreihe drei unterschiedliche Design- und Ausstattungslinien zur Auswahl: Classic, Elegance und Avantgarde.
Anfang 1997: Neue V6-Motoren sind 25 Prozent leichter als die bisherigen Reihensechszylinder. Weltweit erstmals verwendete Leichtmetall-Laufbuchsen mit besonders reibarmer Oberfläche ermöglichen ebenso wie die Dreiventiltechnik und die phasenversetzte Doppelzündung einen geringeren Kraftstoffverbrauch.
Juni 1998: Neue CDI-Dieselmotoren mit Common-Rail-Direkteinspritzung und Turbolader beflügeln die Selbstzünder der E-Klasse, die fortan die Modellbezeichnungen E 200 CDI und E 220 CDI tragen.
Juli 1999: Neben über 1800 Detailverbesserungen wird die E-Klasse serienmäßig mit dem Elektronischen Stabilitäts-Programm ESP ausgerüstet, das die Schleudergefahr deutlich verringert. Die neue 4MATIC kommt ohne herkömmliche Differenzialsperren aus, sondern bremst durchdrehende Räder elektronisch so lange ab, bis sie wieder Traktion haben.

2002/2003

Seit Frühjahr **2002** ist die siebte Generation der Mercedes-Benz E-Klasse auf Kurs. Anfang **2003** folgt das attraktive T-Modell, das sich ebenso wie die Limousine durch technologische Exklusivität auf höchstem Niveau auszeichnet.

Die Identifizierung

Die Modelle der E-Klasse gehören seit 2002 zu den Typnummern 211.0xx, 211.2xx und 211.6xx. »211« (vorher seit 1995 »210«) steht für die Baureihe, die »0« für die Limousine, die »2« für den Kombi (das »T-Modell«) und die »6« für das Coupé.
Typ, Motorisierung, Identifikationsnummern und andere Daten sind auf Fahrzeugdatenkarte und Karosserieschild zu finden.
Nach der **Fahrzeugdatenkarte** können die richtigen Ersatzteile ermittelt werden. Seit 1978 gilt das Format DIN A5 (21,0 x 14,5 cm). Ins Wartungsheft wurde bis August 2005 eine 10,0 x 19,5 cm große Karte eingeklebt. Ab September 2005 geschieht das nicht mehr. Alle Daten, die in der Datenkarte dargestellt werden, können nur noch digital über Internet (Fahrzeugdokumentation FDOK) abgefragt werden. Bei Mercedes-Händlern (MPC = Market Performance Center) sind alle Zugriffe möglich und damit alle Einträge der Fahrzeug-Datenkarte abrufbar. Die Karte enthält:
1. Fahrgestellnummer, **2.** Motornummer,
3. Verkaufsbezeichnung, **4.** Getriebenummer,
5. Gruppen und SA-Nummern, **6.** Leuchten,
7. SA-Codenummer, **8.** Ausstattung,
9. Lackierung, **10.** Schließungs-Nummer.

In der **Fahrgestellnummer** sind die Bestimmungsdaten verschlüsselt. Sie ist die Identifizierungsnummer jedes Fahrzeugs:

Fahrgestellnummer am Türholm (Foto):

WDB	= Weltherstellercode
211042	= Fahrzeugtyp
1	= Linkslenkerfahrzeug (2 = Rechtslenker)
A	= Herstellerwerk (A, B, C, D, E = Sindelfingen, F, G, H = Bremen, J = Rastatt)
409912	= laufende Fertigungsnummer.

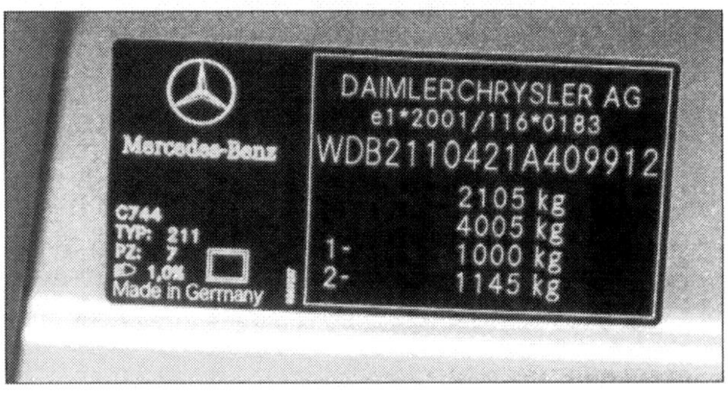

Die **Motornummer** ist die Kennung jedes Motors und gibt Auskunft über seine Ausführung (siehe »Die Motoren«). Die Nummern der Benzinmotoren der E-Klasse beginnen mit 112, 113, 156, 271, 272 oder 273, die der Dieselmotoren mit 629, 642, 646, 647 oder 648.

Die **Verkaufsbezeichnung** wird für mehrere Typenreihen verwendet. In der E-Klasse gehören zu vielen der Verkaufsbezeichnungen die beiden Typversionen Limousine und T-Modell mit einer bestimmten Motornummer, einem mechanischen oder einem automatischen Getriebe und in den drei Ausstattungslinien der Baureihe.
So steht z. B. die stark gefragte Verkaufsbezeichnung »E 320 CDI« für die beiden Typen 211.022 und 211.222 mit dem Motor 642.920 und dem siebenstufigen Automatikgetriebe 722.902 in einer der drei Ausstattungslines.

Die **Getriebenummer** identifiziert jedes Getriebe eindeutig. Sie wird auf der Datenkarte angegeben. Die mechanischen Getriebe haben die Nummern 716.6xx, die automatischen Getriebe die Nummern 722.6xx und -9xx.

Das **Karosserieschild** ist auf der Quertraverse des Fahrzeugs oberhalb des Kühlers angeschraubt. Es ist je nach Werk etwas anders aufgebaut, enthält aber im Prinzip immer die gleichen Angaben:
1. Produktionsnummer. Sie ist siebenstellig und wird jährlich fortlaufend vergeben.
2. Baumuster. Dieses gibt Aufschluss über Typ, Lenkungs- und Getriebeart (z. B. 1 = Linkslenker, 0 = mechanisches Getriebe).
3. Ausstattung. Dieser Code informiert über Material und Farbe der Polsterbezüge.
4. Motorvariantennummer. Codierung für die jeweilige Variante eines bestimmten Motorentyps.
5. Lacknummer. Die Bedeutung dieser Codenummer kann aus dem Ausstattungsbuch oder dem Handbuch Lackierung entnommen werden.
6. Sonderausführungen. Diese Codenummer informiert nur über Spezifika, die im Rohbau von Bedeutung sind, also z. B. Schiebe-Hebe-Dach, Zentralverriegelung oder ABS.

DIE WAGENPFLEGE

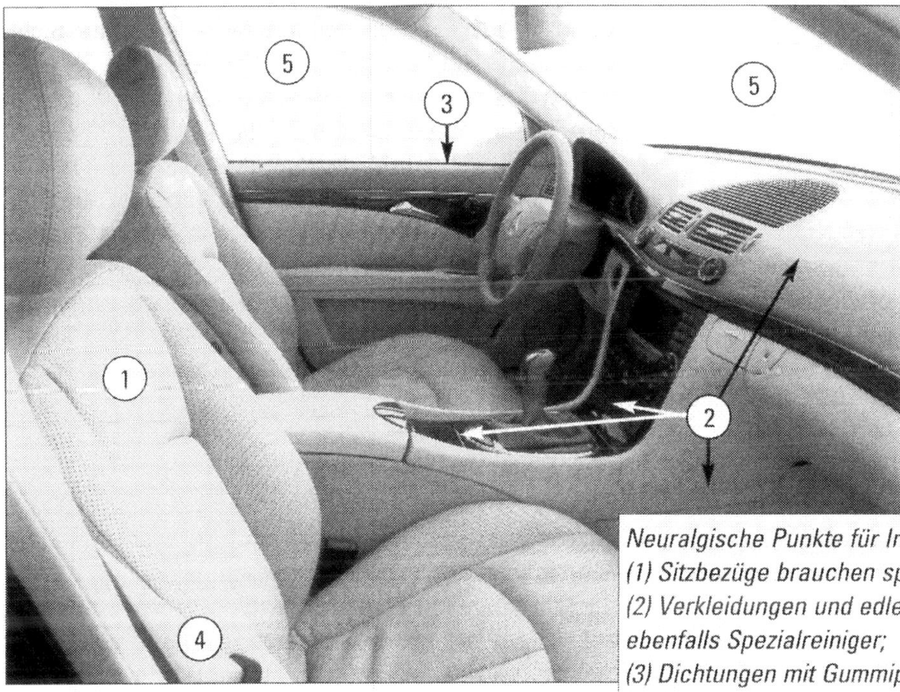

Neuralgische Punkte für Innenraumpflege:
(1) Sitzbezüge brauchen spezielle Pflegemittel;
(2) Verkleidungen und edle Hölzer im Cockpit benötigen ebenfalls Spezialreiniger;
(3) Dichtungen mit Gummipfleger behandeln;
(4) Sicherheitsgurte feucht säubern;
(5) Glasscheiben mit Waschleder oder Spezialtuch reinigen.

Wichtige Arbeiten

Jeder Wagen braucht sorgfältige Pflege. Das bringt mehr Geld beim Wiederverkauf und sichert bessere Chancen bei den Prüfern von TÜV und DEKRA. In diesem Kapitel beantworten wir die wichtigsten Fragen zu Reinigung und Lackpflege. Ausführlicher behandeln wir vor allem das Thema Lack im Sonderband 175 »Die Autokarosserie«.

Innenreinigung

Die Pflege des Innenraums sollten Sie zuerst in Angriff nehmen. Wenn Sie sich diese Arbeit bis zuletzt aufheben, verschmutzen die Staubwolken aus Polstern und Fußmatten die frisch gewaschene Außenseite.
Für die Säuberung verwenden Sie am besten spezielle Autopflegemittel. Scheiben, Polster und Kunststoff-

oberflächen sind durch Witterung, Staub, Schmutz und Feuchtigkeit extremen Belastungen ausgesetzt, denen spezielle Pflegesubstanzen einfach besser gewachsen sind. Diese Spezialreiniger sind daher ihr Geld wert.
Zur gründlichen Innenreinigung brauchen Sie:

- Lappen, möglichst nicht flusend, zum feuchten und trockenen Ab- und Auswischen;
- Kleider- oder Polsterbürste;
- Staubsauger mit verschiedenen Düsen;
- Handfeger und Kehrschaufel;
- ein Fensterleder und einen
- feinporigen Kunststoffschwamm.

Rauchen im Auto

Es ist eine in Analysen festgestellte Tatsache, dass Nikotin am Steuer das Unfallrisiko erhöht. Beide Hände gehören ans Lenkrad. Das Greifen nach der Zigarette, etwa um die Asche abzuklopfen, lenkt bereits die Aufmerksamkeit von der Straße weg.

Praxistipp: Pflegemittel für den Innenraum

Antibeschlagspray: Konserviert die Glasreinigung für einige Tage oder Wochen (je nach Wetterlage). Auf die Scheibe sprühen. Schaumbelag mit trockenem Papiertuch (Küchenpapier) abreiben .
Glasreiniger: Für alle Glasflächen. Sie lösen hartnäckige Verschmutzungen, zum Beispiel Insektenreste, Nikotin, Kunststoffausdünstungen und Ölablagerungen.
Gummipflegemittel: Silikonhaltige oder Hirschtalg. Für Tür-, Fenster- und Kofferraumdichtungen sowie Fußmatten. Halten Gummi geschmeidig, verhindern Festfrieren und frischen die Farben auf.
Lederpflegemittel: Für die kostbaren und auch anspruchsvollen Ledersitze. Macht das Leder nach längerem Gebrauch wieder wasserabweisend und geschmeidig und frischt die Farben auf.
Plastikreiniger: Für Kunststoffflächen. Reinigt und frischt die Farben auf, sorgt für Glanz und wirkt antistatisch, so dass die Flächen gegen Schmutz- und Staubbefall lange Zeit geschützt sind.
Textilreiniger: Für Polster, Teppiche, Tür- und Innenverkleidungen. Lösen zuverlässig Staub und Schmutz. Dadurch werden die Polsterfarben aufgefrischt. Viele Reiniger entfernen zudem auch hartnäckige Flecken.

Ferner muss vor dem blauen Dunst im Innenraum des Autos wegen einer damit verbundenen gefährlichen Giftkonzentration gewarnt werden. »Passivrauchen erhöht bei Kindern das Risiko von Bronchitis, Asthma und Allergien«, sagen Gesundheitswissenschaftler. Insofern ist die pflegliche Behandlung des Fahrzeugs nicht einmal der vordringlichste Aspekt im Hinblick aufs Rauchen im Auto, aber auch er hat Gewicht. Nachts und bei tief stehender Sonne behindert Nikotinbelag auf der Windschutzscheibe die gute Sicht. Glasreiniger und ein Tuch schaffen Abhilfe.
Gegen Rauchgeruch im Innenraum und in den Polstern helfen Markenprodukte, die es in Tankstellenshops gibt. Vor dem Verkauf eines Raucher-Autos wird eine Behandlung mit neutralisierendem Ozon empfohlen, die allerdings zwei Tage dauern und allerhand Geld kosten kann. Im Auto mit Klimaanlage sollten Sie ohnehin bei Umluftbetrieb gar nicht rauchen. Der angesaugte Rauch setzt sich auf dem Verdampfer ab und verursacht dauerhafte Geruchsbelästigung.

Die Lederausstattung

Sitzbezügen aus Naturleder müssen Sie besondere Aufmerksamkeit schenken. Leder reagiert sehr empfindlich schon auf Sonneneinstrahlung, vor allem aber auf Öle, Fette und Verschmutzungen. Staub und Schmutzpartikel in Poren, Falten und Nähten können scheuern und die Lederoberfläche beschädigen. Sau-

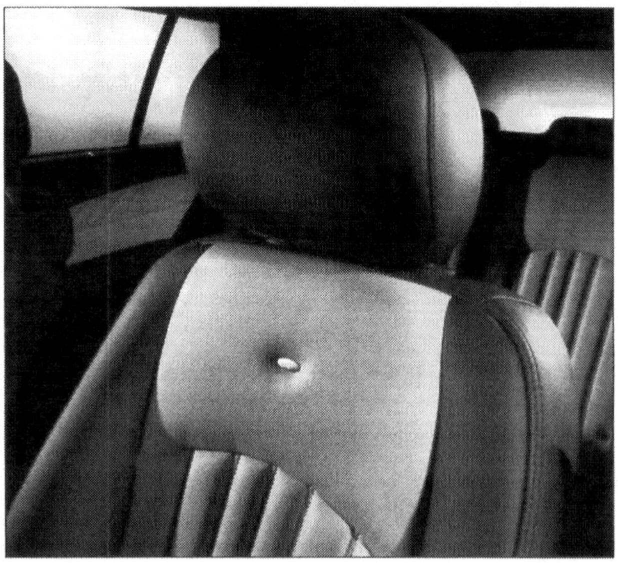

Das Leder nicht nur der exklusiven Designo-Ausstattung braucht regelmäßige Pflege.

gen Sie also regelmäßig die Sitze ab. Wenn Sie Ihren Wagen mit Ledersitzen längere Zeit in praller Sonne stehen lassen müssen, sollten Sie die Sitze abdecken, damit sie nicht ausbleichen.
Zum Reinigen einen Baumwoll- oder Wolllappen mit Wasser, bei stärkerer Verschmutzung mit einer Seifenlösung, leicht anfeuchten und die verschmutzten Stellen wischen. Seifenlösung aus zwei Esslöffeln Neutralseife oder mildem Feinwaschmittel auf einen Liter Wasser bereiten. Das Leder soll nicht durchfeuchtet werden. Wasser nicht durch die Nahtstellen sickern lassen und niemals Lösungsmittel, Schuhcreme oder Fleckenentferner verwenden!
Fett- und Ölflecke oder anderen hartnäckigen Schmutz vorsichtig mit Schwamm und Spezialreiniger behandeln. Anschließend mit einem weichen, trockenen Tuch nachwischen und trocknen lassen. Zur regelmäßigen Behandlung gehört alle zwei, mindestens aber alle sechs Monate ein Lederpflegemittel. Testen Sie mit einigen Wassertropfen, ob der Lederbezug noch ausreichend geschützt ist. Wenn die Tropfen nicht mehr abperlen, ist es Zeit für die Kur. Dazu die Pflege-Lotion sparsam auftragen und nach Einwirkung mit weichem Lappen (Microfasertuch) nachwischen.

Innenreinigung

Arbeits-schritte

1 Wagen ausräumen, Ascher leeren und auswischen. Fußmatten nach innen zusammenschlagen und herausnehmen, ausschütteln, ausklopfen und staubsaugen.

2 Gummimatten feucht abwischen. Vorsicht: Die Unterseite trocknet im Fahrzeug nur schlecht. Eine feuchte Matte kann üblen Geruch und Stockflecken im Textilbelag verursachen.

3 Grobschmutz im Innenraum mit Staubsauger entfernen. Für weiche Textilbeläge eignen sich starre Düsenaufsätze, für harte Kunststoffe sind Borstenaufsätze besser. Sitzpolster abbürsten oder staubsaugen, Kunststoffoberflächen abwischen. Pinsel sind gut gegen Staub in Ecken.

4 Bei stark verschmutzten Sicherheitsgurten kann das Aufrollen des Automatikgurts beeinträchtigt werden. Deshalb Gurte trocken abbürsten oder bei starker Verschmutzung mit milder Seifenlauge abwaschen, dazu aber niemals ausbauen. Chemische Reinigungsmittel und ätzende Flüssigkeiten können das Gewebe zerstören. Vor dem Aufrollen müssen die gereinigten Gurte trocken sein.

5 Zum Reinigen von Kunststoffteilen, Lederverkleidungen, Dachhimmel, Leuchtengläsern, mattschwarz gespritzten Teilen und Armaturenbrett ein mit klarem Wasser angefeuchtetes Tuch verwenden. Sollte das nicht ausreichen: lösungsmittelfreie Reinigungs- und Pflegemittel sowie Kunststoffreiniger einsetzen. Besprühte Stellen mit klarem Wasser nachwischen und mit Tuch trockenreiben. Empfehlenswert ist auch Cockpitpflege-Spray, weil es antistatisch wirkt.

6 Lösungsmittelhaltige Reiniger sind gefährlich für Instrumententafel und Oberflächen von Airbagmodulen, die porös werden können. Bei einer Airbagauslösung sind dann Verletzungen durch sich lösende Kunststoffteile möglich!

7 Den Dachhimmel nur bei starker Verschmutzung reinigen und auf keinen Fall durchfeuchten. Himmel mit Textilreiniger großflächig einsprühen. Mit Schwamm und Frottierhandtuch nachwischen. Behandlung bei Bedarf wiederholen. Nicht auf die verschmutzten Stellen beschränken, weil hässliche Platten mit Rändern entstehen können.

8 Polsterstoffe und Stoffverkleidungen werden mit speziellen Reinigungsmitteln oder mit Trockenschaum und feuchtem Schwamm behandelt (Bild unten). Die Polster noch feucht gründlich absaugen. Der Schmutz löst sich so am besten.

9 Die Türdichtungen mit speziellem Gummipflegemittel geschmeidig halten. So werden auch Quietschen und Knarren beim Türenschließen vermieden. Regelmäßige Pflege mit dem Hirschtalgstift oder mit einem silikonhaltigen Pflegemittel verlängert die Lebensdauer.

10 Innenseiten der Fenster mit feuchtem Waschleder oder sauberem weichem Lappen reinigen. Bei starker Verschmutzung mit Spiritus oder Salmiakgeist und warmem Wasser oder mit Glasreiniger behandeln. Trocken nachpolieren.

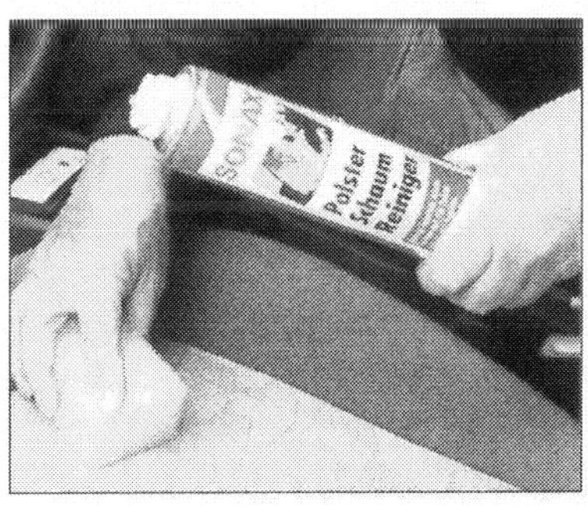

Textile Polsterbezüge und Verkleidungen mit entsprechendem Mittel behandeln. Diese Schaumreiniger keinesfalls für Lederbezüge verwenden!

Außenwäsche

Ein Waschplatz auf der Straße ist heute so gut wie überall verboten. Denn mit dem Schmutzwasser der Wagenreinigung könnten Ölrückstände und andere die Umwelt schädigende Substanzen in die Kanalisation und ins Grundwasser geraten.

Eine saubere Sache ist dagegen die Wagenwäsche in einer automatischen Waschanlage. Die verwendeten Wassermengen sind in der Regel großzügig, die Wäsche ist also relativ schonend. Ölabscheider und Wasseraufbereitungsanlagen sorgen für den nötigen Umweltschutz.

Sie können meist zwischen mehreren Reinigungs- und Pflegeprogrammen wählen. Nutzen Sie auf jeden Fall Programme mit Vorwäsche.

Unabhängig davon, ob mit Bürsten, Textilstreifen oder Schaumstoff gewaschen wird: Beansprucht wird der Lack immer. Man kann nach neuesten Untersuchungen durchaus des Guten zuviel tun, wenn man zu häufig wäscht. Wenn der Lack keine Vorschädigungen hat, gibt es keinen technisch zwingenden Grund, das Auto ständig zu waschen. Mit Ausnahme von aggressivem Vogelkot oder Säuren werden die meisten Schmutzangriffe vom hervorragenden Lack eines Mercedes-Benz mühelos verkraftet.

Nach dem Waschgang müssen Sie das Fahrzeug auf Sauberkeit kontrollieren und an manchen Stellen nachputzen. Die Bürsten behandeln Radhäuser und Radläufe oder die Unterkanten der Türschweller oft nachlässig. Auch bei Türrahmen und Ritzen ist bisweilen nachträgliche Handarbeit mit Schwamm und Putztuch angesagt.

Pflegemittel für die Außenwäsche

Technik-lexikon

Autoshampoo: Gegen ölige Rückstände auf Lack.

Felgenreiniger: Löst festgebackenen Bremsstaub. Alufelgen sind durch eine Lackierung geschützt. Wenn gegen Bordsteine geschrammt wird oder Rollsplitt die Außenseiten der Räder malträtiert, hilft der beste Lack nichts mehr. Schrammen und Kratzer deshalb umgehend ausbessern, da sie vor allem dem aggressiven Staub der Bremsbeläge ideale Angriffsflächen bieten. Der grauschwarze Abrieb frisst kleine Löcher ins Leichtmetall. Kleine Schrammen und Blindstellen lassen sich übrigens gut mit Fahrzeugpolitur ausbessern.

Kunststoffpfleger: Speziell für ausgebleichte Stoßfänger. Enthält neben Pflegesubstanzen auch Farbstoffe. Wird mit sauberem Schwamm aufgetragen und verteilt. Nach kurzer Einwirkzeit überschüssige Flüssigkeit mit feuchtem Lappen abwischen. Gute Optik, kleine Kratzer und Schrammen werden kaschiert.

Waschwachs: Ähnliche Eigenschaften wie Autoshampoo. Schützt nach dem Waschen den Lack gegen Umwelteinflüsse, gibt mehr Zeit bis zur nächsten Politur.

Selbstwaschanlagen nutzen

Ihren Wagen selbst zu waschen, ist durchaus empfehlenswert. Die Waschplätze an der Tankstelle (SB-Wäsche) bieten gute Möglichkeiten. Dort stehen alle Hilfsmittel zur Verfügung.

Kontrollieren Sie vor Arbeitsbeginn den Zustand der Waschbürsten, ob sie nicht eventuell mit grobem Dreck vom Vorgänger verschmutzt sind (Kratzer!). Beseitigen Sie diesen Schmutz. Waschen Sie Ihr Fahrzeug nicht in der prallen Sonne (Lackschäden!).

Zum Selberwaschen brauchen Sie:

- In erster Linie jede Menge Wasser. Wird nämlich der Schmutz mit zu wenig Wasser abgewischt, schmirgeln Staub- und Sandkörnchen wie in einer Paste über den Lack und zerkratzen häufig selbst die stabilste Beschichtung.
- Einen Schlauch, wenn möglich mit Sprühdüse aus Kunststoff. Steht kein Wasserschlauch zur Verfügung, brauchen Sie mindestens zwei Eimer.
- Eine Schlauchbürste, bei der das durchfließende Wasser den Schmutz wegschwemmt.
- Waschhandschuh oder Schwamm. Nach jedem zweiten oder dritten Waschstrich in den vollen Wassereimer tauchen und ausdrücken! Fensterleder in anderem Eimer auswaschen.
- Eine langstielige, nicht zu harte, aber wiederum auch nicht zu weiche Waschbürste, die sich besonders für Felgen und Radkästen eignet.
- Einen großporigen Viskoseschwamm und einen speziellen Fliegenschwamm mit möglichst zwei Funktionsseiten für Insektenrückstände.
- Großflächiges echtes Leder zum Trockenreiben. Nicht an der Lederqualität sparen, ein gutes Tuch zahlt sich immer aus!

Außenwäsche

Arbeits-schritte

1 Türen und Fenster schließen, damit die Polster nicht nass gespritzt werden. Auto gut einweichen und mit mäßigem Wasserdruck aus dem Schlauch abspritzen (Programm »Spülen«).

2 Wagen mit Schlauchbürste, Waschhandschuh oder Schwamm zuerst von Dach bis Unterkante Fenster waschen. Dann bewegt man sich rund um den Wagen.

3 Reinigungsschaum mit kreisenden Bewegungen und wenig Druck verteilen und kurz einwirken lassen. Schmutzbrühe abspülen (Programm »Spülen«). Zuletzt Radhaus, Felgen und Türschweller säubern, um Restschmutz nicht zweimal wegspülen zu müssen. Im letzten Waschgang die Räder mit Waschbürste und Schlauch reinigen.

4 Nach der Wäsche den Wagen sofort abledern. Eintrocknendes Waschwasser bildet Belag auf dem Lack. Leder vor Gebrauch ins Wasser tauchen, gut auswringen. Flächig auf dem Lack ausbreiten und breit gespannt zu sich heran ziehen. Vor jedem neuen Durchgang Leder ausspülen und auswringen. Schlecht zugängliche Ecken mit Baumwolllappen oder altem Trockenleder trocknen.

5 Den Unterboden gelegentlich mit Dampfstrahler oder Wasserschlauch abspritzen. Im Winter die Unterseite bei jeder Wagenwäsche reinigen. Ein- oder zweimal im Jahr den Zustand der Unterbodenverkleidung überprüfen.

6 Felgen brauchen gründliche Reinigung, weil sich Bremsstaub festsetzt. Felgenreiniger aufsprühen, einwirken lassen, mit kleinem Schwamm den Schmutz wegwischen und mit kräftigem Wasserstrahl nachspülen. Für hartnäckigen Schmutz Industriestaubentferner nehmen. Zur Pflege filigraner Felgen sind Zahnbürsten gut. Ebenfalls sinnvoll: Sprühwachs zum Versiegeln. Alle drei Monate die Räder gründlich mit Hartwachs, aber nicht mit Lackpolitur oder schleifenden Mitteln einreiben. Kein Wachs auf Bremsscheiben oder Bremsbeläge!

7 Leichtmetallfelgen regelmäßig mit Wasser und etwas Spülmittel reinigen. Möglichst zweimal im Monat schonend putzen, vor allem Streusalz und Bremsabrieb entfernen. Nach der Wäsche säurefreies Reinigungsmittel!

Praxistipp

Bremsen trockenfahren

Bei der ersten Fahrt nach der Wagenwäsche kurz und kräftig die Bremse betätigen. Dabei verdampft die Feuchtigkeit, die zwischen Bremsscheiben und Bremsklötze gelangt ist. Nach Fahrten durch Regen oder Tauwasser mit Streusalz ebenfalls die Bremsen trocken fahren, falls das Auto für mehrere Tage abgestellt wird. Die letzten hundert Meter öfter leicht bremsen. Mit diesem Manöver vermeiden Sie, dass die Bremswirkung im Notfall wegen Feuchtigkeit oder Salzschicht auf den Bremsscheiben erst verzögert einsetzt.

8 Fensterscheiben außen ebenso wie innen reinigen. Frontscheibe auf Steinschläge, Kratzer und Risse prüfen. Die Wischlippe des Scheibenwischers mit Schwamm oder Trockenleder reinigen.

9 Nach der Wäsche Lack, Scheinwerfergläser und Frontstoßfänger gründlich auf hartnäckigen Schmutz untersuchen. Insektenreste, Vogelkot, Blütenpollenrückstände und Teerspritzer mit Spezialreiniger entfernen.

10 Teerentferner nicht auf frischen oder frisch ausgebesserten Lacken anwenden, weil die enthaltenen Lösungsmittel die Lackschichten angreifen können.

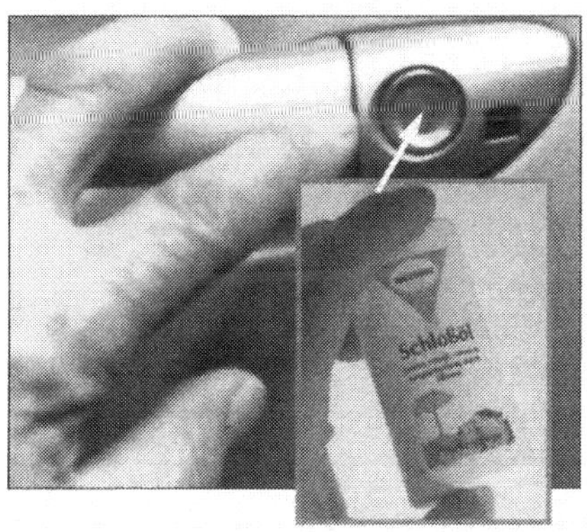

Tür- und Klappendichtungen bleiben mit Gummipflegemittel elastisch. Schlossöl bewahrt vor Zufrieren und taut zugefrorene Schlösser auf.

Motorwäsche

Auch auf dem von Kunststoffabdeckungen gut geschützten Motor Ihres Daimler und seinen Nebenaggregaten verbinden sich Öl und Staub mit der Zeit zu einem unansehnlichen Schmutzfilm. Das ist in erster Linie ein ästhetisches Problem, das Sie mit Hilfe spezieller Reiniger lösen können. Aber Motorraumwäsche ist nicht nur Schönheitskur für den Motor, sondern auch eine wichtige Pflegemaßnahme zur Aufrechterhaltung ungestörter Funktion.

Ölabscheider ist unerlässlich

Die Motorwäsche dürfen Sie allerdings nur dort vornehmen, wo es einen Ölabscheider gibt. Am besten machen Sie sich in einer Selbstwaschanlage oder auf einem Waschplatz ans Werk. Empfehlenswert ist die Verwendung eines Kaltreinigers aus der nachfüllbaren Pumpflasche. Mit dem Kaltreiniger können Sie vor allem den Schmutz in Ecken und Winkeln gut aufweichen, vor allem, wenn Sie den Reiniger noch mit einem alten Lappen gut verteilen. Dann das Reinigungsmittel mit viel Wasser und Druck abspülen.
Kontrollieren Sie nach getaner Arbeit, ob noch genug Schmierfett an neuralgischen Punkten vorhanden ist. Bei Bedarf sollten Sie maßvoll nachfetten. Gut geeignet sind Festschmierstoffpasten oder Spezialfette.
Damit sich der Schmutz auf dem Motor nicht zu schnell wieder festsetzt, können Sie Motorblock und Anbauteile mit einem besonders hitzefesten Motorschutzlack versiegeln. Für die Umgebung reichen ein Konservierungsspray oder Konservierungswachs.

Praxistipp

Vorsicht mit dem Hochdruckreiniger

- Bei der Motorwäsche kann Wasser die Elektronik lahm legen oder über den Ansaugtrakt in den Motor gelangen. Ein kapitaler Schaden wäre die Folge.
- Wassertemperatur maximal 60 Grad. Zu heißes Wasser greift Gummi und Versiegelungen an.
- Druckregler auf maximal 30 bar einstellen. Abstand zum Auto 60 bis 80 Zentimeter.
- Reifen übrigens niemals mit Rundstrahldüsen reinigen: Gefahr für die Reifenflanken!

Motorschutzlack verwenden

Diese Mittel versiegeln auf der Basis hochwertiger Acryllacke, bringen neuen Glanz auf Motor, Aggregate oder Schläuche und bilden einen hoch elastischen Schutzfilm gegen Nässe und Schmutz. Gute Motorschutzlacke sind hochglänzend, haften zuverlässig auf unterschiedlichsten Untergründen und sind temperaturbeständig bis 100 °C. Sie werden auf die gründlich gereinigten und getrockneten Flächen bei ausgeschalteter Zündung gleichmäßig aufgetragen.
Für den Motor und seine Umgebung dürfen nur derartige Sonderlacke verwendet werden, denn nur sie sind hitze- und gilbfest. Normale Klarlacke aus Spraydosen würden verbrennen oder zumindest reißen. Selbst wenn es bei nicht allzu großer Verschmutzung völlig ausreicht, den Motor einfach mit einem feuchten Putzlappen abzuwischen, ist die Nachbehandlung mit etwas Schutzlack durchaus zu empfehlen.

Spezialreiniger und Schutzwachs

Wollen Sie vor der Schutzlackierung noch eine besonders intensive Pflege vornehmen, können Sie spezielle Motorreiniger verwenden. Solche hochwirksamen, konzentrierten Reinigungsmittel können hartnäckige Öl- und Fettverschmutzungen entfernen. Damit werden festhaftende Wachsschichten beseitigt.
Zur Konservierung von Flächen und Kanten sind Schutzwachse ideal. Sie haften gut und bilden einen Wasser abstoßenden, vor Korrosion schützenden Film. Vor der Behandlung kann man mit Allzweckreiniger, Haftgrund, Aluspray oder Zink-Aluspray vorbehandeln. Schutzwachs dünn aufsprühen.

Motorwäsche

Arbeitsschritte

1 Motor abstellen und Zündung ausschalten. Der Motor soll möglichst kalt sein, damit Reiniger nicht verdampft. Empfindliche Bauteile wie Zündung, Lichtmaschine und Kraftstoffsystem mit Lappen oder Folie schützen.

2 Innenseite der Motorabdeckung mit Wasser einweichen, mit Schwamm und Shampoo reinigen, abspritzen. Kühler mit Waschlanze und viel Wasser reinigen. Insektenreste einsprühen, einwirken lassen, von Kühlerrückseite her abspülen. Lamellen nicht beschädigen!

3 Motorraum an allen Falzen, Trägern und ungeschützten Stellen abduschen. Stärker verschmutzte Teile mit Kaltreiniger einsprühen. Einwirken lassen, nachspülen.

4 Wasser mit Druckluft aus dem Motorraum herausblasen. Nicht zu nah an zu trocknende Flächen herangehen! Mercedes-Benz empfiehlt für die Konservierung des Motorraums das MB 385.2/4 Wachskonservierungsmittel 000 986 33 70 sowie Beropur Motorraumschutz VA15 (Beropur AG, Schweiz) oder Pfinder VA 15/45 (Pfinder KG, Böblingen).

Fetten und schmieren

Schmierfette sollen Reibung und Verschleiß verringern, Korrosion verhindern, Schmierstellen abdichten und gegenüber den Betriebstemperaturen beständig sein. Für Scharniere und Gelenke mit engen Durchgängen, in die kein Fett eindringen kann, sind Öl oder Schmierspray gut geeignet. Gegeneinander reibende Flächen werden günstiger gefettet oder mit einer Schmierpaste bzw. mit Sprühfett in Gelform behandelt. Diese haften besser an Flächen, die häufig auch noch vertikal verlaufen und Öl herabrinnen lassen.
Schmierfette bestehen aus Mineral- oder Syntheseöl mit Verdickungsmittel und Additiven, die Oxidation und Korrosion aufhalten, Haftung verbessern und Reibwert verändern (Graphit und Molybdändisulfid). Hochwertige Schmierfette zeichnen sich durch optimale Kombination von Grundölen, Verdickungsmitteln und Additiven aus. Produzenten unterscheiden nach den verwendeten Verdickungsmitteln (Calcium-, Natrium und Lithiumseifenfette), Anwender nach dem praktischen Einsatz: Wälzlagerfette, Abschmierfette oder Wasserpumpenfette.

Schmierdienst

Arbeits-schritte

1 **Scharniere** an Türen und Klappen sollen gelegentlich mit einem Spritzer Öl, es kann übliches Mehrzweckfett sein, versorgt werden.

2 Nach der Wagenwäsche ist ein knapp dosierter Einsatz von Öl (Fließfett) für das **Türschloss** zu empfehlen. **Türschließzapfen und -ösen** mit Fließfett behandeln. DaimlerChrysler empfiehlt das Eigenprodukt MB 264.0 Fließfett 001 98908 51 10 und Fette von Aral, BP, Exxon u. a.

3 **Türfeststeller** am unteren Türscharnier mit Mehrzweckfett, **Vorderradnaben** mit Hochtemperatur-Wälzlagerfett.

4 **Schlüsselschlitz der Schließzylinder:** Im Herbst Rostlöser-Isolierspray einsprühen. Schmiert, verdrängt Feuchtigkeit, schützt vor Rost und Einfrieren. Spezielles Schlossöl taut zugefrorene Schlösser auf und bewahrt vor Zufrieren.

5 **Kupplungsteile** mit Langzeitschmierfett, **Fettschmierstellen** außer Radnaben mit Abschmierfett behandeln.

Schmierfette für Mercedes-Benz

Technik-lexikon

Schmierfette sind nach ihrer Beständigkeit gegenüber Knetbelastung eingeteilt. Je höher der Walkpenetrationswert (zwischen 100 und 500), desto niedriger ist die NLGI-Konsistenz-Nummer (zwischen 6 und 000), desto weicher also ist das Fett. Die nachfolgenden Schmierfette sind für Mercedes-Benz-Fahrzeuge freigegeben.
Abschmierfette: Calciumseifen-Fette, NLGI-Kl. 1. Wasserbeständig, wasserabweisend. Schmieren Fahrgestellbauteile zwischen -30 °C und +70 °C.
Blattfederfette: Mit Graphitzusätzen. Gutes Haftvermögen, Wasser abweisend, gut bei Notlauf.
Fließfette: Lithium-12-OH-Stearat-Fette, NLGI-Klasse 00/000. Halbfließende Schmierfette mit guten Korrosionsschutzeigenschaften zwischen -30 °C und +120 °C.
Komplexfette: Calcium-Komplexseifen-Fette, NLGI-Kl. 2. Hochgradig walkstabil, wasserbeständig und druckaufnahmefähig. Einsatz zwischen -10 °C und +90 °C.
Langzeitschmierfette: Li-Seifen-Fette mit Molybdändisulfid. Zur Hochdruck- und Langzeitschmierung bei -25 °C bis +110 °C (kurzzeitig + 130 °C).
Mehrzweckfette: Li-Seifen-Fette, NLGI-Kl. 2. Für alle Schmierstellen, die keine Spezialfette brauchen. Gute Gesamteigenschaften, guter Korrosionsschutz. Für längeren Gebrauch zwischen -30 °C und + 130 °C geeignet.
Wälzlagerfette: Li-Komplexseifen-Fette, NLGI-Kl. 2. Speziell auf die hohen Anforderungen von Pkw-Vorderradlagern zugeschnitten. Hoher Tropfpunkt, ausgezeichnete Walkstabilität. Dauereinsatz bei -30 °C bis +170 °C.

Unterboden, Hohlräume und Glas

Die Fahrzeugunterseite ist vom Hersteller gegen chemische und mechanische Einflüsse dauerhaft geschützt. Mercedes-Benz-Pkw haben außer dem üblichen Unterbodenschutz eine Kunststoff-Verkleidung. Außengeräusche durch Steinschlag oder Spritzwasser werden so stark gedämpft.

Empfohlene Produkte

Die komplette Bodengruppe ist feuerverzinkt und mit Wachskonservierungsmittel behandelt. Der Hersteller lässt für den Unterboden die Produkte UBS 611, UBS 611/4 dunkel und Wachs-Unterbodenschutz S 90 der Schweizer Firma Beropur (Sirnach) sowie Dinitrol 4942 von Dinol Pymo GmbH (Lüdge/Deutschland) und UBS dunkel von Pfinder KG (Böblingen/Deutschland) zu. Ferner wird das DaimlerChrysler-Produkt MB 385.1 Konservierungsmittel 000 986 42 70 empfohlen.
Alle Hohlräume sind ebenfalls mit Produkten der Firmen Beropur, Pfinder und DaimlerChrysler konserviert. Zugelassen sind der Hohlraumschutz VA 70, das Mittel Pfinder AP 70 und das MB 385.2 Wachskonservierungsmittel mit der Sachnummer 000 986 72 70.
Es empfiehlt sich, die Schutzschicht an Unterseite und Fahrwerk vor Winterbeginn und im Frühjahr zu prüfen und nötigenfalls ausbessern zu lassen. Ausbesserungsarbeiten oder zusätzliche Korrosionsschutzmaßnahmen sollten Sie auf jeden Fall besser in Fachwerkstätten vornehmen lassen.
Der dauerhafte Schutz aller korrosionsgefährdeten Hohlräume braucht nicht geprüft und nachbehandelt zu werden. Falls bei hohen Außentemperaturen einmal etwas Wachs aus Hohlräumen herauslaufen sollte, kann es mit Kunststoffschaber und Waschbenzin entfernt werden.

Scheiben und Scheinwerferglas

Saubere Scheiben und Scheinwerfergläser sind eine wichtige Voraussetzung für Ihre Sicherheit beim Fahren. Damit Sie bei Staub, Regen und Schnee den Durchblick behalten, ist Ihr Fahrzeug mit einer Scheibenwaschanlage ausgestattet, die auch das Klarglas der Hauptscheinwerfer reinigt. Wir gehen auf diese Anlage und den Wechsel von Waschwasser mit Zusatz, den Ausbau von Wischerblättern, Wischerarmen und Wischermotoren sowie weitere Details im Kapitel »Elektrik: Die Scheibenwisch- und -waschanlage« ein und erwähnen sie hier nur im Kontext einer der wesentlichen Reinigungsarbeiten.

(1) Abdeckkappe über den Hubdüsen für die Scheinwerferreinigung (Bild rechts). Sauberes Scheinwerferglas hat erheblichen Einfluss auf Helligkeit und richtige Lichtverteilung (Bild unten).

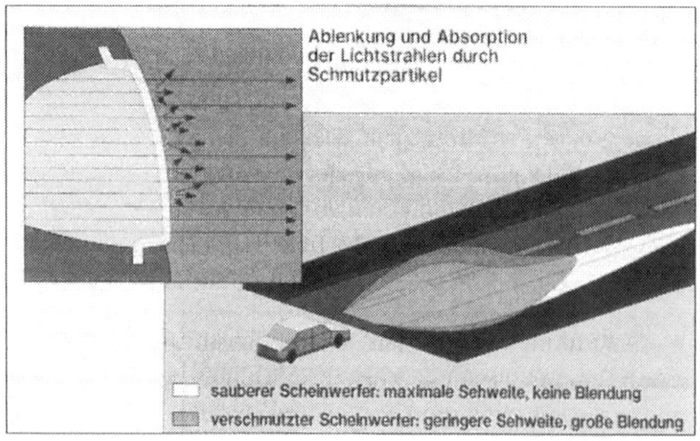

Praxistipp

Scheinwerfer reinigen

Saubere Scheinwerfer sind wichtig für gutes Licht. Schmutzpartikel auf dem Glas sorgen für Ablenkung und Absorption der Lichtstrahlen. Die Folgen: geringere Sichtweite, starke Blendung (siehe Grafik). Insektenreste mit einem speziellen Mittel (Sprühflasche) entfernen. Für die Kunststoffscheiben in Klarglasoptik macht sich ein Insektenschwamm mit kratzfreier Reinigungs- und saugstarker Viskoseseite sehr gut. Wenn das Scheinwerferglas trotz leistungsfähiger Reinigungsanlage sichtbar verschmutzt ist, sollten Sie es gründlich waschen.

Gute Resultate mit den Waschanlagen für Front- und Heckscheiben sowie Scheinwerfergläsern erhalten Sie, wenn die Strahlen der Spritzdüsen das Waschwasser präzise auf die definierten Bereiche sprühen, die Wischerblätter richtig stehen und die Wischergummis einwandfrei sind. Die Innenseiten der Scheiben reinigen Sie perfekt mit Wasser, Waschzusatz und Leder- oder Mikrofasertuch.

Die Lackpflege

Lackpflege wirkt der Fahrzeugalterung entgegen und ist eine lohnende Arbeit. Ausführliche Empfehlungen und Anleitungen zu allen Aspekten der Pflege und Schadensbeseitigung beim Lack finden Sie im Sonderband 175 »Die Autokarosserie« unserer Buchreihe »Jetzt helfe ich mir selbst«.
Der Lack eines neuen Mercedes braucht ohnehin zunächst noch nicht viel Aufmerksamkeit. Gründliche Wäsche in angemessenen Zeitabständen und die Beseitigung von Steinschlägen, Teerflecken und Insektenresten reichen als Pflege völlig aus. Der Lack ist nach der innovativen Nano-Technologie hergestellt und damit, in schonungslosen Tests nachgeprüft, noch kratzfester und dauerhafter als es moderne Autolacke ohnehin schon sind.
Doch selbst diesem Lack haben nach zwei, drei Jahren Sonne, Regen, Schmutz und Wagenwäschen so zugesetzt, dass er eine sanfte Grundreinigung nötig hat. Machen Sie eine Probe: Wenn Wassertropfen auf dem sauberen Lack mit unscharfen Rändern zerfließen, ist es Zeit für die Lackpflege.

Die Politur

Für neuen, gut erhaltenen Lack genügt eine milde Politur. Sie glättet die aufgeraute Lackierung, indem sie die mikroskopisch kleinen Furchen in der oberen Schicht behutsam abschmirgelt. Außerdem enthält eine Politur Wachskomponenten, die das Blechkleid konservieren. Tatsächlich ist es für die Lackpflege fast nie zu spät. Bevor Sie einem ins Alter gekommenen Wagen eine Neulackierung spendieren, sollten Sie es mit einem Lackreiniger versuchen. Wenn der verwendete Reiniger keine konservierenden Komponenten enthält, müssen Sie den aufbereiteten Lack in einem neuen Arbeitsgang mit einem Autowachs versiegeln.
Für alte und verwitterte Lacke ist ein solcher Reiniger genau das Richtige. Lackreiniger funktioniert wie eine Politur. Er enthält jedoch gröbere Schleifmittel, die auch mit stärkeren Verschmutzungen fertig werden.
Es empfiehlt sich übrigens, die Konservierung bei neuen und aufbereiteten Lacken zwei- oder dreimal im Jahr zu erneuern. Das erhält den Glanz länger und verbessert den Langzeitschutz. Die meisten Polituren und Lackreiniger wirken ziemlich aggressiv. Arbeiten Sie deshalb nie unter direkter Sonneneinstrahlung.

Polieren plus Konservieren

Neuere Pflegemittel reinigen, frischen Farben auf und bringen anhaltenden Glanz. Entsprechende Produkte von A1, Sonax und anderen Herstellern haben sich in gründlichen Tests als sehr empfehlenswert für alle Bunt- und Metalliclacke erwiesen. Sie enthalten Farbpigmente, die in ähnlichen Tönen wie die Wagenfarbe gewählt werden können. Die Farbpigmente überdecken kleine Kratzer, die Wachskomponente bietet ausgezeichneten Langzeitschutz für mehrere Monate.

Diese Art Autopolitur ist lösemittelfrei und damit sehr umweltfreundlich. Sie reinigt, poliert und konserviert in einem Arbeitsgang. Wash&Wax und Polish&Wax lassen sich problemlos mit Lappen oder Watte auftragen. Bei Kratzern empfiehlt sich längeres »Einmassieren«. Empfehlenswert ist ein mehrmaliger dünner und gründlicher Auftrag. Man sollte das Mittel nicht antrocknen lassen, sondern sofort auspolieren. Kratzer werden so recht wirkungsvoll kaschiert.

Lackschäden richtig beseitigen

Während der Fahrt verüben aufwirbelnde Steine immer wieder Anschläge auf die Karosserie. Bei hohem Tempo werden selbst winzige Sandkörner zu Geschossen, die wie Meteoriten im Lack einschlagen. Im Winter sind vor allem Frontpartie und vordere Klappe durch Rollsplitt gefährdet.
Auch für Nano-Lack gilt: Schäden möglichst schnell ausbessern. Die Technologie ist zwar nicht mit Sprayflasche oder Tupfpinsel nachzuvollziehen, aber für Kosmetik und Schutz reicht die übliche Prozedur durchaus hin. Steinschlagschäden z. B. sind kein Drama. Auch ein Parkrempler mit Kratzern und Schrammen bietet keinen Anlass zur Panik. Solche Stellen lassen sich ebenso wie Fremdlack mit Lackreiniger oder Schleifpolitur oft einfach auspolieren. Die Lackbezeichnung und den Code für die Farbe Ihres Wagens finden Sie in Ihren Fahrzeugpapieren.
Viele Hersteller bieten für Lackschäden durch Steinschlag (etwa in der Größe eines Stecknadelkopfes) Reparatursets an, die sich leicht handhaben lassen. Eine Alternative ist Tupflack, bei dem der Krater mit einem Pinsel in mehreren Lackschichten aufgefüllt wird. Kosmetisch helfen für kürzere Perioden auch Wachsstifte in Wagenfarbe.

Lack pflegen und konservieren

Arbeitsschritte

1 Vor der Lackpolitur das Fahrzeug gründlich waschen und trocknen. An einer unauffälligen Stelle prüfen, ob der Autolack die Politur verträgt. Vorsicht bei Lackreinigern: Nur dünne Schichten in mehreren Durchgängen auftragen.

2 Politur oder Lackreiniger mit Baumwoll- oder Synthesewatte (handballengroße Stücke) oder weichem Schwamm oder Tuch (kein Kunstfaserlappen) auftragen. Mit sanftem Druck kreisförmig einreiben. Immer nur kleine Flächen vornehmen. Der entstehende trockene weiße Belag wird mit einem Watteballen in kreisenden Bewegungen auspoliert. Vorsicht an Kanten bei verwittertem Lack! Nach einiger Zeit geht das Polieren schwerer, weil Wachs- und Pflegemittelpartikel die Bewegungen einbremsen. Dann Watteballen wenden oder erneuern. Zum Abschluss den Lack mit sauberem Baumwolllappen abreiben, um Poliermittelreste und Watteflusen zu entfernen.

3 Autowachs mit Watte auftragen. Die Größe der zu bearbeitenden Fläche hängt vom verwendeten Produkt ab. Am besten geeignet sind lösungsmittelfreie Konservierer auf Wasserbasis. Für Fahrzeuge von Mercedes-Benz sollen das Konservierungsmittel 000 989 33 58 von DaimlerChrysler oder VP 195 von Pfinder verwendet werden.

4 Die Flüssigkeit mit Watteballen in kreisenden Bewegungen gleichmäßig und druckvoll einreiben. So erzeugt man den besten Tiefenglanz! Die Watte muss mit nur wenig Widerstand über den Lack gleiten können. Deshalb häufig die Watte wenden und rechtzeitig wechseln.

5 Weist der Lack nach dem Konservieren Streifen oder Wolken auf, liegt das meist an verschmierten Farbpartikeln, die eine vorhergehende Politur hinterlassen hat. An diesen Stellen nochmals mit einer Politur beginnen.

Polieren und Wachs auftragen am besten mit Watteballen.

Lackschäden ausbessern

Arbeits-schritte

1 Stehen rund um den Lackkrater (Steinschlag) Ränder ab: Mit Nadel abheben. Stelle mit Waschbenzin oder Verdünnung reinigen, gründlich trocknen. Haftgrund in den Sprühdosendeckel spritzen und mit Tupfpinsel oder Fingerkuppe dünn auftragen. Haftgrund trocknen lassen.

2 Abgeriebene Fremdfarbe mit Polierwatte, Schleifpolitur oder Lackreiniger in mehreren Arbeitsgängen aus dem Decklack reiben. Polierfläche möglichst klein halten. Wenig Spachtel bündig zur umgebenden Lackfläche in den Krater drücken und trocknen lassen. Mit Lappen und Verdünnung die Spachtelflecken vom Lack wischen.

3 Raue Ränder mit feinstem Nassschleifpapier (mindestens Körnung 600) behutsam glatt schleifen. Schleifpapier immer wieder anfeuchten.

4 Wenig Lack in Dosendeckel sprühen, eine Minute ablüften, mit Fingerkuppe oder spitzem Pinsel auftragen. Lack vollständig trocknen lassen, im Sommer etwa zwei, im Winter fünf Tage. Die Stelle mit Politur, die Übergänge bei Bedarf mit einem Lackreiniger bearbeiten.

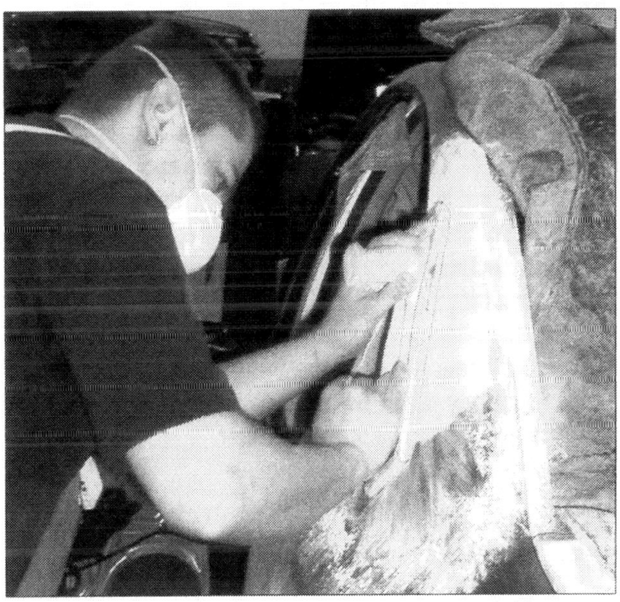

Beschleifen einer größeren Spachtelfläche an der Seitenwand. Hierzu sind ein Schleifbrett zur Führung des Schleifpapiers und ein Mundschutz gegen den Staub ratsam.

5 Bei tiefen Schrammen an Stoßfänger oder Kotflügel das Karosserieteil ausbauen. Fläche mit Schleifpapier (Körnung 80 oder 100) eben schleifen. Sollte Rost vorhanden sein, bis aufs blanke Blech schleifen, Rostumwandler auftragen, eine Stunde wirken lassen. Mit Waschbenzin oder Verdünnung reinigen und entfetten, trocknen lassen.

6 Spachtel (macht die Schadstelle zum angrenzenden Lack bündig) und Härter mischen. Immer nur kleine Mengen gleichmäßig und zügig in mehreren dünnen Schichten auftragen. Riefen mit Spritzspachtel ausgleichen. Nach etwa einer Stunde Aushärtung Unebenheiten mit Trockenschleifpapier (Körnung 240) vorsichtig abschmirgeln. Feinschliff mit Nassschleifpapier (Körnung 400) und wenig Druck. Schleifstaub sorgfältig abwischen.

7 Die Schadstelle mit wasserfestem und dehnbarem Lackierer-Klebeband sowie einer Folie abkleben. Haftgrund (Füller) sprühen und trocknen lassen, mit Nassschleifpapier (Körnung 600) plan schleifen. Decklack aus der Sprühdose (Abstand 20 bis 30 Zentimeter) gleichmäßig und zügig in mehreren Schichten auftragen.

8 Die Ränder des Klebebandes an der Reparaturstelle lösen, umknicken und diese Stellen nachsprühen. Das macht den Übergang zum Originallack unscharf.

9 Nach vollständiger Trocknung die ausgebesserte Stelle mit Politur, die Übergänge mit Lackreiniger bearbeiten. Konservieren und das ganze Fahrzeug polieren.

Die Methode »Spot Repair« der Firma Glasurit verbindet die Spritzpistolen-Arbeit der Profis (Bild) mit dem Einsatz von Spraydosen. So erhält man gute Lackflächen.

DIE FAHRZEUG-REPARATUR

Bestens ausgerüstet ist man mit (1) Auffahrrampe, (2) Hocker/Unterrollwagen und (3) rollbarem Werkzeugschrank.

Hinweise, Tipps, Arbeiten

Nur wenn der Arbeitsplatz geeignet ist, die Ausrüstung stimmt und das benötigte Material bei Bedarf zur Verfügung steht, können Sie am Reparieren auch Spaß haben. Als Arbeitsplatz tauglich ist eine ausreichend breite und gut beleuchtete Garage mit Stromanschluss. Sie können auch im Freien zum Werkzeug greifen. Wichtig ist dann aber eine ebene und befestigte Fläche. Die beste Empfehlung für Selbstschrauber allerdings ist in aller Regel die Mietwerkstatt.

Die meisten Mietwerkstätten bieten mehrere Arbeitsplätze. Mit freien Plätzen ist während der Woche eher zu rechnen als am Wochenende, wenn alle Autobastler zum Werkzeug greifen. Adressen finden Sie in den Gelben Seiten, in Anzeigen im Autoteil von Tageszeitungen und Anzeigenblättern oder Sie können sie bei einer Tankstelle erfragen. Automobilverbände empfehlen zur erfolgreichen Adressensuche die Reparatur- und Verleihführer.

In Mietwerkstätten ist es möglich, eine Hebebühne zu nutzen, auf der sich viele Arbeiten überhaupt erst ausführen und andere viel einfacher bewerkstelligen lassen. Man sollte sein eigenes Werkzeug mitbringen, doch es ist immer auch einiges Spezialwerkzeug wie Kolbenrücksetzer für die Bremssättel o. Ä. vorhanden. Schweißgeräte können extra gemietet werden, und oft genug steht auch ein Fachmann mit gutem Rat und bewährten Praxistipps zur Verfügung.

Umsichtig vorbereiten

Arbeit in der Mietwerkstatt lohnt sich nur, wenn die Reparatur flott von der Hand geht und eine angefangene Arbeit auch direkt zu Ende geführt werden kann. Das zwingt zu akribischer Vorbereitung. Die benötigten Ersatzteile sollten spätestens am Tag der Arbeit parat sein. Ersatzteile nach Liste kaufen, dabei an Zubehör wie Dichtungen, Sicherungsringe, Schlauchschellen, Clipselemente oder selbst sichernde Muttern denken.

Reparaturen, deren Umfang man nicht genau abschätzen kann, sollten auf einen Termin gelegt werden, der einen außerplanmäßigen Besuch beim Händler erlaubt. Nehmen Sie den Fahrzeugschein und die auf einem Zettel notierten Angaben von Fahrzeugkarte und Karosserieschild mit (Kapitel »Das Modell«). Mit diesen Informationen kann ein geschulter Ersatzteilverkäufer das passende Teil aus dem Katalog oder von der CD-ROM des Herstellers ermitteln. Ganz sicher geht, wer das ausgebaute Altteil mitbringt.

Alle Ersatzteile für den Reparaturfall erhalten Sie bei einem Mercedes-Vertrags-Händler. Aber der Zubehörhandel hält ebenfalls ein breites Angebot bereit, darunter auch Teile von Firmen, die Daimler-Chrysler beliefern. Vergleichen Sie die Preise, wenn Service und Lieferfähigkeit gleich sind.

Fremd- und Austauschteile

Fachzeitschriften zufolge sind Preisunterschiede bis zu 35 Prozent die Regel. Bei typenoffenen Serviceketten kann der Kunde manchmal bis zu 60 Prozent sparen, 20 Prozent sind jedenfalls immer drin – und zwar meist für dieselbe Qualität, oft sogar für die exakt gleichen Ersatzteile.

Auf No-name-Produkte sollten Sie beim Ersatzteilkauf allerdings verzichten. Denn erstens macht das die eventuell fehlende Beratung beim Kauf von Verschleißteilen nicht wett, und zweitens könnte die Garantie auf das betreffende Teil und von ihm in Mitleidenschaft gezogene Teile in Gefahr geraten. Während der Garantiefrist soll der Wagen ohnehin in der Vertragswerkstatt gewartet und repariert werden.

Bei sicherheitsrelevanten Ersatzteilen ist Sparsamkeit fehl am Platz. Bremsbeläge, Bremsscheiben, Radlager, Antriebswellen und Gelenke sollte man grundsätzlich in Erstausrüster- oder Originalqualität kaufen. Andere Produkte entsprechen oft genug nicht der für die Sicherheit unerlässlichen Mindestqualität. Fahrzeughersteller schreiben z. B. ein spezielles Bremsbelagmaterial vor (Kennnummer: »Allgemeine Betriebserlaubnis« ABE). Wird nach einem ernsteren Unfall eine nicht freigegebene Belagsmischung festgestellt, kann sich dies zu Ihren Ungunsten auswirken.

Schraubendreher mit stabilem, rutschfestem Griff für Schlitz-, Kreuzschlitz- und Torxschrauben sind ebenso ein Muss...

...wie Gabel- und Ringschlüssel mit 6 bis 19 mm Weite, die größeren doppelt für gekonterte Schraubverbindungen.

Praxistipp

Mängel bei gebrauchten Teilen

Gebrauchte Pkw-Ersatzteile sind häufig schadhaft. Neben Verschleißschäden weisen sie oft Schäden durch unprofessionellen Ausbau, nicht sachgemäße Lagerung, fehlende Wartung und ungeeignete Transportverpackungen auf. In Untersuchungen des Kraftfahrzeugtechnischen Instituts KTI wurde festgestellt, dass Komponenten der Bremsanlage, Antriebswellen, Elektronikbaugruppen und andere Teile gravierende Sicherheitsmängel wie Korrosion, Deformation oder Undichtigkeit aufwiesen. Die meisten Teile seien zu alt, in einem schlechten Zustand und unzureichend gekennzeichnet. Laut KTI sind jüngere gebrauchte Teile in besserem Zustand häufig gar nicht zu

Trotz häufiger Mängel bei gebrauchten Teilen (siehe Praxistipp) lohnt bei vielen Ersatzteilen doch der Secondhand-Kauf. Austauschteile haben oft die Neuteil-Qualität, sind deutlich billiger (50 bis 75 Prozent) und werden mit gleicher Garantie geliefert. Auch der Zubehörhandel und manchmal ein Autoverwerter bieten neuwertige Austauschteile an.

Bei Schäden an Kurbeltrieb, Kolben und Ölwanne lohnt sich der Kauf eines Teilmotors. Zylinderkopf und Nebenaggregate übernimmt man vom alten Motor. Ein kompletter Austauschmotor macht nur bei einem jüngeren, gut erhaltenen Fahrzeug Sinn. Ein Anschriftenverzeichnis von Firmen für Komplett- und Teilüberholung von Motoren und Reparaturen nach Qualitätsrichtlinien erhalten Sie aus dem Internet:

Original-/Fremdteile	Bremsleitungen
Anlasser	Kupplung
Ölfilter	Reparaturbleche
Lichtmaschine	**Austauschteile**
Glühlampen	Anlasser
Scheinwerfer	Kupplungsdruckplatte
Keilriemen	Schwungrad
Stoßdämpfer	Antriebswellen
Radbremszylinder	Kurbelwelle mit Lagern
Bremsschläuche	Zylinderkopf
Lack	Lichtmaschine
Motordichtungen	Scheibenbremssättel
Zündkabel	Kupplungs-Mitnehmerscheibe
Zündkerzenstecker	Getriebe
Gelenkwellen	Zylinderblock mit Kolben
Hauptbremszylinder	Teilmotor

www.vmi-ev.de
oder direkt beim
Verband der Motoren-instandsetzungsbetriebe e.V.
Christinenstr. 3 / 40880 Ratingen
Tel.: 0 21 02/ 44 72 22 / Fax: 0 21 02/ 44 72 25
E-mail: info@vmi-ev.de

Der VMI vertritt als Berufsverband die Interessen aller Motoren-Instandsetzungsbetriebe in Deutschland. Z. Zt. sind ca. 130 Mitgliedsunternehmen, die sich mit der Instandsetzung von Diesel- und Ottomotoren befassen, dem Verband angeschlossen. Ferner gehören ihm 35 Teilehersteller, Motorenteilehändler sowie Betriebe für Motorenbearbeitungsmaschinen und Werkzeuge als fördernde Mitglieder an.

Die Werkzeuge

Nur vollständiges und gutes Werkzeug garantiert Ihnen das gewünschte Ergebnis. Überprüfen Sie daher Ihre Ausrüstung, bevor Sie mit der Arbeit beginnen. Schlechtes Werkzeug, das sich schon bei der ersten verrosteten Schraube verbiegt oder ausbricht, bringt Probleme und verdirbt den Spaß an der Bastelei. Achten Sie beim Kauf auf Qualität! Gute Werkzeuge werden aus einwandfreiem Material hergestellt und arbeiten stets maßgenau.

Grundwerkzeuge

Zu den Grundwerkzeugen gehören neben

- Schraubendrehern, Ring-, Maul- und Inbusschlüsseln (Fotos auf voriger und folgender Seite) auch
- Seitenschneider, Kombizange und Wasserpumpenzange mit mindestens 240 mm Länge. Damit trennen, biegen, halten und drehen Sie so ziemlich alle Werkstoffe und -stücke.

Empfindliche Bauteile wie Lager, gegossene oder gehärtete Teile sollten nur mit einem

- Kunststoff- oder einem Gummihammer bearbeitet werden, um etwaige Schäden zu vermeiden. Der Schlosserhammer hingegen wird benutzt, um z. B. mit einem Durchschlag festsitzende Bolzen aus Verbindungen zu lösen.
- Ein Körner hilft bei Bohrarbeiten an Metallen.

- Durchschläge (Durchmesser 3 und 6 mm) sind bei Montage- und Demontagearbeiten an Fahrwerk, Motor und Bremsen universell einsetzbar.
- Flachmeißel mit gehärteter Schneide werden oft an deformierten oder festgerosteten Schraubverbindungen gebraucht.

Körner, Durchschläge und Flachmeißel werden neuerdings auch mit Griffummantelungen aus Kunststoff angeboten. Sie liegen damit griffiger in der Hand, und eine tellerartige Erweiterung schützt die haltende Hand vor dem Hammerschlag.

Für die Elektrik sind

- Quetschzange, isolierte Kombizange, Phasenprüflampe mit Nadelspitze und Massekabel sowie isolierte Schraubendreher nötig.

Für Motorraum und unterm Fahrzeug brauchen Sie einen

- Steckschlüsselsatz mit den Größen 10 bis 32 mm und Umschaltknarre mit 1/2-Zoll-Antrieb.

Für den Innenraum ist der

- Schlüsselsatz 6 bis 13 mm, 1/4-Zoll erforderlich.

Seitenschneider, Kombizange und Wasserpumpenzange.

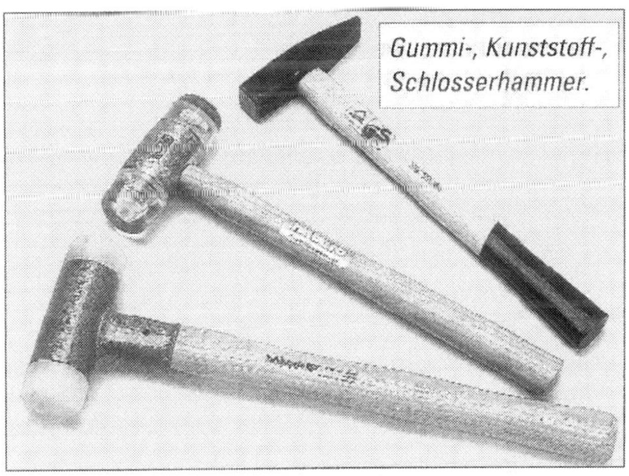

Gummi-, Kunststoff-, Schlosserhammer.

Spezialwerkzeuge

Mit der Grundausstattung können Sie viele Wartungen und Reparaturen selbst erledigen. Sie ist unentbehrlich für vernünftige Arbeit. Aber sie reicht für viele Fälle nicht aus. Dann brauchen Sie spezielles Werkzeug. Sinnvolle Anschaffungen sind:

- Handstablampe: Gut fürs Schrauben unter dem Auto oder im Motorraum, im Innenraum und in weniger gut beleuchteten Garagen. Wasserdicht, mit Blendschutz, ölresistentem Kabel und schlagsicherem Kunststoffgehäuse.
- Gripzange und Schraubzwingen: Die Maulweite der Gripzange kann am Griffteil exakt eingestellt werden. Eine Schraubzwinge, erhältlich in vielen Größen, ist beim Montieren Ihre dritte Hand.
- Abzieher: Auch für Heimwerker lohnt sich die Anschaffung dieses Werkzeugs zum Lösen von Radnaben oder zum Herauspressen von Achsgelenken aus der Führung.
- Drehmomentschlüssel (Automatikschlüssel): Zur präzisen Beachtung von Anzugsdrehmomenten.
- Ölfilterschlüssel: Wichtig für den Ölwechsel. Günstig ist ein Universalschlüssel.
- Fühlerblattlehre: Zum Prüfen das Ventilspiels oder des Spaltmaßes von Gebern (Drehzahlgeber etc.).

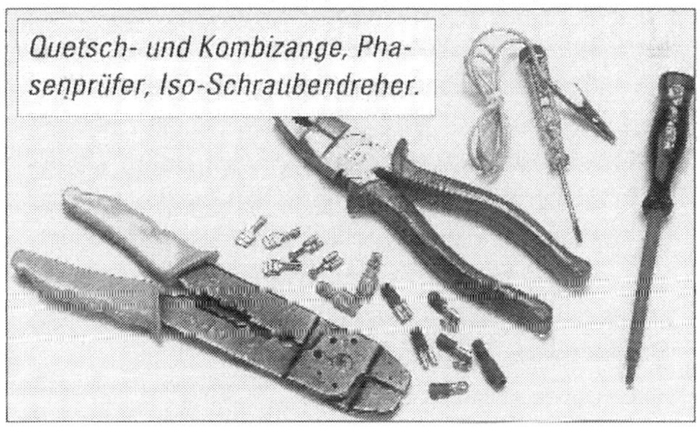

Quetsch- und Kombizange, Phasenprüfer, Iso-Schraubendreher.

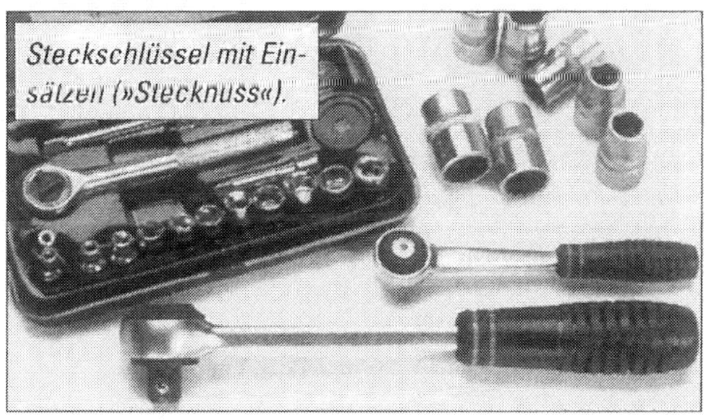

Steckschlüssel mit Einsätzen (»Stecknuss«).

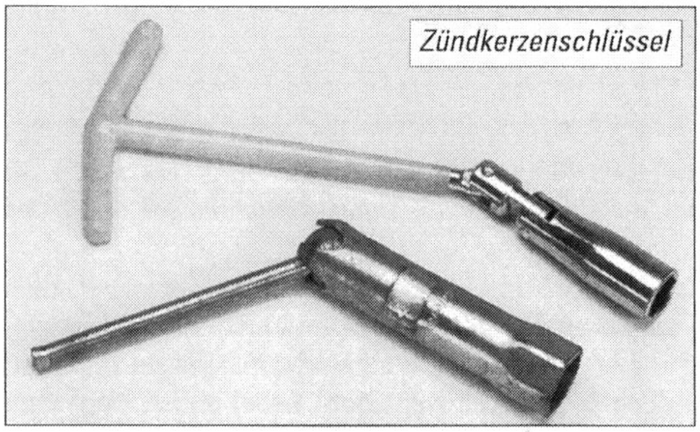
Zündkerzenschlüssel

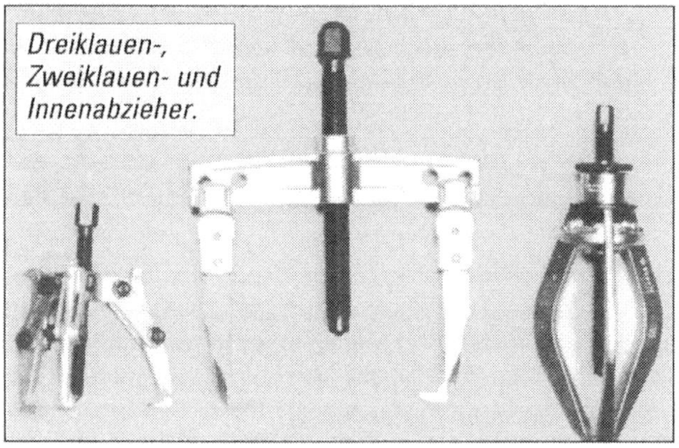
Dreiklauen-, Zweiklauen- und Innenabzieher.

Praxistipp

Empfohlenes Bordwerkzeug

Wagenheber und Schraubendreher sollten stets an Bord sein. Dazu kommen ein Radkreuz (1), mit dem sich die Radschrauben wesentlich leichter lösen lassen als mit dem relativ kleinen Schlüssel im Bordwerkzeug, eine Kombizange (2), Ersatzkabel (3) und Isolierband (4). Ebenfalls sinnvoll: Ein Satz der gebräuchlichsten Lampen (5), Ersatzsicherungen (6), Abschleppseil (8) oder -stange, Starthilfekabel (7) und Taschenlampe (9).

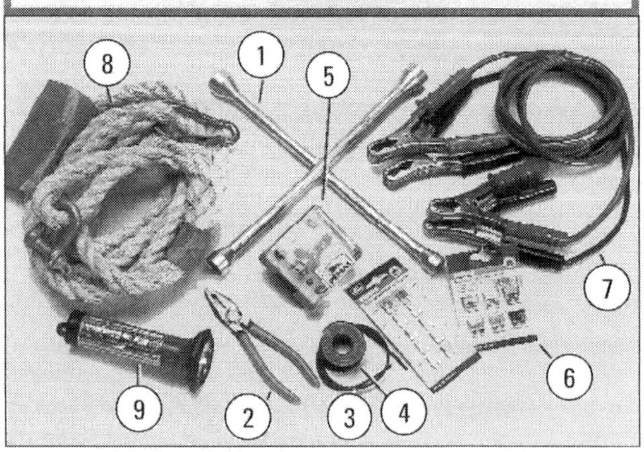

- Messinstrument (Multimeter): Unerlässlich für exakte Messungen an elektronischen Bauteilen. Es gibt auf die Autoelektrik abgestimmte Geräte.
- Ein Batterieladegerät mit automatischer Ladestromanpassung ist vor allem im Winter wichtig, wenn häufig nur kurze Strecken gefahren werden.
- Durchgangsprüfer und Abisolierzange sind weitere wichtige Geräte für Arbeiten an der Fahrzeugelektrik. Die Prüferlampe liefert eine zuverlässige Aussage, ob Spannung an den Prüfspitzen anliegt.

Sicherheit geht vor

Sicherheit hat beim Heimwerken absolute Priorität. Wagen Sie sich nur an Arbeiten, die Sie sich wirklich zutrauen können. Nehmen Sie handwerkliche Aufgaben, mit denen Sie in der Praxis wenig oder gar keine Erfahrung haben, nicht auf die leichte Schulter. Mangelhaft ausgeführte Arbeiten können fatale Folgen haben. Das gilt im Straßenverkehr nicht nur für Sie, sondern auch für Dritte.

Beachtenswerte Hinweise

- Bei allen Wartungs- und Reparaturarbeiten sollte das Rauchen strikt unterbleiben.
- Tragen Sie beim Blechtrennen oder bei Arbeiten mit laufendem Motor Ohrenschützer.
- Arbeitshandschuhe sind gut gegen Schmutz oder Abschürfungen an scharfem Blech. Wenn Sie mit der Handbohrmaschine arbeiten, sollten Sie wegen der Gefahr durch das rotierende Bohrfutter aber besser keine Handschuhe tragen.
- Bohren, Schleifen und Meißeln sowie Arbeiten unter dem Fahrzeug stets nur mit Schutzbrille.
- In Montagegruben auf gute Belüftung achten.
- Wenn Sie größere Flächen am Fahrzeug lackieren: Schutzmaske tragen, für gute Belüftung sorgen!
- Oberste Vorsicht an Zündanlagen! Prüfungen an der Anlage nur bei Motorstillstand durchführen. Prüfaufbau so einrichten, dass Sie bei doch nötigem Motorlauf nicht die Hand anlegen müssen, denn der Primärstromkreis hat Spannung bis 30.000 Volt.

- Durchgebrannte Sicherungen müssen Sie immer durch neue Sicherungen desselben Typs und identischer Stromstärke in Ampere (A) ersetzen. Niemals Drahtbrücken einbauen! Die Folge solcher Behelfsmaßnahmen können Schäden an Bauteilen im betreffenden Stromkreis oder sogar Kabelbrände sein.
- Sprühdosen, Altöl, Bremsflüssigkeit, alte Bremsbeläge oder Farbdosen sind Sondermüll. Sie müssen entsprechend entsorgt werden.
- Rangierwagenheber sind ideal mit Fußpedal zum Hochpumpen. Aber beachten Sie: Heber mit zu kleinen Rädern werden unter Last unbewegbar!

Praxistipp

Vorsicht bei Rückhaltesystemen

Vermeiden Sie Schraub- oder Reparaturversuche an der Sicherheitsausstattung! Lenkrad, Armaturenbrett, Vordersitze und Rollgurte sind mit Sicherheits-Rückhalte-Systemen (SRS) ausgestattet. Bei unsachgemäßer Handhabung der Airbags und Gurtstraffer kann es zu schweren Unfällen kommen.
Instandsetzungsarbeiten sollten der Fachwerkstatt überlassen bleiben. Mechaniker, die an Rückhaltesystemen arbeiten, müssen spezielle Schulungen nachweisen und bei den zuständigen Behörden gemeldet sein. Diese Bauteile fallen unter das Sprengstoffgesetz. Also: Hände weg!

Anschleppen und Abschleppen

Eine Grundregel beim Anschleppen/Abschleppen lautet: Beide Fahrer müssen mit den Besonderheiten beim Schleppvorgang vertraut sein. Ungeübte sollten weder an- noch abschleppen.
Wenn ein Abschleppseil verwendet wird, raten wir zu einem elastischen Kunstfaserseil, um die Fahrzeuge zu schonen. Besser ist eine Abschleppstange, die laut Mercedes-Benz-Vorschrift unbedingt verwendet werden muss, wenn der Motor nicht läuft, die SBC-Bremsanlage gestört ist oder Energieversorgung/Bordnetz nicht einwandfrei funktionieren.

Vorgesehene Ösen verwenden!

Stange oder Seil zum An- oder Abschleppen sollten grundsätzlich nur an den dafür vorgesehenen Ösen angebracht werden! Die Gewindelöcher für die Öse aus dem Bordwerkzeug befinden sich unter Abdeckungen vorn und hinten rechts in den Stoßfängern. Die Abdeckungen werden an der Markierung eingedrückt und dann abgenommen. Die Öse nach rechts bis zum Anschlag eindrehen und mit dem Griff des Radschlüssels aus dem Bordwerkzeug festziehen.
Zum Abnehmen wieder den Griff des Radschlüssels in die Öse schieben und nach links drehen. Öse abschrauben, Abdeckung aufsetzen und bis zum Verrasten hineindrücken.
Die Abschleppösen können auch verwendet werden, um das Fahrzeug für einen erforderlichen Abtransport auf den Anhänger oder Transporter zu ziehen. Für den Transport bei Fahrzeugen mit Schaltgetriebe den Gang herausnehmen, bei Fahrzeugen mit Automatik Wählhebel auf »N« stellen. Fahrzeug nur an den Rädern/Felgen festzurren, nicht an Fahrwerksteilen!

Anschleppen

Schleppen Sie grundsätzlich nur dann an, wenn keine Möglichkeit besteht, den Motor mit Starthilfekabeln zu starten. Fahrzeuge mit automatischem Getriebe dürfen (siehe auch MB-Betriebsanleitung) überhaupt nicht durch Anschleppen gestartet werden! Funktioniert das Starten mit Kabel nicht: abschleppen oder abtransportieren lassen!
Wegen einer drohenden Beschädigung des Abgaskatalysators darf der Wagen bei betriebswarmem Kat höchstens 50 Meter weit angeschleppt werden. Unverbrannter Kraftstoff kann sonst in den Katalysator gelangen und zu Beschädigungen führen.
Beim Anschleppen sind vier Dinge zu beachten:

- Vor dem Anschleppen den 2. oder 3. Gang einlegen, Kupplungspedal treten und halten.
- Zündung einschalten, damit das Lenkrad nicht blockiert ist und die Blinkleuchten, das Signalhorn, die Scheibenwischer und die Scheibenwaschanlage eingeschaltet werden können.
- Wenn beide Fahrzeuge in Bewegung sind, das Kupplungspedal loslassen.
- Sobald der Motor angesprungen ist, Kupplung treten und Gang herausnehmen, um ein Auffahren auf das Zugfahrzeug zu vermeiden.

Abschleppen

Das abschleppende Fahrzeug darf nicht leichter sein als das geschleppte. Die Batterie muss angeklemmt und aufgeladen sein. Vor dem Abschleppen die automatische Türverriegelung ausschalten. Beim Abschleppen stoßartige Belastungen und zu starken Zug vermeiden. Ziehenden Wagen weich einkuppeln und Abschleppseil stets straff halten!

Zündung einschalten (Lenkrad, Blinkleuchten, Hupe, Scheibenwischer). An beiden Fahrzeugen die Warnblinkanlage einschalten. Da der Bremskraftverstärker nur bei laufendem Motor arbeitet, muss das Bremspedal wesentlich kräftiger getreten werden.

- Nicht schneller als mit 50 km/h fahren!
- Nicht weiter als 50 Kilometer abschleppen! Muss die Strecke länger sein: Gelenkwellen ausbauen!

Fahrzeuge mit **Schaltgetriebe**:
Sicherstellen, dass kein Gang eingelegt ist!
Fahrzeuge mit **Automatikgetriebe**:
Der Wählhebel muss sich in Stellung »N« befinden.
Bei Getriebeschaden darf das Fahrzeug nur mit abgeflanschter Gelenkwelle abgeschleppt werden. Über längere Strecke nur mit angehobener Hinterachse abschleppen. Dann muss allerdings die Zündung ausgeschaltet sein, damit nicht ein ESP-Eingriff die Bremsanlage beschädigt. 4Matic-Fahrzeuge dürfen nicht mit angehobener Achse abgeschleppt werden. Also: abtransportieren!

Aufbocken und Heben

Mit dem Spindelwagenheber des Bordwerkzeugs lässt sich das Fahrzeug für einfache Arbeiten wie den Radwechsel hoch genug heben. Die MB-Betriebsanleitung rät aus Sicherheitsgründen von der gängigen Methode ab, eine Bohle unter den Heber zu legen, um die Hubhöhe zu vergrößern. Bei weichem Untergrund sollte aber stets ein etwa 2 cm dickes Brett von 30 x 30 cm Fläche gegen Eindrücken untergelegt werden.

Der Bordwagenheber ist auf jeden Fall nur für Pkw vorgesehen, nicht für schwerere Fahrzeuge. Er darf auch nur dazu dienen, das Auto anzuheben. Eine ausreichende Abstützung für Arbeiten an der Wagenunterseite stellt er nicht dar, dazu brauchen Sie Unterstellböcke (Bild unten) oder Auffahrrampen (Bild zu Kapitelbeginn).

Schon bei kleineren Reparaturen wie dem Wechseln der Bremsbeläge soll das angehobene Fahrzeug mit Unterstellböcken gesichert sein. Arbeiten Sie niemals ohne diese Sicherung, es besteht Gefahr für Leib und Leben! Die Böcke gibt es in verschiedenen Größen und Ausführungen. Sehr wichtig ist, dass sie eine genügend große Standfläche haben. Besonders praktisch ist der Dreibeinbock mit klappbaren Füßen (Bild). Ein Paar davon reicht meist völlig aus.

Für den Ausbau von Aggregaten wie Motor, Getriebe oder Achsen muss das Fahrzeug auf die Hebebühne. Je nach Art der Arbeit wird es dort gesichert

Fahrzeug aufbocken

Arbeitsschritte

1 Wagen ausräumen, auf ebenen Untergrund stellen, Feststellbremse treten und zumindest eines der Räder gegenüber der Anhebestelle gegen Wegrollen sichern. Dazu Keil aus dem Bordwerkzeug, Holzkeile oder Steine verwenden.

Unterstellbock am Wagen. Am Unterboden gibt es auf jeder Fahrzeugseite zwei Aufnahmen (1). Sie sind mit je einer Kunststoffschraube (2) an den beiden Längsträgern (3) befestigt (Detailbilder).

2 Bordwerkzeug und Wagenheber, ggf. auch Reserverad oder Reparaturset »Tirefit« aus dem Fahrzeug entnehmen. Bordwerkzeug und Heber (Bild unten) sind bei der Limousine im Kofferraum und beim T-Modell im Laderaum hinten links unter einer Abdeckung untergebracht. Kofferraumboden hochklappen und den Haltebügel oben am Kofferraumrahmen einhängen oder Entriegelungsgriff hinten am Laderaumboden ziehen und den Boden hochklappen. Beim T-Modell muss beachtet werden, ob das Fahrzeug mit Klappsitzbank oder/und zusätzlichem »Easy-Pack«-Laderaumboden ausgestattet ist. Dazu dann der Betriebsanleitung folgen!

3 Den Wagenheber unter den gewünschten der vier Aufsetzpunkte stellen und auf sicheren, rutschfesten Stand achten. Ein oder zwei Räder sichern. Heberschere durch Drehen der Kurbel um etwa fünf Umdrehungen, jedenfalls bis gerade Fahrzeughöhe öffnen und mit der Auflagefläche unter den Wagenheber-Ansatzpunkt am Wagenunterholm schieben. **Achtung:** Nur an den Punkten hinter den Radläufen der Vorderräder und vor den Radläufen der Hinterräder anheben!

4 Wagenheber hochkurbeln. Heberkopf mit der linken Hand gegen den Aufnahmepunkt drücken, mit der rechten Hand die Kurbel im Uhrzeigersinn drehen, den Wagenheberfuß gegen den Boden drücken. Wagenheber muss senkrecht stehen und darf nicht nach einer Seite abkippen!

5 Wenn der Heber sicher steht, auf die nötige Arbeitshöhe kurbeln. Unterstellböcke an den Längsträger-Aufnahmen ansetzen. Blechfalze und Bremsleitungen nicht eindrücken oder einklemmen.

6 Der Dreibein-Unterstellbock steht am sichersten, wenn ein Bein nach außen und zwei zur Wagenmitte zeigen. Beim Anheben des Wagens darf der auf der anderen Seite bereits angesetzte Bock nicht seitlich weggedrückt werden!

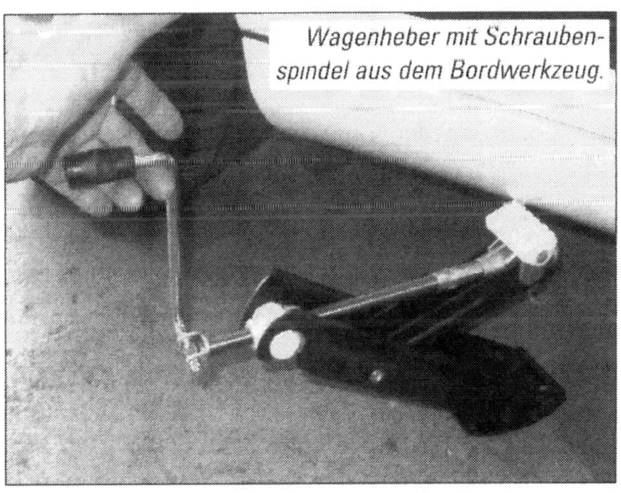

Wagenheber mit Schraubenspindel aus dem Bordwerkzeug.

Fahrzeug mit der Hebebühne anheben

Arbeitsschritte

Neben dem Aufbocken ist für die Arbeit unter dem Fahrzeug auch eine Montagegrube gut. Für viele Arbeiten an Motor und Getriebe sowie für den Ein- und Ausbau der Aggregate muss das Fahrzeug jedoch mit einer Hebebühne sicher in die richtige Arbeitshöhe gebracht werden.

1 Fahrzeug zwischen den Säulen der Zweisäulen-Hebebühne ausrichten und die vier Aufnahmeteller an den von DCAG vorgeschriebenen Aufnahmepunkten platzieren. Siehe dazu auch die Hinweise zum Aufbocken mit den Abbildungen zu den Auflagepunkten. Besonders beachten:

- Fahrzeug in Längs- und Querrichtung ausmitteln.
- Aufnahmeteller auf gleichem Höhenniveau platzieren.
- Fahrzeug leicht anheben, dann den korrekten Sitz der Aufnahmeteller an den Aufnahmepunkten des Fahrzeugs prüfen.
- Fahrzeug darf sich beim Abstützen von Bauteilen nicht vom Aufnahmeteller der Hebebühne abheben.

2 Zum Ausbau der Unterbodenverkleidungen den Vierer-Adaptersatz 203589023100 von Mercedes-Benz benutzen. Die Adapter (2) werden in die Aufnahmepunkte (1) an den Seitenschwellern eingeclipst (Bild unten). Durch Verdrehen nach links oder rechts (Pfeil) werden die Aufnahmeteller (3) der Hebebühnentragarme (4) an die Fahrzeughöhe angepasst. Die Teller werden dazu so weit gedreht, bis sie an den Adaptern anliegen. Werden keine Adapter verwendet, müssen die Aufnahmeteller an den Aufnahmepunkten der Seitenschweller anliegen. Fahrzeug anheben.

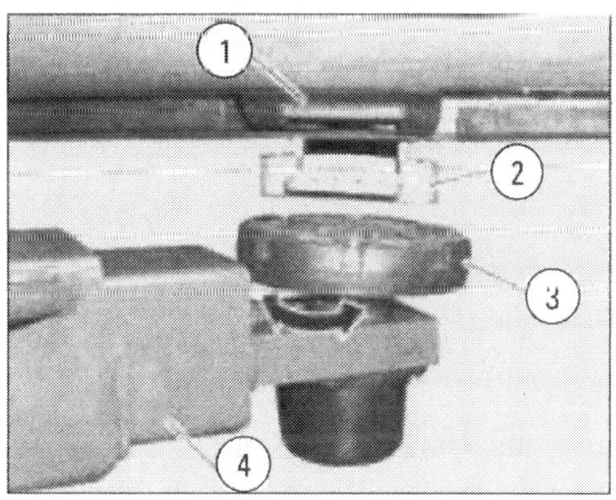

(1) Aufnahmepunkt am Fahrzeug, (2) Adapter MB 203589023100, (3) Aufnahmeteller der Hebebühne, (4) Tragarm der Hebebühne.

3 Zum Ausbau von Aggregaten wie Motor, Getriebe oder Achsen muss das Fahrzeug gegen Kippen oder Herunterfallen gesichert werden. Zu diesem Zweck werden Hebebühnensicherungen (1, Bilder unten) eingesetzt. Die Sicherungen haben die MB-Nummer 171589013100 und bestehen aus der abgebildeten eigentlichen Sicherung und einem Spannband mit Mechanismus. Sie müssen stets paarweise, also an zwei Stellen, in den Längsträgern des Fahrzeugs montiert werden. Sie können beide vorn, beide hinten oder beide auf einer Seite montiert werden. Dazu:

- Die Kunststoffschrauben (2) der Hebebühnenaufnahmen (1) am Fahrzeug herausdrehen (Bild Seite 32).
- Die Hebebühnenaufnahmen aus den Längsträgern des Fahrzeugs heraushebeln. Keine scharfkantigen Werkzeuge verwenden, da dies zu Beschädigungen am Längsträger führen könnte.
- Die Hebebühnensicherungen (1) in die Längsträger einsetzen und den Hebel (2) der Sicherungen nach rechts schwenken. Dadurch werden die Sicherungen an den Längsträgern arretiert (Bild unten).

3 Aufnahmeteller (4) der Hebebühnenarme (3, Bild unten) so weit verdrehen, bis sie an den Hebebühnensicherungen bzw. an den Hebebühnenaufnahmen der Längsträger anliegen. Damit sind die Aufnahmeteller an die Höhe der Hebebühnensicherungen bzw. an die Höhe der restlichen Hebebühnenaufnahmen angepasst.

(1) Hebebühnensicherung, (2) Hebel, (3) Hebebühnenarm, (4) Aufnahmeteller.

4 Fahrzeug mit Hebebühne anheben, Sicherungen mit Spannbändern an den Hebebühnenarmen festzurren.

5 Abmontieren der Hebebühnensicherungen und Absenken des Fahrzeugs erfolgen sinngemäß umgekehrt.

6 Wenn zum Anheben des Fahrzeugs keine Hebebühne, sondern nur Grubenlift oder Rangierwagenheber zur Verfügung stehen, darf der Stempel des Hebers nur an den von der DCAG dafür vorgesehenen Aufnahmepunkten an Vorderachse und Hinterachse angesetzt werden, um Schäden an Achsen, Aggregaten oder Karosserie zu vermeiden. Das Fahrzeug muss gegen Kippen und Herunterfallen gesichert werden. Dazu werden Unterstellböcke unter die entsprechenden Aufnahmepunkte an der Karosserie gestellt.

8 DaimlerChrysler/Mercedes-Benz empfiehlt als Rangierheber das handhydraulische Gerät von Rassant (77694 Kehl) und als Unterstellböcke Typ 50 PB-3 von Eugen Trost (76805 Landau).

Praxistipp

Unter dem Wagen

- Reparatur- oder Montageunterlagen vorher konzentriert und gründlich durchlesen und während der Arbeit in Reichweite halten.
- Für Arbeiten in Radkästen, an Stoßfängern oder am Unterboden ist ein Unterrollwagen perfekt. Sonst eine Decke und darauf eine Plastikfolie gegen Bodenkälte, Öl und Feuchtigkeit verwenden.

Häufige Arbeiten

Es gibt bestimmte Arbeitsabläufe, die wie das eben beschriebene Aufbocken oder Anheben des Fahrzeugs immer wiederkehren. Zur Arbeit im Motorraum ist stets das Öffnen und meist das Senkrechtstellen der Motorhaube nötig. Für jede Arbeit am Motor müssen zunächst die Abdeckungen und Verkleidungen entfernt werden. Viele Reparaturen setzen voraus, dass die Masseleitung der Batterie abgeklemmt wird. Nach dem Wiederanklemmen ist dann eine Grundprogrammierung erforderlich.
Diese grundsätzlichen Arbeitsabläufe haben wir hier zusammengefasst. Bei den einzelnen Arbeitsschritten

der folgenden Kapitel werden sie immer wieder erwähnt. Wir verweisen dann jedes Mal auf diese Übersicht und geben keine detaillierte Abfolge mehr an. In die Übersicht nehmen wir auch Hinweise zum Zurückstellen der Serviceanzeige und zum Auswechseln des Kombifilters auf.

Motorhaube öffnen, senkrecht stellen, schließen

Arbeitsschritte

1 Öffnen: Im Fahrerfußraum den roten Hebel (1) zur Entriegelung der Motorhaube ziehen (Bild unten).

2 Griff (2) bis zum Anschlag aus der Kühlerverkleidung herausziehen (mittleres Bild unten) und die Motorhaube in ihre Normalstellung bei geöffnetem Zustand bringen.

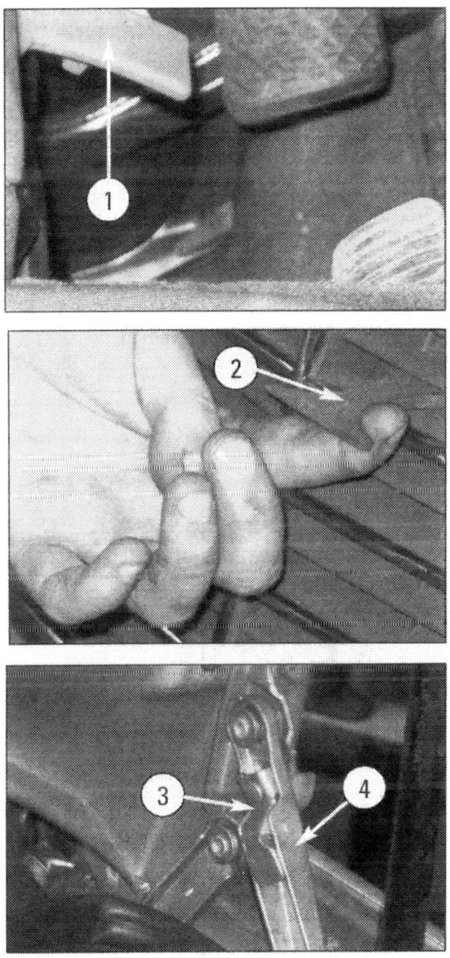

(1) Hebel, (2) Griff, (3) Sperrhebel, (4) Haubenscharnier links und rechts.

3 Senkrecht stellen: Den Sperrhebel (3) am rechten Motorhaubenscharnier (4) drücken und die Motorhaube leicht nach oben drücken (unterstes Bild linke Spalte). Dabei darf die Haube nur so weit nach oben gedrückt werden, dass der Sperrhebel nicht mehr einrastet.

4 Sperrhebel (3) am rechten Motorhaubenscharnier (4) drücken und die Motorhaube senkrecht stellen.

5 Schließen: Motorhaube leicht anheben. Sperrhebel am linken Scharnier drücken und Motorhaube schließen. Die korrekte Verriegelung der Haube prüfen.

Obere Motorabdeckungen aus- und einbauen

Arbeitsschritte

1 Motorhaube öffnen und senkrecht stellen.
Dieselmotoren: Motorabdeckung (1, Bild unten) hinten anheben und aus den Halteclips ziehen. Dann die Abdeckung vorn anheben und aus den Clips herausziehen. Motorabdeckung nach oben abnehmen.
Benzinmotoren: Vordere Abdeckung (2 / V) nach oben aus den Aufnahmen herausziehen. Dann die hintere Abdeckung (2 / H) leicht nach vorn oben ziehen und nach oben herausnehmen.

2 Einbau: Abdeckungen in die Halteclips drücken und fest verrasten. Darauf achten, dass elektrische Leitungen und Unterdruckleitungen nicht scheuern können. Beim Diesel den richtigen Sitz des Ölmessstabs prüfen.

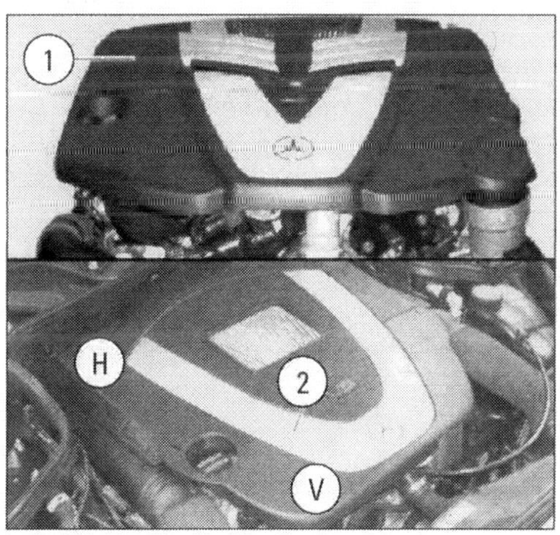

Obere Motorabdeckung der (1) Diesel-Motoren, (2) Benzin-Motoren, (V) vorn, (H) hinten.

Untere Motorverkleidung aus- und einbauen

Die untere Motorraumverkleidung besteht bei den Dieselmotoren wie bei den Benzinmotoren aus drei Teilen, die separat ausgebaut werden können. Bei den Dieselfahrzeugen ist die Verkleidung als Lärmdämpfung (»Geräuschkapsel«) ausgeführt.

1 Ausbau: Fahrzeug mit der Hebebühne anheben.

2 Dieselmotoren: Die Schrauben (4, Bilder unten) zuerst am mittleren Geräuschkapsel-Unterteil (2) herausdrehen und das Teil abnehmen. Dann die Schrauben am Vorder- und Hinterteil (1, 3) herausdrehen, Teile abnehmen.
Benzinmotoren: Die Schrauben (4, Bild unten) zuerst an der vorderen unteren Motorraumverkleidung (1) herausdrehen und Verkleidung abnehmen. Dann die Schrauben an der mittleren (2) und danach an der hinteren (3) unteren Motorraumverkleidung herausdrehen, Teile abnehmen. Die Verkleidungsteile können auch separat ausgebaut werden.

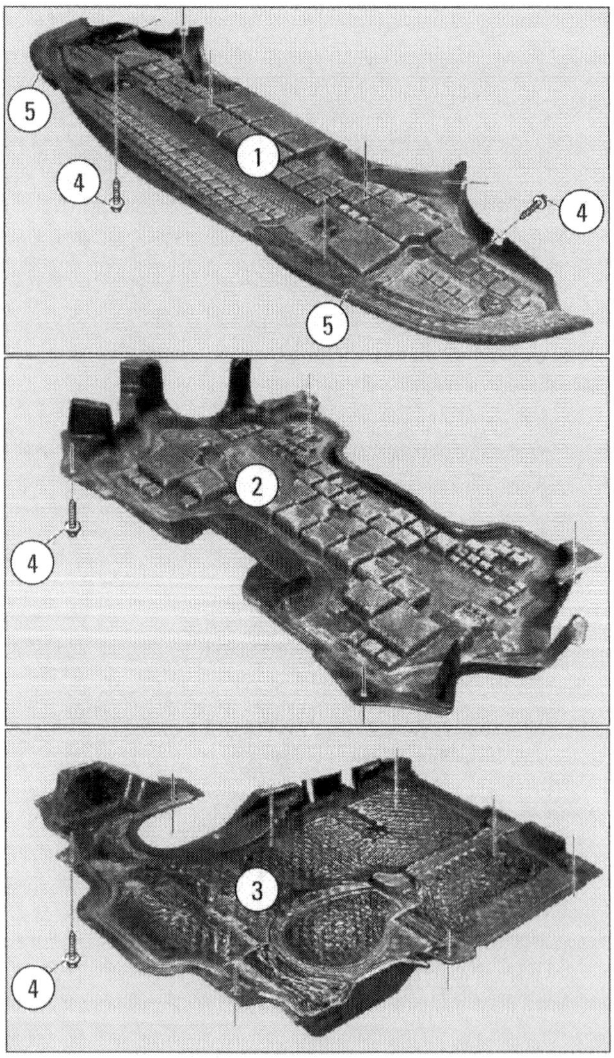

3 Einbau in umgekehrter Reihenfolge. Bei den Dieselmotoren das mittlere Geräuschkapsel-Unterteil zuletzt einbauen und festschrauben. Das vordere Geräuschkapsel-Unterteil muss so montiert werden, dass die Gummilippen (5, oberes Bild links) vom Stoßfänger überdeckt werden.

Filter für den Luftstrom der Klimaanlage erneuern

Die zur Klimatisierung des Innenraums angesaugte Luft wird durch einen Filter ganz hinten rechts im Motorraum und bei Fahrzeugen der ersten Baujahrgänge durch einen Aktivkohlefilter unter der Instrumententafel rechts im Innenraum geleitet. Der Papierfilter für die Fahrzeuge mit Klimatisierungsautomatik (Code 580) oder Komfort-Klimatisierungsautomatik (Code 581) hieß bei der Baureihe 211 bis Fertigungsnummern A 635991 und X 170336 »Staubfilter

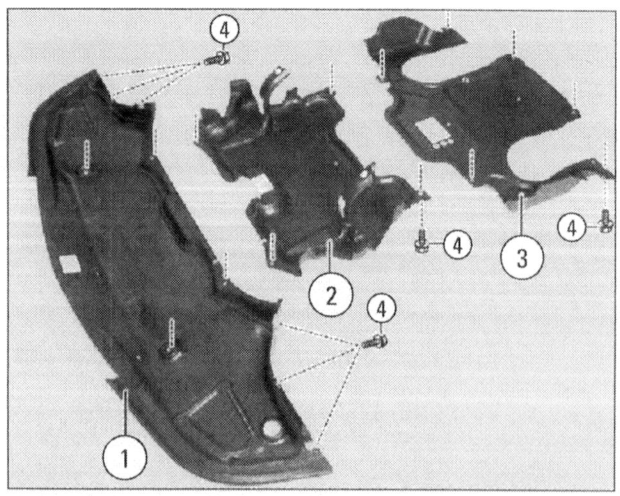

Gerauschkapselunterteile der Dieselmotoren (links) und untere Motorraumverkleidung der Benzinmotoren (oben). (1) Vorderteil, (2) Mittelteil, (3) Hinterteil der Geräuschkapsel oder der Verkleidung, (4) Schrauben, (5) Gummilippe.

für Heizung und Lüftung«. Diese Fahrzeuge haben auch den Aktivkohlefilter. Ab Fertigungsnummern A 635992 und X 170337 ist der frühere Staubfilter ein »Kombifilter« der zusätzlich zur Staub- auch eine Pollenfilterfunktion hat. Einbauort und Bauweise sind bei beiden Filtern identisch.

1 Ausbau Staub- bzw. Kombifilter: Kunststoffmutter an der Haltelasche (1, Bild unten) abschrauben. Diese Lasche weist nach vorn, sie ist kurz hinter dem Federbeindom angeschraubt.

2 Linken und rechten Schnappverschluss (3) am Filtergehäuse (2) entriegeln. Gehäuse nach oben und hinten schwenken und abnehmen.

3 Filtereinsatz (4) aus dem Gehäuse herausnehmen. Er darf nicht gereinigt werden, man muss ihn erneuern.

4 Einbau: Staub-/Kombifiltergehäuse mit feuchtem Lappen reinigen. Neuen Filter einsetzen, Gehäuse in die hinteren Halter einsetzen, nach vorn unten schwenken und die Schnappverschlüsse verriegeln. Kunststoffmutter an der Haltelasche auf den Stehbolzen schrauben.

5 Ausbau Aktivkohlefilter: Abdeckung rechts unter der Instrumententafel ausbauen.Dazu den Beifahrersitz vollständig nach hinten stellen, die Fahrzeuginnenbeleuchtung ausschalten, die beiden Halteschrauben oben an der

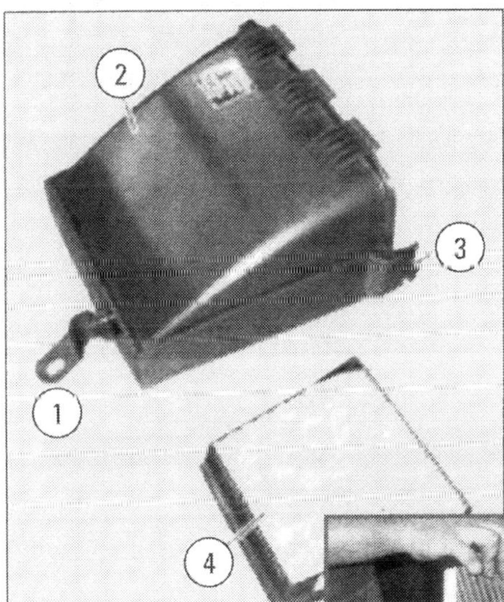

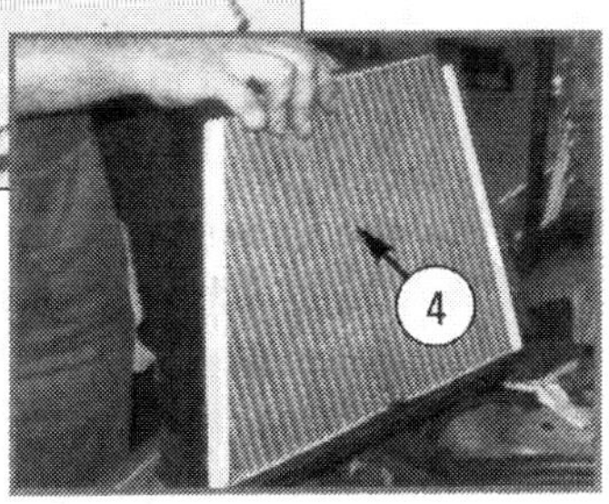

(1) Haltelasche,
(2) Filtergehäuse,
(3) Schnappverschluss,
(4) Filtereinsatz.

Abdeckung herausschrauben, die Abdeckung nach unten klappen, die elektrische Steckverbindung an der Abdeckung trennen und die Abdeckung nach hinten aus dem Fußraum herausnehmen.

6 Den Arretierschieber links am Deckel, der die Instrumententafel nach unten abschließt, nach hinten und den Arretierschieber rechts nach vorn schieben.

7 Deckel abnehmen und die beiden Aktivkohlefilter nach unten herausziehen. Auch diese Filter dürfen nicht gereinigt, sie müssen erneuert werden.

8 Einbau: Sinngemäß in umgekehrter Reihenfolge.

Motor durchdrehen und in OT stellen

Arbeitsschritte

1 Durchdrehen an der Riemenscheibe: Den Motor mit einem Schlüssel an der Zentralschraube der Riemenscheibe Kurbelwelle in Motordrehrichtung durchdrehen, also rechts herum, im Uhrzeigersinn. Zugang zur Riemenscheibe schaffen: siehe Kapitel »Die Motoren«.

2 Soll der Kolben von Zylinder 1 in die OT-Stellung gebracht werden, dreht man die Kurbelwelle so lange durch, bis die beiden Nocken von Einlass- und Auslassnockenwelle an Zylinder 1 (ganz vorn) nach oben zeigen. Das lässt sich nur bei abgenommener Zylinderkopfhaube genau erkennen. In dieser Stellung bewegen sich dann die Tassenstößel unter den Nocken nicht mehr.

3 Wir empfehlen die Orientierung an den OT-Markierungen. Diese zeigen die gewünschte OT-Stellung nach Kompression (auch Motor-»Grundstellung«). Die OT-Marke an der Riemenscheibe steht dann einer Pfeilspitze (Nase, »Peilkante«) am Steuergehäusedeckel gegenüber.

1 Durchdrehen mit Starter: Die Zündung ausschalten und Zündschlüssel (EZS-Senderschlüssel) abziehen. Bei Fahrzeugen mit Keyless-Go (Code 889) Start- und Stopptaster Keyless-Go wiederholt drücken, bis die Zündung ausgeschaltet ist. Senderkarte oder Senderschlüssel aus dem Fahrzeug entfernen und außerhalb der Senderreichweite (mindestens 2 m) aufbewahren.

2 Einen Verdichtungsdruckschreiber (MB:001589762100) nur mit elektrischen Leitungen (MB: Aus dem Elektroanschlussset 220589009900) anschließen. Wir demonstrieren den Vorgang an den CDI-Motoren 646, 647:

- Motorhaube öffnen. Abdeckung der Zylinderkopfhaube ausbauen. Elektrische Steckverbindung am Druckregelventil (Y74) trennen. Den Deckel des linken Sicherungs- und Relaiskastens ganz hinten im Motorraum ausbauen. Beim Wiedereinbau Dichtgummi im Deckel prüfen, evtl. erneuern; der Deckel muss hinten in der Nut sitzen.
- Stecker (1) am Steuergerät SAM mit Sicherungs- und Relaismodul Fahrer (N10/1) abziehen (Bilder unten).
- Adapterleitung (2) in den Steckplatz »5« des Steckers (1) einstecken und die Adapterleitung mit Leitung (3) des Verdichtungsdruckschreibers (VDS) verbinden.

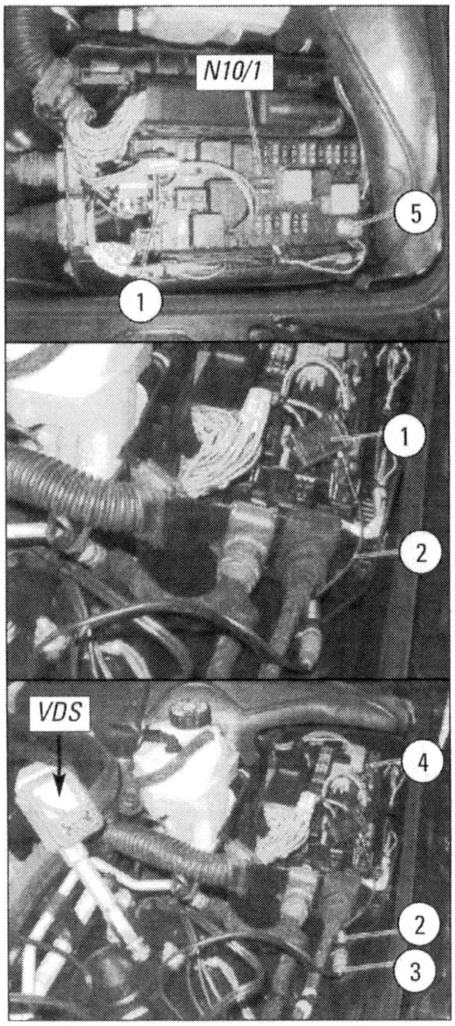

(1) Stecker am Steuergerät, (2) Adapterleitung, (3) Druckschreiberleitung, (4) Druckschreiberklemme, (5) SAM-Anschluss.

- Anschlussklemme (4) des Druckschreibers an den Anschluss (5) des Steuergerätes SAM mit Sicherungs- und Relaismodul Fahrer anschließen.

2a Bei den CDI-Motoren 629 zur Vorbereitung auf das Anschließen das Luftfiltergehäuse ausbauen, bei den CDI-Motoren 642 Motorabdeckung ausbauen und Stecker am Druckregelventil abziehen. Dann den Verdichtungsdruckschreiber ähnlich anschließen wie bei Motor 646/647.

2b Bei den Benzinmotoren 271, 272, 273 und 112, 113 zur Vorbereitung des Anschließens ebenfalls den Deckel des linken Sicherungs- und Relaiskastens im Motorraum ausbauen und beim Einbau Dichtung im Deckel prüfen, bei Bedarf erneuern.

- Stecker am Steuergerät SAM mit Sicherungs- und Relaismodul Fahrer (N10/1) entriegeln und abziehen.
- Abdeckung vorn rechts im Relaiskasten aufklappen. Verdichtungsdruckschreiber an den Anschluss unter dieser Abdeckung und mit der Adapterleitung aus dem Elektro-Anschluss-Set an den Steckplatz »5« des Steckers anschließen.

3 Dann das Fahrzeug gegen selbsttätiges Anfahren sichern und den Motor nicht über die Zündung (Schlüssel ins Schloss oder Start-Stopp-Taste) durchdrehen, sondern den Kontaktschalter des Verdichtungsdruckschreibers betätigen.

4 Nach Abtrennen des Druckschreibers und Wiederherstellen des Ausgangszustandes den Fehlerspeicher auslesen und löschen. Dazu das Werkstattsystem Star Diagnosis oder den Hand-Held-Tester (HHT) anschließen.

Anmerkung: Bei Montagen und Prüfarbeiten, beim Abziehen von Leitungen oder bei einer Simulation werden Fehler abgespeichert. Nach Abschluss der Arbeiten müssen diese Einträge in den Fehlerspeichern bearbeitet und gelöscht werden.

Masseleitung der Batterie ab- und anklemmen

Arbeitsschritte

1 **Abklemmen:** Zündung ausschalten und Zündschlüssel (EZS-Senderschlüssel) abziehen. Bei Fahrzeugen mit Keyless-Go (Code 889) Start- und Stopptaster Keyless-Go wiederholt drücken, bis die Zündung ausgeschaltet ist.

Senderkarte oder Senderschlüssel aus dem Fahrzeug entfernen und außerhalb Senderreichweite (mindestens 2 m entfernt) aufbewahren.

2 Die Batterie befindet sich hinten im Fahrzeug unter der Kofferraumbodenabdeckung bzw. dem Laderaumboden.

2a Bei Limousine und Coupé die Kofferraumboden-Abdeckung aus dem Kofferraum herausnehmen. Abdeckung für Reserverad oder Verkleidung der Ersatzradmulde aus dem Kofferraum herausnehmen (von Ausstattung abhängig).

2b Beim T-Modell den Laderaumboden hochklappen und die Abdeckung der Batterie ausbauen.

3 Mutter (2) lösen, Masseleitung (3) an der Batterie (1) abnehmen (Bilder unten). Für Batterieausbau Leitung an der Plusklemme (4) unter der Polabdeckung lösen.

4 **Anklemmen** und übriger Einbau erfolgen in umgekehrter Reihenfolge. Grundprogrammierung vornehmen. Bei Fahrzeugen bis Baudatum 29. Januar 2004 ist es erforderlich, den Fehlerspeicher mit einem Werkstattsystem (Star Diagnosis) oder einem Hand-Held-Tester auszulesen.

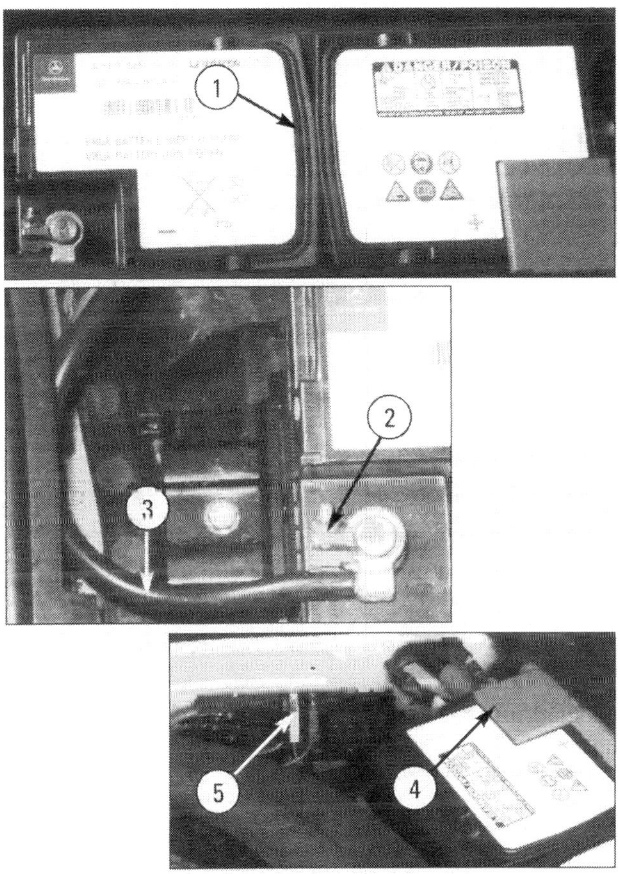

(1) Batterie mit Traggriffen, (2) Mutter der Minus-Polschelle, (3) Masseleitung, (4) Pluspol, (5) Hauptsicherungen.

Grundprogrammierung durchführen

Nach Ab- und Anklemmen der Batterie muss eine Grundprogrammierung erfolgen, bei der die zur einwandfreien Funktion der betreffenden Baugruppen erforderlichen Einstellungen wieder vorgenommen werden.

1 Uhrzeit im Kombi-Instrument einstellen.

2 Fensterheber normieren. Dazu jeweiliges Fenster bis an den oberen Anschlag fahren und den Fensterheber-Schalter etwa 1 Sekunde gedrückt halten.

3 Bei Fahrzeugen bis Modelljahr 2004 muss der Lenkwinkelsensor aktiviert werden. Dazu Motor starten und im Leerlauf drehen lassen. Lenkrad von Anschlag bis Anschlag und dann wieder in Geradeaus-Stellung drehen.

4 Bei Fahrzeugen mit Code 413 das Panorama-Glasdach normieren. Dazu wird die für das Glasdach zuständige Sicherung aus dem Hauptsicherungskasten entfernt (Sicherungsbelegung siehe Abdeckung des Kastens). Sicherung wieder einsetzen und Zündung einschalten. Schiebehimmel an vorderen und hinteren Anschlag fahren und Schalter Schiebehimmel 1 Sekunde gedrückt halten. Dann das Panorama-Glasdach an vorderen und hinteren Anschlag fahren und Schalter Dachsystem 1 Sekunde gedrückt halten.

5 Bei Fahrzeugen mit Code 414 das Schiebe-Hebedach normieren. Vorgehen wie beim Panorama-Dach: Sicherung herausnehmen und wieder einsetzen, Zündung einschalten, Dach an vorderen und hinteren Anschlag fahren, Schalter Dachsystem 1 Sekunde gedrückt halten.

Fehlerspeicher löschen

Nach vielen Arbeiten muss der Fehlerspeicher gelesen und gelöscht werden. Dazu wird das Werkstattsystem oder der Hand-Tester an die »Prüfkupplung Diagnose« (MB-Bauteil X11/4) unter der Schalttafel Fahrerseite angeschlossen. Dann nach Bedienvorschrift verfahren.

Tipps für Schrauber

Manchmal ist die Schrauberei eine durchaus komplizierte Angelegenheit. Eine unlösbare Verschraubung oder eine abgerissene Schraube haben schon manchen Heimwerker von seinem Reparaturvorhaben wieder abgebracht. Unsere Tipps sollen helfen, ungewohnte Arbeiten durchzuführen.

Verrostete Verschraubungen lösen

Freiliegende Gewindegänge des Bolzens mit einer Drahtbürste von Rost und Schmutz befreien und anschließend mit Rostlöser besprühen.

- Bei Schnell-Rostlösern die Mutter sofort losdrehen.
- Bei anderen Rostlösern einige Zeit warten.

Beschädigte Muttern und festsitzende Schrauben lösen

Wenn die Kanten einer Mutter bereits rund gedreht sind oder Rost die Anlageflächen deformiert hat:

- Gripzange verwenden. Damit lässt sich die Mutter fest greifen und oft auch losdrehen.
- Hilft das nicht weiter, wird ein scharfer Meißel angesetzt und die Mutter aufgemeißelt.
- Eine gut zugängliche Mutter kann auch entlang des Gewindes mit einer Metallsäge aufgesägt werden. Werkstätten benutzen einen Mutternsprenger.

Schrauben können so fest sitzen, dass sie sich nicht mehr einfach herausdrehen lassen. Handelt es sich um Schlitzschrauben, sind nach wenigen erfolglosen Versuchen Schlitz oder Kreuzschlitz vermurkst, die Schraube ist praktisch unlösbar.

- Stabilen Schraubendreher ansetzen und mit kräftigem kurzem Hammerschlag auf das Griffende die Schraubverbindung lösen. Oft nur mit dem Kopf fest korrodierte Schrauben brechen dann los und lassen sich herausdrehen.
- Hilft der kräftige Hammerschlag nichts, brauchen Sie einen Schlagschrauber. Bei jedem Schlag auf dessen Griffoberseite wird der Schraubendrehereinsatz unter Druck ein wenig weiter gedreht.

Handelt es sich um Innensechskant- oder Innenvielzahnschrauben, muss man zunächst das Schraubenloch säubern, dann das Werkzeug ansetzen:

- Am besten eignen sich Steckeinsätze mit langem Sechskant oder Vielzahn.
- Hammerschlag auf die Adapterseite mit dem Vierkant. Der Schlag lockert den Sitz der Schraube ein wenig und erleichtert merklich das Lösen.

Blechschrauben ausbohren

Lässt sich kein Werkzeug ansetzen, hilft Ausbohren:

- Erst mit passendem Bohrer den Schraubenkopf entfernen. Eventuell mit kleinerem Bohrer vorbohren.
- Gewindeteil entweder durchstoßen oder mit einer Zange von der Rückseite her abnehmen.
- Andernfalls mit einem dünnen Bohrer das Gewindeteil ausbohren. Bohrerdurchmesser nicht zu groß, sonst hält später nur eine dickere Blechschraube.

Praxistipp: Effektiv arbeiten

- Arbeitsplatz säubern. Schrauben und Teile von früheren Arbeiten wegräumen, nichts Falsches einbauen!
- Abgenommene Teile in der Ausbaureihenfolge ablegen. Das erleichtert den Zusammenbau.
- Kleinteile in Schachteln oder Gläser packen. Schrauben nach dem Ausbau gleich wieder ins Gewinde drehen, damit sie später nicht verwechselt werden.
- Wasserablauf während der Arbeit abdecken, sonst verschwinden garantiert Kleinteile darin.
- Bei umfangreichen Arbeiten eine Skizze anfertigen. Die Reihenfolge der ausgebauten Teile aufschreiben.

Technik-lexikon: Schraubengröße und Drehmoment

Schrauben und Muttern, die keinen speziellen Belastungen ausgesetzt sind, werden mit Standard-Drehmomenten angezogen. Drehmomentschlüssel verwenden und folgende Drehmomente für die gebräuchlichsten Schraubverbindungen beachten:

Gewindedurchmesser (mm):	6	.8	10	12	14
Drehmoment (Nm):	10	25	49	85	135

Für Sonderschrauben und für Schrauben, die in Leichtmetall eingedreht sind, gelten etwas andere Drehmomente.

Stehbolzen lösen und festdrehen

Für den Stehbolzen (Gewindestange) eine Anlagefläche für Schraubenschlüssel schaffen:

- Auf dem freien Gewindeteil des Bolzens zwei Muttern fest gegeneinander drehen (kontern).
- An den blockierten Muttern den Schraubenschlüssel ansetzen und den Bolzen lösen oder anziehen.

Abgerissene Schrauben ausbohren

Das Gegengewinde, in dem die abgerissene Schraube steckt, sollte möglichst wenig Schaden nehmen.

- Schraubenrest in der Mitte ankörnen.
- Bis zur Schraubengröße M 8 mit dem Kernlochbohrer bohren: Durchmesser einer Schraube ohne Gewindeflanken. Bis M 6 gilt die Faustregel: Gewindedurchmesser multipliziert mit 0,8.
- Ab Schrauben der Größe M 8 sollten Sie mit einem dünneren Bohrer vorbohren.
- Wenn sich die Metallreste nicht mit einer Reißnadel aus den Gewindegängen entfernen lassen, muss das Gewinde nachgeschnitten werden.

Gewinde schneiden

In Leichtmetall eingeschnittene Gewinde reißen leicht aus. Hat das Metall noch genug Substanz, können Sie ein größeres Gewinde einschneiden. Andernfalls muss eine Gewindebuchse eingesetzt werden.

Das Nach- oder Neuschneiden von Gewinden geht in drei Stufen vor sich. Die entsprechenden Gewindeschneider heißen daher **Vorschneider** mit einem Ring zur Kennzeichnung am Schaft, **Mittelschneider** (zwei Ringe am Schaft) und **Fertigschneider** mit drei Ringen am Schaft oder ohne Kennzeichnungsring.

- Die drei Gewindeschneider werden nacheinander unter ständigem Ölen in das vorgebohrte Kernloch hinein- und wieder herausgedreht.
- Um ein Abreißen des Gewindeschneiders zu vermeiden, muss beim Hineindrehen immer wieder abgesetzt und ein Stück zurückgedreht werden. Sonst werden die Metallspäne zu lang und klemmen.

Selbstformende Schrauben

Viele Schraubverbindungen werden mit selbstformenden Schrauben hergestellt. Diese formen ihr Gewinde selbst und sind grundsätzlich als Austauschteil zu behandeln.

Die Einschraubstelle muss metallisch gereinigt werden. Die Schrauben selbst nicht zusätzlich vorbehandeln, sie sind bei Auslieferung mit einem Gleitmittel versehen. Nur mit Elektroschrauber oder per Handanzug montieren, Pneumatikschrauber könnten zu Beschädigungen führen. Arbeitsablauf:

- .Die Schraube ohne das zu befestigende Teil gerade in das Bohrloch setzen und eindrehen.
- Schraube so weit in das Bohrloch einschrauben, wie dies zur Befestigung des Bauteiles notwendig ist.
- Die Schraube wieder herausdrehen.
- Schraubverbindung endgültig herstellen: Das zu befestigende Bauteil korrekt ausrichten und mit der richtigen Schraube für das betreffende Bohrloch befestigen. Selbstformende Schrauben müssen genau in das mit ihnen erzeugte Gewinde eingeschraubt werden, man darf sie keinesfalls verwechseln.
- Das aufgeschraubte Bauteil mit dem Drehmomentwert für Wiederanzug befestigen.

Praxistipp

Schrauben festkleben

Wollen Sie eine Schraube an einer schwer zugänglichen Stelle wieder eindrehen, hilft Ihnen ein kleiner Kniff, dass die Schraube nicht dauernd vom Werkzeug abfällt. Kleben Sie in den Schraubenschlitz etwas Kaugummi. Sie können die Schraube auch mit einem Klebebandstreifen ans Werkzeug heften.

Praxistipp

Selbstsichernde Muttern

Selbstsichernde Muttern klemmen satt auf dem Gewinde und können sich auch durch Vibrationen nicht lösen. Dazu besitzen sie eine Einlage aus Kunststoff oder ein enger geschnittenes Gewinde. Zu erkennen sind sie an einem ringförmigen Aufsatz. Nach dem Lösen solcher Muttern ist ihre sichernde Wirkung dahin, sie sind dann nur noch als ganz normale Muttern verwendbar. Also grundsätzlich nur einmal verwenden! Nach jedem Lösen gilt: Durch neue selbstsichernde Mutter ersetzen.

Tipps für den Werkstatt-Besuch

Auch ein Mercedes-Benz muss manchmal in die Werkstatt, nicht nur zur regelmäßigen Wartung in der Garantiezeit. Aber auch, wenn sich die Profi-Mechaniker ans Werk machen, können Sie beitragen, dass Wartung oder Reparatur zu Ihrer Zufriedenheit ausfallen. Die folgenden Tipps und Spielregeln sollten Sie dabei beachten.

Vertragswerkstatt und freie Werkstatt

- Es steht Ihnen grundsätzlich frei, ob Sie Vertragswerkstatt oder freie Werkstatt aufsuchen. Die Freien sind bei vielen Reparaturen ebenso kompetent, und Ölwechsel, neue Bremsbeläge, Bremsscheiben, Reifen und Stoßdämpfer sind dort oft billiger. Aber die Werkstatt sollte ein Meisterbetrieb sein und der Kfz-Innung angehören.
- Ein Wagen mit Garantie gehört zur Inspektion stets in die Vertragswerkstatt. Das gilt auch für die meisten Reparaturen. Beheben Sie Schäden trotz Garantie in Eigenregie oder über eine freie Werkstatt, sind Sie eventuelle Garantie-Ansprüche los, wenn es später Probleme mit der reparierten Stelle gibt.

Praxistipp

Inspektion und Garantie

- Bei der Inspektion werden in erster Linie Baugruppen auf Zustand und Funktion geprüft und, falls nötig, ersetzt, die für die Zuverlässigkeit und Sicherheit Ihres Fahrzeugs wichtig sind. Mit einer schonenden Fahrweise und bei entsprechenden Einsatzbedingungen lassen sich Standard-Intervall ebenso wie die beim Aktiven Service System / ASSYST aufs etwa Doppelte verlängerte Intervalldauer voll ausschöpfen.
- Halten Sie die empfohlenen Intervalle ein und verzichten Sie aufs Do it yourself. Der Hersteller erfüllt berechtigte Garantieansprüche nur dann, wenn die Wartungsarbeiten rechtzeitig in einer Vertragswerkstatt erledigt wurden. Schon nach einer Laufzeit von 30.000 Kilometern kann an Baugruppen wie Bremsanlage, Radaufhängung, Reifen und Lenkung Verschleiß auftreten, der vom Fahrer unbemerkt bleibt. Die vorgeschriebene regelmäßige Wartung hält also nicht nur Ihren Wagen in Schuss, sie dient vor allem auch Ihrer eigenen Sicherheit.

Reparaturauftrag nur schriftlich

- Liste mit auffälligen Symptomen und Mängeln in der Werkstatt mit Meister oder Kundendienstberater durchsprechen. Bei Unklarheit nachfragen und die Mängel direkt am Fahrzeug zeigen.
- Präzise Reparaturaufträge erteilen. Bei Pauschalaufträgen sind Unstimmigkeiten bis hin zu gar nicht nötigen Arbeiten programmiert.
- Erteilen Sie einen Reparaturauftrag stets schriftlich. Der Auftrag soll die auszuführenden Arbeiten möglichst genau bezeichnen. Lassen Sie sich eine Auftragsbestätigung geben.

Nach den Kosten fragen

- Nach den voraussichtlichen Kosten für Arbeitslohn und Material fragen, bevor ein Auftrag erteilt wird. Preisgrenze für Zusatzarbeiten und Höchstgrenze für die Kosten festlegen.
- Nach den Kosten für die Fehlersuche fragen, die teurer werden kann als die eigentliche Reparatur.
- Rückfragen zu teurer werdenden Reparaturen telefonisch klären, zusätzliche Absprachen notieren.
- Bei umfangreichen Reparaturen schriftlichen Kostenvoranschlag einholen. Die Werkstatt-Rechnung darf den Voranschlag bei unvorhergesehenen Arbeiten maximal 15 bis 20 Prozent überschreiten.

Für älteres Fahrzeug billigere Teile

- Bei einem älteren Fahrzeug lohnt es sich, nach Teile- und Service-Angeboten zu fragen. Oft werden im Preis reduzierte Originalteile angeboten.
- Ist der Tausch eines ganzen Aggregats fällig, muss nicht das Neuteil erste Wahl sein. Aufbereitete und geprüfte Austauschteile wie Motor, Kupplung, Lichtmaschine, Anlasser und Wasserpumpe sind häufig billiger bei gleicher Qualität.
- Ein Ölwechsel in Werkstatt oder Tankstelle geht ins Geld, wenn das teuerste Öl verwendet wird. Aber greifen Sie nicht unbesehen nach billigeren Ölsor-

ten! Nur Öle der gleichen Spezifikation eignen sich in der Regel ebenso gut.

Die Rechnung prüfen

- Gehen Sie nach der Reparatur zusammen mit dem Meister oder dem Kundendienstberater Ihre Werkstatt-Rechnung durch.
- Lassen Sie sich unverständliche Abkürzungen und Fachbegriffe erklären. Arbeitslohn, Material und Mehrwertsteuer müssen getrennt aufgeführt sein.
- Fehler in der Rechnung können Sie innerhalb sechs Wochen nach ihrer Ausstellung reklamieren.

Rechtzeitig reklamieren

- Mangelhafte Reparaturen sollten Sie so bald wie möglich reklamieren. Die Werkstatt muss für ihre Arbeit sechs Monate geradestehen (Gewährleistung). Treten durch eine unsachgemäße Reparatur Schäden an Ihrem Fahrzeug auf, können Sie von der Werkstatt Schadenersatz verlangen.
- Wenn Sie bereits bei der Abholung Ihres Fahrzeugs Grund für eine Reklamation haben, kann die Werkstatt trotzdem darauf bestehen, dass Sie die Reparatur erst in voller Höhe bezahlen, bevor sie den Wagen herausgibt. Vermerken Sie in diesem Fall auf der Rechnung, dass Ihre Zahlung nur unter Vorbehalt erfolgt.
- Reklamationen sollten Sie in einem sachlichen Gespräch mit der Werkstatt vortragen. Lassen sich Unstimmigkeiten nicht ausräumen, helfen die Schiedsstellen der Kfz-Innung (siehe auch Praxistipp) kostenlos weiter. Ihre Werkstatt muss dazu aber Mitglied der Innung sein.

Entscheidet man sich für eine Schiedsstelle, soll der Vorgang unmittelbar nach Bekanntwerden der Streitursache eingereicht werden. Die Zuständigkeit der jeweiligen Schiedsstelle richtet sich nach dem Geschäftssitz des betroffenen Kfz-Betriebes. Als neutrale Institution soll die Schiedsstelle dann helfen, Streitigkeiten aus Werkstattaufträgen und aus Kaufverträgen über gebrauchte Kraftfahrzeuge ohne gerichtliche Auseinandersetzung beizulegen. Bereits vor Gericht anhängige Streitigkeiten werden von den Schiedsstellen allerdings nicht bearbeitet!

Die Schiedsstelle wird nur dann tätig, wenn Uneinigkeit zwischen Käufer und Kfz-Betrieb besteht und einer von beiden sich an die Schiedsstelle wendet. Das muss schriftlich mit einer »Anrufungsschrift« erfolgen. Sie sollte folgende Angaben enthalten:

- Name oder Firma mit genauer Anschrift;
- Bezeichnung des Fahrzeugs;
- Kurze Schilderung der Beanstandung und des sie begründenden Sachverhalts;
- Beweismittel wie Kaufvertrag, Reparaturrechnungen, Gutachten, Kostenvoranschläge.

Praxistipp

Hilfe durch Schiedsstellen

Beschwerden von Werkstattkunden und Gebrauchtwagenkäufern bei den Schiedsstellen des Kraftfahrzeuggewerbes nehmen von Jahr zu Jahr zu. Das deutet aber nicht auf schlechtere Arbeit in den Kfz-Meisterbetrieben hin. Die Mehrzahl der Kundenaufträge wird nach wie vor beschwerdefrei ausgeführt. Die wachsende Beschwerdezahl resultiert aus der stärkeren Aufklärung der Kunden über ihre Rechte aufgrund von Sachmangelhaftungsrecht (Gewährleistung) und Garantie.

Rund 80 Prozent der Beanstandungen betreffen Werkstattleistungen und 20 Prozent den Gebrauchtwagenhandel. Die häufigsten Beschwerdegründe sind vermeintlich unsachgemäße Ausführung der Werkstattarbeiten, die Rechnungshöhe und technische Mängel.

Der Kunde sollte beim Werkstattbesuch oder Gebrauchtwagenkauf auf das Meisterschild der Kfz-Innung und das Zusatzzeichen zum Meisterschild »Gebrauchtwagen mit Qualität und Sicherheit« achten. Nur dann kann im Streitfall die Schiedsstelle der Kfz-Innung tätig werden. Die Kfz-Schiedsstellen schaffen es in den meisten Fällen, Meinungsverschiedenheiten zwischen Kunden und Kfz-Meisterbetrieben schnell, unbürokratisch und für den Verbraucher kostenlos zu beseitigen. Der Spruch der Schiedsstelle ist für den Kfz-Betrieb verbindlich. Dem Kunden steht in jedem Fall der Rechtsweg weiterhin offen.

Die Kfz-Schiedsstellen setzen sich aus je einem Vertreter der regional zuständigen Kraftfahrzeuginnung, eines Automobilclubs und einer technischen Überwachungsorganisation zusammen. Zudem führt stets ein zum Richteramt befähigter Jurist den Vorsitz. Informationen über das Schiedsstellenverfahren vermitteln die regional zuständigen Kraftfahrzeuginnungen. Die Adressen der bundesweit 130 Schiedsstellen sind im Internet zu finden unter **www.kfzschiedsstelle.de**

DIE MOTOREN

Der E 200-CDI-Motor im Schnitt (links) und der Benzinmotor für den E 280 und den E 350 (unten).

Übersichten

Wartung

Reparatur

Die im Frühjahr 2002 präsentierte , in den Folgejahren ständig verbesserte und 2006 als »neue Generation« bezeichnete neue E-Klasse war mit fünf Triebwerken gestartet und wird gegenwärtig mit zehn Motoren ausgestattet. Sechs dieser Aggregate sind Neu- oder Weiterentwicklungen aus jüngster Zeit. Sie bieten im Vergleich zu jeweiligen Vorgängern bis zu 60 kW/82 PS mehr Leistung und ein Drehmomentplus bis zu 70 Nm. Trotzdem bleibt der Kraftstoffverbrauch auf vorbildlichem Niveau. Jedes dritte Mercedes-Modell mit dem »E« im Typenschild verbraucht weniger als acht Liter Kraftstoff je 100 Kilometer; der Durchschnittsverbrauch aller Karosserie- und Antriebsvarianten vom E 200 CDI bis zum E 500 beträgt nur rund neun Liter je 100 Kilometer. Der Hersteller rühmt daher als ein »herausragendes Qualitätsmerkmal« der E-Klasse ihre Wirtschaftlichkeit.

CDI-Motoren weitgehend optimiert

Die Vierzylinder-Dieselmotoren der Modelle E 200 CDI und E 220 CDI sind in den letzten Jahren bis ins Detail optimiert worden. Insgesamt wurden über 90 Bauteile der CDI-Triebwerke neu- oder weiterentwickelt. Das Ergebnis dieser Maßnahmen ist ein weiterer deutlicher Fortschritt in puncto Leistung, Drehmoment und Laufruhe. Für diese Laufruhe, die sonst nur für Sechszylinder typisch ist, sorgen Ausgleichswellen im Kurbelgehäuse. Sie gehören auch beim E 200 CDI zur Serienausstattung.

Bei unverändert günstigem Kraftstoffverbrauch von 6,3 Liter je 100 Kilometer steigt die Leistung des E 200 CDI auf 100 kW/136 PS. Das maximale Drehmoment verbessert sich von 270 auf 340 Nm. Der neue E 220 CDI entwickelt eine Spitzenleistung von 125 kW/170 PS und ein maximales Drehmoment von 400 Nm. Das sind rund 14 bzw. 18 Prozent mehr als bisher (siehe die Diagramme links unten). Der Kraftstoffverbrauch bleibt mit 6,3 l/100 Kilometer (T-Modell: 7,1 l/100 km) unverändert günstig.

Auch der neue Sechszylinder-Dieselmotor im E 320 CDI (165 kW/224 PS) bietet jetzt noch mehr Durchzugskraft. Sein maximales Drehmoment ist von 510 auf 540 Nm gestiegen. Dieser V6-Motor löste den Reihenmotor (150 kW/204 PS) im E 320 CDI ab, so wie der V6 für den E 280 CDI (140 kW/190 PS) den Fünfzylinder-Reihenmotor des E 270 CDI (130 kW/177 PS) ersetzt.

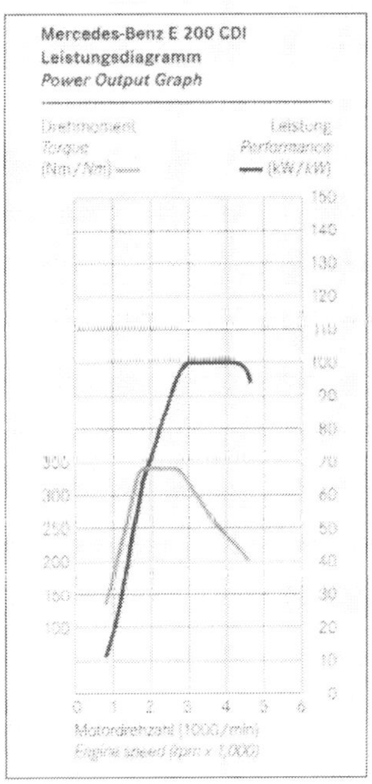

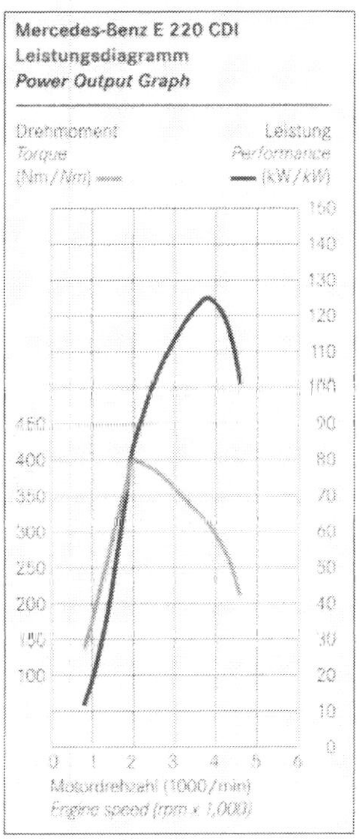

Die Leistungsdiagramme der beiden »kleineren« CDI-Motoren zeigen die maximalen Drehmomente bei 2.000/min, die Höchstleistungen bei 3.800/min.

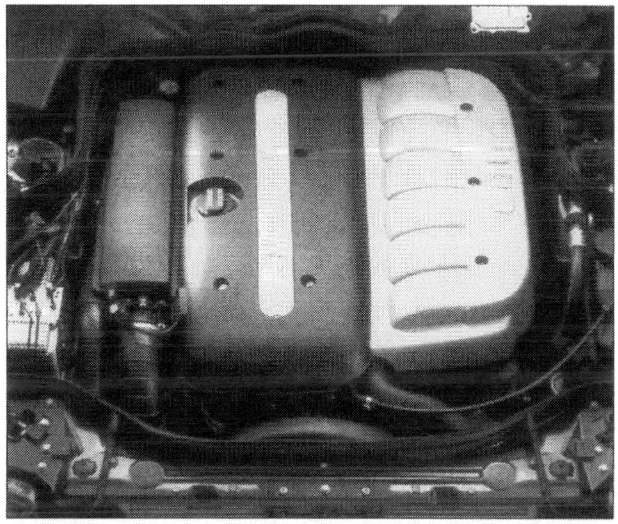

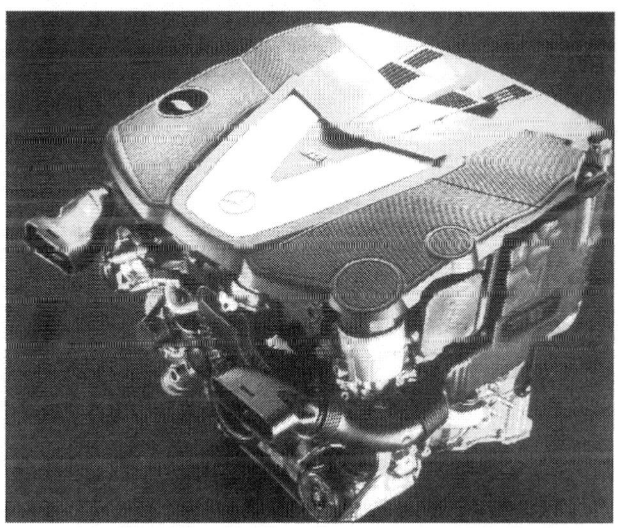

Die Fünf- und Sechszylinder-Reihenmotoren E 270 CDI und E 320 CDI wurden durch V6-Motoren ersetzt. Die Bilder zeigen oben den alten und unten den neuen E 320 CDI.

Weltstärkster Pkw-Diesel

Ein Superlativ ist der seit Mai 2005 in Serie gefertigte neue Motor für den E 420 CDI. Er ist der weltweit drehmomentstärkste V8-Pkw-Dieselmotor und leistet satte 231 kW/314 PS. Damit beschleunigt er in nur 6,1 Sekunden von null auf 100 km/h und erreicht eine Höchstgeschwindigkeit von 250 km/h. Der kombinierte Kraftstoffverbrauch beträgt 9,3 Liter je 100 Kilometer. Wartungsfreier Partikelfilter, Siebengang-Automatikgetriebe und die Luftfederung Airmatic gehören zur Serienausstattung des neuen Diesel-Topmodells.
Das bullige Drehmoment des V8-CDI-Motors beträgt bei 1950 Umdrehungen pro min bereits über 700 Nm. Bei 2200/min erreicht der V8 seine maximale Durchzugskraft von 730 Nm. Das garantiert vorbildliche Elastizität beim Überholen und schnelle Zwischenspurts, aber auch entspanntes Fahren im hohen Gang. Für die Beschleunigung von 60 auf 120 km/h benötigt man im dritten Gang nur 4,8 Sekunden.
Neben Aluminium-Kurbelgehäuse, gekühlter Abgasrückführung und elektrischer Ansaugluftdrosselung bietet der neue Mercedes-Achtzylinder ebenso wie der V6 die Common-Rail-Direkteinspritzung der dritten Generation. Sie arbeitet mit 1600 bar Einspritzdruck und damit besonders präziser Kraftstoffdosierung. Der hohe Einspritzdruck ist auch bei niedrigen Drehzahlen verfügbar.

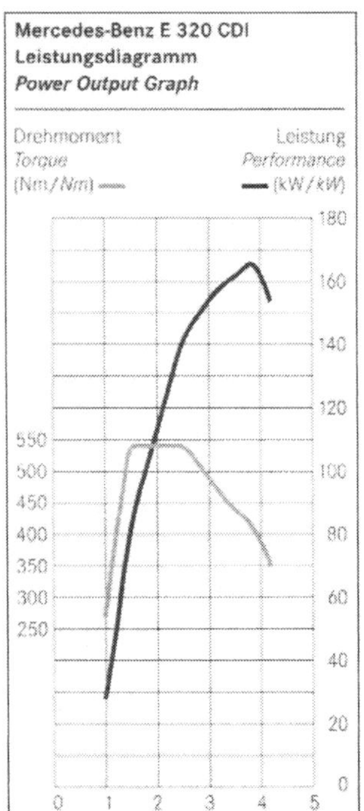

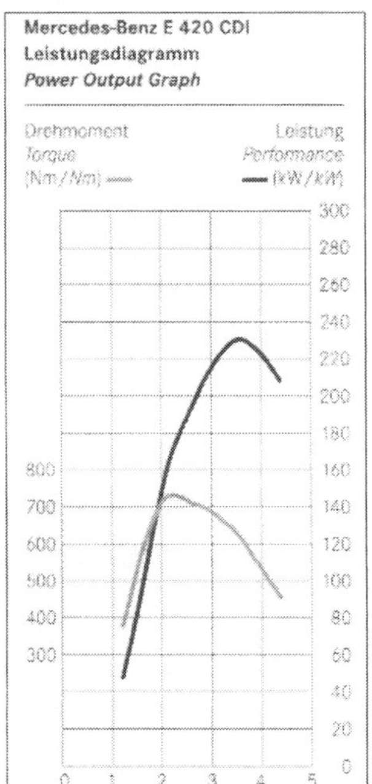

Die Leistungsdiagramme der beiden stärkeren CDI-Motoren weisen eine ganz ähnliche Charakteristik auf wie die kleineren Dieseltriebwerke.

Piezo-Injektoren und kluge Luftführung

Die neueste Technik der E 320/E 420 CDI benutzt Piezo-Injektoren anstelle der üblichen Magnetventile. Bei einer Ansprechzeit von nur 0,1 Millisekunden lässt

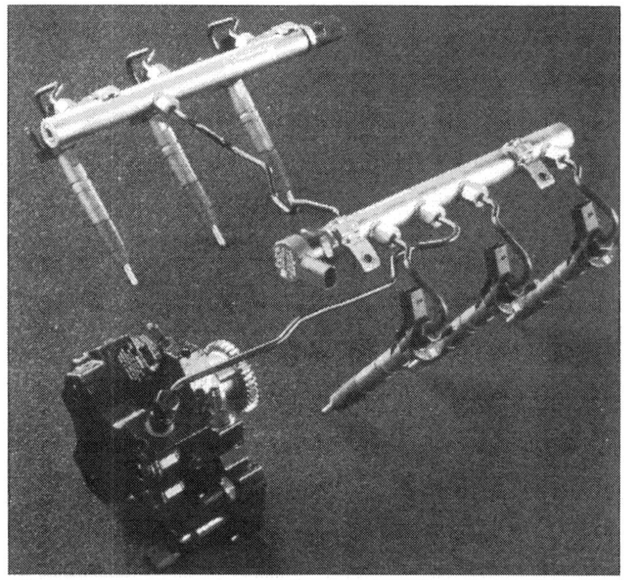

Piezo-keramische Injektoren (Mercedes-Benz) der Sechszyliner-CDI-Motoren mit Bosch-Hochdruckpumpe (oben). Unten: (1) Katalysator an den Dieseln E 200 und E 220 CDI.

sich die Kraftstoffeinspritzung damit noch schneller und noch genauer an die jeweilige Last- und Drehzahlsituation anpassen als bisher, was sich günstig auf Emissionen, Verbrauch und Geräuschentwicklung auswirkt. Doppelte Piloteinspritzung innerhalb weniger Millisekunden verringert das Verbrennungsgeräusch des Achtzylinders deutlich. Zweifache Kraftstoff-Nacheinspritzung regeneriert bei Bedarf den serienmäßigen Diesel-Partikelfilter.

Ausgeklügelt beim V8-CDI ist die Luftführung vor und hinter den Turboladern. Durch Strömungsberechnung und -simulation wurden die prinzipbedingten Druckverluste in den Ladeluftleitungen reduziert und so die Luftzufuhr des Motors nachhaltig verbessert. Im Vergleich zum bisherigen CDI-Achtzylinder von Mercedes-Benz verringert sich der Druckverlust in den Ladeluftleitungen bis zu 60 Prozent. Bis zu 15 Prozent mehr Luft kann zum Motor strömen. Verbessert wurde auch die Ladeluftkühlung mit zwei Wasserkühlern im Niedrigtemperatur-Kreislauf. Die Ladeluft wird um 120 °C abgekühlt, so dass die Luftdichte bei Volllast um maximal 25 Prozent steigt.

Die mit variabel verstellbaren Leitschaufeln ausgestatteten Turbolader wurden weiterentwickelt. Eine neue Schaufelgeometrie des Verdichter- und Turbinenrades sowie der Leitschaufeln ermöglicht höheren Wirkungsgrad als beim bisherigen CDI-Achtzylinder.

Der neue V8-Motor mit Common-Rail-Technik der dritten Generation ist der weltweit stärkste Pkw-Diesel. Seine Luftführung vor und hinter den Turboladern ist Spitze.

Technik-lexikon

Die Optimierung der CDI-Motoren

Mit ihren wirtschaftlichen und durchzugsstarken Motoren zählen E 200 CDI und E 220 CDI zu den meistverkauften Modellen der E-Klasse. Für die neue Generation wurden die Direkteinspritzer in vielen Punkten weiterentwickelt. Insgesamt wurden über 90 Bauteile modifiziert. Durch die folgenden Maßnahmen wurden das Leistungsplus und der geringere Kraftstoffverbrauch bei den Vierzylinder-CDI-Motoren erreicht:

- Größere Ölspritzdüsen, die von einer leistungsstärkeren Ölpumpe versorgt werden, verbessern die Kühlung der Kolben.
- Kürzere Pleuel und höhere Kolben ermöglichen es, die Verdichtung von 18,0 auf 17,5 zu verringern und dadurch die Leistung der Motoren zu steigern.
- Der Zylinderkopf zeichnet sich durch ein neues Kühlkonzept aus und ermöglicht dadurch eine größere Leistungsentfaltung.
- Die Luftführung der Motoren wurde hinsichtlich Druckverlust und Geräuschverhalten optimiert.
- Ladeluftkühler und Turbolader wurden modifiziert, um das Ansprechverhalten der CDI-Motoren im unteren Drehzahlbereich weiter zu verbessern und die Stickoxid-Emissionen nochmals zu senken.
- Das Einspritzsystem nach dem vorteilhaften Common-Rail-Prinzip wurde so weiterentwickelt, dass die bedarfsgerechte Kraftstoffdosierung noch besser möglich ist. Dazu gehört der Einsatz eines Klopfsensors. Der günstige Nebeneffekt sind noch leisere Verbrennungsgeräusche.
- Die Abgasrückführung ist mit einem Kühlsystem ausgestattet, das mittels Bypass bedarfsorientiert zugeschaltet wird.
- Keramik-Glühkerzen, die höhere Temperaturen als die bisherigen Metall-Glühkerzen erreichen, verbessern das Start- und Kaltlaufverhalten der Dieselmotoren.
- Ausgleichswellen im Kurbelgehäuse, die zueinander gegenläufig mit doppelter Drehzahl der Kurbelwelle rotieren, kompensieren die Massenkräfte und sorgen für sechszylindertypische Laufruhe und Akustik. Dieser so genannte Lanchester-Massenausgleich gehört jetzt auch beim E 200 CDI zur Serienausstattung.

Zusätzlich wurde das Durchzugsvermögen verbessert, indem die Motoren erst bei einer Höchstdrehzahl von 5000/min abregeln. So kann der Autofahrer die Gänge weiter ausfahren.Trotz der höheren Leistungen benügt sich die Limousine mit 6,3 Litern Kraftstoff je 100 Kilometer, das T-Modell verbraucht nur 7,1 Liter.

Hohlkörper in den Ansaugleitungen vergrößern das Luftvolumen vor den Turboladern. Dadurch verbessert sich die Drehmomentausbeute im unteren Drehzahlbereich um rund 15 Prozent.

Emissionen unter den EU-4-Limits

Der neue Achtzylinder-CDI ging serienmäßig mit zwei Oxidationskatalysatoren und einem wartungsfreien Partikelfilter an den Start. Damit werden die strengen EU-4-Abgasgrenzwerte zuverlässig unterboten. Die Katalysatoren haben die Aufgabe, unverbrannte Kohlenwasserstoffe und Kohlenmonoxid durch chemische Bindung an Sauerstoff (Oxidation) umzuwandeln. Der Partikelfilter arbeitet ohne Zusatzstoffe und wird während der Fahrt bedarfsgerecht regeneriert.

Der Motor ist mit einem Sensor in der Ölwanne ausgestattet, der Ölstand, Öltemperatur und Ölqualität kontrolliert. Per Display-Anzeige im Cockpit sieht der Fahrer, wann der nächste Ölwechsel notwendig ist. Je nach Fahrbetrieb sind Wartungs-Intervalle bis zu 40.000 Kilometer möglich.

Schon seit 2004 ist übrigens der E 320 CDI in den bislang sehr Diesel-scheuen USA das erste derartige Angebot im Oberklasse-Segment. Ab Modelljahr 2007 bringt Mercedes-Benz in den USA das erste Diesel-Serienfahrzeug mit der zukunftsweisenden Bluetec-Technologie auf den Markt, die insbesondere die Stickoxid-Emissionen noch einmal deutlich verringert. Mercedes-Benz hat Bluetec® in zwei Versionen entwickelt. Bei derjenigen für die E-Klasse werden Oxidationskatalysator und Partikelfilter mit einem weiterentwickelten, besonders langlebigen NO_x-Speicherkatalysator sowie einem zusätzlichen SCR-Katalysator kombiniert. Der künftige E 320 Bluetec, der nach den Mercedes-Plänen spätestens 2008 auch in Europa angeboten wird, soll der sauberste Diesel der Welt sein und 20 bis 40 Prozent weniger Kraftstoff verbrauchen als vergleichbare Fahrzeuge mit Ottomotor.

Stärkste E-Klasse aller Zeiten

Bei den Benzinmotoren der E-Klasse widmeten die Mercedes-Ingenieure vor allem den Triebwerken mit vier und acht Zylindern ihre Aufmerksamkeit. Der Vierzylinder-Motor des E 200 Kompressor (Bild unten links) erreicht mit seinen 135 kW/184 PS und 250 Nm maximalem Drehmoment 12,5 Prozent mehr Leistung als bisher. Die Leistungssteigerung wird erreicht durch Einsatz einer modifizierten Motorsteuerung, eines dynamischeren Laders und verbesserter Kolben. Mit diesem Motor absolviert der E 200 Kompressor den Spurt von null auf 100 km/h in 9,1 Sekunden. Mit 236 km/h erreicht er eine um sechs km/h höhere Spitzengeschwindigkeit.

Top im Motorenprogramm der E-Klasse ist seit Mitte 2006 der neu entwickelte Achtzylinder mit 5,5 Litern Hubraum und 285 kW/ 388 PS (Bild unten). Er bietet gegenüber dem bisherigen V8 ein Leistungsplus von 26 Prozent. Auch das Drehmoment liegt mit 530 Nm

Die jüngste Version des Vierzylinder-Motors E 200 Kompressor ist um ein Achtel stärker als der Vorgänger.

Der E 500 mit dem bulligen 5,5-Liter-Achtzylinder-Motor. Das Kraftpaket leistet 26 Prozent mehr als sein Vorgänger.

deutlich über dem Maximum des Vorgängermotors. So bietet der neue E 500 sportwagentypische Fahrleistungen: Den Spurt von null auf 100 km/h absolviert die Limousine in nur 5,3 Sekunden, 0,7 Sekunden schneller als der bisherige E 500.

Das Kraftpaket V8

Ein Kurbelgehäuse aus Aluminium-Druckguss mit reibungsarmen Aluminium-Silizium-Laufbuchsen bildet die solide und auf hohe Laufleistungen ausgelegte Basis des neuen Mercedes-Achtzylinders. Es ist der Arbeitsplatz einer fünffach gelagerten Schmiedestahl-Kurbelwelle, deren Haupt- und Pleuellager induktiv gehärtet werden. Auch die Pleuel bestehen aus Schmiedestahl und werden durch gezieltes Fräsen gewichtsoptimiert, so dass sie rund ein Fünftel leichter sind als die Pleuel des bisherigen V8-Motors in der E-Klasse.

Bereits bei den V6-Motoren im E 280 und E 350 trägt die optimal gesteuerte Nockenwellenverstellung maßgeblich zur guten Drehmoment- und Leistungscharakteristik sowie zum günstigen Kraftstoffverbrauch bei. Neben der Vierventiltechnik sorgt vor allem die stufenlose, kontinuierliche Nockenwellenverstellung an der Ein- und Auslassseite für eine optimale Versorgung der Zylinder mit Frischgas. Die Ventile öffnen in jeder Fahrsituation zum jeweils günstigsten Zeitpunkt, sodass sich die Gaswechsel in den Brennräumen deutlich verbessern und sich die Energieverluste reduzieren.

Die Shifting-Nockenwellen

Beim neuen Achtzylinder-Motor wird die Wirkungsweise der vierfachen stufenlosen Nockenwellenverstellung durch den Einsatz so genannter Shifting-Nockenwellen optimiert. Mit ihrer Hilfe wird das Öffnen der Auslassventile gesteuert und somit der Ladungswechsel des Motors nochmals verbessert. Je nach Zündfolge sind die Auslassnocken so gestaltet, dass sich die Ventile beim Auslassvorgang zu unterschiedlichen Zeiten öffnen. Dadurch werden die beim V8-Motor prinzipbedingten Druckschwankungen im Auslasstrakt verringert, die zu einem ungleichmäßigen Restgasgehalt in den Zylindern führen.

Durch gleichmäßigeren Restgasgehalt, höhere Klopfgrenze und bessere Zylinderfüllung im unteren bis

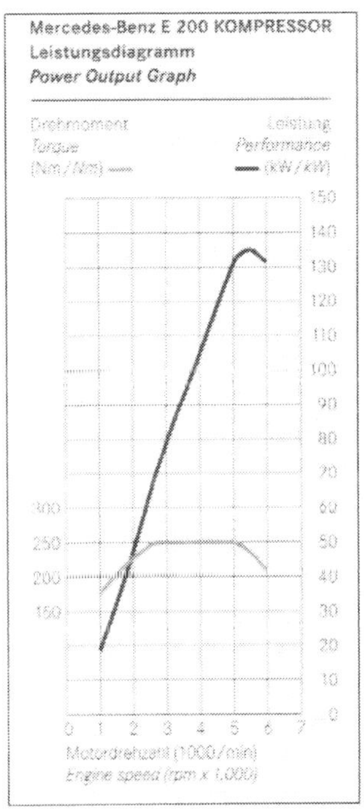

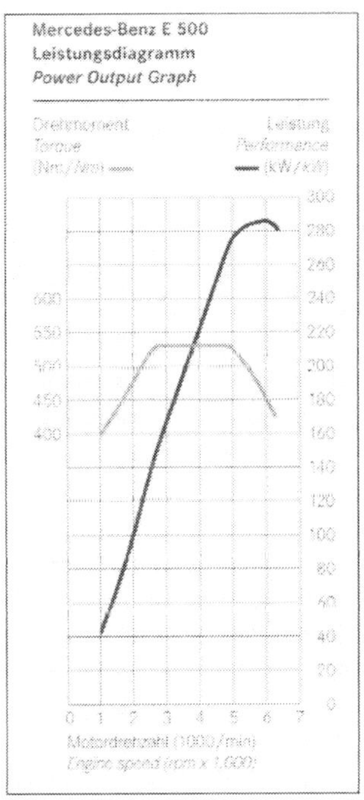

Die Leistungsdiagramme der beiden optimierten Ottomotoren E 200 Kompressor und E 500 weisen ihre Spitzenleistungen bei über 5000 Umdrehungen pro Minute auf.

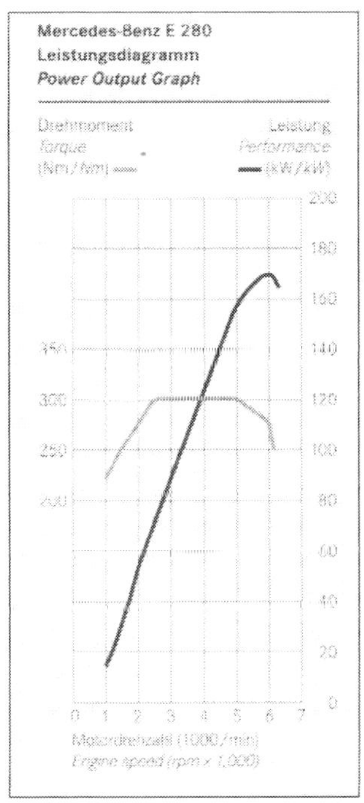

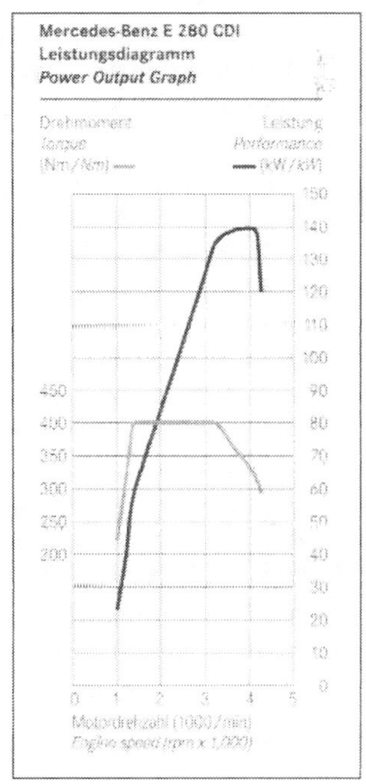

Im Vergleich: Der E 280 Benziner (links) zeigt die höhere Leistung bei hohen Touren, der Diesel (rechts) hohe Leistung und bulliges Drehmoment im niedertourigen Bereich.

mittleren Drehzahlbereich steigert der Einsatz der neuen Shifting-Nockenwellen Drehmoment und Laufruhe des V8-Motors. Der effektive Mitteldruck liegt zum Beispiel bei 2000/min um rund sechs Prozent (10,3:11,0 bar) höher als bei einem vergleichbaren Motor ohne Shifting-Nockenwellen.

Darüber hinaus bietet der neue V8 die gleichen technischen Innovationen zur bedarfsgerechten Steuerung der Verbrennungsprozesse, die auch die Sechszylindermotoren auszeichnen. Beispiele:

- Zweistufiges Saugmodul für geregelte Luftzufuhr je nach Motorlast und Drehzahl.
- Strömungsoptimierte Luftführung für die bestmögliche Beatmung des Motors.
- Tumble-Klappen am Ende eines jeden Einlasskanals für vollständigere Verbrennung.

Identifizierung: Die Motornummern

Den Typnummern 211.0xx (Limousine) und 211.2xx (T-Modell) der neuen E-Klasse sind Motoren nach dem Mercedes-Benz-üblichen Nummernsystem mit zwei Blöcken zu je drei Ziffern zugeordnet. Die ersten vier Ziffern der Ottomotoren sind die 112.9, 113.9, 156.9, 271.9, 272.9 und 273.9. Die ersten vier Ziffern der Dieselmotoren sind 629.9, 642.9, 646.9, 647.9 und 648.9. Die Codierungen sind am Motor an der Trennfläche zwischen Kurbelgehäuse und Ölwanne eingeschlagen und stehen als Position auf dem Karosserieschild.

Die Motornummer ist in Deutschland »verkehrsrechtlich unerheblich« und erscheint nicht in den Fahrzeug-Zulassungspapieren. Viele Staaten verlangen jedoch Motornummern bei den Kraftfahrzeugen, die bei ihnen zugelassen sind.

Im grenzüberschreitenden Verkehr richten sich die Behörden allerdings nach den Bestimmungen desjenigen Landes, in dem das Fahrzeug zugelassen ist. Bei Reparaturarbeiten müssen daher Richtlinien für in Deutschland zugelassene Kraftfahrzeuge befolgt werden, damit es bei Fahrzeugkontrollen oder bei Grenzübertritten keine Schwierigkeiten gibt.

Bei Fahrzeugen ohne Motornummer-Eintrag in der Zulassungsbescheinigung muss bei typgleichem Tausch von Motor oder Zylinderkurbelgehäuse keine Motornummer eingeschlagen oder geändert werden. Falls eine Nummer in der Bescheinigung steht, was für die neue E-Klasse unwahrscheinlich ist, weil das so gut wie nur bei Erstzulassungen vor 1972 vorkommt, muss bei typgleichem Tausch die Motornummer übertragen oder behördlich aus der Bescheinigung gestrichen werden.

Die Motoren der neuen E-Klasse

Bezeichng.	Typ	Hubraum	Zylinder/Ventile	Leistung	Motornummer
Zur Premiere 2002					
E 220 CDI	211.006/8/606	2,148 Liter	4 Zyl./4 Ventile pro Zyl.	110 kW/150 PS	646.961
E 270 CDI	211.0-2-616	2,685 Liter	5 Zyl./4 Ventile pro Zyl.	130 kW/177 PS	647.961
E 240	211.061/080	2,034 Liter	6 Zyl./4 Ventile pro Zyl.	130 kW/177 PS	272.943
E 320	211.065/265	2,034 Liter	6 Zyl./4 Ventile pro Zyl.	165 kW/224 PS	112.949
E 500	211.070/270-2	4,966 Liter	8 Zyl./4 Ventile pro Zyl.	225 kW/306 PS	113.967
Ab 2005 bzw. Präsentation der »Neuen Generation« 2006					
E 200 CDI	211.004	2,148 Liter	4 Zyl./4 Ventile pro Zyl.	100 kW/136 PS	646.951 / 952 / 820 / 821
E 220 CDI	211.006/608	2,148 Liter	4 Zyl./4 Ventile pro Zyl.	125 kW/170 PS	646.961 / 821 / 953
E 280 CDI	211.023/620	2,786 Liter	6 Zyl./4 Ventile pro Zyl.	140 kW/190 PS	648.961
E 320 CDI	211.026/289	3,198 Liter	6 Zyl./4 Ventile pro Zyl.	165 kW/224 PS	642.920
E 420 CDI	211. 029	3,996 Liter	8 Zyl./4 Ventile pro Zyl.	231 kW/314 PS	629.910
E 200 Kompr.	211.042/241	1,796 Liter	4 Zyl./4 Ventile pro Zyl.	135 kW/184 PS	271.956
E 280	211.054/092	2,996 Liter	6 Zyl./4 Ventile pro Zyl.	170 kW/231 PS	272.943 / 272.944
E 350	211.056/087	3,498 Liter	6 Zyl./4 Ventile pro Zyl.	200 kW/272 PS	272.964
E 500	211.072/272	5,461 Liter	8 Zyl./4 Ventile pro Zyl.	285 kW/388 PS	273.960
E 63 AMG	211.077/277	6,208 Liter	8 Zyl./4 Ventile pro Zyl.	378 kW/514 PS	156.983

Arbeiten am Motor

Reparaturen und Einstellarbeiten an den neu konzipierten und in Material, Konstruktion und zahlreichen Komponenten optimierten E-Klasse-Motoren erfordern neben Hebebühne und Kleinkränen weitere Spezialwerkzeuge sowie Prüf- und Messgeräte. Solche Arbeiten sind schon deshalb fast durchweg eine Sache der Werkstatt.

Fragen Sie sich nachdrücklich: Was kann ich wirklich selbst tun? Wenn Sie nicht sicher sind, ob Sie eine Arbeit am Motor fachgerecht durchzuführen vermögen: Verzichten Sie aufs Do it yourself! Überlassen Sie dann Reparaturen an Zylinderkopf, Kolben, Ventilen oder Turbolader am besten der Werkstatt, ebenso die Beseitigung eines Lagerschadens oder den Ausbau der Kurbelwelle. Andererseits ist der Ausbau des Motors in einigen Fällen schon deshalb unumgänglich, weil anders an bestimmte Bauteile zu Austausch und Reparatur nicht heran zu kommen ist.

Beachtet werden müssen bei Arbeiten am Motor und seinem Umfeld stets einige prinzipielle Regeln: Schlauchverbindungen sind immer nach Herstellervorschrift zu sichern, im Regelfall mit Federband- oder Schraubschellen. Gelöste Kabelbinder sind beim Wiedereinbau an den ursprünglichen Stellen anzubringen. Alle stets gültigen Vorschriften und Hinweise zu Sicherheit und Sauberkeit sind bei Motorreparaturen besonders strikt einzuhalten.

Wenn die Motorabdeckungen oben und unten abgebaut wurden, ist zur ersten Einschätzung des Motorzustandes und der eventuellen Notwendigkeit von Reparaturen eine Sichtprüfung auf Undichtigkeiten und Beschädigungen vorzunehmen. Dazu sollte man sich hinreichend Zeit nehmen und das Triebwerk ebenso wie dessen Umgebung im Motorraum sehr genau kontrollieren.

Bei einigen Arbeiten an Motor und Zündung muss man die Kurbelwelle durchdrehen oder in eine bestimmte Stellung bringen. Beim Abbauen des Zylinderkopfes z. B. muss der Kolben von Zylinder 1 (das ist der auf der Keilrippenriemenseite) im Zünd-OT stehen. Die Anleitungen zu solchen grundsätzlichen Arbeiten wie Anheben des Fahrzeugs, Abbauen der Abdeckungen oder Durchdrehen des Motors haben wir bereits im Kapitel »Die Fahrzeugreparatur« gegeben. Diese immer wiederkehrenden Arbeiten werden im Folgenden nur noch genannt. Orientieren Sie sich dann am »Reparatur«-Kapitel.

Wichtigste Bauteile des Motors

Technik-lexikon

Keilrippenriemen: Treibt per Motor Nebenaggregate wie Generator, Kühlmittelpumpe und den Kältemittelverdichter der Klimaanlage.

Kolben: Bewegen sich in den Zylindern, nehmen den Verbrennungsdruck auf und geben ihn über die Pleuel an die Kurbelwelle weiter. Aufbau: Kolbenboden, Ringzone mit Kolbenringen und Bolzenaugen für die Kolbenbolzen. Die Verdichtungsringe (oben) verhindern Gasentweichen aus dem Verbrennungsraum. Der Ölabstreifring (unten) führt Schmieröl vom Zylinder in die Ölwanne zurück.

Kurbelwelle: Wandelt das Auf und Ab der Kolben in eine Drehbewegung um. Ihre Teile: Wellenzapfen (für Lagerung im Kurbelgehäuse) und Kurbelzapfen. Kurbelwangen verbinden Wellen- und Kurbelzapfen.

Motorblock: Hier sind die beweglichen Teile gelagert, auch Aggregate wie Generator und Anlasser.

Nockenwelle: Öffnet und schließt die Ventile. Jedes Ventil wird über hydraulische Tassenstößel oder Rollenschlepphebel von einem Nocken betätigt. Die Nockenwelle wird von der Kurbelwelle angetrieben.

Pleuel: Verbinden Kolben und Kurbelwelle. Teile: Kopf (umschließt den Kolbenbolzen), Schaft und Fuß. Pleuellagerdeckel umschließen den Kurbelzapfen.

Turbolader: Baugruppe zur Aufladung, d. h. zur besseren Versorgung des Zylinders mit Frischluft für die Verbrennung. Steigert die Motorleistung.

Ventile: Die Einlassventile lassen Frischgas in den Zylinder, die Auslassventile Abgase in den Auspuff.

Zylinder: Bilden mit dem Zylinderkopf den Verbrennungsraum (Hubraum). Sie sind glatt ausgeschliffen (gehont) und auf den Kolbendurchmesser abgestimmt.

Zylinderkopf: Schließt den Zylinderraum nach oben ab. Enthält Ansaug- und Abgaskanäle, Wasserkanäle, Ventilsitze, Lager und Führungen für die Ventilsteuerung, Einspritzventile und Zünd-/Glühkerzengewinde. Die Zylinderkopfdichtung hält Luft und Kühlwasser fern.

Das Viertaktprinzip

Technik-lexikon

Bei den Viertaktmotoren umfasst ein Arbeitszyklus des Kolbens im Zylinder vier Takte. Der Raum, den die Kolben bei ihrer Bewegung innerhalb der Zylinder durchmessen, ist der Hubraum (2). Wenn der Kolben in diesem seinen höchsten Punkt erreicht hat, bleibt noch der Brennraum (4), in dem sich das Kraftstoff-Luft-Gemisch befindet. Hubraum und Brennraum bilden zusammen den Zylinderraum.

Das Verhältnis des Zylinderraums zum Brennraum gibt an, auf den wievielten Teil des Zylinderraums das Kraftstoff-Luft-Gemisch verdichtet wird.

Bei Dieseltriebwerken beträgt dieses Verdichtungsverhältnis in der Regel etwa 18...20:1. Bei der E-Klasse: E 420 CDI = 16,7; E 200/220 CDI = 17,5; E 280/320 CDI = 17,7.

Bei Benzinmotoren beträgt die Verdichtung um 10:1. Bei der E-Klasse: E 63 AMG = 9,0; E 200 Kompressor = 9,5; E 500 = 10,0; E 240 = 10,5; E 350 = 10,7.

Die vier Takte bei Benziner **B** und Diesel **D**:

B: Ansaugen: Kolben gleitet zum Unteren Totpunkt UT (3). Einlassventil öffnet, Gemisch strömt in den Zylinder.

Verdichten (2. Takt): Kolben bewegt sich vom UT zum Oberen Totpunkt OT (1). Einlassventil schließt. Der Kolben verdichtet das eingeströmte Gemisch.

Verbrennen (3. Takt): Kurz vor dem OT springt der Zündfunke über (»Zünd-OT«). Das Gemisch verbrennt und drückt den Kolben zum UT. Pleuel dreht die Kurbelwelle.

Ausstoßen (4. Takt): Kolben geht wieder nach oben. Auslassventil öffnet, die verbrannten Gase werden ins Auspuffsystem geschoben.

D: Ansaugen (1. Takt): Kolben geht zum Unteren Totpunkt UT. Einlassventil öffnet, Luft strömt in den Zylinder.

Verdichten (2. Takt): Kolben bewegt sich vom UT zum Oberen Totpunkt OT. Einlassventil schließt. Der Kolben verdichtet die eingeströmte Luft und erhitzt sie damit auf Zündtemperatur und darüber. Die Einspritzdüse spritzt Kraftstoff in den Brennraum.

Verbrennen (3. Takt): Kurz vor dem (»Zünd«-)OT zündet das Gemisch. Es verbrennt und drückt den Kolben zum UT. Über den Pleuel wird die Kurbelwelle in Umdrehung versetzt.

Ausstoßen (4. Takt): Kolben bewegt sich wieder nach oben. Auslassventil öffnet, die verbrannten Gase werden ins Auspuffsystem (und in den Turbolader) geschoben.

Schnitt durch den Zylinderraum:

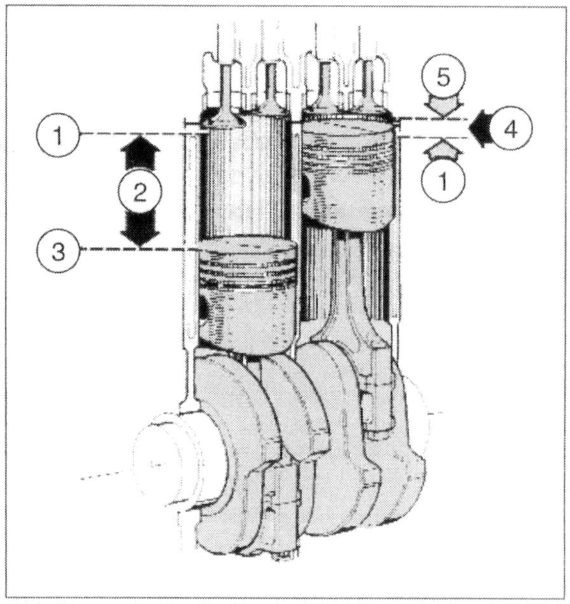

(1) oberer Totpunkt OT, (2) Hubraum, (3) unterer Totpunkt UT, (4) Brennraum, (5) Wölbung des Zylinderkopfes (mit Ventilen).

Sichtprüfung Motor und Motorraum

Arbeitsschritte

1 Nach Ausbau der Abdeckungen und Motorraumverkleidungen oder Geräuschkapseln werden alle Teile auf Undichtheiten und Beschädigungen kontrolliert. Wenn an den Verkleidungen/Kapseln Flüssigkeitsspuren sind, müssen die Ursachen ergründet und beseitigt werden.

2 Zustand und Dichtheit von Motor, Getriebe, Hinterachse, Druckölpumpe, Federungselementen, Gummimanschetten der Vorder- und Hinterachswellen prüfen.

3 Schläuche und Anschlüsse der Kraftstoffanlage, des Kühl- und Heizsystems sowie der Bremsanlage auf Undichtigkeiten und Verschleiß prüfen. Auf Scheuerstellen, Porosität und Brüchigkeit achten!

4 Geringfügig ölfeuchte Stellen sind unbedenklich. Deutlichen Ölnässen, vor allem bei Ölflecken unter dem geparkten Wagen, muss jedoch auf den Grund gegangen werden. Motor mit Reiniger und Dampfstrahlgerät säubern, Probefahrt von einigen Kilometern machen, danach kontrollieren, ob irgendwo Öl ausgetreten ist.

5 Mögliche Ölaustrittsstellen sind Abdichtungen von Kurbelwelle und Nockenwellen, Dichtungen am Zylinderkopfdeckel, Zylinderkopfdichtung sowie die Dichtungen an Öldruckschalter, Ölfilter und Ölwanne. Ablassschraube und Antriebswellen kontrollieren.

6 Dichtmanschetten der Spurstangenendstücke, Kühler, Kraftstoffanlage, Abgasanlage, Kupplungsbetätigung, Niveauregulierung, Bremsanlage, ABS-, ASR- und ESP-Systeme auf Schäden, Dichtheit, richtigen Sitz prüfen.

7 Alle Mängel beheben. Das kann in vielen Fällen eine Sache für die Fachwerkstatt sein, oft jedoch ist Reparatur in eigener Regie möglich. Unsere Arbeitsanleitungen zeigen, wie in solchen Fällen vorzugehen ist.

8 Untere Motorraumverkleidung oder Geräuschkapsel-Unterteile in umgekehrter Ausbaureihenfolge wieder einbauen. Die Überlappungen beachten!

Obere Motorabdeckung des 629 aus-/einbauen

Arbeitsschritte

Im Kapitel »Die Fahrzeugreparatur« haben wir auf Seite 35 bereits den Aus- und Einbau der oberen Motorabdeckungen gezeigt. Etwas schwieriger ist dieser Arbeitsablauf beim CDI-Motor 629.910 für den F 420 CDI.

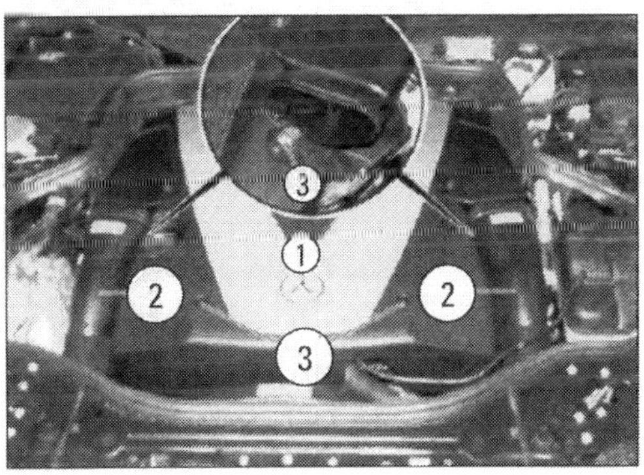

(1) Obere Motorabdeckung des CDI-Motors 629, (2) Motor-Saugluftkanäle, (3) Schrauben.

1 Motorsaugluftkanäle (2) vor Luftfilter ausbauen. Die Schrauben (3), links und rechts je zwei, herausdrehen. Motorabdeckung (1) nach oben herausnehmen.

2 **Einbau:** Einbau in umgekehrter Reihenfolge. Vor Wiedereinbau die Motorsaugluftkanäle von innen reinigen.

Der Luftfilter

Saubere Luft zur Verbrennung ist eine wichtige Voraussetzung für die störungsfreie Funktion des Motormanagements und der Einspritzsysteme. Schmutzpartikel und Staubteilchen auf den Zylinderlaufbahnen würden nach kurzer Zeit Motorschäden verursachen. Die angesaugte Luft muss deshalb den Filter passieren, an dessen Gehäuse je nach Motor auch Luftmassenmesser, Geber für Ansauglufttemperatur und/oder Drucksensor montiert sind.
Im feinporigen Filterpapier des Einsatzes lagern sich die Schmutzpartikel ab. Größere Staubteilchen fallen ins Filtergehäuse. Ein verschmutzter Filtereinsatz lässt nicht mehr genügend Ansaugluft in den Motor. Das Gemisch wird fetter, die Leistung sinkt, der Kraftstoffverbrauch steigt. Das Filterelement sollte man daher einmal im Jahr reinigen und nach zwei Jahren wechseln!

Luftfiltereinsatz erneuern und Gehäuse aus-/einbauen

Arbeitsschritte

1 **Dieselmotoren 646, 647, 648 (E 200/220/270/280 CDI):** Beim Motor 646.820/21 (neue E 200/220 CDI) nur die obere Motorabdeckung, bei den anderen Motoren die Abdeckungen der Zylinderkopfhaube ausbauen: Motorhaube öffnen, vier Halteschrauben an Haubenabdeckung und zwei an Abdeckung des Ladeluftverteilerrohrs herausdrehen. Rohrabdeckung seitlich herausziehen und Abdeckung der Zylinderkopfhaube abnehmen. Beim **Einbau** zuerst die Abdeckung des Ladeluftverteilerrohres in die beiden Gummiaufnahmen der Haubenabdeckung einführen. Auf richtigen Sitz der Abdeckungen achten, die sechs Schrauben mit 9 Nm festziehen.

2 Klammern (1) zur Befestigung des Deckels (2) am Luftfiltergehäuse (3) mit geeignetem Werkzeug abhebeln und den Deckel abnehmen (Bild unten).

3 Luftfiltereinsatz (4) hinten etwas anheben und vom Stutzen des Heißfilm-Luftmassenmessers B2/5 (5) abziehen. Einsatz aus dem Luftfiltergehäuse herausnehmen.

4 Gehäuse und Deckel innen reinigen. MB empfiehlt LU-Reiniger der Würth GmbH (Künzelsau).

5 **Filtereinbau** in umgekehrter Reihenfolge. Neuen Filtereinsatz einsetzen, dabei Ausformung (Pfeil) am Luftfiltereinsatz in Kerbe (6) im Luftfiltergehäuse einführen.

1 **Dieselmotoren 629 (E 420 CDI, Achtzylinder):** Motorhaube öffnen und senkrecht stellen. Vordere Motorabdeckung ausbauen. Um Kratzer oder Beschädigungen zu vermeiden, muss die Abdeckung in Einbaulage auf einer gepolsterten Unterlage abgelegt werden.

2 Die neun Schrauben lösen (MB empfiehlt Akku-Bohrschrauber Handymaster) und Deckel (1) des Luftfiltergehäuses (5) abnehmen (Bild rechte Spalte unten). Um Kratzer oder Beschädigungen zu vermeiden, den Deckel ebenso wie die vordere Motorabdeckung gut gepolstert ablegen. Die Schrauben verbleiben dabei im Gehäusedeckel.

3 Den Reinluftbereich (4) des Luftfiltergehäuses, im Bild rechts unten schraffiert dargestellt, mit Lappen abdecken. Das muss vor Entnahme der Luftfiltereinsätze (2) unbedingt geschehen, weil selbst kleinste Schmutzpartikel im Reinluftbereich zu Schäden an Heißfilm-Luftmassenmessern, Abgasturboladern oder am Motor führen können!

4 Luftfiltereinsätze aus dem Luftfiltergehäuse (5) herausnehmen. Innenseite von Deckel (1) und Gehäuse (5) reinigen, dazu den bereits erwähnten LU-Reiniger verwenden.

5 **Filtereinbau:** Vor Montage des Deckels (1) unbedingt die Lappen aus dem Reinluftbereich des Luftfiltergehäuses entnehmen! Dichtung (3) auf Beschädigung und korrekten Sitz prüfen. Dichtung bei Bedarf erneuern und dann in die dafür vorgesehene Nut am Luftfiltergehäuse einlegen. Neuen Filtereinsatz einsetzen. Der weitere Einbau geschieht in umgekehrter Ausbau-Reihenfolge.

6 Neu beim Filterwechsel ist die MB-Vorschrift, die Mengen-Mittelwert-Adaptionsdaten mit dem Werkstattsystem (Star Diagnosis) zurückzusetzen. Das muss in der Werkstatt geschehen, es sei denn, Sie haben ein Gerät verfügbar. Dann im Menü »Steuergeräte-Anpassungen« den Menüpunkt »Mengen-Mittelwert-Adaptionsdaten zurücksetzen« auswählen und abarbeiten.

1 **Dieselmotoren 642 (E 320 CDI; Sechszylinder):** Die Filtereinsätze bei diesen Motoren können erst nach **Ausbau der Filtergehäuse** gewechselt werden (Gehäuse-Ausbau bei den anderen CDI-Motoren im Anschluss). Dazu Motorhaube öffnen und obere Motorabdeckung abbauen. Elektrische Steckverbindung am Drucksensor (befindet sich am Luftfiltergehäuse links) trennen.

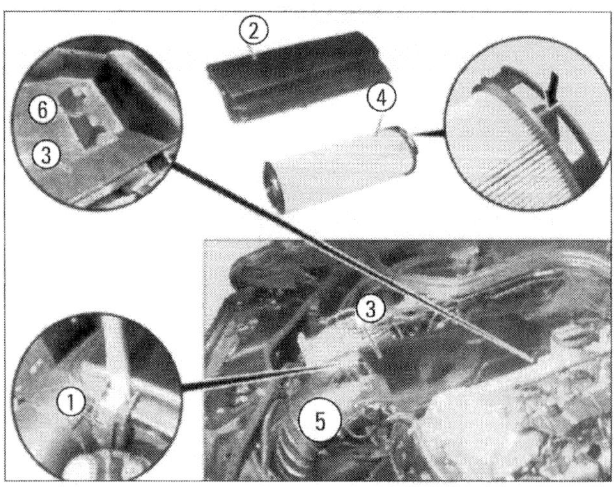

Luftfilter der Dieselmotoren 646/647/648: (1) Klammern, (2) Deckel, (3) Luftfiltergehäuse, (4) Luftfiltereinsatz, (5) Heißfilm-Luftmassenmesser B2/5, (6) Kerbe.

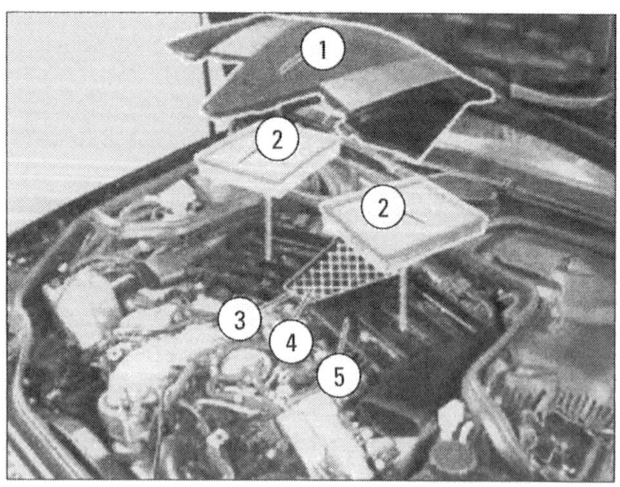

Luftfilter der Achtzylinder-Dieselmotoren 629: (1) Deckel, (2) Luftfiltereinsatz, (3) Dichtung, (4) Reinluftbereich, (5) Luftfiltergehäuse.

2 Linken und rechten Schlauch vom Motorsaugluftkanal vor Luftfilter ausbauen. Schlauchschellen am Motorsaugluftkanal nach Luftfilter lösen.

3 Befetigungsschrauben der Luftfiltergehäuse an Zylinderkopfhaube herausschrauben, Gehäuse vom Motorsaugluftkanal nach Luftfilter ab- und nach oben herausziehen.

4 **Luftfilter-Einsatz wechseln:** Die je vier Schrauben (3) herausdrehen und Deckel (2) von den beiden Luftfiltergehäusen (1) abnehmen. Luftfiltereinsätze (4) aus den Gehäusen herausnehmen (Bilder unten). Luftfiltergehäuse und Deckel innen mit LU-Reiniger säubern, um Beschädigungen am Motor durch angesaugte Schmutzpartikel zu vermeiden. Neue Filtereinsätze einbauen, Deckel aufschrauben.

5 **Filtergehäuse-Einbau** in umgekehrter Reihenfolge. Die Schlauchschellen am Saugluftkanal nach Filter prüfen und bei Bedarf erneuern. Schrauben Luftfiltergehäuse an Zylinderkopfhaube mit 9 Nm festziehen.

6 Mengen-Mittelwert-Adaptionsdaten mit Star Diagnosis zurücksetzen. Dazu, wie bereits beschrieben, den Menüpunkt »Mengen-Mittelwert-Adaptionsdaten zurücksetzen« auswählen und abarbeiten.

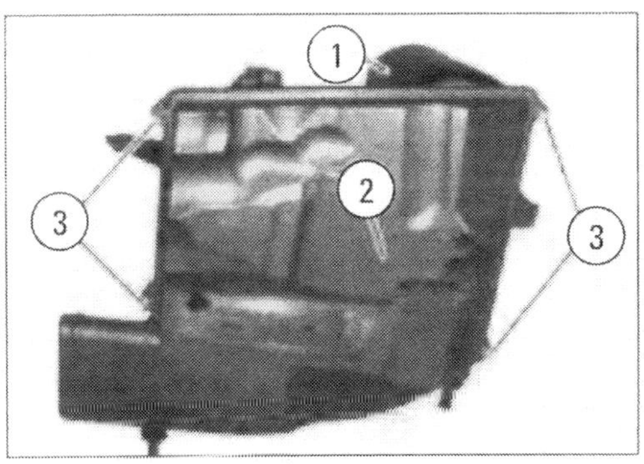

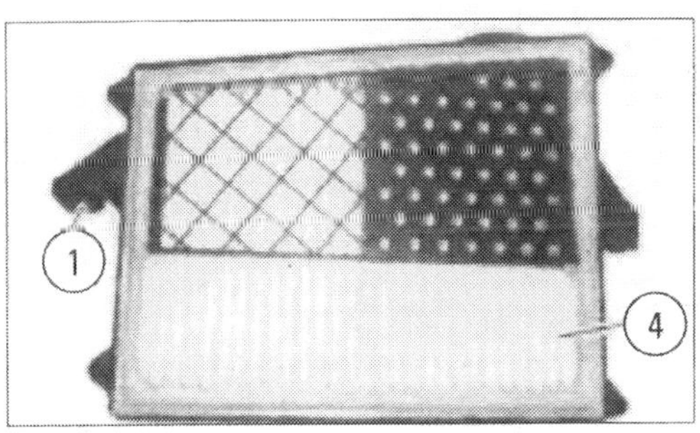

Luftfilter der Sechszylinder-Dieselmotoren 642: (1) Luftfiltergehäuse, (2) Deckel, (3) Schrauben, (4) Luftfiltereinsatz (Deckel abgenommen).

1 **Ausbau der Filtergehäuse 646/647/648:** Abdeckungen der Zylinderkopfhaube ausbauen (Motor 648 auch Abdeckung am Ladeluftverteilerrohr).

2 Die elektrischen Steckverbindungen am Heißfilm-Luftmassenmesser (B2/5) und am Temperaturfühler Ansaugluft (B17) trennen.

3 Luftansaugrohr am Heißfilm-Luftmassenmesser (B2/5) abmontieren, dabei Schlauchschelle auf Beschädigungen prüfen und bei Bedarf erneuern (oberes der Bilder unten).

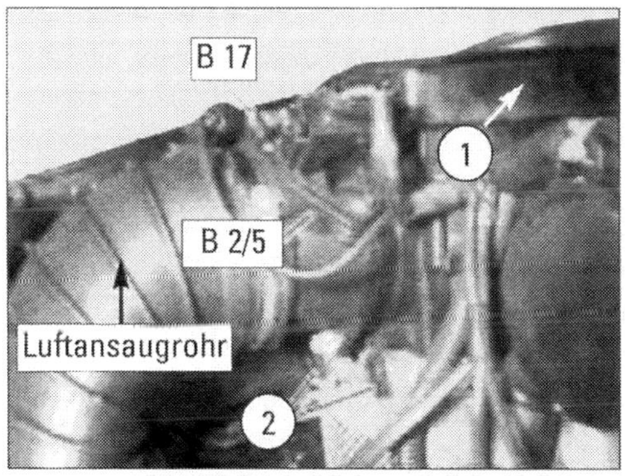

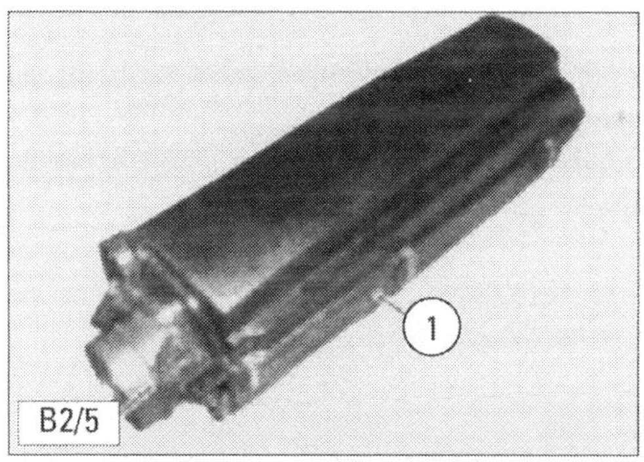

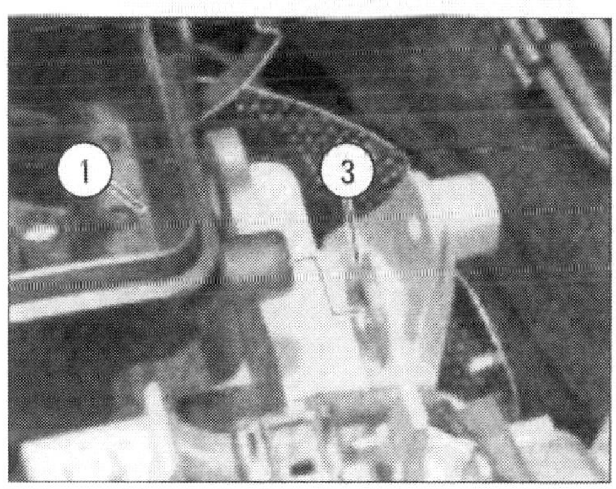

CDI-Motoren 646/647/648: (1) Luftfiltergehäuse, (2, 3) Gummilager vorn und hinten, (B17) Temperaturfühler, (B2/5) Heißfilm-Luftmassenmesser.

4 Den rechts neben dem Luftansaugrohr verlaufenden Ansaugschlauch am Luftfiltergehäuse (1) ausrasten und abziehen. Luftfiltergehäuse vorn anheben und nach oben aus den Halterungen ziehen. Vordere Gummilager (2) auf Verschleiß prüfen und bei Bedarf erneuern (die beiden oberen Bilder rechte Spalte Seite 55).

5 Luftfiltergehäuse in Fahrtrichtung aus dem hinteren Gummilager (3) herausziehen, das Lager auf Verschleiß prüfen und bei Bedarf erneuern (unteres Bild, rechte Spalte Seite 55).

6 **Einbau** in umgekehrter Reihenfolge. Gleitflüssigkeit Naphtolen H auf vordere (2) und hinteres (3) Gummilager auftragen. Bei Einbau eines neuen Luftfiltergehäuses: Heißfilm-Luftmassenmesser (B2/5) vom alten Luftfiltergehäuse abmontieren. Die Abdeckungen von Zylinderkopfhaube und Ladeluftverteilerrohr mit 9 Nm festschrauben.

7 Mengenmittelwert-Adaption mit Diagnose-System Star Diagnosis vornehmen.

1 **Ausbau der Filtergehäuse 629:** Zündung ausschalten oder (Fahrzeuge mit Keyless-Go-Code 889) Start-Stopp-Taste wiederholt drücken, bis die Zündung ausgeschaltet ist.

2 Motorabdeckung ausbauen. Federbandschellen (3) mit einer Schlauchklemmenzange (MB: 003589033700) zusammendrücken und in Richtung Luftfiltergehäuse (5) verschieben (Pfeil; Bild unten).

3 Heißfilm-Luftmassenmesser (B2/7) rechts (1) und (B2/6) links (2) aus dem Luftfiltergehäuse (5) herausziehen.

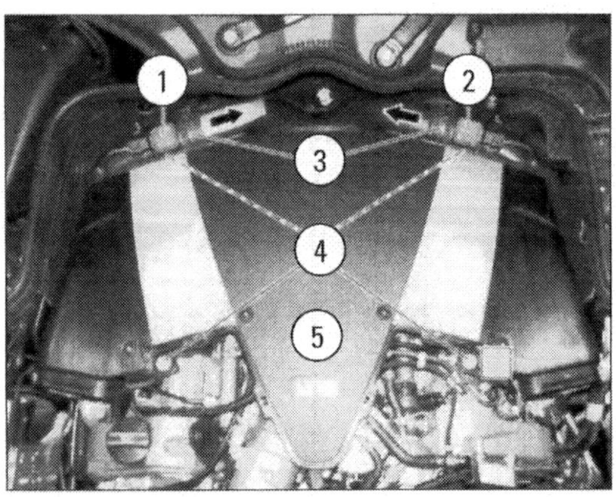

CDI-Motoren 629: (1) Heißfilm-Luftmassenmesser (B2/7) rechts, (2) Heißfilm-Luftmassenmesser (B2/6) links, (3) Federbandschellen, (4) Schrauben, (5) Luftfiltergehäuse.

4 Die vier Schrauben (4) herausdrehen und Luftfiltergehäuse (5) abnehmen

5 **Einbau** in umgekehrter Reihenfolge. Federbandschellen (3) prüfen, bei Bedarf erneuern, mit Schlauchklemmenzange einbauen. Die vier Befestigungsschrauben (4) Luftfiltergehäuse an Zylinderkopfhaube mit 14 Nm festziehen.

1 **Ausbau der Filtergehäuse bei den Benzinmotoren 112, 113 (E 320, E 500; Sechs- und Achtzylinder):** Motorabdeckung (1) ausbauen. Dazu die Abdeckung beidseitig an den Luftfiltergehäusen (2) und am Halter nach oben abziehen (Bild unten).

2 Erst die Motorsaugluftkanäle (3), dann die beiden Luftfiltergehäuse (2) ausbauen. Beim Ausbau der Luftfiltergehäuse darauf achten, dass die Ansaugleitungen (6) nicht verdreht werden. Bei nicht sachgemäßem Ausbau der Luftfiltergehäuse kann sich der Stahlring in der Ansaugleitung verformen und im Motorbetrieb lösen.

3 Luftfiltergehäuse vorsichtig anheben und Kurbelgehäuseentlüftungsschlauch (4) am Stutzen (5) der Ansaugleitung (6) abziehen.

4 **Einbau:** In umgekehrter Reihenfolge. Dabei darauf achten, dass die Verrastungen (7) beim Aufsetzen auf das

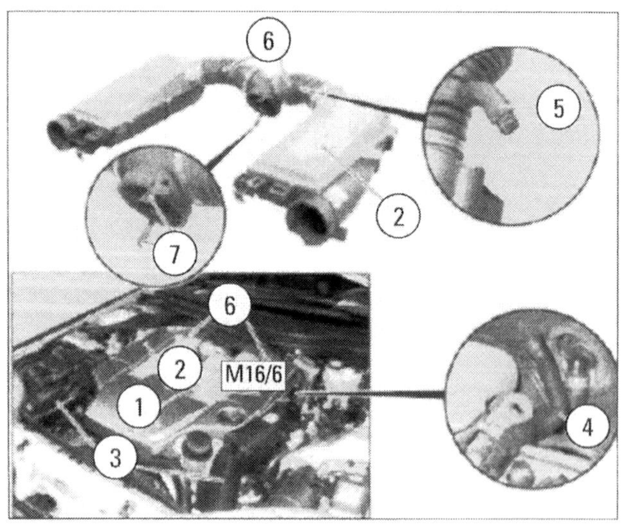

Benzin-Motoren 112, 113: (1) Motorabdeckung, (2) Luftfiltergehäuse, (3) Motorsaugluftkanäle, (4) Kurbelgehäuseentlüftungsschlauch, (5) Stutzen, (6) Ansaugleitungen, (7) Verrastungen, (M16/6) Stellglied Drosselklappe.

Stellglied Drosselklappe (M16/6) nicht abbrechen. Die Verrastungen könnten vom Motor angesaugt werden und einen Motorschaden verursachen.

5 Dichtring, Stellglied Drosselklappe (M16/6) und Haltegummis mit Gleitflüssigkeit (Naphtolen H nach BR00.45-Z-1003-06A) benetzen.

1 **Ausbau der Gehäuse bei den Benzinmotoren 271 (E 200 Kompressor, Vierzylinder):** Torxschrauben (1) herausdrehen. Die Schrauben halten den Gehäusedeckel, die beiden hintersten Schrauben befestigen das Luftfiltergehäuse am Saugrohr. Luftleitrohr (2) ausclipsen (Bild unten).

2 Elektrische Kupplungen (3) vom ME-Steuergerät N3/10 rechts vorn am Luftfiltergehäuse (4) abziehen. Die Schiebeverschlüsse ziehen und die elektrischen Kupplungen abnehmen.

3 Die elektrischen Kupplungen vom Heißfilm-Luftmassenmesser und vom Höhendruckgeber B18 sowie den Schlauch der Kurbelgehäuseentlüftung abziehen. Die Schlauchschelle vom Luftansaugrohr ganz hinten unten am Luftfiltergehäuse lösen.

4 Luftfiltergehäuse herausnehmen. Dazu das Gehäuse hinten hochziehen und in Richtung Fahrgastzelle schieben. Luftfiltergehäuse mit einem Schraubendreher aus den Gummiaufnahmen heraushebeln.

5 Der **Luftfiltereinsatz** kann allerdings bereits aus dem noch eingebauten Gehäuse entnommen werden, nachdem

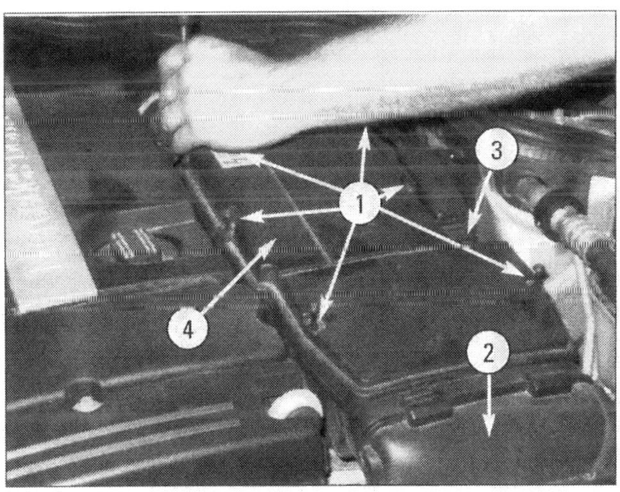

Benzin-Motoren 271: (1) Befestigungsschrauben von Deckel und Gehäuse, (2) Luftleitrohr, (3) Kupplungen, (4) Gehäuse.

Vorsicht bei Motorreparaturen! **Gefahrenhinweis**

■ Offenes Feuer (Licht, Rauchen, Funkenflug) vermeiden! Es besteht Explosionsgefahr durch Entzünden von Kraftstoff oder Kraftstoffdämpfen.
■ Kraftstoff nur in geeignete und gekennzeichnete Behältnisse einfüllen. Hohe Vergiftungsgefahr!
■ Beim Umgang mit Kraftstoff, Batteriesäure und Kühlmittelflüssigkeit Schutzkleidung tragen!

der Deckel abgeschraubt worden ist. Bei dieser runden Filterform ist auch vorgesehen, dass der Einsatz im Rahmen seiner Verwendungsdauer einmal gedreht werden kann. Dazu den Papierfilter (1) mit Feder (2) aus seiner Lagernut (3) herausheben und um 180° drehen. Die saubere Oberseite wird dann noch effektiv genutzt.

6 Vor Einsetzen des gedrehten oder eines neuen Filters das Gehäuse mit einem feuchten Tuch innen gründlich reinigen. Einsatz einrasten, Deckel aufschrauben.

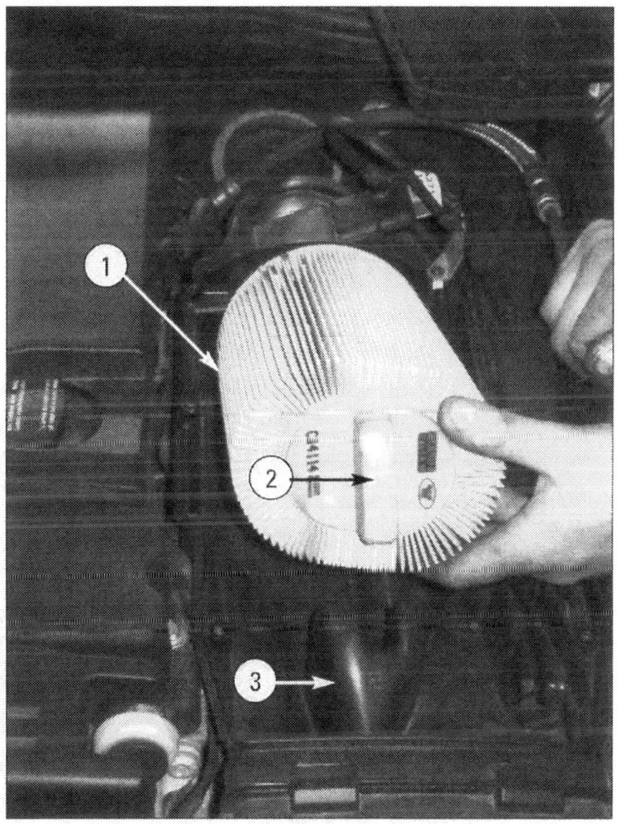

Benzin-Motoren 271: (1) Papierfiltereinsatz, (2) Vorsprung (Feder) am Einsatzboden, (3) Nut für den Filtereinsatz.

7 Einbau: In umgekehrter Reihenfolge. Schlauchschelle am Luftansaugrohr (MB: 003589033700) prüfen und bei Bedarf erneuern. Haltegummi des Luftfiltergehäuses mit Gleitflüssigkeit Naphtolen H (BR00.45-Z-1003-06A) benetzen. Die beiden Schrauben Luftfiltergehäuse an Saugrohr mit 9 Nm festziehen.

Benzin-Motoren 271: (1) Grobschmutz im Luftfiltergehäuse.

8 Die von den Montagearbeiten und dem Abziehen der elektrischen Kupplungen herrührenden und abgespeicherten Fehler müssen nach Abschluss der Arbeiten bearbeitet und gelöscht werden (Star Diagnosis, Tester).

1 Ausbau der Gehäuse bei den Benzinmotoren 272 und 273 (E 240, E 280, E 350, E 500; Sechs- und Achtzylinder): Vordere Motorabdeckung (1) nach oben abziehen (Doppelbild ganz unten, links).

2 Linken und rechten Saugluftkanal (2; untere Bildreihe) ausbauen. Schlauch (5) der Luftpumpe am Luftfiltergehäuse (3) abziehen.

3 Die Klammer (4) ganz hinten im Motorraum am Rand zum Wasserkasten vom Luftfiltergehäuse abhebeln und das Gehäuse nach oben von den Aufnahmen (6) an der linken und rechten Zylinderkopfhaube abziehen.

4 Um Kratzer und Beschädigungen zu vermeiden, muss das Luftfiltergehäuse auf einer gepolsterten Unterlage abgelegt werden!

5 Luftfiltereinsatz wechseln: Am ausgebauten Gehäuse (1) links und rechts die Schrauben 3a und 3b lösen und die Gehäuseunterteile 1a und 1b abnehmen (Bild nächste Seite, linke Spalte). Die Schrauben verbleiben in den Gehäuseunterteilen.

6 Die Luftfiltereinsätze 2a und 2b herausnehmen. Gehäuseunterteile (1a/1b) und Gehäuse (1) gründlich reinigen. Von Mercedes-Benz wird dazu stets der LU-Reiniger von Würth (Künzelsau) empfohlen.

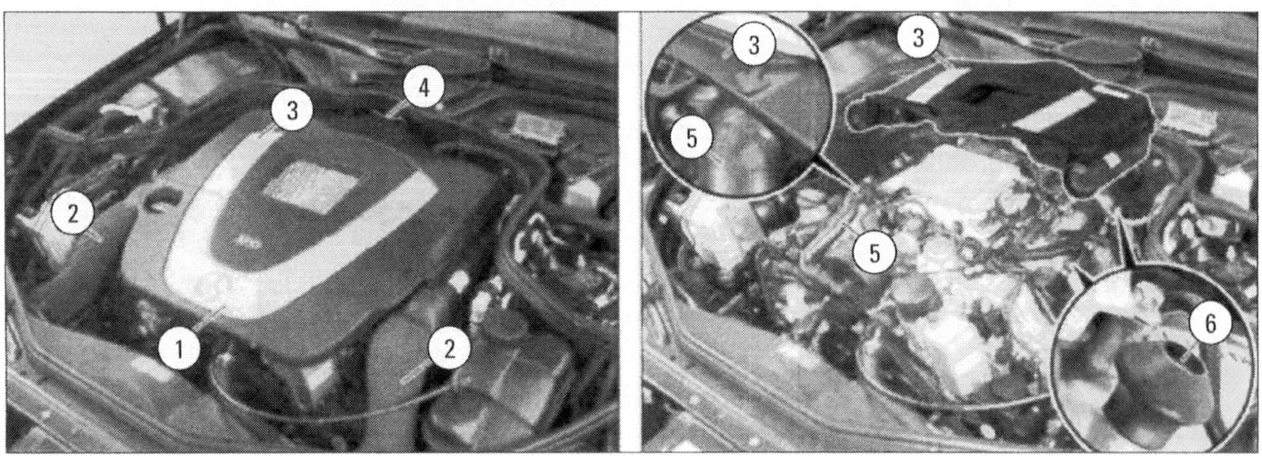

Benzin-Motoren 272, 273: (1) Vordere Motorabdeckung, (2) Saugluftkanal links und rechts, (3) Luftfiltergehäuse, (4) Klammer, (5) Schlauch, (6) Aufnahme(n) für Luftfiltergehäuse.

7 Einbau: In sinngemäß umgekehrter Reihenfolge. Neue Luftfiltereinsätze (2a/2b; Bild unten) einsetzen. Am Schlauch (5) und am Luftfiltergehäuse (3; Bilder vorige Seite) befinden sich Pfeile. Diese Markierungen müssen zueinander weisen.

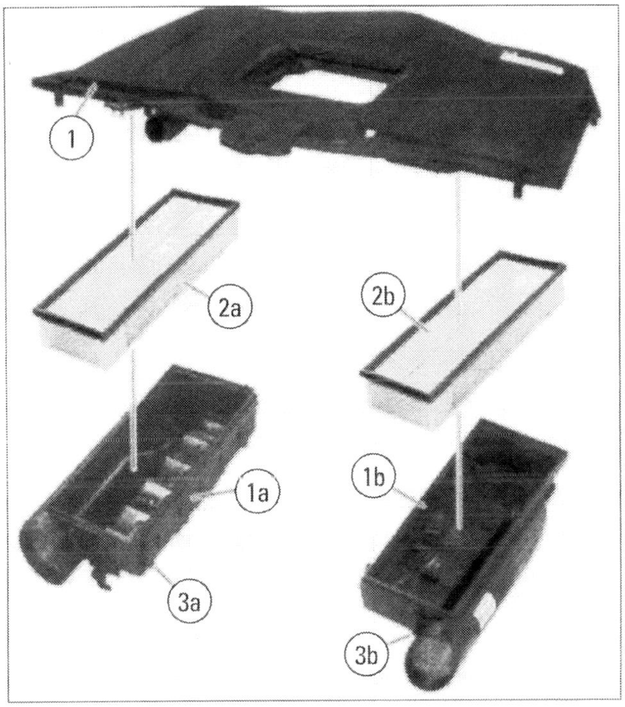

Benzin-Motoren 272, 273: (1) Luftfiltergehäuse, (1a/1b) Gehäuseunterteile, (2a/2b) Luftfiltereinsätze, (3a/3b) Schrauben.

Der Keilrippenriemen

Riemen mit keilförmigem Querschnitt und längs laufenden Rippen treiben als wichtige Teile des Kurbeltriebs Nebenaggregate wie Generator (Lichtmaschine), Kältemittelverdichter für die Klimaanlage (Klimakompressor) oder Kühlmittelpumpe.
Die Riemen sind außerordentlich stabil, aber eine regelmäßige Prüfung auf Verschleißspuren ist dennoch ratsam. Denn Keilrippenriemen werden sehr stark beansprucht. Sie laufen über Keilriemenscheiben, Räder mit tiefen umlaufenden Rillen. Die Flanken der Rillen nehmen Kontakt mit den Riemenrippen auf. Dadurch wird die Kraft übertragen, wozu der Riemen Spannung benötigt. Diese darf nicht zu hoch sein, sonst werden die Lager des angetriebenen Teils zerstört. Sie darf aber auch nicht zu gering sein, sonst rutscht der Riemen grässlich quietschend durch.
Mit der Zeit nutzt sich der Keilrippenriemen an den Flanken ab, er gleitet tiefer in die Rillen und verliert etwas von seiner Spannung. Diese Abweichung wird automatisch von einer Spannrolle korrigiert. Gründliche Prüfung der verschiedenen möglichen Abnutzungserscheinungen bleibt aber angesagt.
Aus- und Einbau der Riemen sind aufwändig. Zeichnen Sie vor dem Ausbau mit Kreide, Filz- oder Fettstift auf die Riemenoberseite einen Pfeil in Laufrichtung. Von der Riemenseite aus, also von vorn gesehen, dreht der Motor rechts herum, also im Uhrzeigersinn. Das Markieren der Laufrichtung ist für den Wiedereinbau wichtig. Einbau entgegen bisheriger Laufrichtung erhöht den Verschleiß und kann zur Zerstörung des Riemens führen.

Zustand des Keilrippenriemens prüfen

Arbeitsschritte

1 Motorhaube öffnen. An allen sichtbaren Stellen den vorn vor dem Motor verlaufenden Keilrippenriemen prüfen. Handlampen zur Beleuchtung des im eingebauten Zustand recht schwer zugänglichen Riemens verwenden (Bild unten). Fehlerstellen mit Schadensbildern aus der Werkstattliteratur vergleichen.

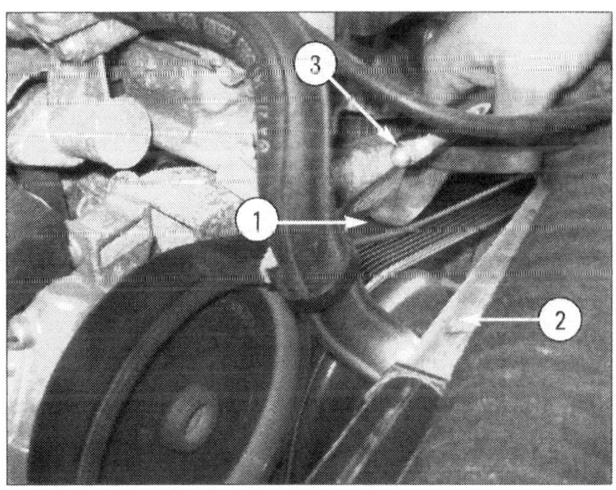

Riemenspannung durch Fingerdruck prüfen: (1) Keilrippenriemen, (2) Leuchtstab und (3) Handlampe zum Ausleuchten.

2 Zur noch genaueren Prüfung das Fahrzeug anheben und die unteren Motorraumabdeckungen bzw. Geräuschkapsel-Unterteile ausbauen. So werden weitere Riemenabschnitte sichtbar. Im Fahrbetrieb tritt Flankenverschleiß der trapezförmigen Keilrippen auf: Die Rippen werden spitz. Oft kommt es dann zu einem eventuell nur einzigen, aber tiefen Riss. Darauf ganz besonders achten!

3 Auf unregelmäßige Schleifspuren an den Riemenflanken, poröse und fransige Oberfläche oder Unterbaurisse (Anrisse, Kernbrüche, Querschnittbrüche) achten.

4 Der Riemen darf keine Fett- oder Ölspuren und nirgendwo glasige oder verhärtete Oberflächen aufweisen. Hellere Stellen weisen darauf hin, dass der Zugstrang schon im Keilrippenriemengrund sichtbar wird.

5 Es dürfen keine Lagentrennung zwischen Deckschicht und Zugsträngen, keine Ausbrüche am Unterbau und kein Ausfransen der Zugstränge auftreten. Prüfen Sie sorgfältig auf Querrisse in mehreren Keilrippen und auf Keilrippenausbrüche.

6 Einlagerungen von Schmutz oder kleinen Steinen sowie Gummiknollen im Keilrippenriemengrund sowie Ablösen einzelner Keilrippen vom Grund beachten.

7 Riemen zur genaueren Prüfung eventuell sogar ausbauen. In allen Schadensfällen muss der Riemen ohnehin ausgebaut und ausgetauscht werden, um schwere Folgeschäden zu vermeiden.

Keilrippenriemen (Dieselmotor) aus-/einbauen

Arbeitsschritte

1 Ausbau: Wir demonstrieren diese Arbeit beispielhaft an den Fahrzeugen mit Motoren der Baureihen 646, 647, 648 und 642 (E 200/220 CDI, E 270 CDI, E 280 CDI, E 320 CDI). Motorhaube öffnen.

2 Zur besseren Sicht auf den Keilrippenriemen die Lüfterhaube ausbauen: Motorsaugluftkanal vor Luftfilter ausbauen und die beiden Abdeckungen der Zylinderkopfhaube vom Zylinderkopf und vom Ladeluftverteilerrohr abschrauben. Den Dichtgummi im Bereich der Kühlerbrücke abziehen. Die jeweils drei Schrauben links, Mitte und rechts herausdrehen und die Kühlerbrücke nach vorn klappen. Die Flachformfedern an der Oberseite der Lüfterhaube abziehen, den Kühlmittelschlauch aus den Halterungen an der Lüfterhaube lösen. Den Stecker von der Lüfterhaube abziehen und die Haube nach oben herausnehmen. Beim Wiedereinbau die Haltenasen der Lüfterhaube in die Aufnahmen am Kühler einführen.

3 Keilrippenriemen (1) entspannen: Dazu Vorderteil der Spannvorrichtung (2) gegen den Uhrzeigersinn, also entgegen der Federkraft, drehen (Bild unten).

4 Einen Stahlstift von 4 mm Durchmesser und 50 mm Länge durch die übereinander liegenden Bohrungen im Vorderteil der Spannvorrichtung und im Gehäuse stecken, um die Spannrolle (3) in dieser Lage zu arretieren. Der Arretierstift gilt als ein Sonderwerkzeug, das man sich selbst aus Rundstahl anfertigen kann.

5 Keilrippenriemen (1) abnehmen. Sollen weiterführende Arbeiten an Motor oder Steuergehäusedeckel ausgeführt werden, muss die Spannvorrichtung (2) entlastet werden.

6 Riemenscheibenprofile und Spannvorrichtung auf Beschädigungen und Verschmutzungen prüfen und bei Bedarf erneuern bzw. reinigen. Dann den Keilrippenriemen gründlich auf Verschleiß prüfen.

7 Einbauen: Keilrippenriemen auflegen. Kein Riemenwachs oder ähnliche Produkte verwenden, da dies zum Durchrutschen des Keilriemens führt.

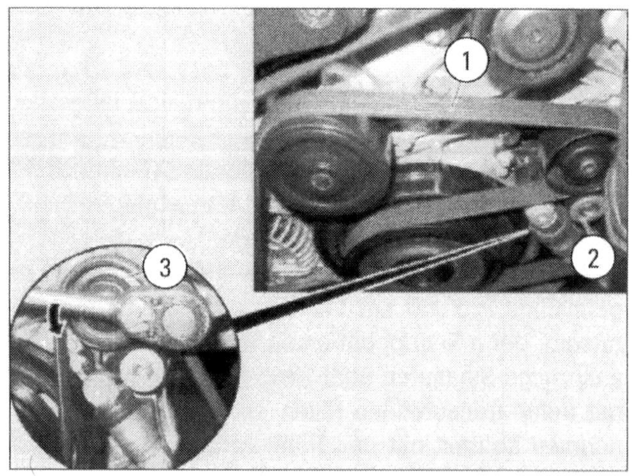

Beispiel Motor 646.961 (E 220 CDI): (1) Keilrippenriemen, (2) Spannvorrichtung, (3) Spannrolle.

Den Riemen, beginnend an der Spannrolle, auflegen und entsprechend Motorisierung und Ausstattung das Laufschema beachten. Unterschiede beim Riemenverlauf gibt es zwischen Diesel- und Benzinmotoren infolge der unterschiedlichen Spannvorrichtungen (Bild unten). Der Riemenverlauf hängt auch davon ab, ob ein Kältemittelverdichter für die Klimaanlage eingebaut ist und ob es sich bei den Benzinmotoren um einen solchen mit Kompressor handelt (Bilder nächste Seite).

8 Keilrippenriemen spannen. Dazu den (selbst angefertigten) Arretier-Stift aus den Bohrungen im Vorderteil und im Gehäuse der Spannvorrichtung herausziehen, um die Spannrolle (3) in Ausgangslage drehen zu können. Dabei das Vorderteil der Spannvorrichtung (2) festhalten, damit die Spannrolle nicht schlagartig zurückschnappen kann (Bild vorige Seite, rechts unten).

9 Vorderteil der Spannvorrichtung langsam im Uhrzeigersinn (entgegen der Pfeilrichtung im Bild) drehen, bis durch die Federkraft der Keilrippenriemen gespannt wird.

10 Im Falle des Motors 648 die Lüfterhaube einbauen.

11 Fehlerspeicher mit Werkstattsystem oder Hand-held-Tester auslesen und löschen. Eine kurze Probefahrt unternehmen.

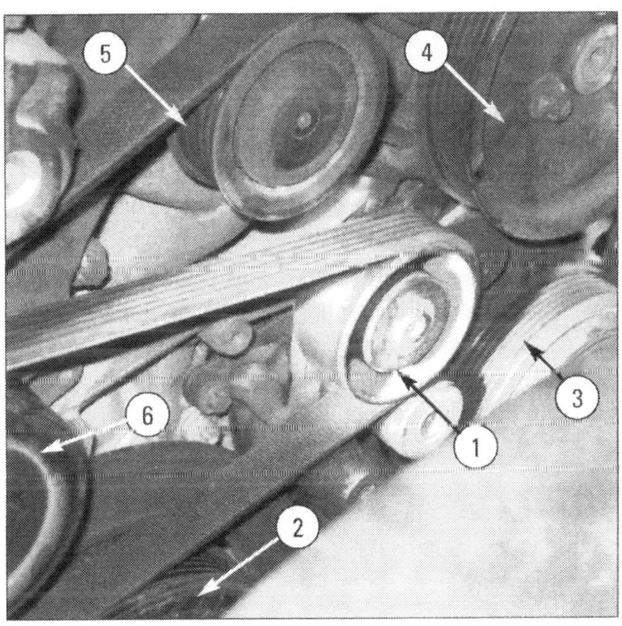

Riemenverlauf (Ausschnitt) bei Dieselmotoren: (1) Spannrolle, (2) Kurbelwelle, (3) Klimakompressor, (4) Lenkhelfpumpe, (5) Umlenkrolle, (6) Kühlmittelpumpe.

Keilrippenriemen (Benzinmotor) aus-/einbauen

1 Ausbau: Wir demonstrieren diese Arbeit beispielhaft an den Fahrzeugen mit Motoren der Baureihen 272 und 273 (E 240, E 280, E 350, E 500) sowie 271 (E 200 Kompressor).

2 Die vordere Motorabdeckung nach oben aus den Aufnahmen herausziehen.

3 Die Spannvorrichtung (1) am Sechskant (2) mit einem Schlüssel entgegen dem Uhrzeigersinn schwenken (Pfeil im Bild unten) und damit den Keilrippenriemen (3) entspannen. Den Riemen abnehmen .

Riemen abnehmen bei Benzinmotoren 272 und 273: (1) Spannvorrichtung, (2) Sechskant, (3) Keilrippenriemen, (4) Umlenkrollen.

4 Riemenscheibenprofile, Spannvorrichtung und Umlenkrollen (4 im Bild vorige Seite, 5 in den Bildern unten) auf Beschädigung, Verschleiß und Verschmutzung prüfen. Bei Bedarf erneuern. Dann den Keilrippenriemen ebenfalls auf Verschleiß und Beschädigung prüfen und bei Bedarf ersetzen.

5 Falls die Spannvorrichtung erneuert werden muss, kann sie nach Ausbau des Keilrippenriemens ausgebaut werden. Dazu wird die Spannvorrichtung am Sechskant entgegen Uhrzeigerrichtung geschwenkt und dann mit einem Dorn durch die Öffnung rechts unterhalb des Sechskants arretiert. Die Schrauben neben der Arretieröffnung in der Spannvorrichtung herausdrehen und die Vorrichtung abnehmen. Aus- und Einbau sind nur in arretiertem Zustand möglich. Auf diese Weise den Einbau in umgekehrter Reihenfolge vornehmen.

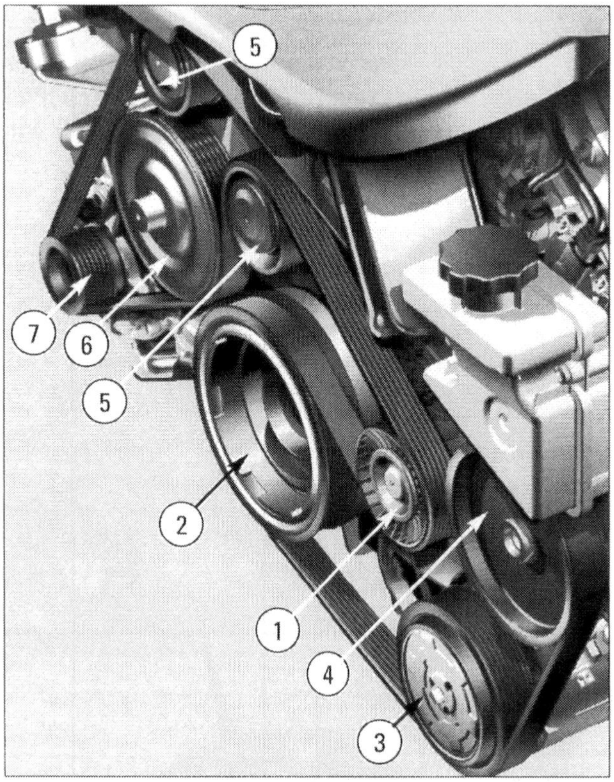

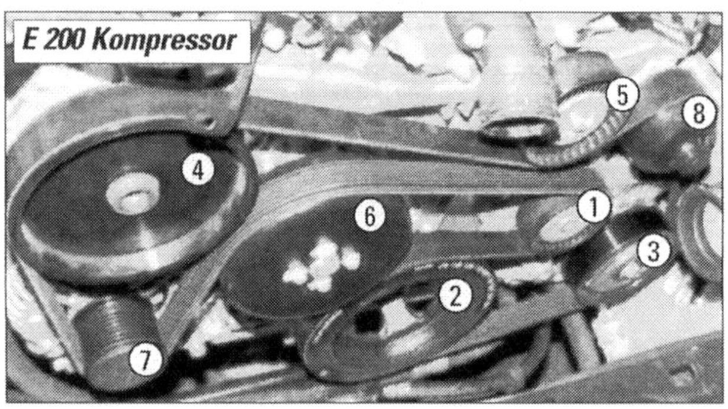

Riemenverlauf bei Benzinmotoren: (1) Spannrolle, (2) Kurbelwelle, (3) Kältemittelverdichter, (4) Lenkhelfpumpe, (5) Umlenkrollen, (6) Kühlmittelpumpe, (7) Generator, (8) Kompressor.

6 Falls die Umlenkrollen erneuert werden sollen: Die Abdeckungen von den Rollen nehmen und Schrauben herausdrehen. Rollen abnehmen. Einbau umgekehrt.

7 **Einbau des Keilrippenriemens:** Spannvorrichtung entgegen Uhrzeigersinn am Sechskant schwenken. Den Riemen dem Laufschema entsprechend (Bild links) auflegen. Die Spannvorrichtung entspannen. Für den Keilrippenriemen kein Riemenwachs oder ähnliche Produkte benutzen. Vordere Motorabdeckung wieder einbauen.
Die Keilrippenriemen-Spannvorrichtung wird mit 35 Nm am Steuergehäusedeckel, die Umlenkrollen werden ebenfalls mit 35 Nm an der Kühlmittelpumpe festgeschraubt.

3a Der Riemenaus- und -einbau beim **Kompressormotor 271** erfolgt auf ähnliche Weise. Hierzu muss allerdings vorher der Breitbandgeräuschdämpfer ausgebaut werden. Zum Entspannen und Abnehmen des Keilrippenriemens die Torxaussparung unter der Spannrolle nutzen und entgegen Uhrzeigersinn drehen.

4a Riemenscheibenprofile und Spannvorrichtung auf Beschädigungen und Verschmutzung, Keilrippenriemen auf Verschleiß und Beschädigung prüfen. Schadhafte Komponenten erneuern.

7a **Einbau:** Keilrippenriemen gemäß Laufschema im Bild linke Spalte ganz unten auflegen und spannen. Dazu wieder die Torxaussparung unter der Spannrolle nutzen und entgegen Uhrzeigersinn drehen.Kein Riemenwachs oder ähnliche Produkte verwenden.

8 (Weiter für alle Motoren) Den Breitbandgeräuschdämpfer wieder einbauen. Einwandfreien Lauf des Keilrippenriemens überprüfen.

9 Fehlerspeicher mit Werkstattsystem oder Hand-held-Tester auslesen und löschen. Eine kurze Probefahrt unternehmen.

Kompressionsdruck und Zylinderdichtheit

Um zu sehen, ob sich der Motor noch in gutem mechanischen Zustand befindet, werden Verdichtungsdruck und Druckverlust in jedem Zylinder geprüft. Bei der Verbrennung des Kraftstoff-Luft-Gemischs entstehen nämlich enorme Drücke. Für Kolben und Kolbenringe, Zylinderwände, Ventilsitze und Ventilschaftdichtungen bedeutet das hohe Belastungen, die im Laufe der Zeit zu Verschleiß führen.
Schadhafte Brennraumdichtungen bewirken aber erhöhten Öl- und Kraftstoffverbrauch, schlechtere Abgaswerte, schwächere Leistung und mangelhaftes Kaltstartverhalten des Motors. Wenn diese Symptome bereits auftreten, helfen Ihnen das Prüfen auf Druckverlust und die Kontrolle der Zylinderdichtheit bei der Beurteilung der Situation.

Richtwerte und Fehlerquellen

Die Werte für den Kompressionsdruck (Verdichtungsdruck) gelten für Motoren in einwandfreiem Zustand. Bei den Ottomotoren der E-Klasse beträgt der Verdichtungsdruck zwischen 10 bar (Motor 271) und 16 bar (Motor 273), bei den Dieselmotoren zwischen 21 bar (Motor 629) und 35 bar (Motoren 646 und 648). Bei einem mehrere Jahre alten Motor sinkt er ab, gleichmäßig niedrigerer Druck in allen Zylindern ist dann normal.
Gemessen wird am betriebswarmen Motor (90 °C) per handelsüblichem Verdichtungsdruckschreiber (MB-Nummer: 001589762100). Zur Messung an den CDI-Dieselmotoren sind dann noch ein »Zwischenstück« (MB: 611589026300) und das »Einschraubstück« (MB: 640589006300) erforderlich (Abbildung Seite 64). Bei den Benzinmotoren kann der Dichtkonus des Druckschreibers direkt auf die Zündkerzen-Gewindebohrung gepresst werden. Bei Erreichen der Verschleißgrenze (E-Klasse: Benziner 8,5 bis 10 bar, Diesel 17 bis 18 bar) muss der Motor überholt oder ausgetauscht werden.
Wichtig ist auch, dass die Werte in allen Zylindern annähernd gleich sind. Der maximale Druckunterschied zwischen den einzelnen Zylindern darf bei Benzinmotoren 1,5 bar, bei Diesel-Motoren 3 bar betragen. Falls ein Zylinder gegenüber den anderen einen höheren Druckunterschied aufweist, ist dies ein Zeichen für eine ganze Reihe möglicher Verschleißerscheinungen. Wenn zwischen den einzelnen Messwerten für die Zylinder größere Unterschiede als die genannten 1,5 bzw. 3 bar bestehen, deutet das auf eine der folgenden Ursachen hin, denen auf jeden Fall nachgegangen werden muss:

- Verschleiß von Kolben oder Kolbenringen.
- Festsitzende Kolbenringe durch Verbrennungsrückstände im Zylinder.
- Unrunde Zylinder, oft Folge von Kolbenklemmern.
- Verbrennungs- oder Schmierölrückstände an Ventilschäften oder Ventilsitzen.
- Eingeschlagene Ventile.
- Verbrannte Ventile (bei zu kleinem Ventilspiel).

Den Fehlern auf der Spur

Der prozentuale Druckverlust eines Zylinders wird mit der Prüfung der Zylinderdichtheit ermittelt. Zulässig sind bei sämtlichen E-Klasse-Motoren Druckverluste an Kolben und Kolbenringen von maximal 20%, an Ventilen und Zylinderkopfdichtung von maximal 10% und als Gesamtwert maximal 25%. Das Dichtheits-Prüfgerät (ein spezielles Manometer) kann handelsüblich sein, z. B. EFAW 210 A von Bosch, Bestell-Nummer 0681 001 901. Bei MB haben das Prüfgerät die Kennnummer WH58.30-Z-1015-05A und das Anschlussstück die Nummer 111 589 009100.
Wenn der Messwert den angegebenen Maximalwert für Druckverlust im Zylinder überschreitet, muss man die Ursache einzugrenzen versuchen. Dazu etwas Motoröl in den betreffenden Zylinder einsprühen. Das dichtet den Raum zwischen Kolben und Zylinderwand kurzzeitig ab. Bleibt der Druck für kurze Zeit konstant und fällt dann wieder ab, liegt die Ursache mit hoher Wahrscheinlichkeit an Kolben, Kolbenringen oder Zylinderlauffläche. Bleibt der gemessene Wert allerdings zu niedrig, können Ventile, Ventilsitze, Ventilführungen, Zylinderkopf oder Zylinderkopfdichtung beschädigt sein.

Achtung: Übereinanderstehen der Kolbenringstöße kann das Messergebnis verfälschen. Dann Motor zusammenbauen, kurz laufen lassen, erneut messen.

Verdichtungsdruck bei Dieselmotoren prüfen

Arbeitsschritte

1 Motor auf Betriebstemperatur (80 bis 90 °C) bringen. Schlüssel im Steuergerät »Elektronischer Zündstartschalter« (EZS) in Stellung »0« drehen. Bei Fahrzeugen mit »Keyless Go« (Code 889) die Start-Stopp-Taste wiederholt drücken, bis die Zündung ausgeschaltet ist.

2 **Glühkerzen ausbauen**. Dieser Arbeitsablauf wird ausführlicher im späteren Kapitel »Einspritzung und Zündung« behandelt. Im Prinzip geht es darum, mit einer geeigneten Zange (MB: 611589003700) den elektrischen Steckanschluss (Kupplung) an den Glühkerzen zu trennen und die Kerzen mit einem Sechskantschlüssel herauszuschrauben. Je nach Motor sind vorher noch Komponenten wie Luftfiltergehäuse, Motorsaugluftkanal nach Luftfilter und der Verteiler der Leckölleitung auszubauen.

3 Vorsicht beim Herausdrehen der Glühkerzen! Das Lösemoment darf nicht größer als 25 Nm sein, sonst kann der Sechskant der Kerzen abbrechen. Die Kerzen sollten deshalb stets nur bei betriebswarmem Motor mit einer Zylinderkopftemperatur um 90 °C ausgebaut werden.

4 Den Verdichtungsdruckschreiber (1) elektrisch anschließen (Klemmen 4; Bild unten) und zur Beseitigung von Verbrennungsrückständen im Zylinder mit seiner Hilfe den Motor mehrmals vom Starter durchdrehen lassen. Die Prozedur »Motor mit Starter durchdrehen« wird von uns ausführlich im Kapitel »Die Fahrzeugreparatur« (Seiten 37/38) beschrieben. Den Motor nicht über den Schlüssel im Steuergerät elektronischer Zündstartschalter (EZS) durchdrehen, sondern nur den Kontaktschalter des Verdichtungsdruckschreibers (1) verwenden!

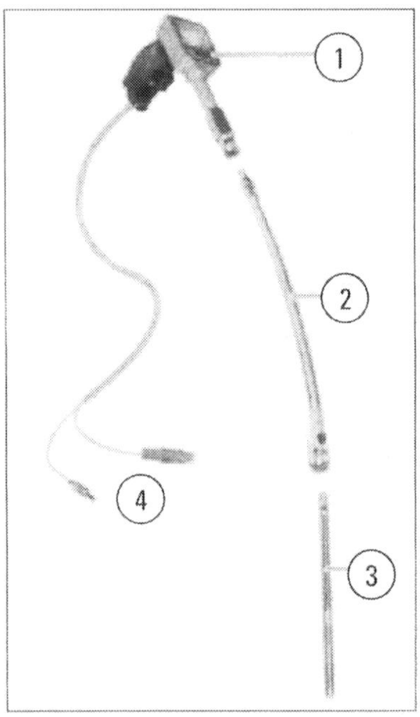

Verdichtungsdruckschreiber für die Prüfung an Dieselmotoren: (1) Druckschreiber, (2) Zwischenstück, (3) Einschraubstück, (4) elektrische Anschlüsse.

5 Das Einschraubstück (3) mit eingebautem Rückschlagventil in die Glühkerzenbohrung des zu prüfenden Zylinders hineindrehen. Dieses Einschraubstück hat bei Mercedes die Betriebsmittelnummer 640589006300.

6 Den Verdichtungsdruckschreiber (1) mit einem flexiblen Verbindungsstück (2) am Einschraubstück (3) anschließen. Zwischenstück-MB-Nummer: 611589026300.

7 **Prüfung:** Um den Verdichtungsdruck zu prüfen, muss jetzt der Motor (wieder mit Starter) mindestens acht Umdrehungen gedreht werden. Den Motor auf jeden Fall so lange durchdrehen, bis am Gerät kein Druckanstieg mehr angezeigt wird. Motor nicht über den Schlüssel im Steuergerät elektronischer Zündstartschalter (EZS) durchdrehen, sondern wieder den Kontaktschalter des Verdichtungsdruckschreibers (1) verwenden!
Diese Prüfung nacheinander an allen Zylindern durchführen.

8 Messwerte mit den zulässigen Werten vergleichen:

■ Einbautoleranz/Neuwert

Motor 629 (E 420 CDI)	21 bar
Motor 642 (E 320 CDI)	27 ... 32 bar
Motoren 646/648 (E 200, 220, 280 CDI)	29 ...35 bar

■ Verschleißgrenze/Grenzwert

Motor 629 (E 420 CDI)	17 bar
Motor 642 (E 320 CDI)	18 bar
Motoren 646/648 (E 200, 220, 280 CDI)	18 bar

■ Zulässige Druckdifferenz zwischen den Zylindern

Motor 629 (E 420 CDI)	max. 3 bar
Motor 642 (E 320 CDI)	max. 3 bar
Motoren 646/648 (E 200, 220, 280 CDI)	max 3 bar

Bei Unterschreiten des Mindestverdichtungsdrucks oder Überschreiten der zulässigen Differenz zwischen den Zylindern die Zylinderdichtheit prüfen (spätere Anleitung).

9 Prüfung abschließen. **Einbau:** Verdichtungsdruckschreiber abbauen, Glühkerzen (Mercedes-Bauteilbezeichnung: R9) und alle anderen Bauteile in umgekehrter Reihenfolge montieren.

Verdichtungsdruck bei Benzinmotoren prüfen

Arbeitsschritte

1 Motor auf Betriebstemperatur (80 bis 90 °C) bringen. Schlüssel im Steuergerät »Elektronischer Zündstartschalter« (EZS) in Stellung »0« drehen. Bei Fahrzeugen mit »Keyless Go« (Code 889) die Start-Stopp-Taste wiederholt drücken, bis die Zündung ausgeschaltet ist.

2 Zündkerzen ausbauen. Dieser Arbeitsablauf wird ausführlicher im späteren Kapitel »Einspritzung und Zündung« behandelt. Wir beschreiben hier das Prinzip:
Luftfiltergehäuse ausbauen wie zuvor in diesem Kapitel beschrieben (ab Seite 53). Bei den Motoren 112/113 die Abdeckung an der Motorstirnseite ausclipsen.

3 Die elektrischen Steckverbindungen an den Zündspulen für Zylinder 1 bis 4, Zylinder 1 bis 6 bzw. Zylinder 1 bis 8 trennen. In einigen Fällen Befestigungsschrauben (Torx) der Zündspulen herausdrehen. Die Zündspulen nach oben von den Zündkerzen abziehen und ablegen.

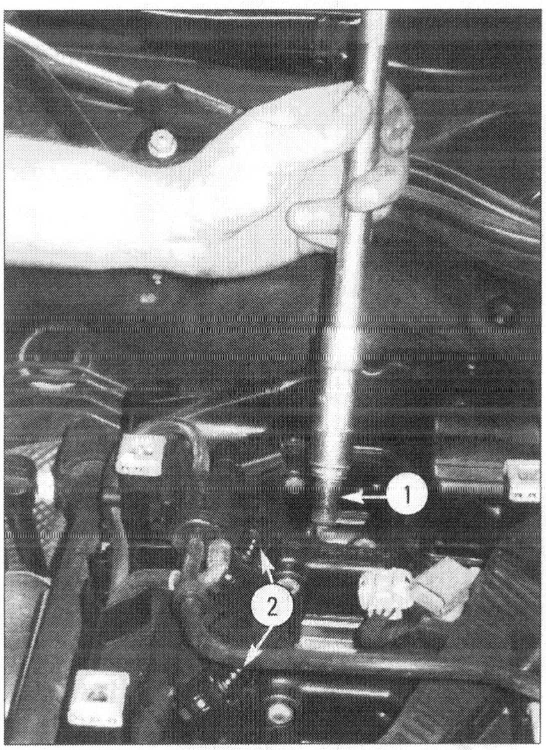

Ausbau einer Zündkerze (1) beim Motor 271. (2) zwei der vier Zündspulenstecker.

4 Den Zündkerzenstecker mit einem Abdrückwerkzeug oder einem Auszieher (MB-Spezialwerkzeug 272 589 01 33 00) von den Zündkerzen abmontieren. Das Werkzeug nur am Steckerwulst ansetzen, um den Stecker nicht zu beschädigen. Der Auszieher hat dazu Nasen, die sich am oberen Steckerwulst abstützen.

- Beim Einbau (Aufdrücken mit selbem Werkzeug) müssen die Stecker hör- und spürbar auf den Zündkerzen einrasten, weil sonst erhebliche Motor- und Katalysatorschäden möglich sind.
- Beim Einbau von Steckern und Zündspulen die Zündleitungen ausrichten. Scheuerfrei verlegen! Die Schlaufe der Zündleitung muss stets neben der Zündspule verlaufen und darf nicht seitlich vom Motor abstehen.

5 Dann die Zündkerzen (MB-Bauteil R 4) mit einem Zündkerzenschlüssel aus dem Zylinderkopf herausdrehen (Bild unten links). Die elektrischen Zuleitungen des Verdichtungsdruckschreibers anschließen und zur Beseitigung von Verbrennungsrückständen aus den Zylindern den Motor mit dem Kontaktschalter am Druckschreiber per Starter etwa 5 Sekunden durchdrehen (siehe »Die Fahrzeugreparatur«, Seiten 37/38).

6 Prüfung: Druckschreiber mit seinem Anschlussstück in die Zündkerzenbohrung pressen (Schnittbild unten).

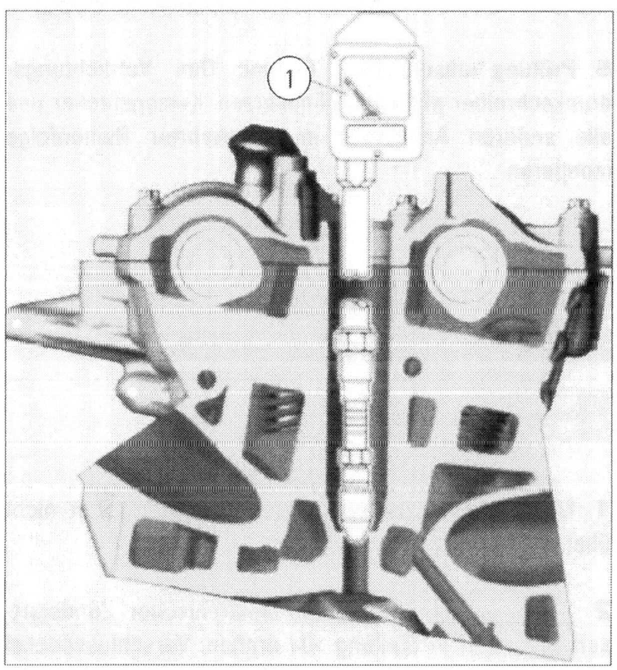

Verdichtungsdruckschreiber (1) zur Prüfung des Kompressionsdrucks in der Zündkerzen-Einschraubbohrung eines Zylinders der Benzinmotoren 272 oder 273.

Motor über den Kontaktschalter am Druckschreiber so lange durchdrehen, bis am Gerät kein Druckanstieg mehr angezeigt wird. Diese Prüfung nacheinander in Zylinderreihenfolge an allen Zylindern durchführen.

7 Messwerte mit den zulässigen Werten vergleichen:

- Einbautoleranz/Neuwert

Motor 112 (E 320)	12 ... 14 bar
Motor 113 (E 500)	11 ... 13 bar
Motor 271 (E 200 Kompressor)	10 ... 13,5 bar
Motor 272 (E 240, E 280, E 350)	12 ... 15 bar
Motor 273 (E 500)	12 ... 16 bar

- Verschleißgrenze/Grenzwert

Motor 112 (E 320)	9,0 bar
Motor 113 (E 500)	10,0 bar
Motor 271 (E 200 Kompressor)	8,5 bar
Motor 272 (E 240, E 280, E 350)	10,0 bar
Motor 273 (E 500)	10,0 bar

- Zulässige Druckdifferenz zwischen den Zylindern

Motor 112 (E 320)	max. 1,5 bar
Motor 113 (E 500)	max. 1,5 bar
Motor 271 (E 200 Kompressor)	max. 1,5 bar
Motor 272 (E 240, E 280, E 350)	max. 1,5 bar
Motor 273 (E 500)	max. 1,5 bar

Bei Unterschreiten des Mindestverdichtungsdrucks oder Überschreiten der zulässigen Differenz zwischen den Zylindern die Zylinderdichtheit prüfen (spätere Anleitung).

8 Prüfung abschließen. **Einbau:** Den Verdichtungsdruckschreiber abbauen, Zündkerzen, Kerzenstecker und alle anderen Anbauteile in umgekehrter Reihenfolge montieren.

Zylinderdichtheit bei Dieselmotoren prüfen

Arbeitsschritte

1 Motor auf Betriebstemperatur (ca. 80 °C, aber nicht über 90 °C) bringen.

2 Schlüssel im Steuergerät elektronischer Zündstartschalter (EZS) in Stellung »0« drehen. Verschlussdeckel des Ausgleichsbehälters (1) für Kühlmittel öffnen. Dazu den Verschlussdeckel entgegen dem Uhrzeigersinn eine halbe Umdrehung drehen, Überdruck ablassen und Deckel abnehmen (oberes Bild rechts).

3 Den Öleinfülldeckel abschrauben und die Glühkerzen wie zuvor beschrieben herausdrehen.

4 Motor an der Zentralschraube der Kurbelwelle mit passendem Schlüssel in Motordrehrichtung (rechts herum, nicht dem entgegen!) durchdrehen und den Kolben des zu prüfenden Zylinders auf Zünd-OT stellen (Pfeile im Bild ganz unten).

5 Zylinderdichtheits-Prüfgerät (WH58.30-Z-1015-05A) mit Zwischen- und Einschraubstück (611- und 640 589 00 63 00) in die Glühkerzenbohrung eindrehen. Gerät kalibrieren, das Rückschlagventil aus dem Einschraubstück entfernen.

6 Die **Dichtheitsprüfung** beginnen. Dazu den 1. Zylinder mit Druckluft beaufschlagen und den Druckverlust am Dichtheitsprüfgerät ablesen. Die Messwerte mit den zulässigen Werten vergleichen:

Druckverlust Gesamtanzeige	maximal 25%
Druckverlust an Ventilen und Zylinderkopfdichtung	maximal 10%
Druckverlust an Kolben und Kolbenringen	maximal 20%

(1) Kühlmittelausgleichsbehälter ganz links vorn im Motorraum. Verschlussdeckel ist abgenommen.

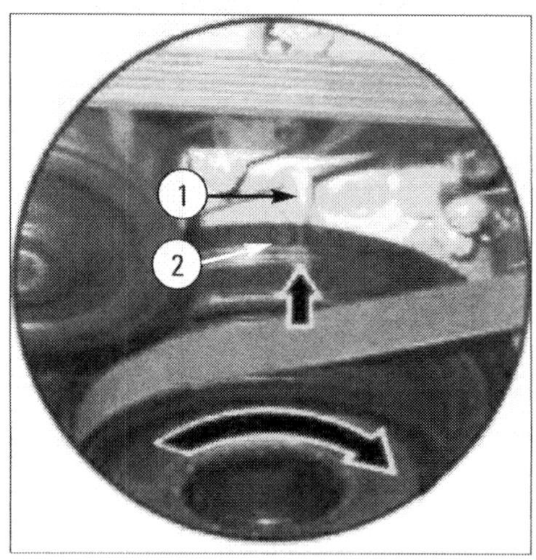

(1) Nase am Zylinderkopf, (2) OT-Markierung auf der Riemenscheibe der Kurbelwelle.

7 Wenn erhöhter Druckverlust festgestellt wird, muss die Ursache gesucht werden. Die restlichen Zylinder in Zündreihenfolge (z. B. Vierzylinder 1-3-4-2) prüfen.

8 Prüfung abschließen, das Dichtheitsprüfgerät abbauen, Glühkerzen und alle anderen Bauteile in umgekehrter Reihenfolge einbauen.

Zylinderdichtheit bei Benzinmotoren prüfen

Arbeitsschritte

1 Motor auf Betriebstemperatur (ca. 80 °C, aber nicht über 90 °C) bringen.

2 Zündschlüssel abziehen bzw. Schlüssel im Steuergerät elektronischer Zündstartschalter (EZS) in Stellung »0« drehen. Verschlussdeckel des Ausgleichsbehälters für Kühlmittel langsam entgegen Uhrzeigersinn drehen, Überdruck ablassen und Deckel abschrauben.

3 Öleinfülldeckel abnehmen und Zündkerzen wie beschrieben ausbauen. Den Kolben des zu prüfenden Zylinders durch Drehen des Motors an der Zentralschraube der Kurbelwelle in Motordrehrichtung (nicht entgegengesetzt!) auf oberen Totpunkt OT stellen.

4 Zylinderdichtheitsprüfgerät WH58.30-Z-1015-05A (Bild links unten) mit Zwischen- und Einschraubstück in die Einschraubbohrung der Zündkerze von Zylinder 1 einschrauben.

5 **Dichtheitsprüfung:** Den zu prüfenden Zylinder mit Druckluft beaufschlagen und Druckverlust am Dichtheits-Prüfgerät ablesen. Falls sich die Kurbelwelle dreht, die Haltesperre für Kurbelwelle einbauen.
Messwerte mit den zulässigen Werten vergleichen:

Druckverlust Gesamtanzeige	maximal 25%
Druckverlust an Ventilen und Zylinderkopfdichtung	maximal 10%
Druckverlust an Kolben und Kolbenringen	maximal 20%

Die restlichen Zylinder in Zündreihenfolge (beim Vierzylinder 1-3-4-2) prüfen.

6 Wenn erhöhter Druckverlust festgestellt wird, muss die Ursache gesucht werden.

7 Prüfung abschließen, das Dichtheitsprüfgerät abbauen, Zündkerzen und alle anderen Anbauteile in umgekehrter Reihenfolge einbauen.

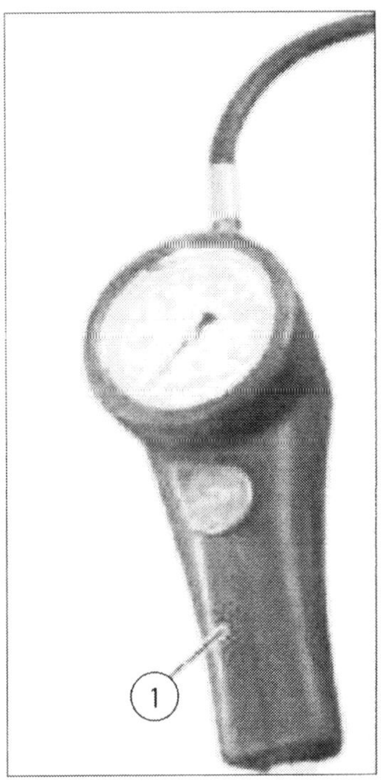

(1) Zylinderdichtheits-Prüfgerät mit der MB-Nummer WH58.30-Z-1015-05A.

Praxistipp

Kompressionsdruckluft strömt aus

Wenn Druckluft an einer der folgenden Stellen ausströmt, hat das meist die angegebenen Ursachen:

- Über den Luftansaugbereich: defektes Einlassventil.
- Über die Vorkammer oder Zündkerzenbohrung des oder der Nachbarzylinder, Luftblasen im Kühlmittelausgleichsbehälter: defekte Zylinderkopfdichtung oder Riss im Zylinderkopf.
- Über den Auspuff (Blasgeräusche): undichtes Auslassventil.
- Über die Öleinfüllöffnung: Druckverlust über Kolben und Kolbenringe.

DAS SCHMIER-SYSTEM

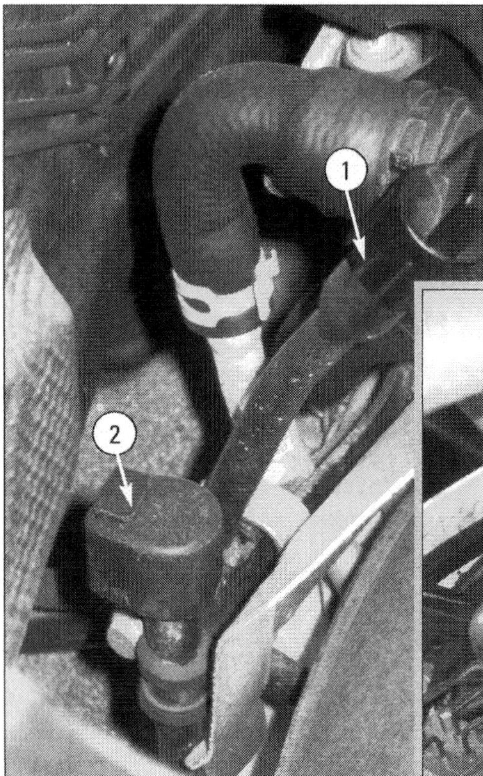

Öl für Motor und Getriebe:
(1) Ölmessstab-Führungsrohr des Motors 271,
(2) Öleinfüllrohr für Automatikgetriebe,

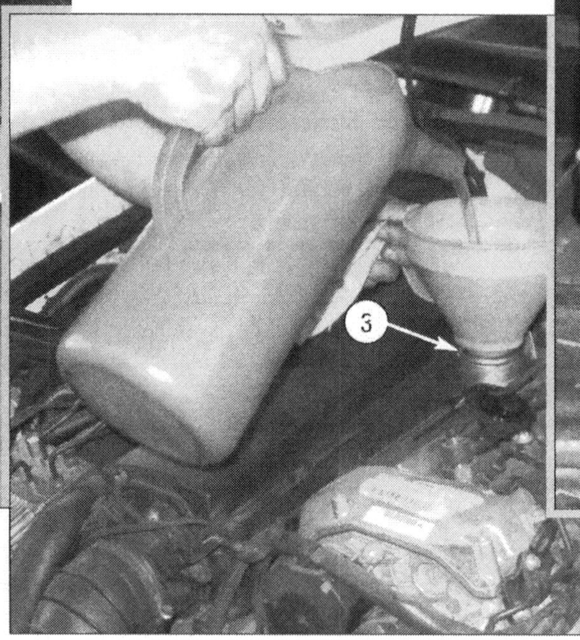

(3) Öl einfüllen wie hier beim Motor 646 ist mit Trichter eine saubere Sache.

(4) der Ölfilter des Motors 271 wird zum Austausch entnommen.

Wartung

Wichtige Hinweise

Alle Stellen im Motor, an denen Metalle aufeinander gleiten, müssen ständig mit Öl versorgt werden: Kolben, Zylinderlaufbahnen, die Lager von Kurbelwelle und Nockenwelle. Kein Triebwerk hält mehr als einige Minuten ohne passende Schmierung durch. Ein Teil des Schmieröls wird ferner zur Kolbenkühlung vom Kreislauf abgezweigt.

Damit das Öl seine Aufgabe erfüllen kann, strömt es im Motorblock durch ein System von Leitungen und feinen Bohrungen an die richtige Adresse. Dieses System bildet von der Ölwanne über die verschiedenen Stationen bis in die Wanne zurück einen Kreislauf mit der Ölpumpe im Zentrum. Im Hauptstrom des Öls sitzt am Motorblock ein Ölfilter, der Ruß, Metallabrieb und

Staub zurück hält. Ein Überdruckventil an der Pumpe öffnet bei zu hohem Druck, so dass ein Teil des Öls in die Wanne zurück fließen kann.

Bei Ölwechsel: Filter tauschen

Durch die Mittelachse der Filterpatrone gelangt das gereinigte Öl direkt in den Hauptölkanal. Dort befindet sich der Ölsensor (bei Mercedes das Bauteil B40), der Stand, Temperatur und Qualität des Motoröls für die Datenverarbeitung an Bord erfasst.
Wenn der Ölfilter von Schmutz zugesetzt ist, umgeht ihn das Motoröl per Überdruckventil. Damit ist zwar die Ölversorgung sichergestellt, doch ungefiltertes Motoröl bewirkt höheren Verschleiß an den Lagerstellen. Deshalb sollte der Filtereinsatz bei jedem Ölwechsel ausgetauscht werden (4 im rechten der drei Bilder zu Kapitelbeginn).
Vom Filter aus gelangt das Motoröl über Bohrungen im Zylinderblock zu den Schmierstellen der Kurbelwelle und zu den Pleueln. Von den Gleitlagern der Kurbelwelle wird das Öl in den Zylinderkopf und zu den Lagerstellen der Nockenwelle gedrückt. Von dort fließt es durch Rücklaufkanäle in die Ölwanne und wird wieder von der Ölpumpe angesaugt.

Ventil begrenzt Öldruck

Damit die Schmierung bei jeder Belastung des Motors sichergestellt ist, muss der Öldruck stimmen. Bei zu kaltem und sehr zähflüssigem Öl kann ein zu hoher Druck entstehen. Dann öffnet ein Überdruckventil eine Umgehungsleitung (Bypass) und leitet das Öl direkt auf die Saugseite der Ölpumpe zurück. Der Ölkreislauf bleibt in diesem Fall erhalten.
Wenn durch Anzeigen und akustische Signale fehlerhafter Öldruck gemeldet wird, werden unter Umständen die Motorteile nicht mehr richtig geschmiert. Das kommt zum Beispiel vor, wenn der Wagen bei zu geringem Ölstand mit hohem Tempo durch eine Kurve fährt. Die Ölpumpe saugt dann Luft anstatt Öl aus der Ölwanne. Der Öldruck fällt abrupt ab, was zu schweren Lagerschäden führen kann.
Nach schnellen Autobahn- oder Passfahrten kann der Öldruck durch zu heißes und damit dünnflüssiges Öl unter den normalen Wert gesunken sein. Blinkt die

Herausschrauben des Ölfilters beim CDI-Motor 646.

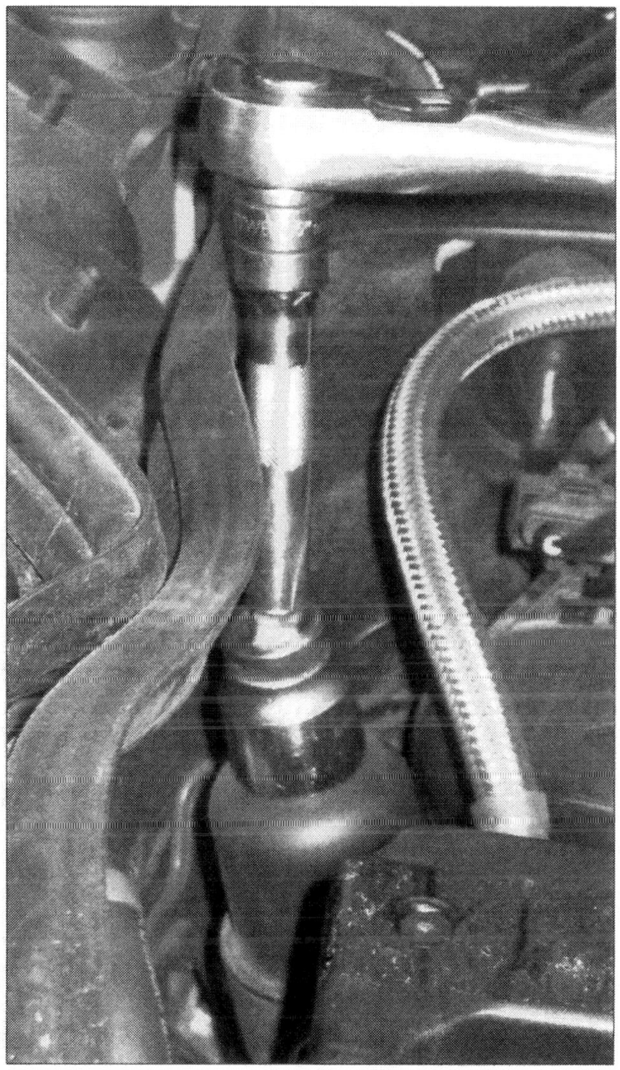

Herausschrauben des Ölfilters beim Benzin-Motor 271.

sonst gelbe Kontrollleuchte dann rot und gibt es Warnsignale, ist der Ölstand so niedrig, dass Motorschaden droht. Sofort anhalten, Motor abstellen, Öl auffüllen und prüfen, ob die Anzeige wieder den Normalzustand signalisiert. Wenn es weiterhin Warnsignale gibt: Wagen in die nächste Werkstatt schleppen.

Das Motoröl

Öl vermindert die Reibung und den Verschleiß bei Kolben und Zylindern, Lagern und Ventiltrieb. Es dichtet die engen Räume zwischen Kolben, Kolbenringen und Zylinderwand so fein ab, dass der hohe Druck, der bei der Verbrennung entsteht, fast ohne Verluste auf die Kurbelwelle übertragen wird. Öl kühlt auch die Kolben in den Zylindern und die Lager von Kurbelwelle und Nockenwelle. Es schützt vor Korrosion und bindet Schmutzpartikel sowie Verbrennungsrückstände.
Wichtige Kenngröße für Motoröl ist seine Viskosität. Der »Viskositätsindex« ist das Maß für die Fließfähigkeit des Schmieröls. Im Winter muss ein Motoröl so dünnflüssig sein, dass es nach dem Kaltstart sofort alle Schmierstellen versorgt. Im Sommer dagegen ist dickflüssiges Öl gefragt, das auch bei hohen Temperaturen den Schmierfilm nicht abreißen lässt.

Mehrbereichs- und Leichtlauföle

Wie die meisten Autohersteller schreibt Mercedes-Benz Mehrbereichsöle vor. Sie bestehen aus Mineralöl und bis zu 20 Prozent Additiven. Additive verbessern den Viskositätsindex (VI). Ihre Molekülketten quellen beim Erhitzen und schrumpfen beim Abkühlen, so dass sie mehrere Viskositätsklassen überspannen können. Sie gewährleisten für den kalten wie für den heißen Motor die richtige Schmierfähigkeit, weshalb Mehrbereichsöl ganzjährig gefahren werden kann. Additive schützen das Öl vor Oxidation und verhindern das Aufschäumen bei hohen Drehzahlen.
Über die Eignung eines Öls entscheiden Spezifikation und Viskositäts-Klasse. Bei gleicher Spezifikation kön-

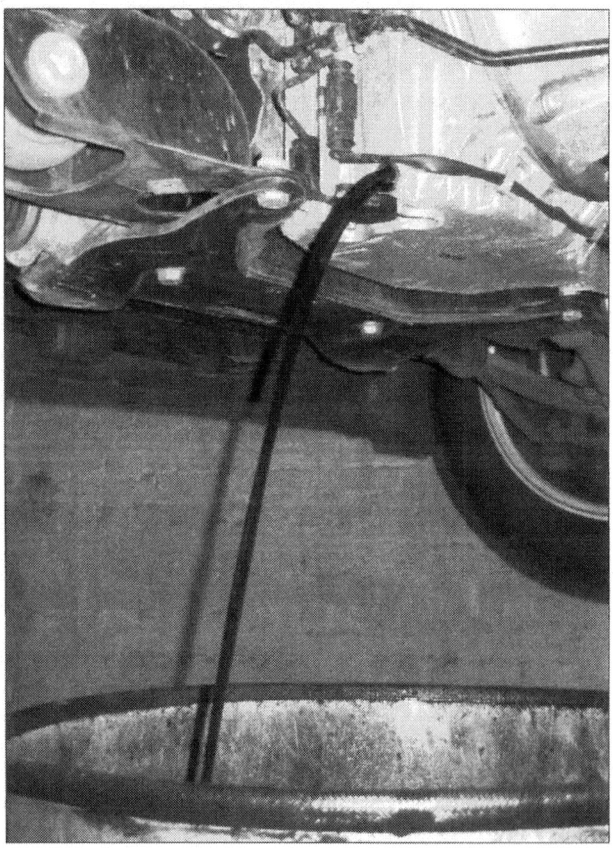

Verbrauchtes Motoröl wird abgelassen und ebenso wie...

Praxistipp

Altöl richtig entsorgen

Sie können die Altölentsorgung dem Händler überlassen, bei dem Sie das Motoröl gekauft haben. Er muss das Altöl kostenlos zurücknehmen. Zum Nachweis die Quittung im Handschuhfach aufbewahren. Sie können das Altöl auch zusammen mit Ölfilter bei der Altölsammelstelle abgeben.

... der alte Ölfilter-Einsatz vorschriftsmäßig entsorgt.

nen die Produkte verschiedener Hersteller gemischt werden, wobei Mischungen einen geringeren Grad der beabsichtigten Wirkung zeigen können.

Ölsorten für die E-Klasse

Prinzipiell dürfen nur Öle verwendet werden, die der Hersteller für die Motoren seiner Fahrzeuge freigegeben hat. Eine Übersicht der für Mercedes-Benz-Pkw zulässigen Motoröle bietet Blatt 223.2 der Betriebsstoffvorschriften. Blatt 224.1 zeigt im Diagramm die Viskositätsklassen für Pkw-Motoren. Die Mehrbereichsöle der E-Klasse-Benziner werden auf den Blättern 229.1, 229.3, 229.31 und 229.5 weiter spezifiziert, die Mehrbereichsöle für E-Klasse-Diesel ohne Partikelfilter auf den Blättern 228.2/.3, 228.5/.51, 229.3/.31 und 229.5/51. Für die E-Klasse-Diesel mit Partikelfilter, inzwischen ja serienmäßig der Fall, gelten die Blätter 228.51, 229.31 und 229.51.
Die Blätter listen das umfangreiche Sortiment von Qualitäts-Mehrbereichsölen zahlreicher Hersteller auf. Es wird darauf hingewiesen, dass Daimler bisher kein Produkt freigegeben hat, das nachträglich als »Sonderzusatz« in die Motoren-Schmierstoffe von Mercedes-Benz-Fahrzeugen eingebracht oder zugemischt werden darf.

***Achtung:** Die Anwendung von Sonderzusätzen erfolgt in alleiniger Verantwortung des Fahrzeughalters! Im Schadensfall können gesetzliche Garantie- und Gewährleistungsansprüche eingeschränkt werden.*

Wenn der Motor technisch in Ordnung ist, verbraucht er so wenig Öl, dass zwischen den intervallmäßigen Ölwechseln nichts oder nur eine geringe Menge nachgefüllt werden muss (»Nachfüllmenge«). Für ältere Motoren von E-Klasse-Fahrzeugen ist Ölverbrauch bis maximal 0,8 Liter auf 1000 Kilometer normal. Liegt der Verbrauch darüber, sind meist Reparaturmaßnahmen angezeigt.
Der Motor verbraucht Öl, weil es teilweise in den Verbrennungsraum gelangt und dort verbrennt. Ein undichter Motor, defekte Ventilschaftabdichtungen, auch falsch eingebaute Kolbenringe oder zu viel Spiel zwischen Ventilführung und Ventilschaft treiben den Verbrauch in die Höhe. Daher regelmäßig das Öl wechseln und den Motor nicht übermäßig belasten!

Technik-lexikon: Normen für Motoröl

SAE-Klasse: Die Society of Automotive Engineers (SAE) hat die zwei wichtigsten Kraftfahrzeug-Schmieröle nach der Viskosität klassifiziert. Diese SAE-Klassen J 300 (Motorenöle) und J 306 (Getriebeöle) wurden in entsprechende nationale Normen übernommen.
Die SAE-Klasse legt mit zwei Zahlen die Viskosität bei tiefen und bei hohen Temperaturen fest. Je kleiner die erste, durch ein »W« für Winter gekennzeichnete Zahl, desto dünner und bei Kälte besser fließend ist das Öl. »0W« schmiert noch bei minus 30 °C, »5W« ist gut bis unter minus 25 Grad, »10W« reicht bis minus 20, »15W« bis minus 15 und »20W« bis mindestens minus 5 Grad. Je größer die zweite Zahl, umso besser widersteht das Öl hohen Temperaturen: 30, 40, 50 sind gut bis plus 30, 40 oder 50 °C und höher. Die Temperaturgrenzen dürfen kurzfristig über- und unterschritten werden.
Die E-Klasse-Motoren brauchen je nach den folgenden Temperaturspannen (durchschnittliche Lufttemperatur) die dazu angegebenen Öle nach SAE:

Unter -25 bis +30 °C:	0W-30 / 5W-30;
unter -25 bis über +30 °C:	0W-40 / 5W-40 / 5W-50;
-20 bis über +30 °C:	10W-30;
-20 bis weit über +30 °C:	10W-40 / 10W-50 / 10W-60,
-15 bis über +30 °C:	15W-40 / 15W-50;
-5 bis über +30 °C:	20W-40 / 20W-50.

ACEA-Norm: Von der Association des Constructeurs Européen d'Automobiles im Jahre 1996 eingeführte europäische Ölnorm: Für Benziner die Gruppen A1 (Sprit sparendes Öl), A2 (gering belastetes Öl), A3 (Hochleistungs-Öl). Für Diesel gilt eine Einteilung von B1 bis B4.

Öl- und Filterwechsel

Im Betrieb wird die Ölqualität vermindert. Je schwerer die Betriebsbedingungen sind, um so schneller sind die guten Eigenschaften des Öls verbraucht. Aber selbst bei genauer Kenntnis der Betriebsverhältnisse lässt sich die Frage nach dem »richtigen« Ölwechselabstand (Intervall) nicht so leicht beantworten.
Generell nimmt man heute für Motoren wie die der E-Klasse eine Mindestlaufzeit zwischen den Ölwechseln von 12 Monaten (15.000 Kilometer) an. Schon seit zehn Jahren gilt aber bei Mercedes-Benz-Pkw statt starrer Intervalle das »Aktive Service-System - ASSYST« (Weiterentwicklung: ASSYST PLUS). Möglich sind seitdem

Praxistipp: Verlängerung der Service-Intervalle

Für die E-Klasse Baureihe 211 ab Baudatum 07.04.2006 sind schon erhöhte Startlaufstrecken (SLS) im Motordatensatz für die ASSYST-Wartungsintervall-Anzeige hinterlegt. Fahrzeuge mit SLS = 25.000 km oder 2 Jahre werden für Belgien, Dänemark, Deutschland, Finnland, Frankreich, Griechenland, Großbritannien, Irland, Italien, Luxemburg, Niederlande, Norwegen, Österreich, Portugal, Schweden, Schweiz und Spanien ausgeliefert. Für diese Länder ist auch eine rückwirkende Erhöhung der SLS möglich (bei Motor 271 erst ab 2005).

Die Motoröle im Service wurden um Blatt 229.51 der Mercedes-Benz Betriebsstoff-Vorschriften (MB BeVo) für Dieselfahrzeuge mit Dieselpartikelfilter (DPF) ergänzt. Teilweise sind diese auch für Ottomotoren freigegeben. Entsprechende Blätter wurden überarbeitet.

Folgende Motoren haben mit dem vorgeschriebenen Öl eine SLS von 25.000 km:

271, 272 und 273 mit Öl 229.31;

642, 646, 647 und 648 mit Öl 229.3/.31/.5/.51.

Motoren mit Dieselpartikelfilter DPF:

629, 642, 646 und 648 mit Öl 229.31/.51.

Mit diesen Ölen ergeben sich auch Vorteile im Kraftstoffverbrauch. Nach Einfüllen ist die Verlängerung der Serviceintervalle durch die Werkstatt im Servicemenü des Kombi-Instruments mittels Lenkradtasten durchzuführen. Dazu muss bei der Ölauswahl das Öl 229.5 ausgewählt und bestätigt werden. Alternativ ist das Höhersetzen der Serviceintervalle mit Star Diagnosis möglich. Ohne Eingabe oder bei Standardöl fällt das Serviceintervall auf die SLS 15.000 km zurück.

Für Länder mit Kraftstoff nicht nach EU-Norm muss die SLS auf 15.000 km oder weniger verkürzt werden, um Motorschäden zu vermeiden. Als **Schlechtkraftstoffe** gelten solche mit hohen Schmutz- und Wasseranteilen, Ottokraftstoffe mit hohem Olefinanteil und Dieselkraftstoffe mit hohem Schwefelanteil (mehr als 0,05 Gewichtsprozente). Verkürzung kann auch bei besonderen Einsatzbedingungen sinnvoll sein. Als **besondere Einsatzbedingungen** gelten staubreiche Länder, Heißländer, häufige Geländeeinsätze und überwiegender Kurzstreckenbetrieb.

Bei Dieselmotoren 642, 646, 647, 648 muss bei Ölauswahl im Servicemenü immer Öl 229.5 bestätigt werden. Bei Motoren mit Dieselpartikelfilter darf beim Service nur aschearmes Öl nach Blatt 229.31/.51 eingefüllt werden.

Serviceintervalle bis zu 24 Monaten (40.000 km). Durch Auswertung von Motordrehzahl, Motortemperatur, Motorlast und Zeit errechnet der Bordcomputer den Zeitpunkt des fälligen Service und zeigt die Fälligkeit im Kombi-Instrument an.

Mercedes orientiert jetzt für alle Motoren möglichst auf den Einsatz von Motorenöl nach Betriebsstoffvorschrift Blatt 229.3/.31/5/.51. Dann kann das Ölwechselintervall noch ausgedehnt werden. Bei Fahrzeugen mit ASSYST kann die Verlängerung des Intervalls um den Faktor 1,3 erfolgen. Die Verlängerung der Intervalle muss dem Bordcomputer »eingegeben« werden, was mit dem Diagnose-System »Star Diagnosis« (Werkstatt) und neuerdings auch über die linken Tasten am Multifunktionslenkrad und das Kombi-Instrument möglich ist Bei Fahrzeugen mit ASSYST PLUS kann die Verlängerung der Intervalle um den Faktor 1,3 ohnehin über das Kombi-Instrument erfolgen, alternativ natürlich auch mit Star Diagnosis. Wird die Intervall-Verlängerung nicht programmiert, wird automatisch das kürzere Ölwechselintervall abgespeichert. Siehe dazu auch den nebenstehenden Praxistipp »Verlängerung der Service-Intervalle«.

Wer oft lange Strecken fährt, wird das verlängerte Intervall voll ausnutzen können. Bei ständiger Stadtfahrt aber macht ein früherer Wechsel Sinn. Im Winter können bereits vier Monate (3.000 km) genug für das Motoröl sein.

Öl nachgefüllt werden muss allemal. Bei Fahrzeugen mit Ölmessstab (Dieselmotoren 642) soll der Ölstand regelmäßig damit kontrolliert werden. Bei Motoren mit Verschlusskappe auf dem Ölmessstab-Führungsrohr muss ein (skalierter) Messstab her, wie ihn die Werkstätten einsetzen (MB-Nummer 120 589 07 21 00). Damit und mit Tabellen kann die Nachfüllmenge bestimmt werden (spätere Arbeitsanleitung).

Ölwechsel in eigener Regie?

Ölwechsel ist nicht ganz einfach. Das Do it yourself lohnt sich lediglich bei preiswerten Ölen von Zubehörhandel, Warenhaus oder Tankstelle. In den Vorschriften-Blättern werden aber nur von DaimlerChrysler geprüfte Schmierstoffe freigegeben, um Motorschaden durch falsches Öl zu vermeiden.

Ölwechsel mit Ablassen und Filtertausch erfordert viel Zeit, weil das Fahrzeug aufgebockt werden muss. Schneller geht es mit dem Absauggerät an der Tankstelle. Dabei bleibt jedoch der je nach Verschmutzungsgrad angesammelte Schlamm in der Ölwanne, und der Filtertausch ist auch nicht möglich.

Die nötige Füllmenge

Zur Füllmenge mit Filterwechsel wird von jedem Autohersteller auf die für den jeweiligen Motor aktuellen Werte verwiesen. Die Werkstattunterlagen zum Mercedes-Benz E-Klasse schreiben für Wechsel mit Filtertausch die in der nebenstehenden Tabelle angegebenen Mengen vor. Ohne Filterwechsel beträgt die Füllmenge stets ca. 0,5 Liter weniger.

Bei den inzwischen überholten Benzinmotoren 112 und 113 variieren die Einfüllmengen recht stark in Abhängigkeit von der jeweiligen Motorvariante. Die jeweils genaue Menge richtet sich nach der vollständigen Motornummer.

Füllmengen der E-Klasse-Motoren bei Öl- und Filterwechsel in Liter:

Motor	Liter
Dieselmotoren	
629.x (E 420 CDI)	10,5
642.x (E320 CDI)	8,0 ... 9,5
646.x (E 200 CDI, E 220 CDI)	6,5
647.961 (E 270 CDI)	6,5
648.961 (E 280 CDI)	7,3 (bis Okt. 2004: 6,5 Liter)
Benzinmotoren	
112.x (E 320)	7,5 und 8,0
113.x (E 500)	8,0 und 8,5
271 (E 200 Kompressor)	5,5
272.x (E 240, E 280, E 350)	8,0
273.x (E 500)	8,5
156.x (E 63 AMG)	8,8

Schmiersystem — Störungsbeistand

Störung	Ursache	Abhilfe
A Bei Einschalten der Zündung bleibt Öldruckkontrollleuchte dunkel.	1 Kontrollleuchte oder Öldruckschalter defekt.	Auswechseln.
	2 Steckverbindung korrodiert bzw. Kabelverbindung unterbrochen.	Überprüfen und reinigen, ggf. Kabel reparieren.
B Kontrollleuchte geht erst bei höheren Drehzahlen aus.	Bypassventil in der Ölfilterhauptstromleitung klemmt.	Öldruck überprüfen lassen, Ventil ggf. auswechseln lassen.
C Kontrollleuchte brennt nach Anspringen des Motors und geht auch beim Gasgeben nicht aus.	1 Zu wenig Öl im Motor.	Ölstand überprüfen, ggf. Öl nachfüllen.
	2 Ölansaugsieb in der Ölwanne zugesetzt bzw. Ölpumpe verschlissen.	Überprüfen bzw. ersetzen lassen.

Ölfeuchte Stellen prüfen

Arbeitsschritte — W 15.000 km 12 Monate

1 Starken Ölspuren im Motorraum oder unter dem geparkten Wagen rasch nachgehen! Ein undichter Motor weist auf einen technischen Mangel hin, der sich schnell verschlimmern kann. Motorwäsche, anschließend Probefahrt!

2 Die obere Motorabdeckung und die untere Motorraumverkleidung (bzw. Geräuschkapsel) ausbauen. Dichtung des Öleinfülldeckels, das Belüftungsrohr der Kurbelgehäuse-Entlüftung, die Ventildeckel-Dichtung sowie Zylinderkopfdichtung, Ölablassschraube, Ölfilter, Ölwannendichtung und Simmerringe an Nockenwelle und Kurbelwelle kontrollieren.

3 Motoröl kann sich bei starken Temperaturschwankungen durch die Poren von Dichtungen und Gehäusen arbeiten (Schwitzflecken). Diese Form der Transpiration ist normal. Entdeckte Undichtigkeiten aber müssen beseitigt werden.

Motorölstand prüfen und Öl nachfüllen

Arbeits-schritte | ständige Kontrolle

1 Fahrzeug mit betriebswarmem Motor (mindestens 60 °C Öltemperatur) auf einer ebenen Fläche abstellen. Motor abstellen und ca. fünf Minuten Wartezeit einhalten, damit alles Öl in die Ölwanne abtropfen kann.

2 Bei Motoren mit Ölmessstab (z. B. 642) den Stab aus dem Führungsrohr ziehen, mit Papiertuch trocken wischen. Messstab bis zum Anschlag wieder in das Führungsrohr einschieben. Mindestens drei Sekunden verweilen lassen. Stab herausziehen. Die dunkle Färbung des anhaftenden Öls ist normal, sie entsteht schon nach kurzer Laufzeit durch angesammelte Schmutzpartikel.

3 Ölstand ablesen. Er soll für einwandfreien Fahrzeugbetrieb ohne Störungen zwischen den Markierungen für minimalen und maximalen Ölstand liegen. Pro Millimeter zu niedrigem Ölstand sind rund 0,1 Liter nachzufüllen. Nicht zu viel Öl nachfüllen! Überschüssiges Motoröl (pro Millimeter über der max-Marke rund 0,1 Liter) muss wieder abgesaugt werden. Überschuss kann Katalysator und Luftfilter schaden.

4 Nötige Menge Öl der geforderten Spezifikation nachfüllen, zweckmäßig mit einem Trichter (Bild Seite 68). Ggf. nochmals den Ölstand überprüfen.

5 Ölmessstab wieder bis zum Anschlag in das Messstab-Führungsrohr einstecken. Auf den richtigen Sitz des Messstabs achten, sonst drohen Motorschäden.

2a Bei Fahrzeugen ohne Ölmessstab (die orientierende Anzeige für den Fahrer erfolgt über das Multifunktions-Display im Kombi-Instrument) den Verschlussstopfen (1) vom Ölmessstab-Führungsrohr (2) abziehen (Bild links unten).

3a Einen skalierten Messstab (MB-Nummer: 120 589 06/07 21 00) in das Führungsrohr einschieben, bis er unten an den Boden der Ölwanne trifft (1; Bild unten). Der Bund des Griffstücks schlägt dabei nicht an der Oberkante des Führungsrohres an. Der Stab ist je nach Form des Führungsrohres (Bild nächste Seite) zu drücken und zu führen. Er darf nicht geknickt werden! Mindestens drei Sekunden Verweildauer einhalten. Dann den Ölstand am Messstab ablesen.

4a Die Ölnachfüllmenge wird anhand einer Tabelle bestimmt, die Mercedes für jeden Motor in der Werkstattliteratur anbietet. Angegeben werden der minimale und der maximale Ölstand in Millimetern sowie in Schritten von zwei Mil-

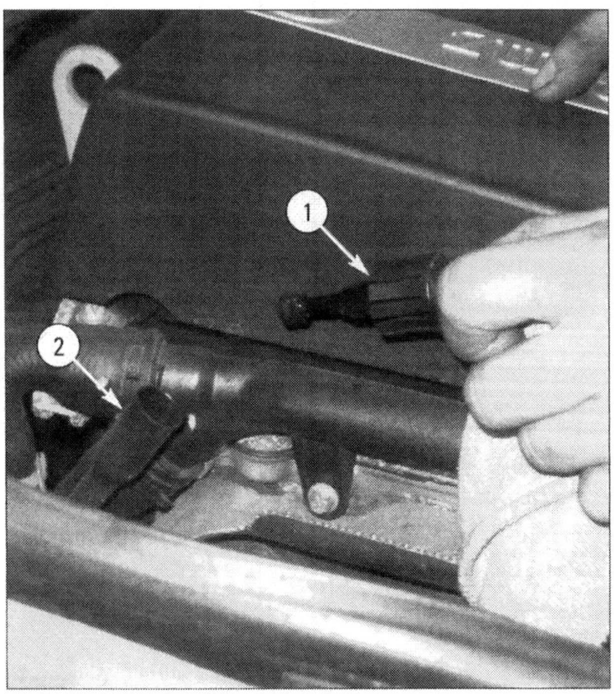

(1) Verschlussstopfen des (2) Ölmessstab-Führungsrohres am Beispiel des Benzinmotors 271 (Kompressormotor).

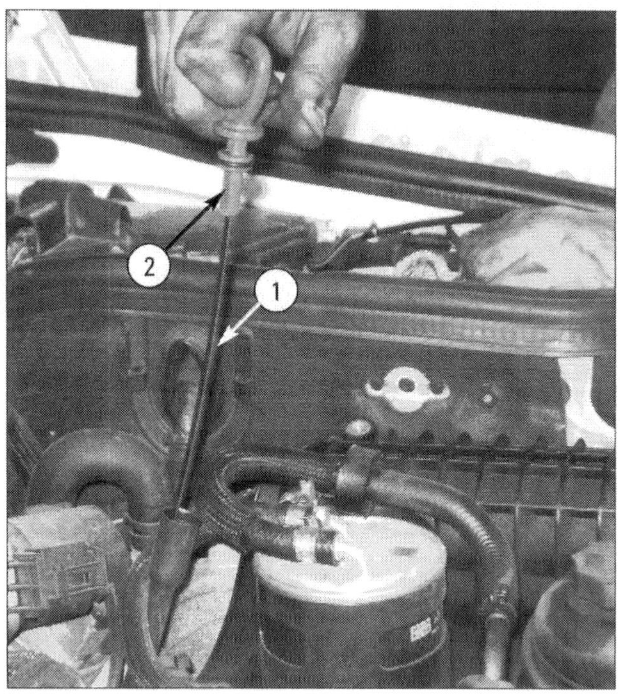

(1) Skalierter Ölmessstab mit (2) Griffstück im Führungsrohr des CDI-Motors 646. Unten Mitte: Kraftstofffilter.

limetern die beim jeweiligen Messwert nachzufüllende Ölmenge (Beispiele in der folgenden Übersicht).

5a Den Motorölstand bei Bedarf durch Nachfüllen richtig stellen. Verschlussstopfen wieder auf das Ölmessstab-Führungsrohr aufstecken.

(1) Führungsrohr der CDI-Motoren in den E 200/220 CDI.

Nachfüllmenge (Liter) einiger E-Klasse-Motoren nach skaliertem Messstab :

Dieselmotoren

- 646.820/821
  max = 154 mm
  min = 124 mm
  von 115 bis 151 mm nachfüllen:
  bei 115 mm - 2,7 Liter
  bei 125 mm - 2,0 Liter
  bei 135 mm - 1,2 Liter
  bei 145 mm - 0,6 Liter
  bei 151 mm - 0,2 Liter
  153 ... 155 mm - korrekter Stand, nichts nachfüllen.
  157 ... 165 mm zu hoch, Öl absaugen, z. B.
  bei 159 mm - 0,4 Liter,
  bei 165 mm - 0,8 Liter.
- 646.951/952
  max = 143 mm
  min = 118 mm
  von 108 bis 140 mm nachfüllen:
  bei 108 mm - 2,8 Liter
  bei 126 mm - 1,5 Liter
  bei 140 mm - 0,2 Liter
  142 ... 144 mm - korrekter Stand, nichts nachfüllen.
  146 ... 154 mm zu hoch, Öl absaugen, z. B.
  bei 146 mm - 0,4 Liter,
  bei 154 mm - 0,9 Liter.
- 647.961
  max = 139 mm
  min = 116 mm
  von 108 bis 136 mm nachfüllen:
  bei 108 mm - 2,7 Liter
  bei 126 mm - 1,3 Liter
  bei 136 mm - 0,3 Liter
  138 ... 140 mm - korrekter Stand, nichts nachfüllen.
  142 ... 152 mm zu hoch, Öl absaugen, z. B.
  bei 142 mm - 0,3 Liter,
  bei 148 mm - 0,9 Liter,
  bei 152 mm - 1,3 Liter.

Benzinmotoren

- 112.913/949
  max = 171 mm
  min = 151 mm
  von 140 bis 168 mm nachfüllen:
  bei 140 mm - 2,2 Liter
  bei 150 mm - 1,6 Liter
  bei 160 mm - 0,8 Liter
  bei 168 mm - 0,2 Liter
  170 ... 172 mm - korrekter Stand, nichts nachfüllen.
  174 ... 182 mm zu hoch, Öl absaugen, z. B.
  bei 176 mm - 0,4 Liter,
  bei 178 mm - 0,5 Liter,
  bei 182 mm - 0,7 Liter.
- 271.956
  max = 119 mm
  min = 98 mm
  von 87 bis 117 mm nachfüllen:
  bei 87 mm - 2,2 Liter
  bei 97 mm - 1,7 Liter
  bei 107 mm - 0,9 Liter
  bei 117 mm - 0,2 Liter
  118 ... 120 mm - korrekter Stand, nichts nachfüllen.
  121 ... 129 mm zu hoch, Öl absaugen, z. B.
  bei 121 mm - 0,1 Liter,
  bei 125 mm - 0,4 Liter,
  bei 129 mm - 0,6 Liter.
- 272.x, 273.x
  Genaue Anzeige (auch der Überfüllung) über Ölsensor und Display im Kombi-Instrument.

Öl und Filter wechseln

Arbeitsschritte | 15.000 km 12 Monate

1 Motoröl muss bei betriebswarmem Motor erneuert werden. Zehnminütige Fahrt unternehmen oder Motor starten und warmlaufen lassen, bis Kühlmittel und Motoröl Betriebstemperatur erreicht haben. Das Fahrzeug muss nach Abstellen des Motors waagerecht stehen, anderenfalls kann nicht das gesamte Motoröl abgesaugt oder abgelassen werden, was zu falscher Ölbefüllung mit Folgeschäden führen kann.

2 Öl absaugen: Den Verschlussstopfen oder den Ölmessstab aus dem Führungsrohr abziehen. Den Saugstutzen eines Absauggerätes (Von Daimler empfohlen: DeutscheTecalemit, Bielefeld; Bestellnummer 1.386950.2) aufsetzen. Nach Bedienungsanleitung vorgehen.

2a Öl ablassen: Fahrzeug anheben und aufbocken oder besser Hebebühne einsetzen. Untere Motorraumverkleidung (CDI: hinteres Teilstück des Geräuschkapselunterteils) ausbauen (Kapitel »Die Fahrzeugreparatur«). Ölablassschraube (1) mit einem Stiftringschlüssel herausdrehen, Öl ablassen und vorschriftsgemäß auffangen und entsorgen (Bilder unten und Seite 70). Dichtring der Ölablassschraube (M14) erneuern, Schraube eindrehen und mit 30 Nm an der Ölwanne festziehen.
Wenn zum Anheben des Fahrzeugs Grubenlift oder Rangierwagenheber benutzt werden, dann nur an den vorgeschriebenen Aufnahmepunkten an Vorder- und Hinterachse ansetzen (Kapitel »Die Fahrzeugreparatur«). Mit Unterstellböcken unter den Aufnahmepunkten an der Karosserie sichern.

3 Ölfilter erneuern: Bei den CDI-Motoren ist der Ölfilterschraubdeckel von vorn gut zugänglich, nachdem bei den Motoren 646.820/821 die obere Motorabdeckung und bei den übrigen Motoren 646 und 647 die Abdeckungen der Zylinderkopfhaube und des Ladeluftverteilerrohrs ausgebaut wurden. Ähnliches gilt für die Benzinmotoren 272/273, bei denen die vordere Motorabdeckung ausgebaut werden muss, um an die Ölfilter ganz vorn im Motorraum heranzukommen. Bei den Benzin-Kompressormotoren 271 befindet sich der Ölfilter etwas schwerer erreichbar hinten im Motorraum. Ölfilterschraubdeckel mit einem Steckschlüsseleinsatz herausdrehen (Bilder Seite 68, 69 und 70) und mit dem Filtereinsatz abnehmen.

4 Auffangwanne unterstellen, abtropfendes Öl auffangen. Filtereinsatz vom Schraubdeckel abziehen. Filtergehäuse und Deckel innen auswischen. Die Dichtringe erneuern. Neuen Ölfiltereinsatz auf die Spindel am Schraubdeckel aufschieben. Den Deckel ins Ölfiltergehäuse hineindrehen und mit 25 Nm festziehen (Bildleiste nächste Seite).

5 Öl einfüllen: Die Füllmenge bei Filterwechsel beträgt je nach Motorvariante für die CDI-Dieselmotoren 6,5 bis 10,5 Liter und für die Benzinmotoren 5,5 bis 8,5 Liter (siehe Tabelle

Mit dem Ringschlüssel losgedrehte Ölablassschraube (1) wird von Hand herausgenommen (Motor 271).

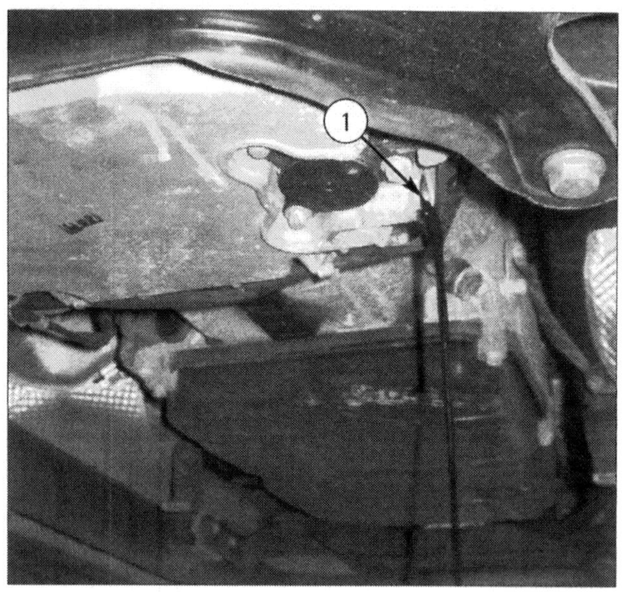

Nach Entnahme der Schraube fließt das Öl aus der Ablassöffnung (1) und wird dann vorschriftsmäßig entsorgt.

auf Seite 73). Nur Öl der für Mercedes-Benz vorgeschriebenen und zugelassenen Qualitätsstufen und Viskositätsklassen nach SAE verwenden! Wenn Motorenöl nach Betriebsstoffvorschrift Blatt 229.5 verwendet wird, verlängert sich wie vorher beschrieben das übliche, von uns in der Symbolleiste dieser Anleitung angegebene Ölwechselintervall von 15.000 auf 20.000 km. Bei Fahrzeugen mit den aktiven Intervallsystemen ASSYST oder ASSYST PLUS muss die Verlängerung des Ölwechselintervalls um den Faktor 1,3 per Star Diagnosis oder durch Eingabe per Lenkradtasten und Kombi-Instrument (folgende Arbeitsanleitung) in den Bordcomputer eingegeben werden.

6 **Prüfen:** Motor anlassen und die Dichtheit des Systems bei laufendem Motor überprüfen. Nach erfolgreichem Probelauf die je nach Motortyp ausgebauten Abdeckungen von Ladeluftverteilerrohr, Zylinderkopfhaube und Motor wieder aufsetzen.

7 Wenn das Öl durch Herausdrehen der Ölablassschraube abgelassen worden war, nach Abschluss aller Wartungsarbeiten die untere Motorraumverkleidung (CDI: hinteres Teilstück des Geräuschkapsel-Unterteils) wieder einbauen. Fahrzeug absenken.

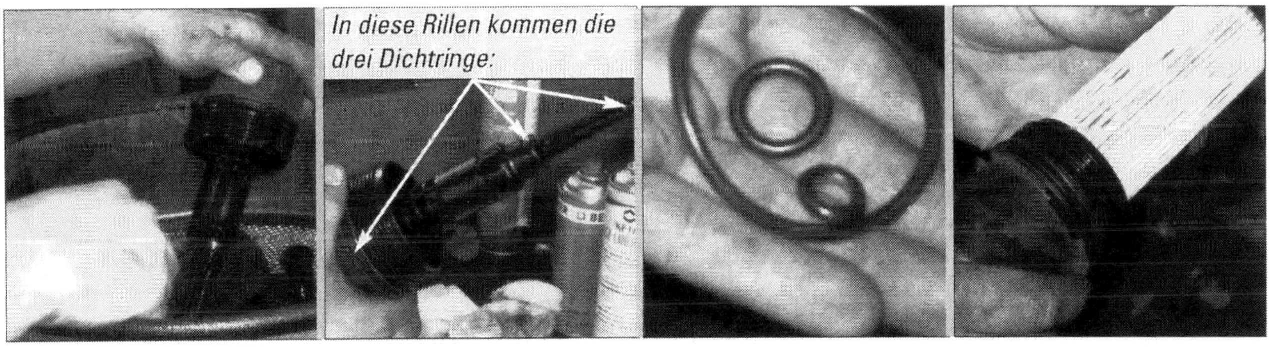

Alten Filtereinsatz entsorgen, Gehäuse und Deckel mit Spindel säubern, Dichtringe und Filtereinsatz erneuern.

Serviceanzeige zurücksetzen

Arbeitsschritte

1 Zündschlüssel Stellung »1«. Oberen Taster (4) drücken, bis in der Multifunktionsanzeige (1) das Grundbild (km-Stand- oder Temperatur) bzw. die Geschwindigkeit angezeigt wird. Taster (2) dreimal kurz drücken. Signalton; im Display (1) erscheint die Spannungsanzeige.

2 Unteren Taster (3) drücken. Im Display (1) erscheint das »Servicemenü«. Taster (5) wiederholt drücken, den Menüpunkt »Bestätigung« auswählen, unteren Taster (4) drücken. Im Display (1) erscheint »Bestätigung« und der Menüpunkt »Gesamtservice« ist mit einem Sichtbalken hinterlegt.

3 Unteren Taster (4) zur Bestätigung und oberen Taster (4) wiederholt drücken, bis das »Servicemenü« angezeigt wird. Mit Taster (5) den Menüpunkt »Sonderarbeiten« auswählen, unteren Taster (4) zur Bestätigung drücken.

4 Mit Taster (5) den Menüpunkt »Service 13« auswählen. Unteren Taster (4) zur Bestätigung drücken. Mit Taster (5) die Spezifikation des verwendeten Motoröls auswählen (Anzahl der Möglichkeiten kann je nach Motor variieren). Mit unterem Taster (4) bestätigen; Anzeige: »Position bestätigt«.

5 Oberen Taster (4) wiederholt drücken, bis wieder das Grundbild bzw. die Geschwindigkeit angezeigt wird.

6 Schlüssel im Zündschloss in Stellung »0« drehen.

Anmerkung: So kann durch mehrfaches Drücken von (4) auch die Messung des Motorölstandes veranlasst werden.

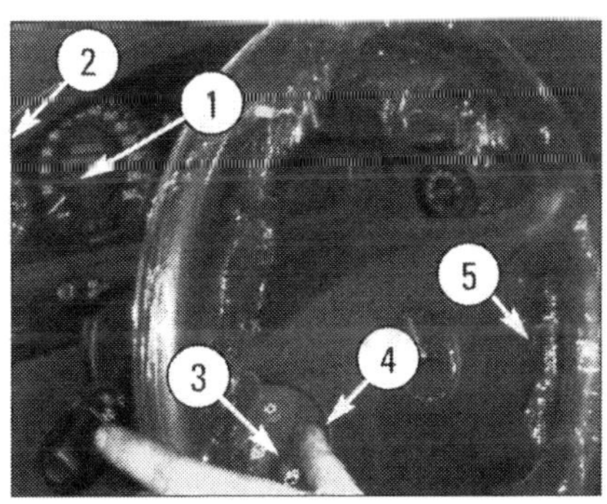

(1) Multifunktionsanzeige im Kombi-Instrument. Taster: (2) Rücksetzen der Tageswegstrecke (ganz links außerhalb des Bildes), (3) Vor- und Zurückblättern, (4) Systemauswahl, (5) + und - für Lautstärke und Sonderfunktionen. Lenkrad mit Folie geschützt.

DAS KÜHLSYSTEM

Komponenten des E-Klasse-Kühlsystems: (1) Kühlmittelausgleichsbehälter links vorn im Motorraum, (2) Verschlussdeckel, (3) Kühlerkondensator.

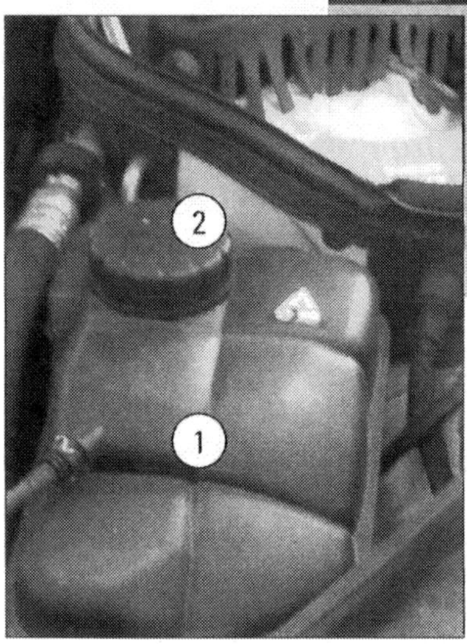

Wartung

Reparatur

Das Kühlsystem sorgt für die richtige Betriebstemperatur des Motors. Im System aus Kühler, Temperaturregler (Thermostat), Wasserleitungen, Ventilator (Kühlerlüfter) und einem Netz kleiner, genau bemessener Kanäle in Motorblock und Zylinder zirkuliert die in den Ausgleichsbehälter eingefüllte Kühlflüssigkeit. Der Wassermantel führt die Verbrennungswärme über die Schläuche des Kühlsystems an den Kühler ab.

Der Kurzschlusskreislauf

Nach dem Kaltstart zirkuliert das Kühlmittel im kleinen Kühlkreislauf, der sich auf Motor und Heizung beschränkt. In diesem Kurzschlusskreislauf hält der Thermostat den Durchfluss zum Kühler geschlossen. Das Kühlmittel gelangt auf direktem Weg zurück in den Motor. So erhitzt sich die Kühlflüssigkeit schneller und der Motor wird schneller warm. Der Kühler tritt erst in Aktion, wenn die Kühlflüssigkeit eine bestimmte Temperatur erreicht hat. Wenn dann der Kühlmittel-Temperaturregler öffnet, wird kaltes Wasser aus dem Kühler mit bereits erwärmtem

Wasser aus dem kleinen Kühlkreislauf vorgemischt. Das verhindert einen Kälteschock für den Motor.

Kühlung bei Betriebstemperatur

Solange die Wassertemperatur steigt, öffnet der Thermostat den Kaltwasserzufluss aus dem Kühler immer weiter und schließt gleichzeitig den Kurzschlusskreislauf. Bei Betriebstemperatur zirkuliert die Kühlflüssigkeit vom unteren Kühlwasserschlauch zur Wasserpumpe (Kühlmittelpumpe), die sie in Motorblock und Zylinderkopf drückt. Der größte Teil läuft dann über den geöffneten Thermostat zum Kühler, während der Rest zum Wärmetauscher der Heizung fließt.

Das im Kühler unten abfließende kalte Wasser zieht heißes Kühlmittel oben in den Kühler nach. Dort wird es beim Zug durch die Kühlerlamellen (Kondensator) abgekühlt. Sinkt während der Fahrt die Wassertemperatur unter die vorgeschriebene Betriebstemperatur, sperrt der Thermostat den Kühlerdurchfluss erneut, bis sich das Kühlmittel wieder genügend erwärmt hat. Das ist der große Kühlmittelkreislauf.

Das Kühlsystem steht unter einem Überdruck von etwa 1,2 bis 1,5 bar bei Betriebstemperatur. Dadurch und durch den Einsatz von Kühlmittelzusätzen erhöht sich der Siedepunkt der Kühlflüssigkeit von 100 °C auf rund 135 °C. Die höhere Temperatur ermöglicht wirtschaftlicheren Motorbetrieb.

Überdruck und Kühlerventilator

Wenn bei einem heißen Motor der Kühlmittel-Druck 1,5 bar übersteigt, tritt das Überdruckventil am Ausgleichsbehälter in Aktion. Es öffnet und lässt zum Druckausgleich Wasserdampf entweichen. Wird zum Beispiel bei Fahrten in der Stadt das Kühlmittel im System überhitzt, muss der Kühlerventilator einspringen. Bei einer Kühlmitteltemperatur von 92 bis 97 °C wird die erste Stufe (halbe Drehzahl) geschaltet. Steigt die Kühlmitteltemperatur auf 99 bis 105 °C, schaltet der Thermoschalter in der zweiten Stufe auf volle Drehzahl. Diese Steuerung von Lüfter und Kühlmittelstrom lässt die Betriebstemperatur schneller erreichen und reduziert den Kraftstoffverbrauch.

Das Kühlmittel

Kühlflüssigkeit besteht aus Wasser und Kühlmittelzusatz. Das Zusatzmittel schützt vor Frost, Korrosionsschäden, Kalkansatz und Überhitzung. Von Daimler

Komponenten des Kühlsystems — Technik-lexikon

Ausgleichsbehälter: Lässt bei zu hohem Druck durch ein Überdruckventil im Deckel Wasserdampf entweichen.
Kühler-Kondensator: Vorn mittig hinter dem Kühlergrill. Dünnwandige Röhrchen sind durch ein Gerüst von Lamellen miteinander verbunden. Die vom Luftstrom bestrichene Fläche ist dadurch viele Quadratmeter groß.
Kühlerventilator: Dieser Lüfter verhindert ein Überhitzen des Kühlmittels.
Kühlmittelpumpe (Wasserpumpe): Sorgt für den Kreislauf des Kühlmittels. Sie wird über den Keilrippenriemen von der Kurbelwelle angetrieben.
Kühlmittel-Temperaturregler: Hält die Wassertemperatur konstant. Der Thermostat öffnet bei etwa 87 °C und lässt das Wasser zum Kühler oder zurück in den Motor strömen. Bei etwas über 100 °C endet der Öffnungshub.
Rohre und Schläuche: Verbinden die einzelnen Komponenten zum System.

Welches Wasser verwenden? — Praxistipp

Auch für das Frischwasser für Kühlsysteme gelten die **MB-Betriebsstoff-Vorschriften**. Verwendet werden soll sauberes und nicht zu hartes Wasser wegen der möglichen Kesselsteinbildung oder Verschlammung. Salzgehalt, vorwiegend Chloride, begünstigt sehr stark die Korrosion. Häufig erfüllt Trinkwasser die Anforderungen.
Nicht geeignet sind natürlich Meerwasser, Brackwasser, Solen und Industrieabwasser. Der Gehalt des Wassers an gelösten Stoffen kann je nach Herkunft (Grund-, Quellen-, Oberflächenwasser) sehr unterschiedlich sein und ist für das Auftreten von Korrosion von großer Bedeutung. Die Vorschriften besagen, im Zweifelsfall solle das Wasser analysiert werden.
Für die **Entsorgung von Kühlmittel** gelten die gesetzlichen Vorschriften, nachzulesen im »Umweltschutz-Handbuch für Kfz-Reparaturbetriebe« des Verbandes der Automobilindustrie e. V. (VDA) in Frankfurt/Main.

wird das Korrosions-/Frostschutzmittel der Spezifikationsblätter BB00.40-P-0310-01A/-0325-00A vorgeschrieben, das von zahlreichen Produzenten weltweit unter diversen Namen angeboten wird. Mercedes-Benz bietet diesen Zusatz unter den Artikelnummern 000 989 08 25 und 000 989 21 25 an.

Das Mittel sorgt auch für bessere Wärmeableitung. Deshalb soll das Kühlsystem ganzjährig mit einem Gemisch aus 50% Wasser und 50% Zusatz befüllt sein. Dieser Anteil des Zusatzes sichert zugleich Frostschutz bis -37 °C, ein Anteil von 55% schützt sogar bis -45 °C. Ein solch hoher Zusatzmittelanteil, der den maximal möglichen Gefrierschutz gewährleistet, ist nur für außerordentlich niedrige Umgebungstemperaturen zweckmäßig. Über 55% sollte der Anteil an Zusatzmittel keinesfalls betragen, sonst verringern sich Frostschutz und Wärmeabfuhr wieder.

Der Kühlmittelzusatz verliert seine Wirksamkeit nach etwa vier Jahren und sollte dann erneuert werden. Mercedes-Benz: »Die maximal zulässige Gebrauchsdauer des Kühlmittels ist dem Wartungsheft, dem jeweils gültigen Service-bzw. Wartungsblatt oder den MB-Betriebsstoff-Vorschriften zu entnehmen«.

Vor dem Einfüllen von neuem Kühlmittel muss das verbrauchte Mittel aus dem System gespült werden. Bei starker Verschmutzung oder Verölung soll das Kühlsystem gereinigt werden. Das Wasser für das Kühlmittel soll sauber und nicht zu hart sein.

Auch die besten Korrosions-/Frostschutzmittel werden bei schlechter Wasserqualität in ihrer korrosionsschützenden Wirkung beeinträchtigt. Daher muss das Wasser aufbereitet werden, wenn es nicht den Anforderungen entspricht. Sollte Enthärten nicht möglich sein, muss weiches oder destilliertes Wasser zugemischt werden.

Praxistipp

Motor verliert Kühlmittel

Wenn Ihr Motor während der Fahrt viel Kühlmittel verliert, dürfen Sie auf keinen Fall kaltes Wasser nachfüllen. Der heiße Motor erhält dann einen Kälteschock, bei dem sich der Zylinderkopf verziehen kann. Die Zylinderkopfdichtung schließt nicht mehr richtig und Kühlmittel kann in den Schmierkreislauf des Motors gelangen. Im schlimmsten Fall reißt durch einen Kälteschock der Motorblock.

Warten Sie deshalb, bis der Motor abgekühlt ist. Füllen Sie Wasser nach und lassen Sie in der nächsten Werkstatt die Ursache für den Kühlmittelverlust feststellen.

Die Analysenwerte des Wassers sollten folgenden Anforderungen entsprechen, wobei es sicher schwierig ist, das für konkrete Fälle in Erfahrung zu bringen:

Wasserhärte:	0 bis 3,6 mmol/Liter (0 bis 20° d) *
pH-Wert bei 20 °C:	6,5 bis 8,5
Chlorionengehalt:	max. 100 mg/Liter
Summe Chloride + Sulfate:	max. 200 mg/Liter

(* Bezeichnung für die Summe der Erdalkalien, die so genannte Wasserhärte; 1 mmol/l = 5,6° d)

Die folgende Tabelle informiert über die Füllmengen bei verschiedenen Motorisierungen:

Kühlmittelmenge und Frostschutz-Anteile bei den Motoren der E-Klasse

Motor-Nummer	646.961 / 646.962	648.961	156.983 / 629.910	271.956	272.	273.
Kühlflüssigkeit in Liter ca.	9,75 / 8,5	12,0	8,0	5,6	6,5	7,0
davon Zusatz bei Frostschutz bis -37 °C in Liter ca.	5,0 / 4,5	6,0	4,0	2,8	3,25	3,5
davon Zusatz bei Frostschutz bis -45 °C in Liter ca.	5,5 / 5,0	6,75	4,4	3,3	3,6	3,85

Für die Spezifikation des Kühlmittels und die Prüfung von Kühlmittelstand, -Druck und -Beschaffenheit gelten folgende MB-Normen:
Betriebsstoff-Vorschriften: Blätter BB00.40-P-0310-01A und BB00.40-P-0325-00A.
Prüfverschluss: MB-Nummer 210 589 00 9100 (speziell für den Typ 211).
Druckpumpe für die Dichtheitsprüfung: MB-Nummer 124 589 24 21 00.

Kühlsystem

Störungsbeistand

Störung	Ursache	Abhilfe
A Temperatur-Warnleuchte brennt.	**1** Keilrippenriemen zu schwach gespannt oder gerissen.	Riemenspannung kontrollieren, Riemen ersetzen.
	2 Zu wenig Flüssigkeit im Kühlsystem.	Auffüllen, notfalls aus der Scheibenwaschanlage.
	3 Kabel zur Warnlampe hat Masseschluss.	Kabel am Temperaturgeber abziehen, Warnlampe muss verlöschen, sonst Masseschluss. Suchen!
	4 Thermostat öffnet den Kaltwasserzufluss aus dem Kühler nicht (Kühler kalt).	Thermostat ausbauen; weiterfahren oder abschleppen lassen.
	5 Elektrischer Kühlerventilator schaltet nicht ein.	Stecker am Thermoschalter und Lüftermotor prüfen. Thermoschalter und Lüftermotor prüfen (lassen).
	6 Überdruckventil im Verschlussdeckel des Ausgleichsbehälters defekt.	Ventil prüfen (lassen), Deckeldichtung prüfen Verschlussdeckel ggf. ersetzen.
	7 Geber der Temperaturanzeige hat Kurzschluss.	Austauschen.
	8 Kühler verstopft oder Lamellen zugesetzt.	Kühler reinigen.
B Schwache Heizleistung.	Thermostat schließt nicht völlig, aufgeheizte Kühlflüssigkeit strömt zu früh durch den Kühler.	Thermostat säubern, ggf. ersetzen.

Kühlmittel-Temperaturregler

Störungsbeistand

Erkennungsmerkmal	Ursache/Auswirkungen
A Motorbetriebstemperatur wird nur langsam erreicht, Heizwirkung ungenügend.	Thermostat-Ventilteller ist in »Offen«-Stellung blockiert (Ablagerungen); Zufluss zum Kühler ständig offen. Motor bleibt zu lange im Kaltlaufbetrieb. Thermostat baldmöglichst wechseln.
B Temperatur-Warnleuchte brennt trotz richtigem Kühlmittelstand. Kühler und unterer Schlauch zum Kühler sind kalt.	Thermostat-Ventilteller ist in »Geschlossen«-Stellung blockiert (defekte oder undichte Thermostatbuchse). Nicht weiterfahren, sonst entstehen schwere Hitzeschäden am Motor.

Arbeiten am Kühlsystem

Bei warmem Motor steht das Kühlsystem unter Druck. Vor Arbeiten an der Anlage muss deshalb Druck durch Öffnen des Schraubdeckels vom Ausgleichsbehälter abgebaut werden. Der Deckel ist Verschluss des gesamten Kühlsystems. Beim Öffnen kann heißer Dampf entweichen. Darum den Verschlussdeckel mit einem Lappen abdecken und vorsichtig öffnen. Sichern Sie alle Schlauchverbindungen mit Schellen, die dem Teilekatalog des Herstellers entsprechen. Verwenden Sie dazu die passenden Werkzeuge (Zangen).

Wenn es an den Kühlmittelrohren und Kühlmittelschlauchenden Markierungen gibt, müssen sie sich gegenüber stehen. Nur so ist spannungsfreie Verlegung der Kühlmittelschläuche gesichert. Vermeiden Sie beim Verlegen jede Berührung der Schläuche mit anderen Bauteilen!

Reißt während der Fahrt ein Kühlwasserschlauch, können Sie die Leckstelle provisorisch mit Klebeband abdichten. Lösen Sie zur Sicherheit den Verschlussdeckel des Ausgleichsbehälters eine Umdrehung. Dann baut sich nicht der volle Betriebsdruck auf und das Klebeband platzt nicht ab. Nach einer solchen Notreparatur stets auf die Kühlmitteltemperatur-Warnlampe achten! Den schadhaften Schlauch sollten Sie so bald wie möglich ersetzen.

Im Übrigen gilt: Bei allen Arbeiten im Motorraum müssen wegen der engen Bauverhältnisse die Leitungen für Kraftstoff, Hydraulik, Aktivkohle-Behälteranlage, Kühl- und Kältemittel, Bremsflüssigkeit, Unterdruck und Elektrik so verlegt werden, dass die ursprüngliche Leitungsführung gewahrt bleibt. Zu allen beweglichen oder heißen Bauteilen muss auf ausreichenden Freigang geachtet werden.

Kühlsystem auf Dichtheit prüfen

Arbeitsschritte | 15.000 km 12 Monate

1 Sichtprüfung: Wenn Verdacht auf Undichtigkeit des Kühlsystems besteht, sollte das überprüft werden. Zunächst eine Sichtprüfung vornehmen, die evtl. genügen kann: Sind die Wasserschläuche (Kühler, Motor, Heizanlage) dicht?

2 Die Schläuche kneten. Harte, spröde oder rissige Teile sofort austauschen! Die Schläuche auf den Stutzen und die Schlauchschellen müssen fest sitzen. Verrostete Schellen müssen ausgewechselt werden.

3 Prüfung mit Druckpumpe: Benötigt werden ein Prüfverschluss (MB: 210 589 00 91 00) für den Kühlmittel-Ausgleichsbehälter und eine Druckpumpe (MB: 124 589 24 21 00) mit Manometer. Den Verschlussdeckel vom Kühlmittel-Ausgleichsbehälter nach Ablassen von Überdruck abschrauben (Bild unten) und den Prüfverschluss mit Anschlussstutzen für Druckpumpe aufschrauben.

Öffnung des Kühlmittel-Ausgleichsbehälters (und damit des Kühlsystems) nach Abnehmen des Schraubverschlussdeckels mit Überdruckventil.

4 Vor Aufschrauben des Prüfverschlusses sollten Kühlmittelstand und Frostschutzgehalt des Kühlmittels geprüft werden. Der Kühlmittelstand wird beim Ausgleichsbehälter der E-Klasse (W 211) an einer Markierung überprüft, die in der Öffnung sichtbar wird; der prozentuale Anteil von Frostschutzmittel an der Kühlflüssigkeit wird mit einer handelsüblichen Messspindel (Bilder unten) gemessen.

5 Das Kühlmittel muss bei kaltem Motor bis zur Markierung (Pfeil) im Kühlmittelausgleichsbehälter reichen. Bei warmem Kühlmittel: ca. 1 cm über dieser Markierung. Ggf. muss der Stand richtig gestellt werden. Bei zu geringem Frostschutzgehalt des Kühlmittels muss entweder Frostschutz nachgefüllt oder das Kühlmittel entsprechend nachfolgender Arbeitsanleitung erneuert werden.

6 Prüfverschluss aufschrauben und die Druckpumpe anschließen. Kühlsystem mit Prüfdruck beaufschlagen. Um Beschädigungen am Kühlsystem zu vermeiden, darf der angegebene Prüfdruck nicht überschritten werden. Manometer-Anzeige beachten: Druck nicht höher als 1,4 bar einstellen!

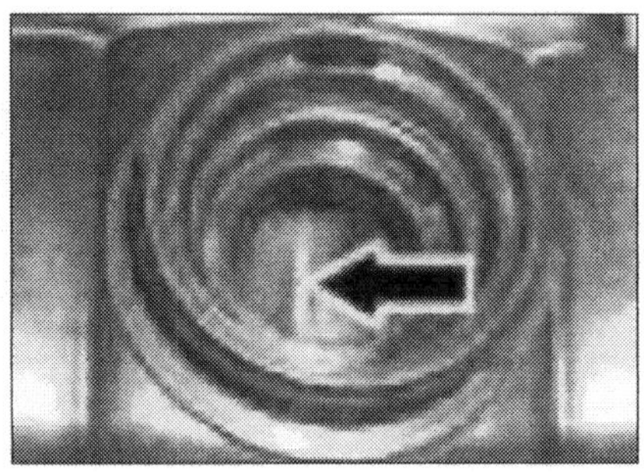

Der Pfeil weist auf die Markierung für den Minimalstand im Kühlmittel-Ausgleichsbehälter.

Messspindel zur Überprüfung des Frostschutzanteils in der Kühlflüssigkeit.

7 Bei Druckabfall undichte Stelle beseitigen (Suche nochmals entsprechend Arbeitsschritt 1 und 2). Schadhafte Teile erneuern.

8 Die Schlauchschellen auf Zustand und Sitz prüfen und bei Bedarf mit Schlauchklemmenzange (MB:003589033700; Länge 210 mm, Spannbereich 80 mm) und Steckschlüsselsechskant 6 und 7 mm an biegsamer Welle für Schlauchschellen mit Schneckentrieb nachziehen. Ggf. Schellen erneuern. Auch die Kühlmittel- und Heizungsschläuche sowie deren Verbindungsstellen wie unter 1/2 beschrieben auf Zustand und Kühlmittelverlust prüfen. Schläuche bei Bedarf erneuern.

9 Wenn kein Druckabfall im Kühlsystem (mehr) festgestellt wird, den Prüfverschluss vom Ausgleichsbehälter unter langsamem Druckabbau abschrauben. Das Prüfgerät (Druckpumpe, Manometer, ggf. Druckschlauch) abnehmen. Verschlussdeckel des Ausgleichsbehälters aufschrauben.

Anmerkung: Bei neuer Zylinderkopfdichtung muss der Motor unbedingt zuerst auf Betriebstemperatur gebracht werden, bevor das Kühlsystem auf Dichtheit geprüft werden kann. Empfehlenswert für die Prüfung ist es auch, wenn nach Öffnung des Kühlmittel-Ausgleichsbehälters der Heizungsschalter im Fahrzeug auf maximale Leistung gestellt wird. Nach Abschluss der Druckprüfung Heizung wieder ausschalten.

Kühlflüssigkeit wechseln

Arbeits-schritte

1 Kühlmittel ablassen: Fahrzeug zum Anheben vorbereiten oder auf der Hebebühne platzieren, Motorhaube öffnen. Wie beschrieben den Verschlussdeckel am Ausgleichsbehälter für Kühlmittel öffnen, den Kühlmittelstand kontrollieren und bei zu geringem Stand die Dichtheit des Systems prüfen.

2 Fahrzeug anheben und ggf. aufbocken. Die untere Motorraumverkleidung oder die Geräuschkapselunterteile ausbauen. Dadurch wird unten am Kühler und unten am Zylinderkurbelgehäuse (bzw. beiden Gehäusen) jeweils das Ablassventil für die Kühlflüssigkeit zugänglich.

3 Kühlmittel zuerst am Kühler ablassen. Dazu einen Ablassschlauch auf den Stutzen links unten am Kühler aufschieben. Ablassschraube am Kühler öffnen und Kühlmittel in einem geeigneten Behälter auffangen. Bei der Entsorgung des Kühlmittels müssen die einschlägigen Vorschriften beachtet werden. Auslaufendes sauberes Kühlmittel kann wieder verwendet werden. Ablassschraube schließen und den Schlauch abziehen.

4 Nun Auffangbehälter unter Zylinderkurbelgehäuse stellen. Bei den Sechs- und Achtzylindern das linke und das rechte Zylinderkurbelgehäuse entleeren. Vor Entleeren des Zylinderkurbelgehäuses rechts muss die Masseleitung der Batterie abgeklemmt werden!
Ablassschrauben an den Zylinderkurbelgehäusen lösen, und zwar nur so weit, dass sie von Hand gedreht werden können. Ablassschlauch auf Ablassschrauben der Zylinderkurbelgehäuse aufschieben und die Schrauben von Hand weiter lösen. Kühlmittel ablassen und auffangen. Vorschriften zur Entsorgung beachten! Auch das hier auslaufende saubere Kühlmittel kann wieder verwendet werden. Ablassschrauben schließen, den Schlauch abziehen und Schrauben mit 15 Nm festziehen. Batterie-Masseleitung anklemmen.
Anmerkung: Nach einer alten Faustregel soll gebrauchtes Kühlmittel nicht wieder verwendet werden, jedenfalls dann nicht, wenn Kühler, Wärmetauscher, Zylinderblock oder Zylinderkopf ersetzt wurden. Gebrauchtes Kühlmittel enthält, nicht mehr genügend Bestandteile, um auf den neuen Teilen einen Antikorrosionsbelag bilden zu können. Neuerdings aber empfiehlt Mercedes-Benz die ja auch ökologisch ratsame Weiterverwendung von sauberem gebrauchten Kühlmittel.

5 Einfüllen: Kühlmittel der beschriebenen Mischung von geeignetem Wasser und Korrosions-/Frostschutzmittel nach Spezifikation 325.0 in den Ausgleichsbehälter einfüllen. Nötige Menge siehe Tabelle auf Seite 80.

6 Da das Kühlsystem dann **entlüftet** werden muss, ist die Verwendung eines Kühler-Vakuum-Befüllgerätes (MB 285 589 00 21 00) zum Einfüllen des Kühlmittels am günstigsten. Das Gerät besteht aus Prüfverschluss (8), Kontrolleinheit (3) mit Ablaufventil (7) und Zulaufventil (4) sowie Aufsteckstutzen für Venturidüse (6), einem geschlossenen Kühlmittelbehälter (1) und den nötigen Schläuchen (2, 5, 9). Es wird zusammen mit einem offenen Auffangbehälter (10) verwendet (Bild Seite 84).

7 Verschlussdeckel vom Kühlmittel-Ausgleichsbehälter abschrauben und stattdessen den Prüfverschluss (8) auf den Ausgleichsbehälter schrauben. Kontrolleinheit (3) des Gerätes auf den Prüfverschluss und die Venturidüse (6) auf die Kontrolleinheit aufstecken. Ablaufventil (7) und Zulaufventil (4) schließen (zur »Venturidüse« siehe »Praxistipp«).

8 Zulaufschlauch (2) des Kühlmittels auf den Behälter (1) des Befüllgerätes aufstecken. Damit keine Luft angesaugt wird, müssen mindestens zwei Liter mehr Kühlflüssigkeit in diesem Behälter sein als die maximale Füllmenge des Kühlsystems nach der Tabelle auf Seite 80 beträgt.

9 Abluftschlauch (9) in einen leeren offenen Behälter (10) führen. Schlauch (5) vom Drucklufterzeuger an Venturidüse (6) anschließen und mit Druck beaufschlagen. Ablaufventil (7) öffnen, wodurch im Kühlsystem Unterdruck erzeugt wird. Zulaufventil (4) so lange öffnen, bis sich der Zulaufschlauch (2) mit Kühlmittel gefüllt hat. Ablaufventil schließen, wenn Anzeige der Kontrolleinheit (3) im grünen Bereich ist.

10 Entlüften: Druckluftschlauch (5) von der Venturidüse (6) abnehmen und beobachten, ob der Unterdruck für 30 Sekunden stabil bleibt. Wenn nicht: Schläuche und Anschlüsse überprüfen, bei Bedarf nachziehen oder erneuern und nochmals Unterdruck erzeugen und beobachten. Zulaufventil (4) öffnen, wodurch das Kühlsystem befüllt wird. Wenn kein Kühlmittel mehr angesaugt wird, das Ablaufventil (7) öffnen.

11 Kontrolleinheit (3) mit allen Anschlüssen und Prüfverschluss (8) abnehmen. Kühlmittel bis zur Unterkante des Einfüllstutzens vom Ausgleichsbehälter auffüllen. Den Motor starten und die Motordrehzahl einige Minuten auf etwa 2000/min halten. Den Motor noch so lange im Leerlauf drehen lassen, bis der Lüfter anläuft. Kühlmittelstand prüfen und evtl. nochmals nachfüllen. Auch die Dichtheit des Kühlsystems nochmals prüfen.

12 Untere Motorraumverkleidung oder Geräuschkapselunterteil wieder einbauen.

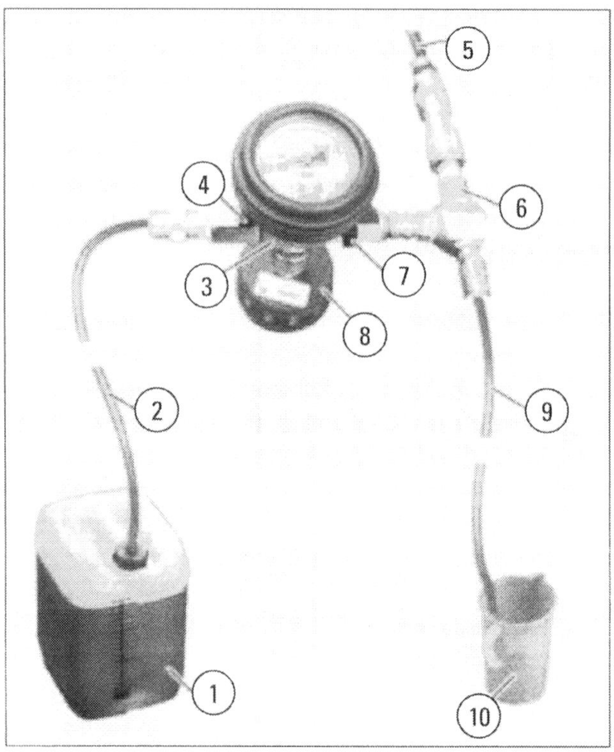

(1) Kühlmittel-Behälter, (2) Kühlmittel-Zulaufschlauch, (3) Kontrolleinheit, (4) Zulaufventil, (5) Druckluftschlauch, (6) Venturidüse, (7) Ablaufventil, (8) Prüfverschluss, (9) Abluftschlauch, (10) Behälter.

Praxistipp

Die Venturidüse

Die Venturi-Düse (auch als Venturi-Rohr bezeichnet) ist nach dem italienischen Physiker Giovanni Battista Venturi benannt. Sie besteht aus einem Rohrstück mit zwei gegeneinander gerichteten Konen. Diese vereinen sich an der Stelle ihres geringsten Durchmessers. Wird die Düse von Flüssigkeiten oder Gasen (hier Druckluft) durchströmt, erzeugt sie ohne zusätzliche Krafteinwirkung (etwa eines Motors) einen Unterdruck und eine Erhöhung der Fließgeschwindigkeit an dieser engsten Stelle. Der Unterdruck wird für die Prüfung und die Entlüftung verwendet.
Das Prinzip: An der engsten Stelle ist der dynamische (Stau-) Druck maximal und der statische (Ruhe-) Druck minimal. Die Geschwindigkeit der durchfließenden Luft steigt beim Durchströmen des eingeschnürten Teils an. Gleichzeitig sinkt der Druck im Abnahmerohr, das genau im engen Teil sitzt. Damit entsteht auf effektive Weise ein Vakuum, das zur Messung und zum Ansaugen der Kühlflüssigkeit benutzt wird.

Ausgleichsbehälter aus-/einbauen

Arbeitsschritte

1 Ausbauen: Unteren Kühlmittelschlauch mit einer Abklemmzange für Schläuche bis 60 mm Durchmesser abklemmen. Elektrische Steckverbindung am Schalter für Kühlmittelstand vorn unten rechts am Ausgleichsbehälter trennen.

2 Verschlussdeckel abschrauben und das Kühlmittel aus dem Ausgleichsbehälter in geeigneten Behälter ablassen. Verriegelung an der oberen Kühlmittelleitung rechts auf dem Behälter anheben und Leitung aus dem Behälter ziehen.

3 Den unteren Kühlmittelschlauch mit einer Schlauchklemmenzange (210 mm lang, Spannbereich 80 mm) vom Ausgleichsbehälter abmontieren.

4 Den Spreizclip hinten oben am Ausgleichsbehälter ausbauen und Behälter nach oben herausnehmen.

5 **Einbauen:** In sinngemäß umgekehrter Reihenfolge. Dabei den O-Ring an der oberen Kühlmittelleitung erneuern.

6 Kühlmittel einfüllen, Flüssigkeitsstand prüfen, Spezifikation und Einfüllmenge beachten, Kühlsystem wie beschrieben entlüften.

Temperaturregler prüfen und aus-/einbauen

Arbeitsschritte

Bei den Motoren mit so genanntem **Dreiteller-Thermostaten** (z. B. Motoren 272, 273) erfolgt die Prüfung am eingebauten Regler.

1 Den Keilrippenriemen wie früher beschrieben ausbauen. Die elektrische Steckverbindung (1) am Ventil des Dreitellerthermostaten (2) trennen. Ein Multimeter (4) mit Adapterleitung (3) am Ventil (2) anschließen (Bild unten).

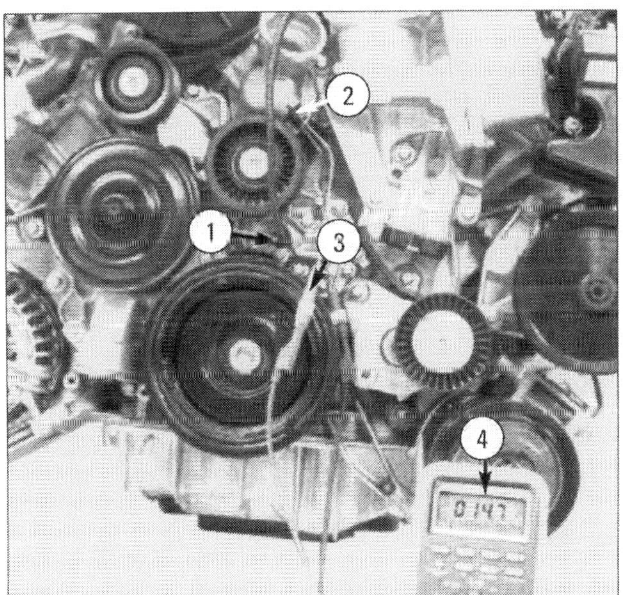

(1) elektrische Steckverbindung, (2) Ventil des Dreitellerthermostaten, (3) Adapterleitung, (4) Multimeter.

2 **Prüfen:** Den elektrischen Widerstand des Ventils messen: Er muss bei 20 °C Umgebungstemperatur 15,2 plus/minus 1,5 Ohm betragen. Entspricht der Widerstand nicht dieser Vorgabe, muss das Ventil des Thermostaten (Bauteil Y110) erneuert werden. Dazu ist der Regler mit Gehäuse aus dem Steuergehäusedeckel auszubauen. Wir empfehlen für diese Arbeit die Fachwerkstatt, geben hier aber das Prinzip an:

3 **Aus-/einbauen:** Zündung ausschalten, Kühlmittel am Kühler ablassen, linken Motorsaugluftkanal ausbauen und vordere Motorabdeckung nach oben aus den Aufnahmen herausziehen. Beim Motor 272 oberen Kühlmittelschlauch vom Regler-Gehäuse abmontieren und seitlich ablegen, beim Motor 273 das Kühlmittelrohr von Kühlmittel-Temperaturregler und vorderem Deckel am linken Zylinderkopf lösen und zur Seite legen. Umlenkrolle des Keilrippenriemens ausbauen, elektrische Steckverbindung am Ventil des Thermostaten entriegeln und abziehen. Die beiden Schrauben herausdrehen und das Regler-Gehäuse mit Thermostat (bilden eine Einheit) aus dem Steuergehäusedeckel herausziehen.
In sinngemäß umgekehrter Reihenfolge einbauen. Dabei alle Dichtringe erneuern. Reglergehäuse mit 25 Nm, Kühlmittelrohre mit 9 Nm festschrauben.

1a Die **anderen Motoren** haben einen Kühlmittel-Temperaturregler in »klassischer« Bauweise. Auch dieser Thermostat bildet eine Einheit mit seinem Gehäuse und darf nicht herausgenommen werden, weil er dadurch zerstört wird. Er lässt sich nur in ausgebautem Zustand prüfen. Aus- und Einbau sind vom jeweiligen Motor abhängig und sollten der Werkstatt überlassen bleiben. Liegt der Regler ausgebaut vor, wird er folgendermaßen geprüft:

2a Regler an einem Draht in ein mit Wasser gefülltes Gefäß hängen und das Wasser erwärmen. Thermostat nicht mit Schweißbrenner oder Lötlampe erwärmen, da durch den plötzlichen Hitzeeintrag das Metallgefüge verändert wird!

2b Wassertemperatur mit einem Digital-Thermometer (Messbereich -20° bis +70°) messen. Ab ca. 8 °C unterhalb des Öffnungsbeginns des Reglers (konventioneller Typ 98 bis 102 °C; elektrische Ausführung 65 °C) sollte die Aufheizgeschwindigkeit nicht mehr als 1 bis 2 °C /min betragen.

2c Wasser auf die Vollöffnungstemperatur des Ventils erwärmen und den Hub des Ventils messen: Mindesthub des konventionellen Typs bei 115 °C = fünf Millimeter, des elektrischen Typs bei 100 °C = acht Millimeter.
Werden die Prüfwerte nicht erreicht, muss der Kühlmittel-Temperaturregler ersetzt werden.

DIE KRAFTSTOFF-VERSORGUNG

Einfüllstutzen mit Schraubverschluss unter der Tankklappe der E-Klasse.

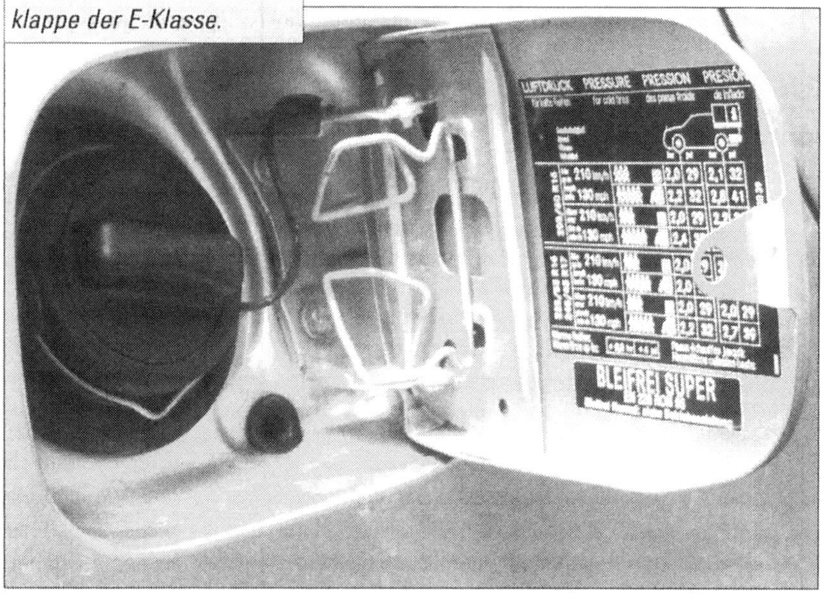

Vier Baugruppen gewährleisten die möglichst umweltfreundliche und zuverlässige Versorgung auch jedes E-Klasse-Fahrzeugs mit Diesel- oder Otto-Kraftstoff:

Der **Kraftstoffbehälter (Tank)**, in den der Treibstoff über den Einfüllstutzen eingebracht wird. Er ist in zwei miteinander verbundene Halbkammern geteilt, besteht aus zweischichtigem Kunststoff und ist je nach dem Fahrzeugtyp für 65, 70 oder 80 Liter bei 8 bis 9 Litern Reserve ausgelegt.

Die **Kraftstoffpumpe** mit dem Geber für die Vorratsanzeige der rechten Tankhälfte.

Der **Kraftstofffilter**, den der Kraftstoff von der Pumpe über Vorlaufleitung und das System der Kraftstoffaufbereitung zum Motor durchfließt.

Die **Kraftstoffleitungen**, also Vorlauf- (Zulauf-) und Rücklaufleitungen aus druckfestem Material und die (Entlüftungs-)Leitungen zum Aktivkohlebehälter.

Durch die Tankent- und -belüftung, wozu Entlüftungs- und Schwerkraftventil sowie bei Benzinmotoren der Aktivkohlefilter gehören, entweicht die Luft, wenn der Tank mit Kraftstoff gefüllt wird. Bei der Fahrt strömt entsprechend der verbrauchten Kraftstoffmenge von außen Luft in den Tank hinein, so dass sich kein Unterdruck bilden kann.

Über dem Kraftstoff im Tank bilden sich in Abhängigkeit von Luftdruck und Umgebungstemperatur Dämpfe, die beim Entweichen als Kohlenwasserstoff-

Wartung

Reparatur

Emissionen (HC) die Atmosphäre verunreinigen würden. Deshalb werden sie vom höchsten Punkt des Tanks über ein Schwerkraftventil (schließt bei 45° Neigung) und ein Absperrventil in den Aktivkohlebehälter abgeführt.
Die Aktivkohle speichert die Kraftstoffdämpfe vorübergehend bis zum Spülvorgang, der Regenerierung der Aktivkohle. Durch die Belüftungsöffnung an der Unterseite des Aktivkohlebehälters wird Frischluft angesaugt. Die gespeicherten Dämpfe und Frischluft werden dosiert der Verbrennung zugeführt.
Das Regenerierventil verhindert, dass bei geöffnetem Magnetventil und anliegendem Saugrohrunterdruck Kraftstoffdämpfe aus dem Tank gesaugt werden. Es sichert, dass vorrangig eine Entleerung des Aktivkohlefilters stattfindet. Stromlos (z. B. bei Leitungsunterbrechung) ist das Magnetventil geschlossen. Der Aktivkohlebehälter wird dann nicht entleert.

Der Kraftstoff für E-Klasse-Motoren

Für unverbleite Ottokraftstoffe sind in Deutschland die Mindestanforderungen in der DIN EN 228 festgelegt. Die E-Klasse-Motoren brauchen Super bleifrei (ROZ 95; siehe Aufkleber an der Tankklappe!). Bei Normalbenzin (ROZ 91) müssen Sie mit Leistungsminderung oder höherem Kraftstoffverbrauch rechnen.
Wird Kraftstoff niedrigerer Oktanzahl verwendet, könnten starke Motorbelastung durch Vollgas oder hohe Drehzahlen zu Motorschäden führen. Baldmöglichst Benzin höherer Oktanzahl nachtanken! Kraftstoff mit höherer Oktanzahl als nötig (Super Plus, ROZ 98) kann immer verwendet werden, bringt aber keine spürbaren Vorteile.
Der Kraftstoff für die Dieselmotoren muss der DIN EN 590 entsprechen. Seine Cetan-Zahl (CZ) darf nicht unter 49 liegen. Bei niedrigen Temperaturen nimmt die Fließfähigkeit von Dieselkraftstoff ab, so dass Paraffinausscheidungen den Kraftstofffilter zusetzen und den Motorbetrieb empfindlich stören können.
In Deutschland gibt es aus diesen Gründen während der kalten Jahreszeit generell kältebeständigen Winterdiesel. Fließverbesserer (Spiritus) oder Benzin dürfen nicht zugesetzt werden. Die Kraftstoffversorgung der CDI-Motoren ist mit einer Filter-Vorwärmanlage ausgerüstet, durch die mit Winterdiesel bis zu einer Außentemperatur von ca. -24 °C betriebssicher gefahren werden kann. Sollte der Kraftstoff bei noch niedrigeren Temperaturen so dickflüssig geworden sein,

Hinweise und Regeln — Praxistipp

Bei Arbeiten an der Kraftstoffversorgung sind ähnliche Sicherheits- und Sauberkeitsregeln zu befolgen wie für Arbeiten an Motoren und Einspritzanlagen.

Sicherheitshinweise:

- Das Kraftstoffsystem steht unter Druck. Vor dem Öffnen von Schlauchverbindungen Putzlappen um die Verbindungsstelle legen. Durch vorsichtiges Abziehen des Schlauches Druck abbauen.
- Die Temperatur der Kraftstoffleitungen bzw. des Kraftstoffes kann bei Fahrzeugen mit CDI-Einspritzmotoren im Extremfall bis zu 100 °C betragen. Vor dem Öffnen von Leitungsverbindungen Kraftstoff abkühlen lassen, da akute Verbrühungsgefahr besteht. Schutzhandschuhe und Schutzbrille tragen. Prinzipiell jeden Hautkontakt mit Kraftstoff vermeiden!
- Bei allen Arbeiten muss in die Nähe der Montageöffnung des Kraftstoffbehälters der Abgasschlauch einer eingeschalteten Abgas-Absauganlage gelegt werden. Verwendet werden kann ein Radiallüfter mit einem Fördervolumen über 15 m³/h.
- Beim Aus- und Einbau der Tankgeber oder der Kraftstoffpumpe aus dem Kraftstoffbehälter darf der Behälter zu höchstens zwei Drittel gefüllt sein. Beim Ausbauen des Kraftstoffbehälters gilt: Kein offenes Feuer im Umfeld, nicht rauchen, keine glühenden oder sehr heißen Teile in die Nähe des Arbeitsplatzes bringen. Der Tank sollte vor dem Ausbauen leer gefahren werden. Wird der Kraftstoff abgesaugt, kann der Tank mit der verbleibenden Restmenge gefahrlos ausgebaut werden.

Sauberkeitsregeln:

- Verbindungsstellen und deren Umgebung vor dem Lösen gründlich reinigen.
- Ausgebaute Teile auf einer sauberen Unterlage ablegen und abdecken. Keine fasernden Lappen benutzen.
- Geöffnete Bauteile sorgfältig abdecken, wenn die Reparatur nicht umgehend ausgeführt wird.
- Nur saubere Teile einbauen. Ersatzteile erst unmittelbar vor Einbau aus der Verpackung nehmen und keine unverpackt aufbewahrten Teile verwenden!
- Bei geöffneter Anlage möglichst nicht mit Druckluft arbeiten und Fahrzeug nicht bewegen. Dieselkraftstoff nicht auf die Kühlmittelschläuche laufen lassen! Wenn das geschieht: sofort reinigen!

dass der Motor nicht mehr anspringt, muss das Fahrzeug einige Zeit in einen geheizten Raum (Garage, Werkstatt).

So spart man Kraftstoff

Nach dem Motorstart gleich losfahren, auch bei Frost. Zügig beschleunigen, früh in den nächsthöheren Gang schalten. Ist die gewünschte Geschwindigkeit erreicht, den Wagen im höchstmöglichen Gang mit wenig Gas rollen lassen. Der Motor soll nur beim Überholen oder beim Einspuren in den fließenden Verkehr hochdrehen.
Beim Halt vor einer Eisenbahnschranke oder Baustellenampel und im Stau unbedingt Motor abstellen. Schon nach 30 bis 40 Sekunden Motorpause, neuerdings wird häufig sogar ein Grenzwert von 20 Sekunden angegeben, ist die Ersparnis größer als die Kraftstoffmenge, die zum erneuten Anlassen des Motors benötigt wird. Nicht unnötig bremsen und niemals mit Höchstgeschwindigkeit fahren! Wenn Sie diese nur zu drei Viertel ausnutzen, sinkt der Kraftstoffverbrauch um rund die Hälfte. Tempolimit 120 ist deshalb durchaus eine ökologische Größe!
Der Reifendruck kann um 0,1 bis 0,2 bar erhöht werden, was den Rollwiderstand verringert. Winterreifen ganzjährig fahren kostet bis zu 10 Prozent mehr Kraftstoff. Schalten Sie nicht benötigte elektrische Verbraucher ab. Den Ölstand bei jedem Tanken prüfen, die empfohlenen Motoröle verwenden und das Fahrzeug regelmäßig warten. Mit Mehrverbrauch muss ebenfalls rechnen, wer überflüssige Kilogramm in Kofferraum, Ablagen und Fächern umherfährt.

Begriffe rund um den Kraftstoff

Technik-lexikon

Cetanzahl: Verhältniszahl für die Zündwilligkeit. Dem sehr zündwilligen Kraftstoff Cetan wird die 100 zugeordnet, dem extrem zündträgen Methylnaphtalin die 0. Die Cetanzahl eines Dieselkraftstoffs gibt an, wieviel Volumenprozent Cetan sich in einem Gemisch mit dem Vergleichskraftstoff befinden müssten, um seine Zündwilligkeit zu haben.
Dieselkraftstoff: Besteht aus verschiedenen Kohlenwasserstoffen. Durch seine hohe Zündwilligkeit läuft kontrollierte Selbstzündung in Sekundenbruchteilen ab.
Klopffestigkeit: Je höher das Kompressionsverhältnis ist, desto leichter kommt es zu Selbstentzündungen im Zylinder, wenn der Kraftstoff nicht klopffest genug ist. Superkraftstoff hält höhere Drücke aus als Normalbenzin, entzündet sich daher schwerer.
Normalbenzin/Superbenzin: Fast identisch hinsichtlich Reinheitsgrad, Verhalten bei Verdampfung (wichtig für Entzündbarkeit) und Energiebilanz (Heizwert je Kilogramm Kraftstoff). Die Klopffestigkeit ist bei Super höher als bei Normalbenzin.
Oktanzahl: Steht für die Klopffestigkeit eines Kraftstoffs. An der Zapfsäule findet man in der Regel die Bezeichnung »ROZ« (Research-Oktanzahl), seltener die Spezifikation »MOZ« (Motor-Oktanzahl).

RME-Kraftstoff nicht bei Partikelfilter

Die CDI-Motoren sind von Mercedes ab Werk nicht für den Einsatz von Rapsölfettsäure-Methylester (RME- oder PME-Kraftstoff) nach DIN 14214 freigegeben. Mit entsprechender Umrüstung bzw. werkseitiger Ausrüstung bei Neubestellung (Sonderausstatungscode 921) kann man auch diese Motoren mit RME-Kraftstoff betreiben. Allerdings muss beim Tanken von RME/PME-Kraftstoff unbedingt auf Qualität geachtet werden, und diese wird nur durch die DIN 14214 garantiert. Ausgewiesen wird das durch einen entsprechenden Aufkleber an der Zapfsäule.
Mit Einführung des Rußpartikelfilters (serienmäßig bei allen Mercedes-Pkw seit Sommer 2005) ist jedoch erst einmal Schluss für den RME-Einsatz. Aus technischen Gründen vertragen nämlich die Filter den Biodiesel nicht.

Kraftstoffbehälter entleeren und befüllen

Arbeits-schritte

1 Entleeren: Der Kraftstoff muss in einen Sicherheitsbehälter abgelassen werden. Tankklappe öffnen und Tankdeckel abnehmen, um Überdruck im Kraftstoffbehälter abzubauen. Deckel wieder aufschrauben.

2 Diesel: Abdeckungen der Zylinderkopfhaube (E 200 CDI Typ 211.004, E 220 CDI Typ 211.006/206, E 280 CDI Typ 211.023/223) oder obere Motorabdeckung (E 280 CDI Typ

211.020/220) ausbauen, bei den 200/220-CDI Typ 211.007 und Typ 211.008/208 obere Motorabdeckung nach oben ziehen.
Benziner: Motorabdeckung ausbauen und den Verschlussdeckel (1; Bild unten) des Serviceventils abschrauben (E 200 Kompressor, E 230/280/320).

3 Diesel: Am Motor fahrerseitig die Clic-Schelle an der Kraftstoffrücklaufleitung öffnen und den Kraftstoffrücklaufschlauch von der Leitung abziehen. Ablaufschlauch an die Kraftstoffrücklaufleitung montieren und Endstück in den Sicherheitsbehälter einführen (E 200/220/280 CDI). Keine spitzen oder scharfkantigen Werkzeuge zur Demontage verwenden. Auslaufenden Kraftstoff mit einem Lappen auffangen.
Benziner: Druckschlauch (MB Sonderwerkzeug 119 589 04 63 00) am Serviceventil montieren und Endstück in den Sicherheitsbehälter einführen (E 200 K, E 230/280/320).

4 Motor starten und Kraftstoffbehälter über Kraftstoffpumpe entleeren. Füllmenge des Kraftstoffbehälters beachten, um ein Überlaufen des Sicherheitsbehälters zu vermeiden!
Benziner: Bei defekter Kraftstoffpumpe den Kraftstoff wie in der folgenden Anleitung beschrieben abpumpen.

5 Diesel: Ablaufschlauch abmontieren, Leitungen und Abdeckungen montieren. Überwurfmutter Kraftstoffvorlaufleitung und Kraftstoffrücklaufleitung an Leitung mit einem Drehmoment von 24 Nm anziehen. Clic-Schelle erneuern; keine Schraub- oder Federbandschelle verwenden.
Benziner: Druckschlauch vom Serviceventil abmontieren, Verschlussdeckel auf Ventil schrauben, Motorabdeckung wieder montieren.

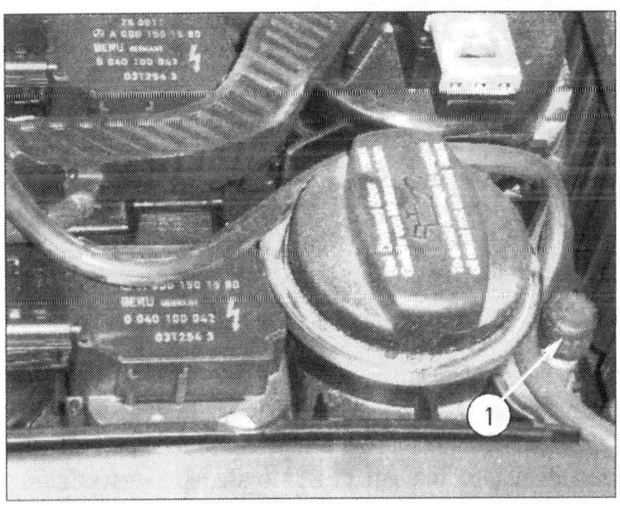

(1) Verschlussdeckel des Serviceventils beim E 200 Kompressor: Links vorn neben Öleinfüllstutzen und Zündanlage.

6 Befüllen: Massekabel des Tankentleerungsgerätes (MB Werkstatteinrichtung WE 58.40-Z-1001-22A) mit Fahrzeug verbinden und Kraftstoff aus dem Sicherheitsbehälter durch den Tankeinfüllstutzen in den Kraftstoffbehälter pumpen.

7 Tankdeckel montieren, Tankklappe schließen und Massekabel des Tankentleerungsgerätes abnehmen. Motorprobelauf durchführen, Dichtheit der Kraftstoffanlage prüfen.

Kraftstoff bei defekter Kraftstoffpumpe abpumpen

Arbeitsschritte

1 Tankklappe öffnen, Tankdeckel abnehmen und Fahrzeug anheben.

2 Fahrzeuge ohne Standheizung: Nippel am Stutzen der rechten Kammer des Kraftstoffbehälters mit einem Trenn-

Praxistipp: Kraftstoffbehälter richtig entsorgen

Mercedes-Benz gibt zur Entsorgung ausgedienter Krafstofftanks die folgende Orientierung:
Vorbereitung: Vor dem Öffnen den Kraftstoffbehälter vollständig entleeren, gründlich reinigen und mit einem nicht brennbaren Stoff (Wasser, Wasserdampf, Inertgas wie Stickstoff oder Kohlendioxid) spülen.

Blech-Kraftstoffbehälter entsorgen:
Mit Meißel oder Blechschere eine ca. 30x30 cm große Öffnung in die Behälterwand einbringen. Der abgelüftete Tank kann als Metallschrott verwertet werden.
Kunststoff-Kraftstoffbehälter entsorgen:
Mit einer geeigneten Säge eine ca. 30x30 cm große Öff nung in die Behälterwand einbringen. Der aufgeschnittene Behälter kann in Deutschland über das Mercedes Recycling System (MeRSy) als »sonstige Kunststoffteile« der Verwertung zugeführt oder mit der Fraktion des hausmüllähnlichen Gewerbemülls entsorgt werden.

Transport: Aufgeschnittene und abgelüftete Alt-Kraftstoffbehälter unterliegen nicht den Bestimmungen der GGVS für Gefahrguttransporte.

messer oder scharfem Seitenschneider oben abschneiden. Stutzen beim Abschneiden nicht beschädigen. Vor Abschneiden des Nippels geeigneten Ablaufschlauch für austretenden Kraftstoff bereithalten.

Fahrzeuge mit Standheizung: Kraftstoffschlauch am Stutzen der rechten Kammer des Kraftstoffbehälters abmontieren. Vor Abziehen des Kraftstoffschlauchs geeigneten Ablaufschlauch für austretenden Kraftstoff bereithalten.

3 Ablaufschlauch auf Stutzen montieren und Schlauchende in den Sicherheitsbehälter einführen. Rechte Kammer des Kraftstoffbehälters über den Ablaufschlauch entleeren, bis die Kraftstoffanzeige im Kombi-Instrument ca. 1/2 anzeigt.

4 Ablaufschlauch wieder vom Stutzen abziehen und die Verschlusskappe mit der Schlauchschelle montieren. Bei Daimler sind die entsprechenden Teilenummern: Verschlusskappe A 000 987 97 45, Schlauchschelle N 900 288 01 00 01.

Gefahrenhinweis

Vorsicht bei der Tankentleerung!

Umgang mit Kraftstoff ist gefährlich! Vor allem beim Entleeren des Kraftstoffbehälters müssen Sie mit äußerster Vorsicht vorgehen:

- Kraftstoffbehälter nur im Freien entleeren. Abpumpgerät mit Absaugschlauch verwenden. Auf keinen Fall den Kraftstoff durch Saugen an einem Schlauch mit dem Mund entleeren! Hautkontakt vermeiden!
- Den Kraftstoffbehälter nie über einer Montagegrube entleeren. Die entweichenden Gase sind schwerer als Luft und würden für mehrere Stunden in der Grube bleiben. Folge: Gesundheitsschädigung durch Einatmen, akute Explosionsgefahr.
- Kraftstoff nur in einen verschließbaren, beschrifteten Behälter umfüllen. Gut sind spezielle Behälter mit Flammschutz und Druckausgleichs-Verschluss.
- Im entleerten Kraftstofftank befinden sich Restgase. Auch die sind gefährlich. Alle Arbeiten deshalb mit besonderer Vorsicht ausführen! Wenn sie in geschlossenen Räumen stattfinden, dürfen dort keine eingeschalteten elektrischen Geräte, offenen Flammen, Wärme- und Funkenquellen vorhanden sein.
- Wenn der Tank entsorgt werden soll, muss mit einer geeigneten Säge eine 30x30 cm große Öffnung eingebracht werden.

5 Fondsitzkissen ausbauen bzw. senkrecht stellen (»Innenraum«) und die darunter liegende Filzabdeckung seitlich ablegen.

6 Blechschrauben herausdrehen und den rechten Verschlussdeckel über der Kraftstoffpumpe ausbauen. Ringmutter (80 Nm) mit Klauenschlüssel (MB Sonderwerkzeug 203 589 01 07 00) abschrauben.

7 Den Geber Kraftstoffanzeige aus dem Kraftstoffbehälter herausschwenken.

8 Massekabel eines handelsüblichen Tankentleerungsgerätes (bei Mercedes-Benz: Werkstatteinrichtung WE 58.40-Z-1001-22A) mit dem Fahrzeug verbinden. Absaugschlauch in rechte Kammer des Kraftstoffbehälters einführen. Kraftstoff mit dem Gerät absaugen.

9 Absaugschlauch über den Verbindungskanal in die linke Kammer des Kraftstoffbehälters schieben und Kraftstoff aus linker Kammer absaugen. Position des Absaugschlauches mehrfach ändern, um ein vollständiges Absaugen des Kraftstoffs zu gewährleisten.

10 Alles in sinngemäß umgekehrter Reihenfolge wieder einbauen. Dabei den Profildichtring der Ringmutter erneuern. Markierungen an Geber Kraftstoffanzeige und Kraftstoffbehälter müssen fluchten.

Tank-Einfüllstutzen aus-/einbauen

Arbeitsschritte

1 **Ausbauen:** Den Kraftstoffbehälter wie beschrieben entleeren und hinteres rechtes Laufrad abmontieren. Innenkotflügel im rechten Hinterkotflügel ausbauen (»Die Karosserie«).

2 Einfüllschlauch (2) am Einfüllstutzen (1) des Kraftstoffbehälters abklemmen. Schlauchschelle (11) lösen und Einfüllschlauch vom Einfüllstutzen des Kraftstoffbehälters abziehen. Schlauchschelle und Einfüllschlauch auf Beschädigung prüfen, ggf. erneuern (Bilder nächste Seite).

3 Tankklappe öffnen und Tankdeckel abnehmen. Dichtgummi (6) aus der Karosserie herausdrücken und sofort auf Beschädigung prüfen. Schlauchschellen (10) lösen und Verbindungsleitungen (9) abnehmen, auf Beschädigung prüfen. Alle schadhaften Teile erneuern.

4 Schlauchschelle (12) lösen und Entlüftungsleitung (9) abnehmen. Schelle und Leitung auf Beschädigung prüfen, ggf. erneuern. Bei **Fahrzeugen mit Benzinmotor** den Schlauch (4) am Aktivkohlebehälter (5) abmontieren.

5 Schrauben (8) herausdrehen und den Einfüllstutzen nach unten herausnehmen.

6 **Einbau** sinngemäß in umgekehrter Reihenfolge. Masseleitung (3) auf Beschädigung prüfen, ggf. den Einfüllstutzen erneuern.

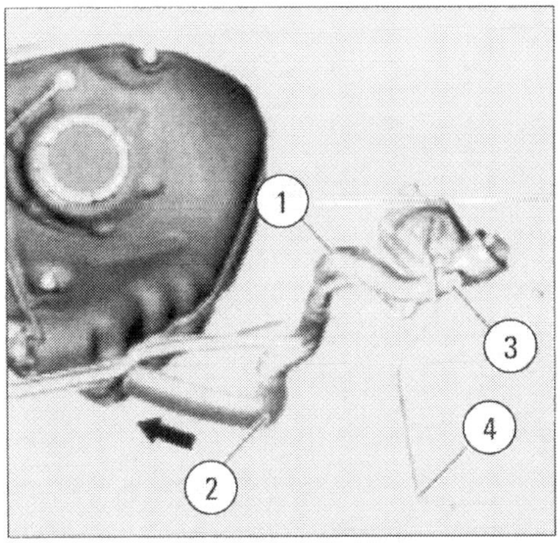

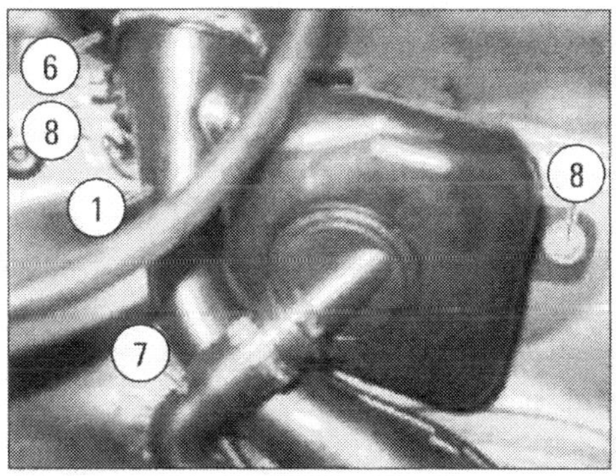

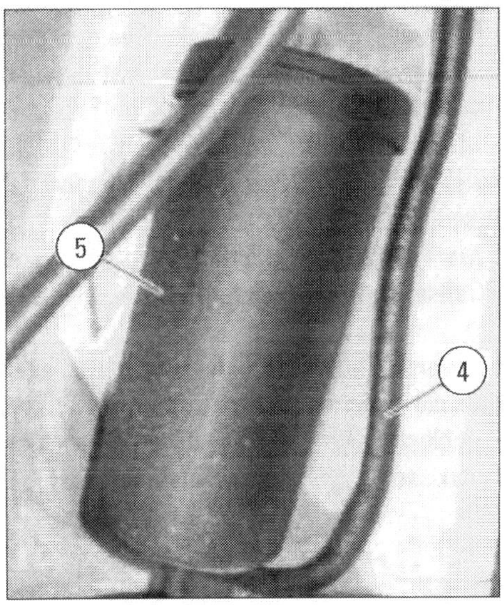

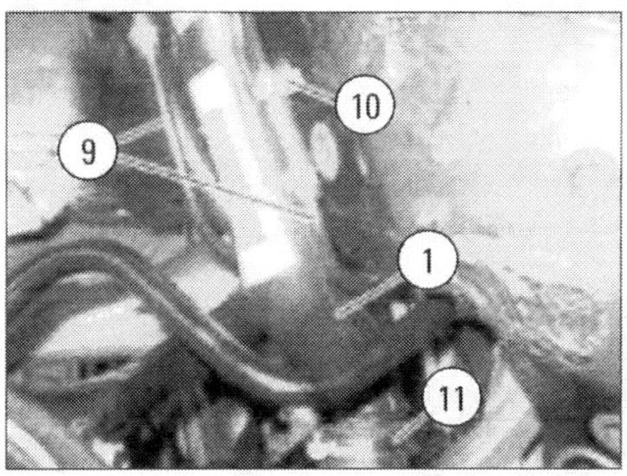

(1) Einfüllstutzen; führt im rechten hinteren Radlauf fast senkrecht vom Bereich hinter der Tankklappe bis zum Kraftstoffbehälter.
(2) Einfüllschlauch,
(3) Masseleitung,
(4) Schlauch zum Aktivkohlebehälter,
(5) Aktivkohlebehälter,
(6) Dichtgummi,
(7) Entlüftungsleitung,
(8) Schrauben,
(9) Verbindungsleitungen,
(10) Schlauchschellen,
(11) Schlauchschelle.

Kraftstofffilter erneuern

Arbeitsschritte

1 Schlüssel im Zündschloss in Stellung »0« drehen. Motorhaube öffnen.

2 **Ausbaue Diesel:** Je nach Typ Abdeckung der Zylinderkopfhaube ausbauen (211.004/.006/.206/.023/.223/.026/.226) oder obere Motorabdeckung abnehmen (211.007/.008/.208).

3 Kraftstoffvorlaufschlauch (1) und Kraftstoffzulaufschlauch (2) der Hochdruckpumpe am Kraftstofffilter (3) abmontieren (Bild rechts). Keine spitzen oder scharfkantigen Werkzeuge

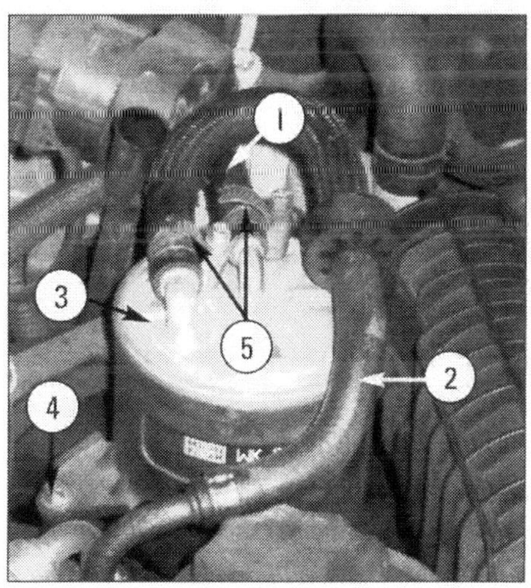

(1) Kraftstoffvorlaufschlauch,
(2) Kraftstoffzulaufschlauch,
(3) Kraftstofffilter,
(4) Schraube,
(5) Clic-Schellen.

zur Demontage verwenden. Auslaufenden Kraftstoff mit einem Lappen auffangen. Je nach Typ Schraube (4) lösen oder den Bügel unten am Filtergehäuse aufhebeln und Kraftstofffilter nach oben herausnehmen.

4 **Einbau** sinngemäß in umgekehrter Reihenfolge. Dabei beachten, dass bei den Ausführungen mit Haltebügel (211.007/.008/.208) vor dem Schließen der Bügel die Längsachse des Stutzens für den Vorlaufschlauch zur Markierung (Aussparung) am Filterhalter ausgerichtet wird.

5 Kraftstoffvorlaufschlauch und Kraftstoffzulaufschlauch vor dem Einbau auf Beschädigung prüfen und ggf. erneuern. Die Clic-Schellen müssen immer erneuert werden; keine Schraub- oder Federbandschellen verwenden!

6 Motorprobelauf durchführen und Dichtheit der Kraftstoffanlage prüfen. Erst nach der Prüfung die Abdeckung der Zylinderkopfhaube bzw. die obere Motorabdeckung einbauen.

1 **Ausbau Benziner:** Masseleitung der Batterie abmontieren. Kraftstoff wie beschrieben abpumpen. Der Kraftstoffbehälter darf maximal zu 75% befüllt sein, anderenfalls gelangt Kraftstoff in den Fahrzeuginnenraum.

2 Fondsitzkissen ausbauen bzw. senkrecht stellen (Kapitel »Der Innenraum«) und die darunter liegende Dämmmatte (1) seitlich ablegen. Schrauben (6) herausdrehen, linken (2, Bild unten) und rechten Verschlussdeckel abnehmen.

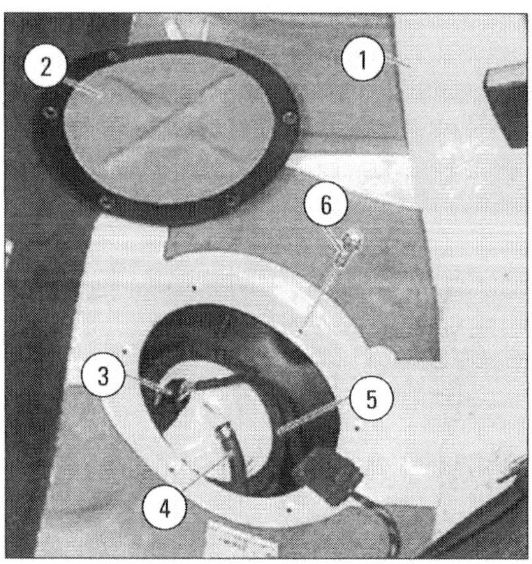

(1) Dämmmatte, (2) linker Verschlussdeckel, (3) elektrische Steckverbindung, (4) Kraftstoffdruckleitung, (5) Ringmutter, (6) eine der sechs Schrauben.

3 Durch die Öffnungen unter dem Fondsitzkissen werden die oberen Einbauten an den beiden Tankhälften zugänglich. Aus der rechten Öffnung die Kraftstoffpumpe entsprechend der nächsten Anleitung ausbauen.

4 Elektrische Steckverbindung (3) unter dem linken Verschlussdeckel trennen. Kraftstoffdruckleitung (4) am Kraftstofffilter abmontieren. Austretenden Kraftstoff mit einem saugfähigen Lappen auffangen. Schlauchschelle und Kraftstoffdruckleitung auf Beschädigung prüfen, ggf. erneuern.

5 Ringmutter (5; 80 Nm) mit Klauenschlüssel (MB Sonderwerkzeug 203 589 01 07 00) abschrauben und Kraftstofffilter mit Leitungspaket aus dem Kraftstoffbehälter herausnehmen.

6 **Einbau** sinngemäß umgekehrt. Darauf achten, dass der Schwimmerhebel des Gebers Kraftstoffanzeige in der Tankhälfte links nicht verformt wird. Der Kraftstofffilter bildet mit dem Kraftstoffdruckregler, dem linken Tankgeber und dem Leitungspaket eine Einheit und kann nicht separat erneuert werden.

7 Dichtung des Kraftstofffilters erneuern. Die Enden der Leitungen des Leitungspakets mit einem Kabelbinder zusammenbinden. Die Markierung am Kraftstofffilter muss mit der Markierung am Kraftstoffbehälter fluchten.

8 Grundprogrammierung vornehmen und Motorprobelauf durchführen. Dabei die Dichtheit der Kraftstoffanlage prüfen. Erst dann die Verschlussdeckel wieder einbauen, Dämmmatte auflegen und Sitzkissen in Normalposition bringen.

Kraftstoffpumpe und Tankgeber aus-/einbauen

Arbeitsschritte

1 **Ausbau Benziner:** Kraftstoff abpumpen (maximale Behälterfüllung 75%), Fondsitzkissen ausbauen oder senkrecht stellen und darunter liegende Dämmmatte seitlich ablegen. Schrauben herausdrehen und beide Verschlussdeckel abnehmen.

2 Elektrische Steckverbindung unter linkem Verschlussdeckel entriegeln und trennen. Kraftstoffleitung von Kraftstofffilter mit integriertem Kraftstoffdruckregler abmontieren. Austretenden Kraftstoff mit Lappen auffangen.

Schlauchschelle und Kraftstoffleitung auf Beschädigung prüfen, ggf. erneuern.

3 Auf beiden Seiten die Ringmuttern mit Klauenschlüssel (MB Sonderwerkzeug 203 589 01 07 00) abschrauben. Positionshalter (1) und Dichtringe (2) herausnehmen.

4 Elektrische Steckverbindung (3) an Kraftstoffpumpe (5) entriegeln und trennen. Kupplung drücken (Pfeile) und Kraftstoffleitung (4) von der Kraftstoffpumpe abziehen.

5 Kraftstoffleitungen (6, 7) aus den Halterungen an der Kraftstoffpumpe herausnehmen. Pumpe mit Geber für Kraftstoffanzeige ausbauen. Geber und Kraftstoffpumpe bilden eine Einheit und können nicht separat erneuert werden.

6 **Einbau** sinngemäß in umgekehrter Reihenfolge. Zur einfacheren Montage Kraftstoffleitungen (6, 7) an den Enden mit Kabelbinder zusammenbinden. Dichtringe (2) erneuern.

7 Die Markierungen an Tankgeber und Kraftstoffbehälter sowie an Positionshalter und Kraftstoffbehälter müssen zueinander weisen.

8 Ringmuttern mit 80 Nm festziehen. Motorprobelauf vornehmen und Dichtheit der Kraftstoffanlage prüfen. Erst dann Verschlussdeckel einbauen.

1 **Ausbau Diesel:** Im Prinzip wie bei den Benzinmotoren verfahren. Da der Kraftstofffilter aber extern und nicht im Kraftstoffbehälter eingebaut ist, ergeben sich einige Abweichungen: An der linken Tankhälfte ist demnach der Geber Kraftstoffanzeige links anzuheben. Elektrische Steckverbindungen (1) entriegeln und trennen sowie Kraftstoffleitung (2) abziehen. Haltenase (3) mit Schraubendreher vorsichtig leicht nach unten drücken und Schiebestück (4) herausziehen (Bilder unten).

2 Kraftstoffpumpe mit Geber Kraftstoffanzeige (Tankgeber) aus rechter Kammer des Kraftstoffbehälters herausnehmen. Geber und Kraftstoffpumpe bilden eine Einheit und können nicht separat erneuert werden.

3 Der **Einbau** geschieht wieder sinngemäß umgekehrt. Dabei sind die Dichtringe zu erneuern. Die Markierungen an Positionshalter und Kraftstoffbehälter müssen zueinander weisen.

4 Zur einfacheren Montage Kraftstoffleitung (2), Schiebestück (4) und elektrische Steckverbindungen (1) an den Enden mit Kabelbinder zusammenbinden. Auch die Markierungen am Geber Kraftstoffanzeige Fahrerseite (links) und am Kraftstoffbehälter müssen zueinander weisen.

5 Motorprobelauf durchführen und die Dichtheit der Kraftstoffanlage prüfen. Erst danach die Verschlussdeckel wieder einbauen.

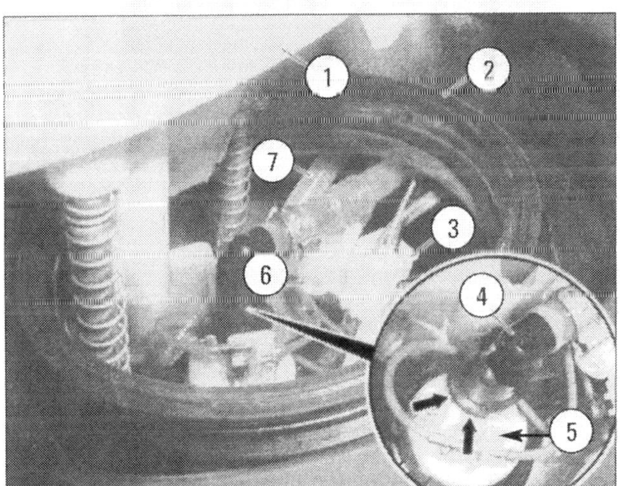

(1) Positionshalter, (2) Dichtring, (3) elektrische Steckverbindung, (4, 6 und 7) Kraftstoffleitungen, (5) Kraftstoffpumpe.

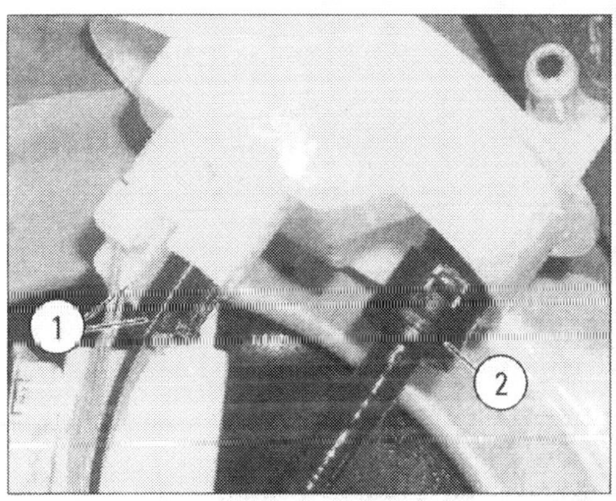

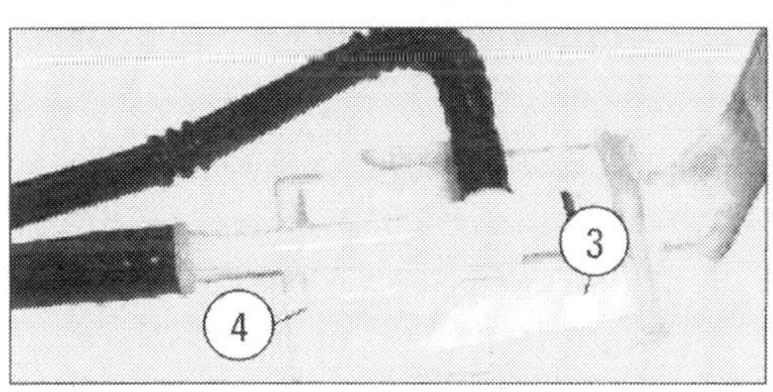

(1) Elektrische Steckverbindungen, (2) Kraftstoffleitung, (3) Haltenase, (4) Schiebestück.

EINSPRITZUNG UND ZÜNDUNG

Zündanlage 271 (links), (1) Rail und (2) Injektoren beim Motor 646 (oben), Steuergerät 272/3 (rechts).

Wartung

Reparatur

Kraftstoffzufuhr und -dosierung, Zündung und Abgaskontrolle sind elektronisiert. Das Rechner-gestützte, lernfähige Motormanagement ist mit Kennfeldern vorprogrammiert. Es regelt die Gemischaufbereitung und die Kraftstoffeinspritzung, den Zündzeitpunkt und die Leerlaufdrehzahl, die Funktion der Lambda-Sonden, die Tankentlüftung und die Abgasnachbehandlung.
Bordcomputer erfassen den Ist-Zustand im Motorbetrieb, bestimmen den Soll-Zustand, steuern zur Einflussnahme Aktoren an, registrieren Fehlfunktionen im Speicher und kontrollieren mit diesen Daten sich und die Abläufe über Diagnosefunktionen. Das Motorsteuergerät ist eine flache, metallgekapselte Baueinheit.

Für die neueren Benzinmotoren werden Einspritz- und Zündsysteme ME (Bosch) in den Ausführungen 2.8 und 9.7 sowie für den Kompressormotor (271) das Siemens-System SIM4 verwendet. Das Gerät ist bei den Motoren 272 und 273 im Motorraum unter dem Luftfiltergehäuse mit einem Halter ans Resonanz-Saugrohr geschraubt (Bild zu Kapitelbeginn). Das SIM4 des E 200 Kompressor sitzt seitlich links am Luftfiltergehäuse. Beim E 63 AMG (Motor 156) ist das Steuergerät ME unter dem Kombifilter (Staub und Pollen) ganz hinten rechts an der Spritzwand montiert.
Bei den älteren Benzinmotoren 112 und 113 ist das Steuergerät wie das der Dieselmotoren links hinten im Motorraum in der Sicherungs- und Relaisbox eingebaut. Das Steuergerät für Diesel-Direkteinspritz- und Glüh-Anlagen ist bei der E-Klasse ein CDI 3, 4 oder 5 von Bosch.
Sensoren sowie das elektronische Fahrpedal melden Motor-, Kühlmittel- und Ansauglufttemperatur, Luftdichte, Abgaszusammensetzung, Motorbelastung, Drehzahl, Saugrohrdruck und »Fahrerwunsch«. Mit diesem komplexen elektronischen Motormanagement lassen sich auch niedriger Kraftstoffverbrauch und strenge Abgasgrenzwerte (EU4) optimal realisieren.

Technik-lexikon

Wichtigste Systembauteile

Haupt-Komponenten im System zur Steuerung von Kraftstoffaufbereitung, Einspritzung und Motorbetrieb:

- Luftmassenmesser, Temperaturfühler für Ansaugluft- und Saugrohrtemperatur, Fühler für Saugrohrdruck. Menge und Beschaffenheit der angesaugten Luft sind Berechnungsfaktoren für Einspritzmenge und aktuell abgegebenes Motor-Drehmoment.
- Drehzahlfühler und OT-Geber informieren über Motordrehzahl sowie Stellung von Kurbelwelle und Kolben. Wichtig für Einspritz- und Zündzeitpunkte.
- Hallgeber für Nockenwellen- und Kurbelwellenposition erkennen den Zünd-OT des ersten Zylinders. Diese Werte sind für Klopfregelung, sequenzielle Einspritzung, Einspritzmenge, Zündzeitpunkt oder Glühzeit nötig.
- Der Geber am elektronischen Fahrpedal teilt mit, wie viel Gas der Fahrer gibt.
- Ein Drucksensor/Höhenmesser im Motorsteuergerät bestimmt präzise die Dichte der Umgebungsluft.
- Fühler im Kühlmittel-Kreislauf und im Kraftstoff-Tank melden Kühlmittel- und Kraftstofftemperatur.
- Lambda-Sonden vor und nach dem Katalysator messen anhand der Abgaszusammensetzung das Luft-Kraftstoff-Verhältnis des Gemisches: Lambda > 1: mageres Gemisch mit mehr Luft, Lambda < 1: fettes Gemisch. Bei Lambda = 1 arbeitet der Katalysator optimal.
- Klopfsensoren registrieren unregelmäßige (»klopfende«) Verbrennung und regulieren den Zündzeitpunkt.
- Drosselklappen-Steuereinheit mit Drosselklappensteller im Saugrohr regeln die Motorleistung.
- Aktoren steuern Relais, Starter und Kraftstoffpumpe.

Elektronisches Gaspedal

Das Steuergerät mit Funktionsrechner und Überwachungsrechner enthält vor Kurzschlüssen und Überlastung geschützte Endstufen, die genügend Leistung für den direkten Anschluss der Stellglieder liefern. Die Diagnosefunktion erkennt mögliche Fehler und schaltet bei Bedarf den fehlerhaften Ausgang ab. Im RAM wird der Fehlereintrag gespeichert. Der Eintrag kann in der Werkstatt mit Auslesesystemen abgerufen werden. Mercedes-Benz verwendet das Diagnose- und Informationssystem »Star Diagnosis Compact Pkw«. Im Fahrzeug gibt es Anschlüsse dafür.
Die E-Klasse-Fahrzeuge sind wie neuerdings fast durchweg üblich mit elektronischem Fahrpedal (E-Gas) ausgestattet. Ein Geber am Pedal informiert das Steuergerät über die Gaspedalstellung. Dieser »Fahrerwunsch« ist eine Haupteingangsgröße für das Motorsteuergerät, nach dessen Vorgaben die Drosselklappe betätigt wird.
Unter Last kann das Motorsteuergerät die Drosselklappe unabhängig vom Geber für Gaspedalstellung öffnen und schließen. Beim Beschleunigen kann also die Drosselklappe schon ganz geöffnet, das Gaspedal aber erst halb durchgetreten sein. Verluste an der Klappe werden vermieden. Dadurch ergeben sich bessere Werte für Schadstoffausstoß, Verbrauch und Drehmoment.

Vernetzte Regelungsfunktionen

Der Datenaustausch zwischen den elektronischen Komponenten erfolgt über Sammelschiene mit dem für Kraftfahrzeuge konzipierten Bussystem CAN (Control Area Network) nach internationalem Standard. Das Steuergerät »SAM« mit Sicherungs- und Relaismodul auf der Fahrerseite verknüpft die CAN-Teilnetze

»Innenraum« (CAN-B) und »Motor« (CAN-C) zum Gesamtsystem (siehe auch entsprechende Passagen in den Kapiteln zur Fahrzeugelektrik). Dem CAN untergeordnet ist das Bussystem LIN (Local Interconnect Network). Damit sind z. B. der Bordgenerator (Lichtmaschine) und das Motorsteuergerät verbunden.

Die Einspritzanlage

Das Arbeitsprinzip der Steuergeräte zum Betrieb der Motoren ist prinzipiell gleich bei Otto- und bei Dieselmotoren. Auf die Unterschiede gehen wir in den folgenden Erläuterungen beider Systeme ein.

Die Benzineinspritzung

Das integrierte System zur Steuerung von Einzelzylinder-Einspritzung und Zündanlage der Ottomotoren ist die »Motronik mit sequenzieller Einspritzung«. Jeder Zylinder hat sein Einspritzventil, das den Kraftstoff vor das Einlassventil spritzt. Beim Kaltstart lässt die Drosselklappen-Steuereinheit Luft zusätzlich zur Ansaugluft einströmen. Der Geber für Kühlmitteltemperatur meldet niedrige Temperatur, und das Steuergerät errechnet eine längere Öffnungsdauer für die Einspritzventile.

Meldet der Geber Erwärmung des Kühlmittels, wird die Einspritzdauer zurückgenommen. Gibt der Fahrer kräftig Gas, wird die Einspritzzeit kurzfristig verlängert. Für volle Leistung bei durchgetretenem Fahrpedal braucht der Motor noch mehr Kraftstoff.

Nach Signalen von Drosselklappen-Geber und Luftmassenmesser regelt das Steuergerät die Einspritzdauer. Wird die Maximal-Drehzahl überschritten, schaltet das Steuergerät die Einspritzventile ab. Beim Gaswegnehmen bleiben die Ventile geschlossen, wenn der Motor betriebswarm ist und wenn er über 1500 U/min dreht.

Die Dieseleinspritzung

Bei den Dieseleinspritzmotoren wird reine Luft in die Zylinder gesaugt und dort hoch verdichtet. Dadurch erwärmt sie sich weit über die Zündtemperatur des Dieselkraftstoffs hinaus auf 600 bis 900 °C. Steht der Kolben kurz vor dem Oberen Totpunkt, wird Kraftstoff in den Zylinder eingespritzt. Diesel zündet von selbst, Zündkerzen sind nicht erforderlich.

Bei den E-Klasse-Dieselmotoren wird der Kraftstoff direkt in den Brennraum eingespritzt, und zwar in die Brennmulde im Kolben. Das Common-Rail-Einspritzsystem der nun schon zweiten Generation garantiert den sehr hohen Einspritzdruck von 1600 bar auch bei niedrigen Drehzahlen für definierte Voreinspritzung und sanfte Verbrennung.

Der Kraftstoff gelangt von der Kraftstoffpumpe bedarfsgeregelt zur Hochdruckpumpe und von dort über das Verteilerrohr (»Rail«) am Zylinderkopf gleichmäßig und mit überall gleicher Temperatur zu den Injektoren (Einspritzdüsen). Jeder Injektor wird über Steuergerät und Magnetventile mit der gleichen Menge versorgt. Dadurch werden runder Motorlauf, geringer Verbrauch und sehr gute Fahrleistungen erreicht.

Technik-lexikon

Die Phasen der Einspritzung bei CDI

Piloteinspritzung:
Für sanften Verbrennungsablauf mit geringen Verbrennungsgeräuschen und weniger Stickoxid-Emissionen wird vor der Haupteinspritzung eine kleine Kraftstoffmenge mit geringem Druck eingespritzt. Deren Verbrennung erhöht Druck und Temperatur im Brennraum. Das führt zu schneller Zündung der Haupteinspritzmenge und verringert den Zündverzug. Bei den CDI-Motoren der zweiten Generation in der neuen E-Klasse gibt es doppelte Voreinspritzung: Die Magnetventile der 1600-bar-Injektoren erlauben zwei Piloteinspritzungen innerhalb einer Millisekunde.

Haupteinspritzung:
Mit dem hohen Einspritzdruck, der bei maximaler Motorleistung (hohe Drehzahl, große Einspritzmenge) am größten ist, wird der Kraftstoff sehr fein zerstäubt, so dass er sich ausgezeichnet mit der Luft mischen kann. Das bewirkt vollständige Verbrennung bei Schadstoffreduzierung und hoher Leistungsausbeute.

Einspritzende:
Der Einspritzdruck fällt schnell ab, und die Düsennadel schließt das Ventil schnell wieder. Es wird verhindert, dass Kraftstoff mit geringem Einspritzdruck und großem Tropfendurchmesser in den Brennraum gelangt und nur noch unvollständig verbrennt.

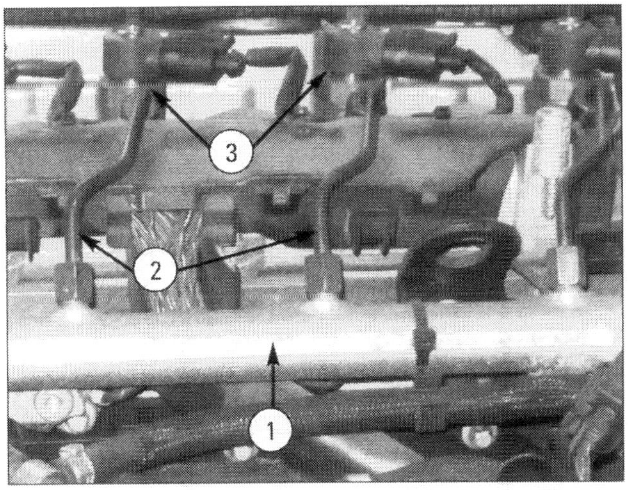

(1) Rail (Ausschnitt) der Motoren 646 mit (2) Kraftstoffleitungen zu den (3) Injektoren.

Bei kaltem Motor wird nach Einschalten der Zündung »vorgeglüht« (Signal: Kontrollleuchte für Vorglühzeit). Im Brennraum jedes Zylinders steckt eine Glühkerze (Stabglühkerze R9). Die Vorglühdauer wird abhängig von der Umgebungstemperatur geregelt. Die neue Schnellstart-Glühanlage der Mercedes-Pkw verkürzt den Zeitbedarf für das Starten fast auf das Niveau eines Benziners. Nach Motorstart wird nachgeglüht: Geräusche werden vermindert, die Leerlaufqualität verbessert, Kohlenwasserstoff-Emissionen reduziert.

Der neue V8 CDI

Im Kapitel »Die Motoren« (Seiten46/47) haben wir bereits ausführlich die Optimierung der neuen Mercedes-Benz-CDI dargestellt. Beim neuen Achtzylinder-Diesel entsprechen die aus Aluminium gefertigten Zylinderköpfe den besonderen Anforderungen der Common-Rail-Technik: Die Injektoren befinden sich zwischen den vier Ventilen in einer zentralen Lage, von der aus die optimale Kraftstoffverteilung möglich ist. Je zwei hohlgegossene Nockenwellen pro Zylinderbank und Tassenstößel steuern die Ventile.
Von den spiralförmigen Einlasskanälen in den Zylinderköpfen ist jeweils einer auf Drall und der andere auf Durchsatz optimiert. So sind sie exakt auf die symmetrisch geformten Brennräume abgestimmt. Sie versetzen die Luft in eine schnelle Drallbewegung und sorgen im Teillastbereich für die optimale Vermischung von Kraftstoff und Ansaugluft. Zusätzlich arbeitet im Teillastbereich eine elektropneumatische Einlasskanalabschaltung. Damit lässt sich durch die vorübergehende Abschaltung eines Einlasskanals das Drallniveau des Kraftstoff-Luft-Gemischs und damit die Zylinderfüllung nochmals steigern.

(1) Injektoren zentral zwischen den Ventilen des E 420 CDI.

Praxistipp

Arbeiten am Common Rail

Bei ordnungsgemäßer Arbeit können die Komponenten mehrmals am Motor wieder verbaut werden. Dichtringe und Dehnschrauben erneuern! Bei Demontagearbeiten offene Anschlüsse sofort mit geeigneten Stopfen verschließen. Beim Tausch von Komponenten die Original-Verschlusskappen des neuen Teils am ausgebauten Teil verwenden, sobald das neue Teil fertig eingebaut ist.

Klassierung der Injektoren

Motoren 646 (E-Klasse ab 2003), 647 (E-Klasse ab 2004), 648 (E-Klasse ab 2003) und 642 (E-Klasse ab 2002) haben »klassierte« und »IMA-kodierte« Injektoren. Denn im Juli 2000, als Mercedes-Benz mit der Einführung der Diagnosekennung (DK) 0/5 bei Fahrzeugen mit 4- und 5-Zylinder-Dieselmotor begann, startete auch die Injektorklassierung. Nach und nach wurde sie bei allen anderen Dieseltypen umgesetzt. Diese Einteilung in drei Klassen ist nur über die DK 0/5 und größer eindeutig zu erkennen und zuzuordnen. Sie beschreibt die Mengencharakteristik des Injektors. Hierdurch ist es möglich, in eng abgestuften Bereichen die Motorsoftware auf die Toleranzen des Injektors abzustimmen.

Bei Injektorwechsel an DK orientieren

Bei Einbau oder Erneuerung des Injektors oder des Motorsteuergerätes muss nunmehr berücksichtigt werden, dass klassierte Injektoren über die Teilenummer und die Kennzeichnung am Magnetkopf (Kreis, der eine Zahl zwischen 1 und 3 enthält) erkennbar sind. Die Zahl entspricht der Klasse. Beim Erneuern eines Injektors muss die Ersatzteilbestellung entsprechend der DK erfolgen.
Wird an einem Fahrzeug mit DK ab 0/5 ein Injektor erneuert, muss anschließend über Star Diagnosis bei der Steuergeräteanpassung im Menüpunkt »Klassierung« die Klasse dem entsprechenden Zylinder zugeordnet werden. Ferner ist es ab DK 0/5 möglich, zu Diagnosezwecken einzelne Injektoren während des Motorlaufes abzuschalten. Hierzu muss man sich die Klassierung vorher notieren, sonst muss zur Erkennung der Klasse die Zylinderkopfhaube ausgebaut werden.
Die Motorsteuergeräte sind rückwärts für alle Typen ab CDI 2 kompatibel. Die Grundeinstellung der Motorsteuergeräte ist die Stufe 2. Wird ein Steuergerät DK ab 0/5 in ein Fahrzeug mit DK kleiner 0/5 eingebaut, muss zusätzlich die Variantenkodierung durchgeführt werden. Diese Randbedingungen gelten gleichermaßen, wenn sich (z. B. durch Motortausch, Zylinderkopfreparaturen etc.) die zylinderselektive Zuordnung der Injektoren oder auch die Motorsteuergerätezuordnung ändert. Wird die Klassierung bei Fahrzeugen mit DK ab 0/5 nicht berücksichtigt, sind Rauchbildung, unrunder oder schüttelnder Motorlauf und Leistungsabfall möglich.
Für Motoren 646 ab Endnummer 271971, Motoren 647 ab Endnummer 119589 und Motoren 648 ab Endnummer 064541 mit Steuergerät CDI 3 und 1600 bar Einspritzdruck wurde auf IMA-Kodierung (Injektor-Mengen-Ausgleich) umgestellt. Diese Injektoren zeigen ebenfalls die Markierung, eine 6-stellige Zahlen-Buchstaben-Kombination (siehe Umrandung im Bild unten links) auf der Magnetgruppe, ähnlich den Injektoren des CDI-2-Systems.
Die IMA-kodierten Injektoren sind an der Teilenummer A 648 070 02 87 zu erkennen. Die noch mit dem Injektor A 611 070 11 87, A 648 070 00 87 oder A 648 070 01 87 aufgebauten Motoren haben keine IMA-Kodierung. Der Motor 642 hingegen (E 320 CDI) ist von Produktionsbeginn an mit IMA-kodierten Injektoren ausgestattet. Nach dem Tausch von Injektoren erfolgt die Eingabe der IMA-Kodierung mittels Star Diagnosis unter Menüpunkt: Steuergerät / Antrieb / CDI 3 / Steuergeräte-Anpassung / Injektoren Einspritzmengenabgleich.

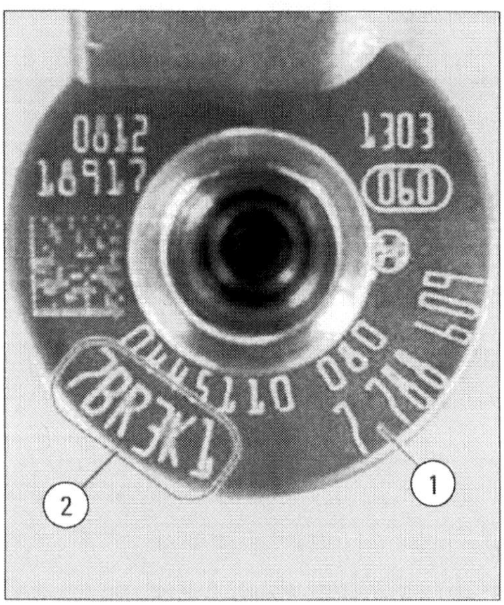

(1) Kraftstoffinjektor mit (2) Kodierung Injektor-Mengen-Ausgleich (IMA).

Die Zündanlage

Zündkerzen R4, Zündspulen, Leistungsendstufen, Zündleitungen/Zündkabel und einige Sensoren (Klopfsensoren, Geber für Motordrehzahl, Hall-Geber) bilden die Zündanlage der E-Klasse-Benzinmotoren. Durch Zündung mit einem elektrischen Funken wird das Kraftstoff-Luft-Gemisch in den Zylinder-Brennräumen entflammt. Damit wird die Verbrennung eingeleitet. Bis zur vollständigen Verbrennung vergehen dann zwei Millisekunden. Bei gleicher Gemischzusammensetzung bleibt diese Zeit konstant.
Der Zündfunke muss so frühzeitig überspringen, dass der Verbrennungsdruck in jedem Betriebszustand des Motors optimal ist. Denn das Gemisch kann seine opti-

male Wirkung nur entwickeln, wenn es zum richtigen Zeitpunkt gezündet wird. Eine sicher arbeitende Zündung ist auch die Voraussetzung für den einwandfreien Betrieb des Katalysators. Kommt es zu Zündaussetzern, kann der Katalysator wegen Überhitzung bei der Nachverbrennung geschädigt oder gar ganz zerstört werden.

Für den genauen Zündzeitpunkt ist das Motorsteuergerät zuständig. Sein Prozessor ist mit den Zündzeitpunkten für die verschiedenen Lastzustände des Motors programmiert. Die besten Werte stellen sich ein, wenn das Kraftstoff-Luft-Gemisch im Moment der höchsten Verdichtung gezündet wird, also dann, wenn der Kolben von der Aufwärtsbewegung des Kompressionshubs in die Abwärtsbewegung des Arbeitstaktes übergehen will.

Zündung und Verbrennung

Allerdings liegt der Zündzeitpunkt nicht exakt auf diesem Oberen Totpunkt (OT). Denn die Kraftstoffteilchen brauchen eine dreitausendstel Sekunde, bis sie sich entzünden. Der Startschuss für den Funken erfolgt deshalb noch während der Aufwärtsbewegung des Kolbens. Der Verbrennungsdruck dagegen setzt ein, wenn der Kolben den OT gerade überschritten hat. Da das Kraftstoff-Luft-Gemisch stets die gleiche Zeit zum Entflammen benötigt, wird es mit steigender Motordrehzahl früher gezündet.

Damit der Funke überspringt, muss an den Zündkerzenelektroden eine Hochspannung anliegen. Sie beträgt knapp 30.000 Volt. Auf diesen Wert wird die Bordspannung von 12 Volt durch die induktive Zündanlage mit den Zündspulen transformiert.

Beim Zünden entstehen Temperaturen von rund 2.500 Grad und hohe Drücke. Damit der Funke trotzdem zuverlässig zwischen den Elektroden überspringt, ist der Anschlussbolzen der Kerze vom Typ R4 von einem keramischen Isolator umgeben. Mittel-Elektrode und Anschlussbolzen stecken außerdem in einer elektrisch leitenden Glasschmelze (Bild unten).

Nach gängiger Faustregel müssen Zündkerzen alle 60.000 bis 100.000 Fahrtkilometer erneuert werden. Ihr Zustand wird vom Fachmann nach dem »Kerzen-

Technik-lexikon

Klopfende Verbrennung

In Ottomotoren können unter bestimmten Bedingungen anormale Verbrennungsvorgänge auftreten. Sie begrenzen die Steigerung von Leistung und Wirkungsgrad. Diese unerwünschte stoßartige Verbrennung von Gemischteilen, die noch nicht von der Flammenfront erfasst sind, wird als Klopfen bezeichnet. Der Zündzeitpunkt liegt dann zu weit in Richtung früh.

Dabei können Flammgeschwindigkeiten von 2.000 Meter pro Sekunde auftreten, während bei normalen Verbrennungen nur Geschwindigkeiten von 30 Meter pro Sekunde vorkommen. Dauert die schlagartige Verbrennung mit zu starkem Druckanstieg länger an, können Zylinderkopf und Zylinderkopfdichtung, Kolben, Lager und Zündkerzen beschädigt werden.

Die Klopfsensoren nehmen die Schwingungen auf und veranlassen das Steuergerät, die Zündung etwas zurücknehmen. Dank der Klopfregelung ist es auch möglich, einen für Superbenzin ausgelegten Motor vorübergehend mit Normalbenzin zu fahren.

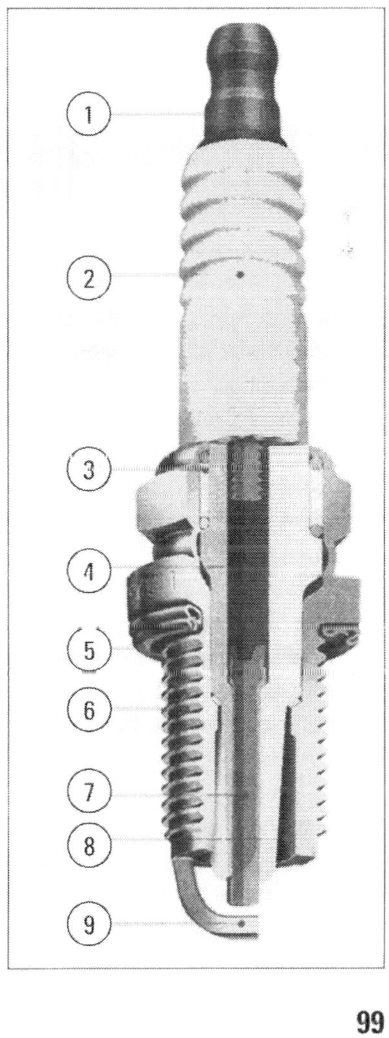

Prinzipieller Aufbau einer Zündkerze: (1) Anschlussbolzen, (2) keramischer Isolator, (3) Abdichtung, (4) elektrisch leitende Glasschmelze zur Entstörung, (5) fester Dichtring, (6) Walzgewinde, (7) Mittel-Elektrode (MB: mit Iridium), (8) Freiraum, (9) Masse-Elektrode (MB: mit Platin), (10, Bild oben) Elektroden-Abstand.

gesicht« beurteilt (»Techniklexikon«). Für E-Klasse-Motoren schreibt Mercedes-Benz den Kerzenwechsel nach Anordnung durch den Bordcomputer vor.
Ausschlaggebend ist, dass die in der Betriebsanleitung genannten Kerzen mit dem richtigen Elektrodenwerkstoff (MB: Laser-Iridium-Kerzen) und dem vorgeschriebenen Wärmewert verwendet werden. Denn damit eine Zündkerze exakt arbeitet, muss sie nach dem Motorstart schnell ihre Selbstreinigungstemperatur von etwa 400 °C erreichen. Bei Volllast darf die Temperatur ca. 800 °C nicht überschreiten. Bei zu hohem Wärmewert kann sich der Isolatorfuß stark erhitzen und Glühzündungen verursachen. Bei zu niedrigem Wärmewert verschmutzt der Isolatorfuß.
Zündkerzen müssen einen bestimmten Abstand zwischen den Elektroden aufweisen (siehe Detailbild vorige Seite). Dieser Abstand kann sich mit zunehmender Laufzeit verändern. Durch die hohe Spannung beim Funkenüberschlag werden nämlich immer wieder kleine Metallpartikel von den Elektroden abgesprengt. Wird der Abstand zu groß, kann es zu Zündaussetzern kommen. Im Extremfall springt der Motor nicht mehr an.

Indikator Kerzengesicht

Technik-lexikon

Am Zustand der Kerzenelektroden (»Kerzengesicht«) lässt sich erkennen, ob der Motor optimal arbeitet. Die Zündkerzen sind ein Spiegelbild der Verbrennung im Zylinder. Bei der Kontrolle der ausgebauten Zündkerzen auf diese Punkte achten:

- Isolatorspitze hellgrau bis grau gefärbt: Gute Einstellung der Einspritzanlage, der Motor läuft wirtschaftlich.
- Isolatorspitze weißlich gefärbt: Zündzeitpunkt stimmt nicht, automatische Zündzeitpunktverstellung im Steuergerät defekt.
- Schwarze rußartige Ablagerungen: Zündkerze erreicht ihre Selbstreinigungs-Temperatur nicht (z. B. durch häufigen Kurzstreckenverkehr), falscher Wärmewert, CO-Gehalt zu hoch.
- Ölschicht über Elektroden: Kolbenringe, Ventilführungen oder Abdichtungen der Ventilschäfte schadhaft. Möglicherweise wurden Motoröl oder Kraftstoff mit Zusätzen verwendet, die nicht der vorgeschriebenen Spezifikation entsprechen. Zündkerzen austauschen, das richtige Öl und einwandfreien Kraftstoff nehmen, erneut den Zustand der Kerzen überprüfen.

Arbeiten an Einspritz- und Zünd-Anlage

Es gibt selbst bei diesem hochkomplizierten System von Einspritzung und Zündung eine ganze Reihe von Arbeiten, die man mit etwas Übung und Erfahrung, wenn immer möglich in Kooperation mit der Fachwerkstatt, ausführen kann. Nützlich ist schon allein die regelmäßige Sichtprüfung. Bei allen Wartungen und Reparaturen sind auf jeden Fall die in den beiden »Praxistipps« auf diesen Seiten angeführten Verhaltensregeln zu beachten.
Der einwandfreie Zustand aller Bauteile und ihrer elektrischen Kabelverbindungen wird in der Werkstatt mit dem Systemtester »Star Diagnosis« überprüft. Wenn Sie bei Funktionsstörungen selbst zu dem Schluss kommen, dass ein bestimmtes Bauelement defekt sein muss, lassen Sie Bauteile und Leitungen in der Werk-

Arbeitsregeln für die Zündanlage

Praxistipp

Die Zündanlage gilt nach gesetzlichen Richtlinien als gefährliche Anlage. Für alle Arbeiten sind besondere Sicherheitsmaßnahmen zu beachten. Auch bei Wartungsarbeiten ist größte Vorsicht angesagt.

- Berühren Sie bei eingeschalteter Zündung auf keinen Fall die spannungsführenden Teile von Primär- und Sekundärstromkreis oder die Zündleitungen.
- Leitungen der Zündanlage nur bei ausgeschalteter Zündung ab- und anklemmen. Auch Motorwäsche nur bei ausgeschalteter Zündung durchführen!
- Schalten Sie bei allen Wartungsarbeiten und Reparaturen stets die Zündung aus, ob beim Wechsel der Zündkerzen oder beim Anschluss von Prüfgeräten.
- Bei eingeschalteter Zündung genügt eine Erschütterung des Fahrzeugs, um an einer Zündkerze einen Hochspannungsimpuls auszulösen: Lebensgefahr und Gefahr für Bauteile der Zündanlage!
- Wenn der Motor mit Anlassdrehzahl betrieben werden soll, ohne dass er anspringt, ziehen Sie den Stecker von der Leistungsendstufe für Zündspulen ab. Sie können auch alle Zündspulen herausnehmen und von den Einspritzventilen die Stecker abziehen.
- Zum Schutz des Motorsteuergerätes die Zündung ausschalten, wenn die Batterie an-/abgeklemmt wird.

statt überprüfen. Mit Multimeter und Diodenprüflampe können Sie mögliche Schäden nämlich nur grob abschätzen.

Geber-Funktion überprüfen

Das ordnungsgemäße Funktionieren von Gebern bestimmt die Funktion der gesamten Einspritzanlage. Sie können eine gewisse Grobüberprüfung der Funktion wichtiger Geber vornehmen: An den Kontakten der Anschlussstecker können Sie die Ansteuerungsspannung für den betreffenden Geber und an den Steckkontakten der Geber deren Innenwiderstand messen. Dieser muss im Normalfall zwischen einigen Dutzend Ohm und mehreren Kiloohm liegen.
An den Kontakten der Zuleitungen können Sie gegen Motormasse mittels Lampe, Multimeter oder Prüfbox Kurzschlüsse oder Leitungsunterbrechungen feststellen. Alle Leitungsfehler müssen beseitigt werden.

Praxistipp: Arbeitsregeln für die Einspritzanlage

- Vor und nach Reparaturen immer Fehlerspeicher des Motorsteuergeräts abfragen (»Star Diagnosis«).
- Zur einwandfreien Funktion bei allen Prüfungen ist eine Spannung von mindestens 11,5 Volt erforderlich.
- Alle Unterdruckschläuche und Anschlüsse auf Falschluft prüfen. Kraftstoffschläuche im Motorraum nur mit Federbandschellen sichern.
- Leitungen aller Art, für stoffliche Medien ebenso wie für elektrischen Strom, müssen immer im Sinne der ursprünglichen Leitungsführung verlegt werden. Ausreichend Freigang zu beweglichen oder heißen Bauteilen sichern. Getrennte elektrische Steckverbindungen vor Schmutz und Nässe bewahren.
- Verbindungsstellen und deren Umgebung vor dem Lösen gründlich reinigen.
- Ausgebaute Teile auf sauberer Unterlage ablegen und abdecken. Keine fasernden Lappen verwenden!
- Geöffnete Teile sorgfältig abdecken, wenn die Reparatur nicht sofort ausgeführt wird.
- Nur saubere Teile einbauen. Teile erst unmittelbar vor dem Einbau aus der Verpackung nehmen. Keine unverpackt aufbewahrten Teile verwenden.
- Bei geöffneter Anlage das Arbeiten mit Druckluft und das Bewegen des Fahrzeugs vermeiden.

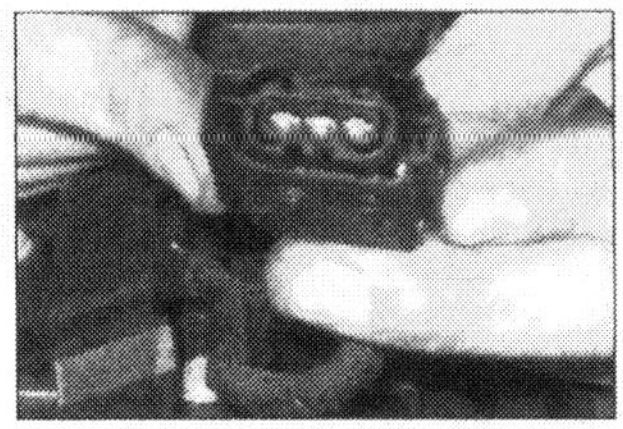

Anschlussstecker einer Zündspule des Kompressormotors 271.

Nach Arbeiten am System immer Fehlerspeicher löschen lassen oder vor dem Motorstart zehn Sekunden die Zündung einschalten! Spätestens bei einer kurzen Probefahrt lernt das Steuergerät die Anpassung an die Motorgegebenheiten wieder, falls kein permanenter Fehler im Speicher eingetragen ist. Ein sporadischer Fehler wird in der Regel automatisch aus dem Fehlerspeicher gelöscht, wenn er innerhalb von 40 Warmlaufphasen nicht mehr auftritt.

Einspritzventile und Injektoren

Um die Einspritzdüsen der Benzinmotoren zu überprüfen und auszutauschen, muss der Kraftstoffverteiler mit den Ventilen aus dem Saugrohr ausgebaut werden. Die Düsen sind axial ins Saugrohr gesteckt und nicht arretiert. Im Kraftstoffverteiler werden die Einspritzventile durch Verdrehsicherungen in Vierkantführungen gehalten.
Die Kraftstoffinjektoren der CDI-Motoren werden auch durch Sicherungsklammern und dazu durch Spannpratzen gehalten. Bei festsitzenden Injektoren müssen zum Ausbau schon mal Ausschlagklaue und Schlagauszieher herhalten. In schwierigen Fällen muss man sogar Gewindeadapter zum Ausbau einsetzen, dann aber ist auch eine Erneuerung des jeweiligen Kraftstoffinjektors fällig.

Notwendig: Sauberkeit und Vorsicht

Wesentlich für die gute Arbeit des Diesel-Einspritz-Systems ist die Sauberkeit von Rail und Injektoren. Die Reinigung von Injektor-Schächten und -Schäften ist daher eine entscheidende Phase bei allen Reparaturarbeiten.
Bei allen Arbeiten an Komponenten des Common-Rail-Systems muss sehr sorgfältig und vorsichtig vorgegangen werden. Im Fehlerfall sind Komponenten komplett zu tauschen. Die Montagehinweise zu den einzelnen Komponenten müssen unbedingt beachtet und strikt befolgt werden!

Benzin-Einspritzung

Störungsbeistand

Störung	Ursache	Abhilfe
A Kalter Motor springt nicht oder schlecht an oder stottert.	**1** Kraftstoffpumpen-Relais defekt.	Überprüfen lassen.
	2 Kraftstoffpumpe fördert nicht oder ungenügend.	Benzin im Tank? Pumpe kontrollieren, Fördermenge messen lassen.
	3 Druckregler defekt.	Systemdruck messen lassen.
	4 Unterdrucksystem undicht.	Schlauchleitungen überprüfen.
	5 Steuergeräte oder bestimmte Geber defekt.	Prüfen (lassen), ggf. auswechseln.
	6 Zündanlage defekt.	Überprüfen.
	7 Ansaugsystem undicht (Nebenluft).	Schlauchleitungen überprüfen.
B Warmer Motor springt nicht oder schlecht an oder er stirbt gleich wieder ab.	**1** Wie beim kalten Motor.	Wie beim kalten Motor.
	2 Unterdruckleitung zum Kraftstoff-Druckregler defekt.	Prüfen lassen.
	3 Einspritzventil(e) undicht.	Ventil(e) überprüfen (lassen).
	4 Drosselklappen-Steuereinheit nicht abgeglichen (nur nach Tausch bzw. Ausbau).	Grundeinstellung überprüfen (lassen).
	5 Lambda-Sonde defekt.	Funktion prüfen, ersetzen.
C Motor hat Aussetzer.	Kraftstofffilter verstopft.	Filter auswechseln.
D Motorleistung ungenügend.	Drosselklappe geht nicht in Vollgasstellung.	Steuerung überprüfen (lassen).

Sichtprüfung der Anlage

Arbeitsschritte

1 Bei Problemen, die vom Motormanagement verursacht sein können, zunächst folgende Teile auf Risse und Dichtigkeit überprüfen: Unterdruckschlauch des Bremskraftverstärkers, Kraftstoffleitungen, Druckregler und Kraftstoffrücklaufleitung vom Druckregler.

2 Bei mangelhaftem Kontakt von Steckverbindungen die Kontakte mit Kontaktspray behandeln. Im Notfall die Kontaktzungen ein wenig nachbiegen.

3 Kontrollieren, ob der Motor Nebenluft zieht (oft bei Leerlaufproblemen): Unterdruckschläuche auf Risse und festen Sitz prüfen. Schläuche am Ansaugkrümmer (zum Bremskraftverstärker, zum Kraftstoffdruckregler, zum Magnetventil der Aktivkohlebehälter-Anlage) überprüfen.

4 Motor warmfahren und im Leerlauf drehen lassen. Mit Startkraftstoff-Spray den Drosselklappenstutzen, die Leitungen zu den durch Unterdruck gesteuerten Aggregaten und die Flanschdichtungen der Ansaugkanäle einsprühen. Steckverbindungen zu den Lambda-Sonden trennen.

5 Verändert sich beim Besprühen einer bestimmten Stelle die Motor-Drehzahl, liegt hier eine Undichtigkeit vor.

Steuergerät des Einspritzsystems aus-/einbauen

Arbeitsschritte

Das Steuergerät CDI für die Dieselmotoren und das Steuergerät Motorelektronik ME für die Benzinmotoren sind in Me-

Diesel-Einspritzung

Störungsbeistand

Störung	Ursache	Abhilfe
A Motor springt nicht an.	**1** Drehzahlgeber oder Steuergerät defekt oder kein Kontakt.	Geber, Steuergerät und Leitung prüfen lassen.
	2 Fehler in der Spannungsversorgung oder Einspritzdüsen defekt.	Prüfen lassen, ggf. Düsen wechseln.
	3 Kraftstoffleitungen oder Filter verstopft, Leitungen undicht oder geknickt.	Leitungen und Filter prüfen und reinigen, ggf. Kraftstofffilter ersetzen.
	4 Tankbelüftung zu, Kraftstoffsieb im Tank verstopft.	Belüftung reinigen.
B Leistungsmangel oder schwarzer Rauch nach dem Start.	**1** Geber, Einspritzdüsen defekt, Kraftstoffleitung, Kraftstoff- oder Luftfilter verstopft.	Geber, Düsen, Leitungen prüfen lassen. Filter oder/und Leitungen reinigen oder ersetzen.
	2 Magnetventil für Ladedruckbegrenzung oder Zuleitung defekt.	Geber, Ventil und Leitung prüfen lassen.
	3 Luftmassenmesser defekt.	Prüfen lassen.
C Kraftstoffverbrauch zu hoch.	**1** Luftfilter verschmutzt.	Filtereinsatz ersetzen.
	2 Kraftstoffanlage undicht oder Rücklaufleitung verstopft.	Sichtprüfung: Leitung von Einspritzpumpe bis Tank durchblasen.
	3 Leerlauf- oder Höchstdrehzahl zu hoch, Motor oder Einspritzdüsen defekt.	Unbedingt überprüfen lassen.

tallkapseln im Motorraum eingebaut. Das Dieselgerät ist bei Mercedes-Benz Baugruppe N3/9, das Benzinergerät N3/10. Motorsteuergeräte sind im Motorraum hinten rechts an der Spritzwand (Motor 156), unter dem Luftfiltergehäuse (Motoren 272/273), links am Luftfiltergehäuse (Motor 271) oder hinten links in der Relais- und Sicherungsbox (Motoren 112/113 und alle CDI-Dieselmotoren) eingebaut.

1 Ausbau CDI und ME für Motoren 112/113: Zündung ausschalten. Deckel des Sicherungs- und Relaiskastens (1) ausbauen. Elektrische Steckverbindungen (4, 5) entriegeln und abziehen. Bei den Motoren 112/113 sind Steuergerät (2) und die Steckverbindungen etwas anders ausgeführt als bei den CDI-Motoren 646, 647 und 648. Die beiden Rasten (3) entriegeln und das Steuergerät N3/9 oder N3/10 entnehmen (Bild rechts).

2 Einbau: Jeweiliges Steuergerät in den Sicherungs- und Relaiskasten einsetzen und nach unten drücken, bis die Rasten (3) spürbar verriegeln. Elektrische Steckverbindungen aufstecken und verriegeln. Deckel des Sicherungs- und Relaiskastens (1) einbauen, dabei Dichtgummi im Deckel prüfen

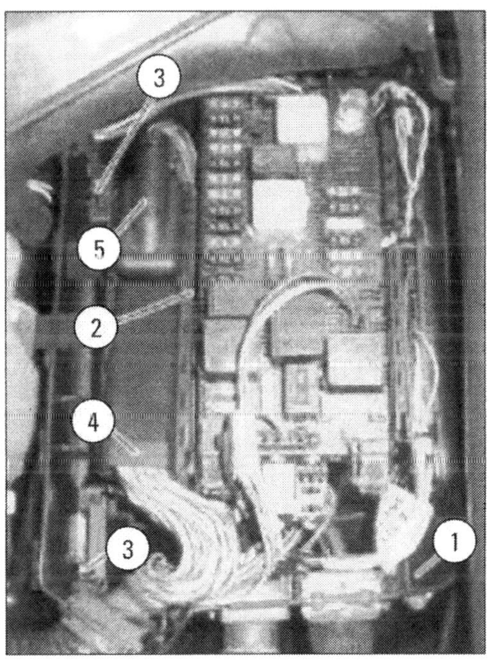

(1) Relais-/Sicherungskasten, (2) CDI-Steuergerät, (3) Rasten, (4, 5) elektr. Steckverbindungen.

und bei Bedarf erneuern. Der Deckel muss hinten in der Nut sitzen. Dann mit Star Diagnosis die gespeicherte Variantencodierung des zuvor verbauten Steuergeräts in das neue Gerät übertragen und dieses in Betrieb nehmen.

3 Nach Erneuern des Steuergeräts muss dieses mit dem Systemtester im Menüpunkt »Inbetriebnahme« an das jeweilige Fahrzeug angepasst werden. Danach einen Motorprobelauf durchführen.

1a Ausbau ME für Motor 271: Das Luftfiltergehäuse wie auf Seite 57 (Kapitel »Die Motoren«) beschrieben ausbauen. Das Steuergerät ist mit vier Schrauben an die linke Seite des Gehäuses geschraubt. Diese Schrauben lösen, Steuergerät abnehmen.

2a Einbau: In umgekehrter Reihenfolge. Dann den Fehlerspeicher auslesen und löschen (Star Diagnosis). Motorprobelauf vornehmen.

1b Ausbau ME für Motoren 156: Motorhaube öffnen, Masseleitung der Batterie abklemmen und Abdeckung über dem Kombi-Staubfilter sowie das Filter selbst ausbauen. Die beiden Schrauben (2) herausdrehen und das Steuergerät (N 3/10) herausziehen. Die elektrischen Steckverbindungen (1) trennen und Steuergerät entnehmen (Bild unten).

2b Einbau: In umgekehrter Reihenfolge. Dann Grundprogrammierung vornehmen (Kapitel »Die Fahrzeugreparatur«).

1c Ausbau ME für Motoren 272/273: Bei einem Wechsel des Steuergerätes ME (1) muss die Variantencodierung des Steuergeräts mit Star Diagnosis ausgelesen und im Werkstattsystem abgespeichert werden. Bei Wiederverwendung des eingebauten Steuergeräts den Schlüssel im Zündschloss in Stellung »0« drehen. Luftfiltergehäuse ausbauen (»Die Motoren«). Verriegelungsschieber der elektrischen Steckverbindungen am Steuergerät nach links und nach rechts ziehen und die Steckverbindungen abnehmen.
Steuergerät nach oben aus dem rechten und dem linken Steuergerätehalter herausziehen.
Beim Erneuern des Steuergeräts die je zwei Kugelkopfstützen (2) links und rechts vom Steuergerät abmontieren. Die beiden Steuergerätehalter können bei Bedarf vom Resonanz-Saugrohr abmontiert werden.

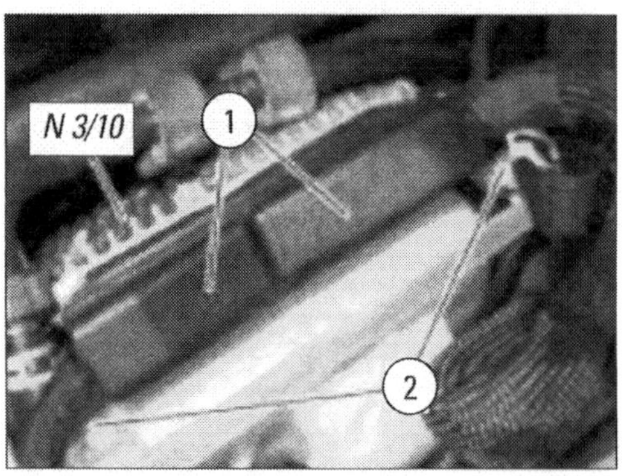

(N 3/10) Steuergerät ME bei AMG-Motoren 156. (1) elektrische Steckverbindungen, (2) Schrauben.

2c Einbau: In umgekehrter Reihenfolge. Wenn das Steuergerät ME erneuert wurde, muss eine Geberradadaption mit Star Diagnosis durchgeführt werden. Das neue Steuergerät muss ferner personalisiert und aktiviert werden.

3c Die Kugelkopfstützen werden mit 4 Nm ans Steuergerät geschraubt. Die Schrauben des Steuergerätehalters am Resonanz-Saugrohr werden mit 8 Nm festgezogen. Motorprobelauf durchführen.

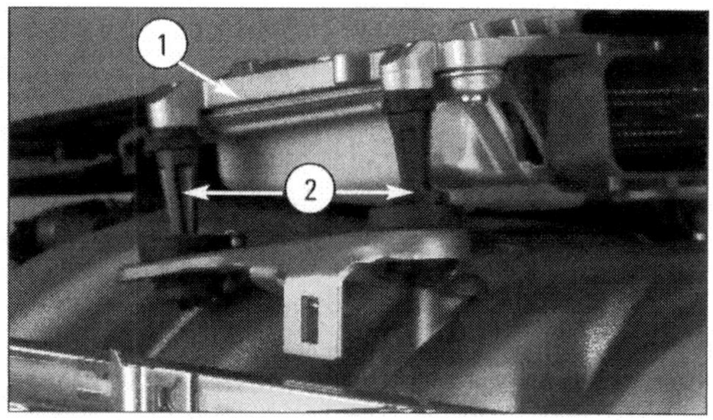

(1) Steuergerät ME bei Motoren 272/273. Es ist mit je zwei Kugelkopfstützen (2) auf Haltern links und rechts montiert, die auf das Resonanzsaugrohr geschraubt sind.

CDI-Einspritzleitungen aus-/einbauen

Arbeitsschritte

Von der Förderpumpe im Tank gelangt der Kraftstoff zur Hochdruckpumpe und von dort zur Rail (Bilder Seiten 94 und 97) oben am Zylinderkopf. Die Rail speichert den auf Einspritzdruck gebrachten Kraftstoff und gibt ihn über die Einspritzleitungen, leicht gekrümmte kurze Rohre, an die Kraftstoffinjektoren weiter. Die Einspritzleitungen (1) sind mit Überwurfmuttern (2) an Rail (3) und Injektor (4) angeschraubt (Bilder unten).

1 **Ausbau:** Wie beschrieben Luftfiltergehäuse und Motorsaugluftkanal nach Luftfilter ausbauen. Sofern (wie beim Motor 642 links neben der rechten und rechts neben der linken Rail) Geräuschdämpfungen abzunehmen sind, diese ausbauen. Beim Abnehmen der rechten Geräuschdämpfung muss der Zyklonenabscheider ausgebaut werden. Unter der Geräuschdämpfung liegt die Leckölleitung. Diese muss an den Injektoren ausgeclipst werden, indem eine Sicherung nach oben gezogen und dann die Leitung abgenommen wird.

2 Den Halter des Motorleitungssatzes neben dem Verschluss des Ölmessstab-Führungsrohres abschrauben. Die Überwurfmuttern der Einspritzleitungen abschrauben, wobei unterschiedliche Anzugsmomente beachtet werden müssen (an Injektor 33, an Rail 27 Nm), da es sonst zu Schäden an Injektor oder Rail kommt. Die Hinweise zur Sauberkeit bei der Arbeit am Einspritzsystem beachten: Trennstellen vor dem Öffnen reinigen!

3 Einspritzleitungen herausnehmen. Die Leitungen nicht quetschen oder verformen! Nach der Demontage müssen die Anschlüsse mit geeigneten Stopfen z. B. aus dem MB-Satz 129589009100 verschlossen werden. Damit es nicht zu Leitungsbrüchen durch Verspannungen kommt, muss beim Lösen aller Einspritzleitungen auch die Rail gelöst werden (Halter abschrauben). Dann kann auch die Druckleitung abgeschraubt werden (an Hochdruckpumpe 33, an Rail 27 Nm). Die Anschlüsse mit Stopfen verschließen.

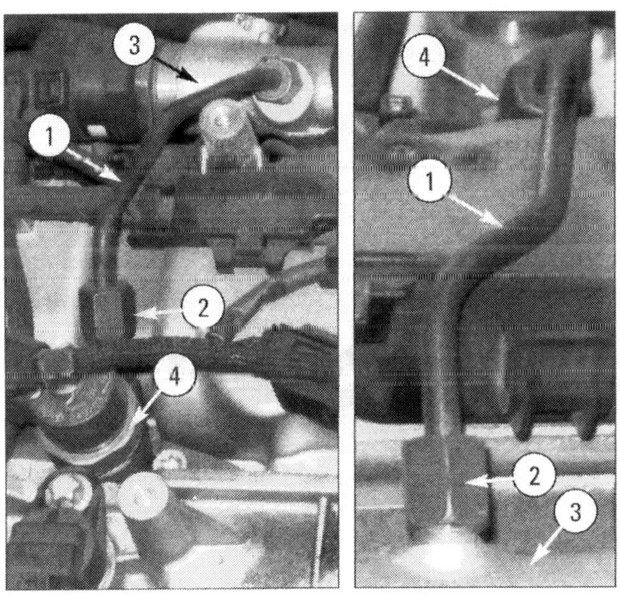

Bild links Injektorseite, Bild rechts Railseite:
(1) Einspritzleitung, (2) Überwurfmutter, (3) Rail, (4) Injektor.

4 Dichtkegel an Einspritzleitungen und Druckleitung prüfen. Wenn Druckstellen festgestellt werden, muss die jeweilige Leitung erneuert werden.

4 **Einbau** in umgekehrter Reihenfolge. Die Einspritzleitungen von Hand bis zum Anschlag in die Rail hineinschieben, dann Rail festschrauben. Darauf achten, dass die Sicherung an der Leckölleitung korrekt montiert und im Injektor fest verrastet ist. Beim Festziehen der Druckleitung und der Überwurfmuttern an den Einspritzleitungen die angegebenen Anzugsdrehmomente beachten.

5 Bei laufendem Motor gründlich die Dichtheit der Kraftstoffanlage prüfen. Erst danach die Geräuschdämpfungen (Dämmmatten) einbauen.

CDI-Rail aus-/einbauen

Funktion der Rail ist es, durch das in ihr gespeicherte Kraftstoffvolumen die Druckschwingungen zu dämpfen, die durch die pulsierende Kraftstoffversorgung der Hochdruckpumpe und die kurzzeitige große Kraftstoffentnahme während der Einspritzung entstehen. Sie kann nach Ausbau der Einspritzleitungen relativ einfach aus- und eingebaut werden.

1 **Ausbau:** Nach dem geschilderten Ausbau der Einspritzleitungen muss die Verkabelung der Rail abmontiert werden. Je nach Motortyp (Vier-, Sechs- oder Achtzylinder) gibt es dabei leichte Unterschiede. Das Prinzip ist immer gleich: Schrauben am Kabelkanal herausdrehen und Kabelkanal an der Rail aushängen. Kabelbinder trennen. Steckverbindungen (1) am Raildrucksensor und (2) am Druckregelventil (Y74) abziehen (Bilder nächste Seite).

2 Lecköleitung (wie im Zusammenhang mit den Einspritzleitungen erläutert) abschrauben und ihre Anschlüsse mit Stopfen verschließen.

3 Die beiden Befestigungsschrauben herausdrehen und Rail herausnehmen.

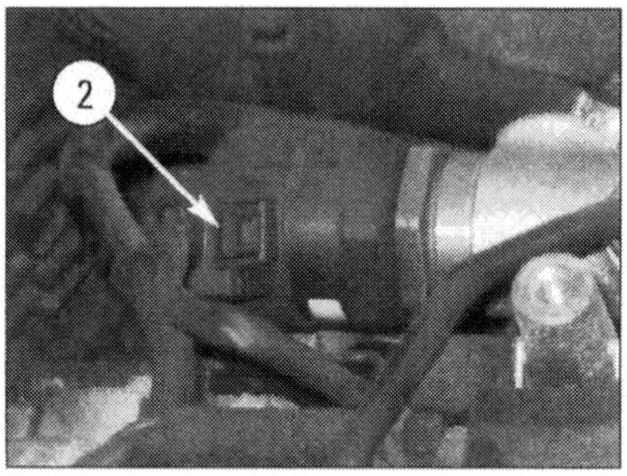

(1) Steckverbindung Raildrucksensor, (2) Steckverbindung Druckregelventil.

4 **Einbau** in umgekehrter Reihenfolge. Die Kabelbinder und alle Dichtringe erneuern. Hohlschraube für Leckölleitung an Rail mit 20 Nm, Schraube Rail an Zylinderkopf mit 14 Nm und Schraube Kabelkanal an Zylinderkopfhaube mit 12 Nm festziehen und dabei die Anzugsdrehmomente genau einhalten. Die Schrauben zur Befestigung der Rail am Zylinderkopf erst nach dem Ansetzen der Einspritzleitungen festziehen. Leckölleitungen von Hand auf Festsitz prüfen.

5 Motorprobelauf durchführen und dabei die Dichtheit der Kraftstoffanlage prüfen. Undichte Bauteile erneuern, wenn Anzugsdrehmomente eingehalten und neue Dichtungen eingebaut wurden.

CDI-Injektoren aus-/einbauen

Arbeitsschritte

Die Kraftstoff-Einspritzventile der CDI-Motoren werden Injektoren genannt. Sie tragen bei Mercedes-Benz die Bauteilkennung Y76. In neuester Technologie werden dazu Piezo-Injektoren eingesetzt. Sie werden oben im Zylinderkopf von angeschraubten Spannpratzen gehalten. Die Injektoren spritzen Kraftstoff, fein zerstäubt, in bestimmter Menge zum richtigen Zeitpunkt in den Verbrennungsraum.

1 **Ausbau**: Bei den Motoren 646.9x und 647.9x müssen die Abdeckungen der Zylinderkopfhaube ausgebaut werden. Dann Einspritzleitungen (6) abmontieren und die elektrischen Steckverbindungen (8) an den Injektoren (4) trennen (am Bild unten orientieren).

2 Bei den Motoren 646.8/.9x und 647.9x die Leckölleitungen (7) abmontieren, indem die Sicherungsklammern an den Anschlüssen hineingedrückt werden. Um Beschädigungen an der Steckverbindung der Kraftstoffinjektoren (Y76) zu vermeiden, die Anschlüsse der Leckölleitungen mit Einwegschutzkappen verschließen und Kraftstoffreste entfernen.

3 Die Innenvielzahnschrauben an den Spannpratzen (1) herausdrehen und die Spannpratzen abnehmen. Es hat sich bewährt, die Spannpratzen zu markieren, um Materialbruch durch falsche Lage beim (Wieder-) Einbau zu vermeiden.

4 Relativ häufig reißt beim Ausbau die Schraube oder wird das Gewinde im Zylinderkopf beschädigt. Dann muss das Gewinde der Spannpratzenbefestigung instand gesetzt werden; siehe dazu den »Praxistipp«.

5 Kraftstoffinjektoren (Y76) herausnehmen. Bei festsitzendem Kraftstoffinjektor muss zum Ausbau eine Ausschlagklaue an Stelle der Spannpratze angesetzt und der Injektor mit Schlagauszieher ausgebaut werden. Auch der Ausbau mit dem MB-Spezialwerkzeug Gewindeadapter ist möglich. So ausgebaute Kraftstoffinjektoren müssen auf jeden Fall erneuert werden. Dann die Injektoren und die Injektorschächte im Zylinderkopf reinigen.

6 **Reinigung:** Die ausgebauten Kraftstoffinjektoren müssen gesäubert, dürfen aber nicht zerlegt werden! Injektorschäfte

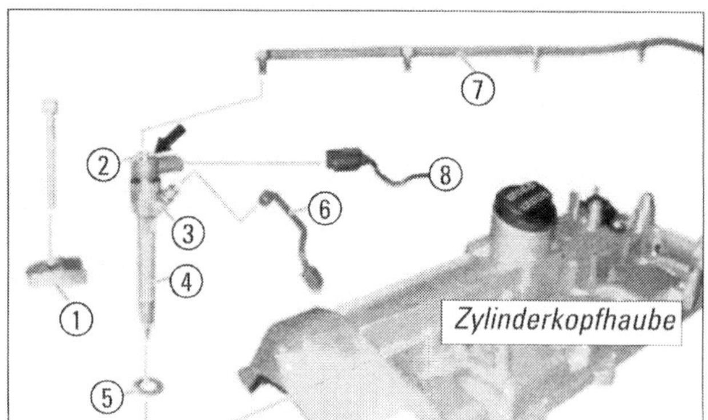

(1) Spannpratze, (2) Sicherungsklammer, (3) Gewindestutzen, (4) Kraftstoffinjektor Y76, (5) Dichtring, (6) Einspritzleitung, (7) Leckölleitung, (8) el. Steckanschluss am Injektor.

Praxistipp

Spannpratzengewinde instand setzen

- Wenn das Gewinde der Spannpratzenbefestigung instand gesetzt werden muss, ist das so genannte Heli-Coil-Werkzeug (MB: 000 589 18 99 00) erforderlich.
- Das beschädigte Gewinde wird auf 6,3 mm (max. Sacklochtiefe) aufgebohrt.
- Mit dem Gewindebohrer aus dem Heli-Coil-Werkzeug wird ein Gewinde M6 geschnitten. Sacklochgewinde reinigen.
- Heli-Coil-Einsatz mit Mitnehmerzapfen nach unten auf die Eindrehspindel aufschrauben, bis der Mitnehmerzapfen an der Mitnehmernase der Eindrehspindel anliegt.
- Heli-Coil-Einsatz mit Spindel in den Zylinderkopf einschrauben. Der Gewindeeinsatz ist mindestens 1/4 Gang unter die Oberfläche zu montieren. Dann den Mitnehmerzapfen des Heli-Coil-Einsatzes mit Zapfenbrechdorn abtrennen.

und die Injektorschächte, die bis zur Säuberung mit Stopfen verschlossen werden müssen, mit Vlieslappen reinigen. Dann die Schächte mit Rund- und Zylinderbürste (MB: 611589006800 und 668589006800) reinigen, mit Druckluft ausblasen, mit Vlieslappen nachwischen, Fusseln beseitigen und Schächte abdecken. Die Schäfte (1) mit einer ebenen Messingdrahtbürste reinigen, mit Vlieslappen nachwischen und Bereich (2) mit Spezialfett (MB 001989425110) einfetten. Die Düsenspitzen (3) der Injektoren nur mit Vlieslappen reinigen, um Beschädigungen zu vermeiden (Bild unten).

7 Einbau sinngemäß umgekehrt. Die Dichtringe an den Injektoren und den Dichtring der Öleinfüllvorrichtung am Zylinderkopf erneuern. Die Injektoren an den markierten Stellen einbauen.

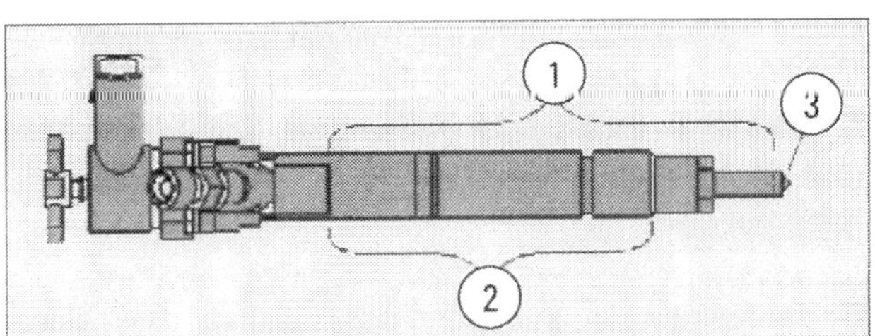

(1) Bereich für Messingdrahtbürste, (2) Schaftbereich zur Behandlung mit Spezialfett, (3) Düsenspitzen zur Reinigung lediglich mit Vlieslappen..

8 Schrauben der Spannpratzen beim Einbau generell erneuern. Einspritzleitungen spannungsfrei einbauen: Die Leitungen lose an Rail und Injektor montieren, ehe die Spannpratzenschrauben in drei Stufen mit 7 Nm plus zwei Vierteldrehungen festgezogen werden. Wenn beim Ausbau die Sicherungsklammern von den Injektoren abgezogen wurden, müssen sie erneuert werden.

9 Beim Einbau neuer Injektoren muss eine Steuergeräteanpassung über Star Diagnosis erfolgen, um die IMA-Kodierung (siehe frühere Erläuterung) im Steuergerät CDI (N3/9) zu hinterlegen.

Glüh(zeit)endstufe und Glühkerzen aus-/einbauen

Arbeitsschritte

Glühendstufe:

Die Glüh- oder besser Glühzeit-Endstufe mit der Bauteilbezeichnung N14/3 regelt die Glühkerzenspannung, um eine extrem kurze Vor- und Startglühzeit und ein kontrolliertes Nachglühen zu erreichen. Über einen LIN-Datenbus (**L**ocal **I**nterconnected **N**etwork) werden der Glühzeitendstufe vom Steuergerät CDI Daten über Motordrehzahl, Motorlast und Kühlmitteltemperatur zur Verfügung gestellt. In Abhängigkeit von diesen Betriebszustands-Parametern wird über das in der Endstufe gespeicherte Kennfeld die Ansteuerung der Glühkerzen bestimmt.

Die Glüh(zeit)endstufe ist jenach Motortyp sehr unterschiedlich angeordnet. Wichtigste Fälle: Beim Motor 629.9x (E 420 CDI) ist sie mittig auf dem Motor zwischen Injektoren und Rails montiert. Beim Motor 642.9x (E 320 CDI) sitzt sie ganz vorn am Motor direkt unter Motorabdeckung und über Keilrippenriemen-Trieb. Beim Motor 646.8 (E 200 / 220 CDI) ist sie seitlich links unten am Motor angebaut.

1 Ausbau

Endstufe 629.9x: Motorhaube öffnen und senkrecht stellen. Luftfiltergehäuse ausbauen. Die beiden Befestigungsschrauben der Glühendstufe am Ladeluftverteilerrohr abschrauben.

Endstufe 642.9x: Motorhaube öffnen und senkrecht stellen. Motorabdeckung ausbauen. Die Mutter oben am Gehäuse der Glühendstufe und die vier Schrauben am Halter der Glühendstufe abschrauben.

Endstufe 646.8x: Heckklappe öffnen und Abdeckung der Batterie im Kofferraum ausbauen. Massekabel der Batterie (Minusleitung) abklemmen. Fahrzeug mit Hebebühne anheben oder anheben und aufbocken. Geräuschkapselunterteil ausbauen. Die beiden Halteschrauben links und rechts am Gehäuse der Glühendstufe herausdrehen.

2 Alle Motoren: Die beiden elektrischen Steckverbindungen an den Anschlussbuchsen stirnseitig am Endstufengehäuse trennen. Glühzeitendstufe (N14/3) herausziehen und abnehmen.

3 Einbau in umgekehrter Reihenfolge. Motor 629: Schraube am Ladeluftverteilerrohr mit 12 Nm festziehen. Motor 646: Geräuschkapselunterteil wieder anbauen, Fahrzeug absenken, Batterie anklemmen. Funktionsprobe vornehmen. Fehlerspeicher auslesen und löschen.

Glühkerzen:
Von der Glühzeitendstufe mit einer Spannung von 6 bis 11 V beaufschlagt und masseseitig getaktet werden die Glühkerzen (Bauteilbezeichnung R9; Bilder unten). Sie sind beim Motor 629 und 642 mit mit 11 Nm, beim Motor 646.8 mit 20 Nm in den Zylinderkopf geschraubt und erwärmen die dem Motor zugeführte Ladeluft. Dadurch wird bei kaltem Motor der Brennraum vorgewärmt.
Beim Kaltstart wird kurzzeitig Batteriespannung angelegt. So kann die Glühzeit auf maximal 3 s reduziert und eine Glühkerzentemperatur bis zu 1000 °C erreicht werden.

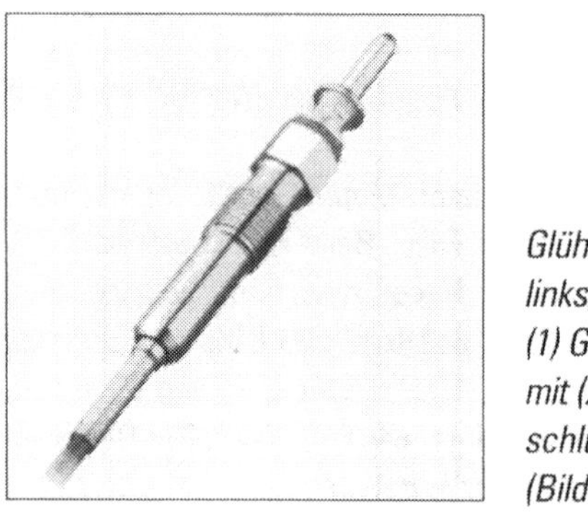

Glühkerze (Bild links) und (1) Glühkerze R9 mit (2) Steckanschluss (Bild unten).

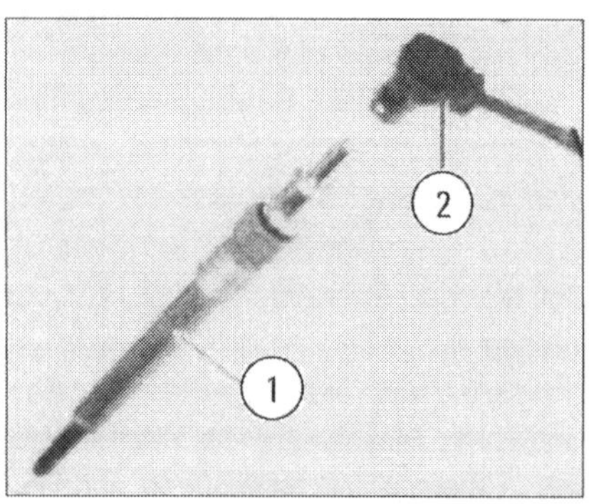

1 Ausbau
Glühkerze 629.9x: Zündung ausschalten, bei Fahrzeugen mit Keyless Go Code 889 die Start-Stopp-Taste wiederholt drücken, bis die Zündung ausgeschaltet ist. Motorhaube öffnen und senkrecht stellen. Luftfiltergehäuse ausbauen.
Glühkerze 642.9x: Motorhaube öffnen und senkrecht stellen. Motorabdeckung und Motorsaugluftkanal nach Luftfilter ausbauen. Verteiler Leckölleitung von der Ladeluftverteilerleitung abschrauben.
Glühkerze 646.8x: Motorhaube öffnen und senkrecht stellen. Motorabdeckung abnehmen.

2 Alle Motoren: Elektrische Kupplungen (2) der Glühkerzen (1) abziehen (Bild links unten). Am besten geht das mit der speziellen Zange MB 611589003700. Glühkerzen mit einem Steckschlüsseleinsatz (MB: 001589800900) herausdrehen. Achtung: Die Glühkerze bricht ab, wenn das anzuwendende Lösemoment 25 Nm übersteigt.
Um das Abbrechen zu verhindern, kann man den Zylinderkopf z. B. durch Motorlauf auf ca. 90 °C erwärmen. Beim ausgebauten Motor oder Zylinderkopf ist die Erwärmung mit Umluft-Wärmeschrank »Funktions-Line« der Firma Heraeus oder Wärmeofen »ATP-Line« der Firma WTB Binder möglich.

3 Wenn der Sechskant der Glühkerze abgebrochen ist, muss eine Abreißzange aus dem Glühkerzenreparaturset 611589009900 oder eine passende Spannzange am elektrischen Anschluss der Glühkerze befestigt werden. Elektrischen Anschluss durch Links- und Rechtsdrehungen abreißen und den Glühkerzenwiderstand aus der Glühkerze herausziehen.
Wenn der Glühkerzenwiderstand nicht komplett aus der Glühkerze entfernt werden konnte, muss mit Gewindeeinsatz für Glühkerze in Zylinderkopf, mit einer Ausschlagklaue (Teilenummer: 611589003300) aus dem MB-Glühkerzen-Reparaturset (611589009900), Verschlussstopfen (611589009100) und Schlagauszieher gearbeitet werden.

4 Den Glühkerzenschacht mit Perlon-Zylinderbürsten der beiden Größen 6 mm und 10 mm Durchmesser reinigen.

5 Einbau in umgekehrter Reihenfolge. Die Leckölleitung wird mit Schrauben M6x23 bei 12 Nm an die Ladeluftverteilerleitung geschraubt.

6 Fehlerspeicher auslesen und löschen. Bei einem Probelauf den Motor auf Dichtheit prüfen. Erst danach die Motorhaube schließen.

Kraftstoffverteiler mit Einspritzventilen aus-/einbauen

Arbeits-schritte

Der Kraftstoffverteiler der Benzinmotoren ist ein ähnliches rohrförmiges Bauteil wie die Rail der CDI-Motoren. Er ist am Zylinderkopf ins Saugrohr eingebaut. Der Verteiler trägt unten von rechts nach links die Kraftstoff-Einspritzventile in der Reihenfolge der Zylinder, oben rechts das Entlüftungsventil und oben links die Kraftstoffleitung.

1 Ausbau: Luftfiltergehäuse oder Motorabdeckung ausbauen. Die elektrischen Leitungen zu den Kraftstoffeinspritzventilen freilegen und die Steckverbindungen an den Einspritzventilen trennen.

2 Kraftstoff in einen Sicherheitsbehälter ablassen oder abpumpen. Die Kraftstoffleitung am Kraftstoffverteiler abbauen und mit einem geeigneten Stopfen verschließen.

3 Den Kraftstoffverteiler mit den (drei oder vier) Einspritzventilen aus dem Saugrohr herausziehen.

4 Einbau in umgekehrter Reihenfolge. Die Dichtringe unten an den Einspritzventilen erneuern und zur leichteren Montage mit Motoröl benetzen. Die Schrauben Saugrohr/Zylinderkopf mit 15 Nm festziehen. Schrauben erst vorsichtig ansetzen, dann festschrauben. Schraubschellen an der Kraftstoffleitung auf Zustand prüfen und ggf. erneuern. Alle Kabelbinder erneuern und darauf achten, dass die elektrischen Leitungen nicht an den Einspritzventilen anliegen.

Einspritzventile aus-/einbauen

Arbeits-schritte

Die Kraftstoff-Einspritzventile (Bauteile Y62y) sind in den Kraftstoffverteiler eingesteckt und mit Verdrehsicherungen, speziellen Klammern in Führungen, gesichert.

1 Ausbau: Den Kraftstoffverteiler mit den Einspritzventilen Y62y1 bis Y62yx wie beschrieben ausbauen.

2 Mit einem geeigneten Werkzeug die Verdrehsicherung des jeweiligen Kraftstoff-Einspritzventils aus der Führung ausclipsen. Das Ventil aus dem Kraftstoffverteiler herausziehen.

3 Einbau umgekehrt. Dichtringe erneuern und leicht mit Motoröl benetzen. Die Verdrehsicherung muss spürbar in die Vierkantführung einrasten.

Zylinderkopfhaube (Dieselmotoren 646/-7/-8) aus- und einbauen

Arbeits-schritte

Leistungsverlust, Kühlflüssigkeits- und Ölverlust, keine Kompression auf zwei benachbarten Zylindern und Kühlflüssigkeit im Motoröl bzw. Öl in der Kühlflüssigkeit deuten auf eine defekte Zylinderkopfdichtung hin. Zum Erneuern müssen der Motor aus- und der Zylinderkopf abgebaut werden. Diesen komplizierten Aus- und Einbau empfehlen wir hier nicht.

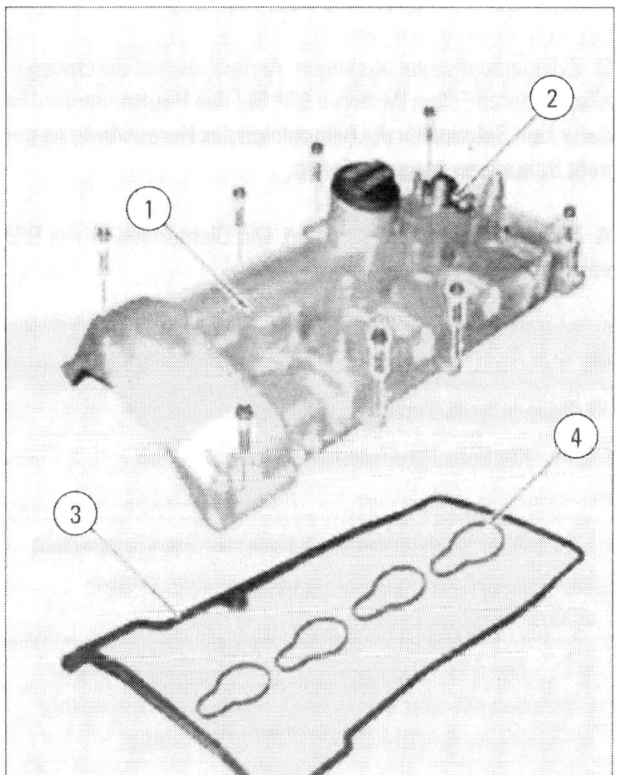

Zylinderkopfhaube beim CDI-Motor 646.961: (1) Zylinderkopfhaube, (2) Hall-Geber Nockenwelle, (3) Zylinderkopfdichtung, (4) Dichtungen.

Zwar ist der Ausbau der Zylinderkopfhaube, der im Zusammenhang mit Arbeiten am Einspritzsystem erforderlich werden könnte, etwas einfacher zu bewerkstelligen.
Er bleibt aber für die Benzinmotoren, zumal die Bauserien 272/273, noch immer sehr schwierig. Das Prinzip: Saugrohr ausbauen, Ölmessstab-Führungsrohr lösen, Kraftstoffverteiler abmontieren und mit angeschlossenen Kraftstoffleitungen zur Seite legen, Unterdruckleitung für Bremskraftverstärker und weitere Komponenten abbauen, elektrische Kupplungen trennen. Wir können den Aus- und Einbau keineswegs anraten und beschränken uns als Beispiel auf den wesentlich einfacher zu leistenden Aus-/Einbau bei den Dieselmotoren der Baureihen 646.951/961 (E 200/220 CDI), 647.961 (die älteren Fünfzylinder E 270 CDI) und 648.961 (die Sechszylinder E 280 CDI).
1 **Ausbau 646/647/648:** Abdeckungen der Zylinderkopfhaube, Luftfiltergehäuse und Wärmeschutzblech ausbauen. Stecker am Hall-Geber Nockenwelle (Bauteil: B6/1) abziehen (2; Bild vorige Seite).

2 Kabelkanal des Motorleitungssatzes von der Zylinderkopfhaube (1; Bild vorige Seite) lösen und zur Seite legen. Die Kraftstoffinjektoren wie beschrieben ausbauen.

3 Zylinderkopfhaube ausbauen. Anders als fast durchweg in allen anderen Fällen (Motoren 629, 642 und Benzinmotoren) ist dafür kein Schema für die Reihenfolge des Herausdrehens der acht Schrauben vorgeschrieben.

4 **Einbau** sinngemäß umgekehrt. Die Dichtungen (3 + 4; Bild vorige Seite) müssen erneuert werden.

5 Zylinderkopfhaube ansetzen, die Schrauben aber noch nicht festziehen, da die Injektoren über die Zylinderkopfhaube ausgerichtet werden. Wenn das nicht hinreichend geschieht, kann es zu Gasundichtigkeiten und zum Festbacken der Injektoren im Zylinderkopf sowie zu unzulässigen Spannungen in den Einspritzleitungen kommen.

6 Vor dem Festziehen der Injektoren müssen die Einspritzleitungen eingefädelt werden, um ihre spätere spannungsfreie Montage zu gewährleisten.

7 Die acht Schrauben der Zylinderkopfhaube mit 9 Nm anziehen. Um den Kabelkanal des Motorleitungssatzes anbauen zu können, müssen die Einspritzleitungen allerdings erst einmal wieder demontiert werden.

8 Damit Undichtigkeiten vermieden werden, ist beim neuerlichen Einbau der Einspritzleitungen auf deren exakten Sitz zu achten. Die Dichtkegel an den Einspritzleitungen prüfen: Stellt man Druckstellen fest, sollten die Leitungen unbedingt erneuert werden. Anziehdrehmoment auf keinen Fall überschreiten, um beim nächsten Lösen ein Mitlösen der Gewindestutzen zu vermeiden.

9 Stecker am Hall-Geber Nockenwelle (B6/1) aufstecken. Wärmeschutzblech und Luftfiltergehäuse einbauen.

10 Öldichtheit bei laufendem Motor prüfen. Dann die Abdeckungen der Zylinderkopfhaube einbauen und ebenfalls mit 9 Nm festziehen.

Zylinderkopfdichtung

Störungsbeistand

Erkennungsmerkmal	Ursache/Besonderheiten
A **Kühlflüssigkeitsstand nimmt laufend ab.**	Kühlmittel gelangt in geringen Mengen in die Brennräume. Kann sich ohne Merkmale über längere Zeit hinziehen.
B **Beträchtlicher Kühlmittelverlust. Der Wagen zieht bei warm gefahrenem Motor einen weißen Abgasschleier hinter sich her.**	Kühlmittel dringt in erheblicher Menge in einen Verbrennungsraum, verdampft dort und entweicht in weißen Schwaden aus dem Auspuff.
C **Aus dem geöffneten Ausgleichsbehälter steigen Luftblasen auf oder beim Öffnen des Verschlussdeckels sprudelt eine größere Menge Kühlmittel heraus.**	Verbrennungsgase werden ins Kühlsystem gedrückt. Aus der Einfüllöffnung riecht es nach Abgasen.
D **Verfärbung an der Oberfläche des Kühlmittels.**	Öl aus dem Schmierkreislauf gelangt ins Kühlsystem.
E **Gräulich aussehende Emulsion am herausgezogenen Ölpeilstab oder Öl von Wasserbläschen durchsetzt.**	Kühlflüssigkeit ist ins Schmieröl geraten. Wasser im Motoröl kann Lagerschäden verursachen! Zylinderkopfdichtung sofort wechseln lassen. Wagen zur Reparatur abschleppen.

Motor und Zündanlage — **Störungsbeistand**

Störung	Ursache	Abhilfe
A Motor springt schlecht oder gar nicht an.	**1** Zündspulen oder Zündkerzen feucht oder verschmutzt; kein Zündfunke.	Trocknen oder reinigen,evtl. mit Zündspray behandeln.
	2 Steckverbindungen locker oder oxidiert.	Kontrollieren, erneuern (lassen).
	3 Drehzahl- oder Hallgeber defekt oder ohne Kontakt.	Überprüfen lassen, Stecker fest aufsetzen, ggf. ersetzen.
	4 Zündspule defekt.	Austauschen.
	5 Endstufe oder Steuergerät defekt.	Kontrollieren lassen, austauschen.
B Motor läuft unrund, hat Zündaussetzer.	Zündkerze defekt oder Zündkabel unterbrochen.	Austauschen, Leitung ersetzen.
C Motor hat keine Leistung.	**1** Luftmassenmesser defekt oder ohne Kontakt.	Kontrollieren lassen, ggf. ersetzen.
	2 Kühlmittel- oder Ansaugluft-Temperatursensor defekt; Stecker sitzt nicht korrekt.	Sensor und Steckverbindungen kontrollieren, ggf. ersetzen.

Anmerkung zum Störungsbeistand: Motor mechanisch in Ordnung; Kraftstoffversorgung und Benzineinspritzanlage einwandfrei.

Zündspulen aus-/einbauen

Arbeitsschritte

Ausbau

1 Alle Motoren: Motor abstellen und die Zündung ausschalten. Bei Keyless-Go-Fahrzeugen (Code 889) den Sender (Karte oder Zündschlüssel) aus dem Fahrzeug entfernen und außerhalb der Senderreichweite aufbewahren. Sonst den Senderschlüssel aus dem Steuergerät EZS abziehen.

2 Motor 271: Motorhaube öffnen und Motorabdeckung ausbauen, indem die Abdeckung mit beiden Händen gegriffen und abgehebelt wird. Umschaltventil Luftpumpe (Y32) vom Halter abmontieren und zur Seite legen.
Motoren 112/113: Abdeckung der Motorstirnseite ausclipsen und die Motorabdeckung mit integriertem Luftfilter ausbauen. Dazu die Abdeckung (Luftfiltergehäuse) senkrecht nach oben von den Zylinderkopfhauben abziehen.
Motoren 272/273 und 156: Luftfiltergehäuse ausbauen.

3 Alle Motoren: Die elektrischen Steckverbindungen der

Zündspulen-Ausbau bei Motoren der Baureihe 271 (E 200 Kompressor): Herausdrehen der Schrauben, ausgebaute Spule neben ihrem Stecker, Herausdrehen der Zündkerze (von links).

Zündspulen für Zylinder 1 bis 4 (T1/1 bis T1/4), Zylinder 1 bis 6 (T1/1 bis T1/6) bzw. Zylinder 1 bis 8 (T1/1 bis T1/8) an den Zündspulen lösen. Dazu die Steckverbindungen entriegeln und abziehen. beim Motor 156 (AMG) die Kabelbinder entfernen (beim Einbau erneuern).

4 Alle Motoren: An jeder Spule die zwei Schrauben herausdrehen und die vier, sechs oder acht Zündspulen nach oben ausbauen. Verbindungsstecker der Zündspulen, Zündkerzenstecker und die Zündleitung auf Beschädigung, Verformung und Rissbildung prüfen, bei Bedarf erneuern.

5 **Einbau** (alle Motoren) in umgekehrter Reihenfolge. Die Zündspulen mit 8 Nm (272/273: 9 Nm) an der Zylinderkopfhaube festschrauben. Die korrekte Verlegung der Zündleitung prüfen.

6 Fehlerspeicher auslesen (Werkstattsystem Star Diagnosis) und löschen.

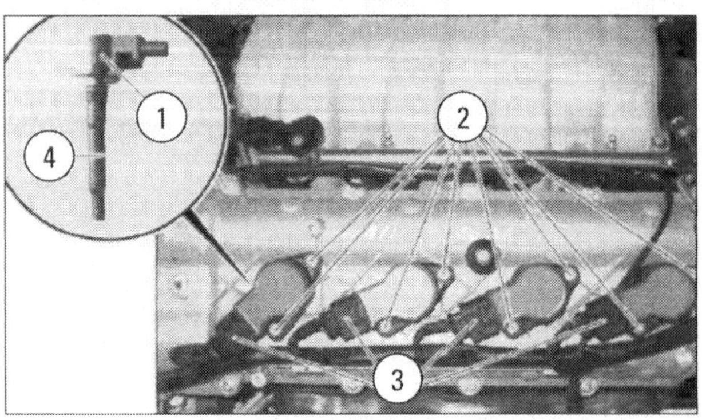

Oben: Zündspulen der Motoren 272/273 (E 280/350/500), unten: Zündspulen der Motoren 156 (AMG).
(1) Zündspulen T1/1 bis T1/6 bzw. T1/8, (2) Schrauben, (3) elektrischer Steckanschluss, (4) Zündkerzenstecker.

Zündkerzen wechseln

Arbeitsschritte | 60.000 km

1 **Ausbau:** Zündung ausschalten, indem z. B. der Schlüssel im Zündschloss auf Stellung »0« gedreht wird. Dann wie eben beschrieben die Zündspulen ausbauen. Dazu gehört bei allen Motoren außer dem E 200 Kompressor/Motor 271 der Ausbau des Luftfiltergehäuses.

2 Prinzipieller Ablauf: Mit einem Auszieher (1; passgerecht ist das MB-Werkzeug 272589013300) die Zündkerzenstecker (2) von den Zündkerzen R4 (3) abziehen (Bilder unten). Die Zugnasen des Ausziehwerkzeugs müssen an den Kerben der Zündkerzenstecker angesetzt werden, sonst werden die Stecker beschädigt. Dann mit einem Zündkerzenschlüssel (MB-Spezialwerkzeug 112589010900) die Zündkerzen aus dem Zylinderkopf herausdrehen.

3 Genauer Ablauf: Auszieher (1) auf den Zündkerzenstecker (2) schieben. Dazu die Zugnasen des Ausziehers zu

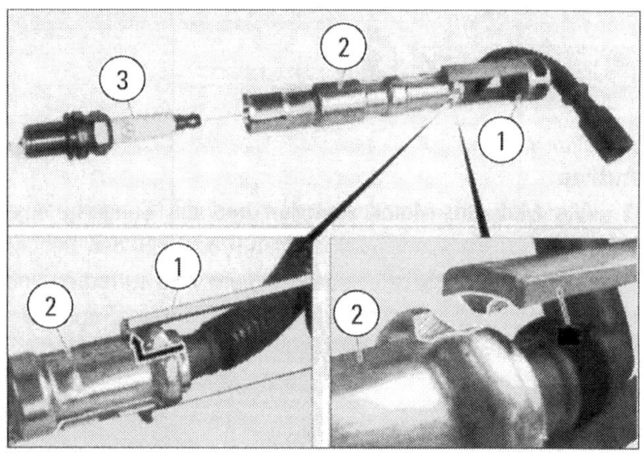

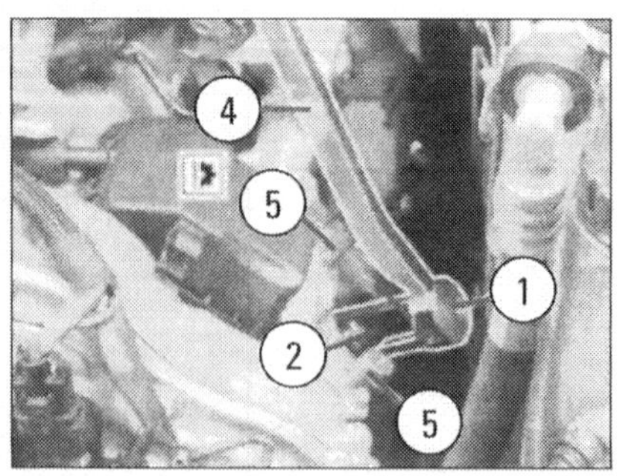

Trennen des Kerzensteckers von der Zündkerze am Beispiel der Motoren 272/273:
(1) Auszieher 272589013300, (2) Zündkerzenstecker, (3) Zündkerze, (4) Hebeleisen, (5) Zapfen an der Zylinderkopfhaube.

den Kerben am Zündkerzenstecker ausrichten (siehe die Detail-Bilder). Den Auszieher um ca. 90° verdrehen. Die Zugnasen des Ausziehers müssen sich an der oberen Wulst des Zündkerzensteckers abstützen. Hebeleisen (4) in obere Öffnung am Auszieher einführen und den Zündkerzenstecker von der Zündkerze R4 (3) abhebeln.

4 Um Beschädigungen zu vermeiden, darf das Hebeleisen ausschließlich an den beiden Zapfen (5) der Zylinderkopfhaube abgestützt werden. Dabei dürfen auf keinen Fall solche druckempfindlichen Teile wie Rail, CGI oder Kraftstoffleitungen gequetscht werden!

5 Zündkerzenstecker, Zündspulenstecker und Zündleitungen auf Beschädigung,Verformung und Rissbildung prüfen und ggf. erneuern.

6 **Einbau** sinngemäß umgekehrt. Nach dem Montieren der Zündkerze den Auszieher (1) zurückdrehen und vom Zündkerzenstecker (2) abziehen.

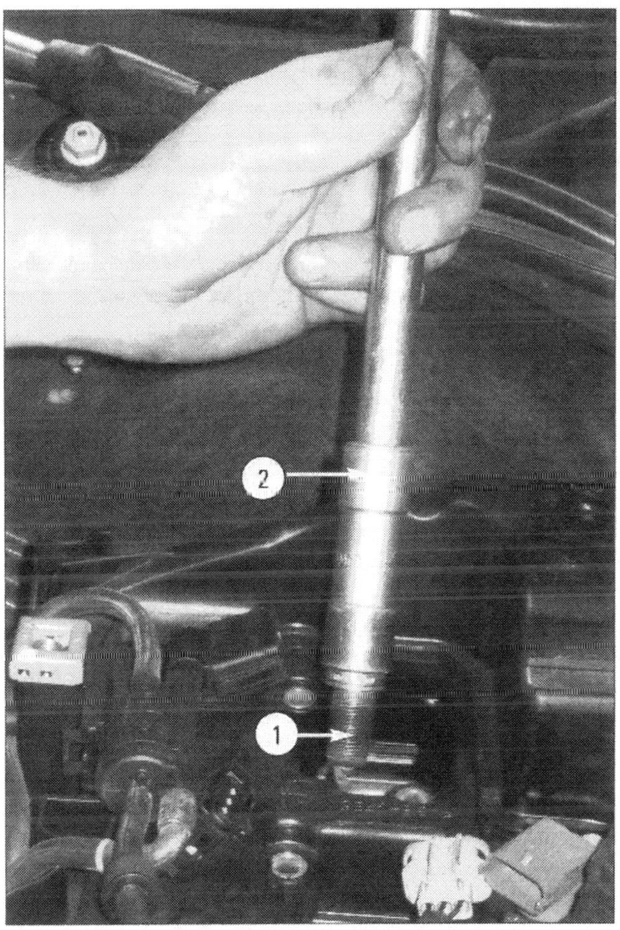

(1) Zündkerzenschlüssel 112589010900, (2) Zündkerze R4.

7 Die Zündkerzen der AMG-Motoren 156 werden mit 20 Nm, die Kerzen der Motoren 272 und 273 mit 23 Nm, die der Motoren 113 mit 25 Nm und die der Motoren 112 und 271 mit 28 Nm im Zylinderkopf festgeschraubt.

8 Den Zündkerzenstecker auf die Zündkerze R4 aufstecken. Der Kerzenstecker muss hör- und fühlbar auf der Zündkerze einrasten, anderenfalls drohen Motor- und Katalysatorschäden.

9 Richtige Montage des Zündspulensteckers und korrekte Verlegung der Zündleitung prüfen. Die Schlaufe der Zündleitung muss neben der Zündspule verlegt sein.

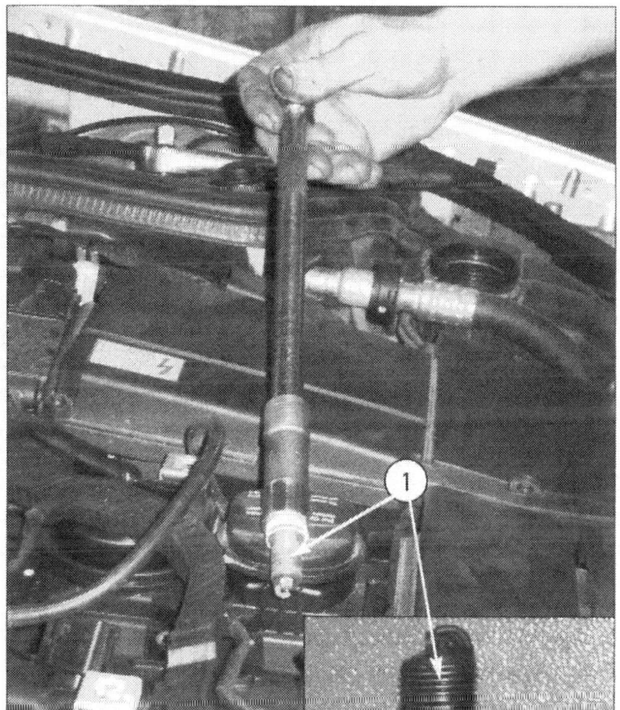

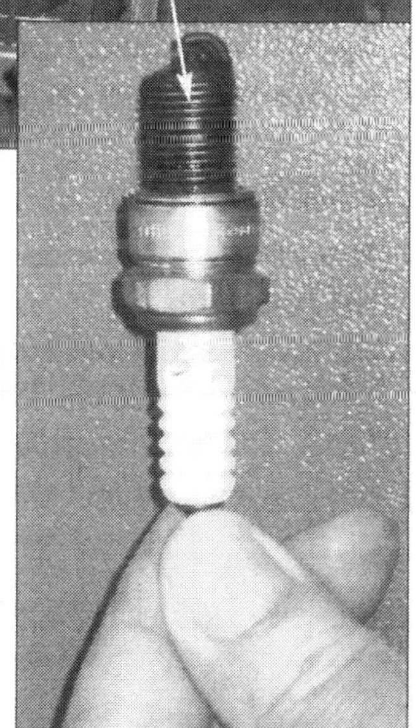

Herausschrauben der Zündkerze (1) mit dem Kerzenschlüssel (2) beim Motor 271.

Die Abgasanlage

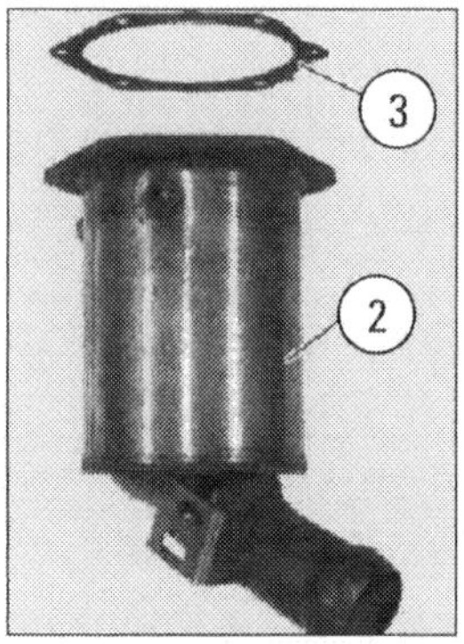

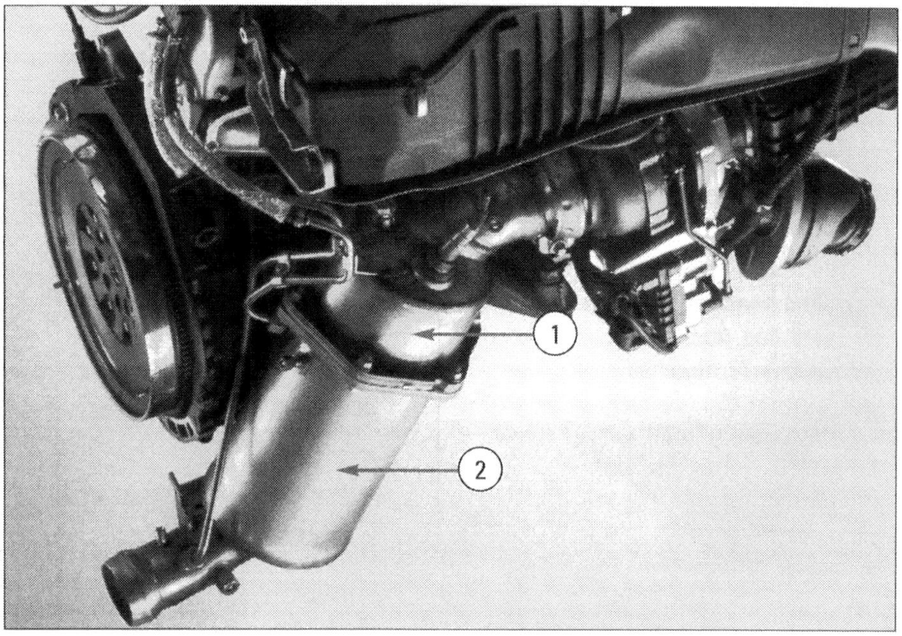

(1) Vorkatalysator und (2) Dieselpartikelfilter mit (3) Dichtung bei den CDI-Modellen E 200 und E 220.

Wartung

Reparatur

Die Abgas- oder Auspuffanlage am Fahrzeugunterboden reinigt mit Katalysatoren die Verbrennungsabgase und leitet sie mit geringem Gegendruck zum Endrohr am Fahrzeugheck. Außerdem soll sie die Verbrennungsgeräusche auf ein Minimum reduzieren und dazu noch die Motorleistung spürbar optimieren.

Die Anlage beginnt mit dem Abgaskrümmer, an den bei den Ottomotoren motornah der Vorkatalysator (auch »Stirnwandkatalysator«) geschraubt ist. Die Lambda-Sonden (Mercedes: »O2-Sonden«) vor und nach dem Kat regeln in linearer Abhängigkeit vom Betriebszustand die optimale Katalysatorfunktion.

Dem Katalysator folgt das vordere Abgasrohr mit dem »Unterbodenkatalysator« (bei Dieselmotoren ein NO_x-Speicherkatalysator). In die hintere Auspuffanlage der Benzinmotoren sind Mittel- und Nachschalldämpfer, in die der Dieselmotoren nur Nachschalldämpfer integriert. Bei den neueren CDI-Motoren ist ein Partikelfilter einschließlich Temperaturfühler in die Auspuffanlage eingeordnet.

Bei Montagearbeiten an der Abgasanlage müssen Sie immer darauf achten, dass kein Bauteil mit Vorspannung montiert wird. Die generelle Forderung lautet, die Anlage spannungsfrei zu positionieren und ausreichend Abstand zur Karosserie zu gewährleisten.

Abgasentgiftung und »OBD«

Kraftstoff besteht im Wesentlichen aus Kohlenstoff und Wasserstoff. Bei der Verbrennung im Motor verbindet sich der Kohlenstoff mit Luftsauerstoff zu Kohlendioxid. Der Wasserstoff vereinigt sich mit Sauerstoff zu Wasser, das infolge der Verbrennungswärme als Dampf aus dem Auspuff entweicht. Infolge des Stickstoffanteils der Verbrennungsluft und von Schwefel im Kraftstoff sowie im Ergebnis unvollständiger Verbrennung entstehen Giftstoffe: Stickoxide, Schwefeldioxid, Kohlenmonoxid, Kohlenwasserstoffe und Rußpartikel.

Beim Dieselmotor, der mit Luftüberschuss arbeitet, bilden sich zwar weniger schädliche Gase, dafür aber mehr Rußpartikel. Eine Entgiftung ist also zum Einhalten der strengen Abgasnormen (EU4) bei Benzinmotoren wie CDI unerlässlich. Die Herstellung günstiger Kraftstoff-Luft-Gemische und die Entgiftung der Abgase erfolgen durch Techniken und Bauteile wie Ladeluftsystem, Abgasrückführung, Katalysatoren und Partikelfilter (siehe Techniklexika). Überwacht wird die einwandfreie Funktion der abgasrelevanten Bauteile und Systeme während der Fahrt durch die On-Board-Diagnose (OBD). Im Kombiinstrument gibt es dafür die »Kontrollleuchte Motordiagnose«.

Ständige Kontrolle durch »AU«

Kraftfahrzeuge müssen regelmäßig auf ihr Abgasverhalten geprüft werden. Abgasuntersuchungen (AU) führen markengebundene und freie Werkstätten, Tankstellen, DEKRA und TÜV durch. Bei Wartung in der Werkstatt gehört die AU zum Service. Zur Untersuchung muss die Auspuffanlage intakt sein, ins Ansaugsystem darf keine Nebenluft eintreten. Der Ölstand muss stimmen, und Luftfilter sowie Zündkerzen sollen in einwandfreiem Zustand sein.

Die Untersuchung wird am Fahrzeug durch eine Prüfplakette am vorderen Kennzeichen dokumentiert. Am Neuwagen ist die AU-Plakette drei Jahre gültig, dann sind Kontrollen im Zweijahres-Rhythmus (ältere Fahrzeuge, Lkw, Taxen und Mietwagen jährlich) fällig. Zahlen auf der Plakette geben Monat und Jahr für die Fälligkeit der nächsten Abgasuntersuchung an.

Der Katalysator entfaltet seine reinigende Wirkung ab 300 °C. Bei Kaltstart wird eine gewisse Aufheizzeit benötigt, ehe er befriedigend arbeitet. Das betrifft auch die Arbeit der Lambda-Sonden, die aus diesem Grunde beheizt werden. Durch das Auftreten von Kondensat in der Kaltstartphase kann aber eine beheizte Sonde beschä-

Komponenten im Abgas

Technik-lexikon

Kohlendioxid (CO_2): Farbloses, nicht brennbares, ungiftiges Gas. Entsteht bei der Verbrennung kohlenstoffhaltiger Brennstoffe wie Benzin und Diesel durch Verbindung von Kohlenstoff und Sauerstoff. CO_2 verringert die Schutzwirkung der Ozonschicht gegen die UV-Strahlung der Sonne.

Kohlenmonoxid (CO): Ein farb- und geruchloses, explosives, sehr giftiges Gas. Wird bei der Abgasuntersuchung gemessen. Auch beim Diesel tritt CO bei unvollständiger Verbrennung von Kohlenstoff auf, allerdings zwei Drittel weniger als beim Benzinmotor. In geschlossenen Räumen schon in geringer Konzentration in der Atemluft tödlich. Verbindet sich im Freien schnell mit Sauerstoff zum ungiftigen Kohlendioxid.

Kohlenwasserstoffe (HC): Unverbrannte Kraftstoffanteile im Abgas. Beim Dieselmotor entstehen sie in nur geringem Ausmaß. Wirken reizend auf Sinnesorgane oder wie Benzol sogar krebserregend.

Rußpartikel: Entstehen aus unverbrannten Kohlenstoffen und Asche. Durch Luftüberschuss infolge Turbolader verringert sich der Rußanteil im Abgas.

Schwefel: Die Wirksamkeit des Oxidationskatalysators wird erheblich vom Schwefelgehalt im Diesel-Kraftstoff beeinflusst. Üblicher Tankstellen-Diesel hat bis zu 350 ppm Schwefel (1 ppm = ein Millionstel Teil).

Schwefeldioxid (SO_2): Das farblose, stechend riechende, nicht brennbare Gas begünstigt Erkrankungen der Atemwege und trägt über Schwefelsäure oder schwefelige Säure zum sauren Regen bei. Bildet sich in geringen Mengen vor allem bei Dieselmotoren infolge Schwefelanteil im Kraftstoff.

Stickoxide (NO_x): Der Anteil dieser Verbindungen zwischen Stickstoff und Sauerstoff steigt bei hohen Verbrennungstemperaturen, hohem Druck und Sauerstoffüberschuss. Einige Stickoxide sind gesundheitsschädlich.

Praxistipp

AU-Bestimmungen für Diesel mit OBD

Seit dem 15. Februar 2005 gilt eine neue AU-Durchführungsrichtlinie für alle Untersuchungsstellen. Sie regelt auch die Durchführung und den Ablauf der AU an Dieselfahrzeugen mit »On-Board-Diagnose« (OBD). Neu sind seitdem:

- Sicht- und Funktionsprüfung der Kontrollleuchte Motordiagnose.
- Drehzahl- und Motortemperaturerfassung durch das AU-Gerät über die Kommunikation mit dem Motorsteuergerät.
- Auslesen des Fehlerspeichers und des Prüfbereitschaftstests durch das AU-Gerät über die Kommunikation mit dem Motorsteuergerät.

Für die Durchführung der AU an Dieselfahrzeugen mit OBD dürfen seitdem nur freigegebene Kombi- oder Einzelgeräte mit der Software-Version 3 verwendet werden. Freigegebene AU-Geräte und Auf- oder Umrüstmöglichkeiten können bei den Geräteherstellern oder bei Daimler/Mercedes-Benz erfragt werden.

Festgelegt wurde, dass die für die AU eingesetzten Fachkräfte eine besondere Ausbildung bezüglich der OBD haben müssen. Wie oben erwähnt, gilt die Kontrollleuchte Motordiagnose als zusätzliches Kriterium für das Bestehen der AU. Die Prüfung der Kontrollleuchte ist wie folgt durchzuführen:

1. Zündung einschalten; Kontrollleuchte Motordiagnose muss leuchten.
2. Motor starten; Kontrollleuchte Motordiagnose muss ausgehen.

Sollte die Kontrollleuchte Motordiagnose bei eingeschalteter Zündung nicht leuchten oder bei gestartetem Motor nicht erlöschen, muss die AU im Gesamtergebnis mit »nicht in Ordnung« abgeschlossen werden. Auf der Prüfbescheinigung wird dieser Mangel von der durchführenden Person registriert.

Seit 1. April 2006 gilt eine entsprechend neuer gesetzlicher Bestimmungen weiter überarbeitete Richtlinie für die Untersuchung der Abgase von Diesel-Kraftfahrzeugen bis 3,5 t mit On-Board-Diagnose (OBD). Die neue Richtlinie ist definiert als »Nummer 4.8.2. Anlage VIIIa StVZO / AU-Richtlinie«. Sie kann im Verkehrsblatt Ausgabe Nr. 7/2006 vom 15. April 2006 nachgelesen werden.

digt werden. Daher wird die Nach-Kat-Sonde erst nach Erreichen einer Temperatur von ca. 300 °C beheizt. Bei der Vor-Kat-Sonde nahe dem Motor besteht die Gefahr der Zerstörung durch Kondensat nicht. Sie wird sofort nach Motorstart beheizt.

Die Lambda-Regelung mit nur einer Sonde wäre wegen der längeren Gaslaufzeiten zu träge. Mit zwei Sonden kann weitgehend allen Forderungen entsprochen werden, wobei die Nach-Kat-Sonde zudem noch die Katalysatorfunktion überprüft und weniger verschmutzungsanfällig ist.

Filter gegen Rußpartikel

Die Partikelemission beim Dieselmotor liegt deutlich höher als beim Ottomotor. Die Partikel (englisch »Particulate Matter« = PM) bestehen zum größeren Teil aus Kohlenstoffteilchen (Ruß). Angelagert sind Kohlenwasserstoffverbindungen, Kraftstoff- und Schmierölaerosole und Sulfate je nach Schwefelgehalt des verwendeten Kraftstoffs. Meist lagern sich Aldehyde mit aufdringlichem Geruch an.

Verschmutzung, Sichtbehinderung und übler Geruch belasten die Umwelt. Von den am Ruß angelagerten Aromaten wird darüber hinaus eine gesundheitsgefährdende Wirkung vermutet. Deshalb werden von verantwortungsbewussten Autoherstellern Diesel-Pkw zunehmend mit speziellen Filtern ausgerüstet, von Mercedes-Benz seit Jahresmitte 2005 serienmäßig. Rußpartikel können in diesen Filtern aus Edelstahlwolle, Keramik oder Sintermetall aufgefangen werden. Die Filter muss man in bestimmten Zeitabständen chemisch oder thermisch regenerieren.

Die Abgas-Rückführung

Eine Möglichkeit zum Absenken der Temperaturen in den Brennräumen des Dieselmotors, die für den hohen Anteil von Stickoxiden verantwortlich sind, ist die Einleitung von Abgasen. Abgas-Rückführung kann Stickoxide auch bei den Ottomotoren verringern. Dazu wird aus dem Abgasstrom des Motors durch ein ventilgeregeltes System ein Teil abgezweigt.

Die Menge wird je nach Motorbelastung dosiert und ins Ansaugrohr zurück geleitet. Das Abgas kann natürlich nicht noch einmal verbrannt werden, da es kaum noch verbrennungsfähige Anteile enthält. Es verringert aber den Zustrom frischer Verbrennungsluft und bewirkt so eine Absenkung der Temperaturen und damit eine Verringerung von Stickoxidanteil und Rußbildung.

Lebensdauer des Auspuffs

Der Auspuff moderner Pkw ist für etwa 60.000 Kilometer gut, wobei die Lebensdauer natürlich auch von den Einsatzbedingungen des Fahrzeugs abhängt. Ist man überwiegend auf kurzen Strecken unterwegs, fallen mehr Kondensat, Ruß und aggressive Säuren im Innern der Anlage an als beim Langstreckenbetrieb mit voll durchgewärmtem Motor.

Das Auspuffrohr mit angebautem Kat ist seltener als die anderen Teile vom Rost bedroht, weil dort die Verbrennungsgase noch mit Temperaturen zwischen 800 und 1.000 °C einströmen. Danach verlieren die Abgase an Temperatur und sind am Endrohr nur noch 150 bis 300 °C heiß. Dort tritt das meiste Kondenswasser aus. Es mischt sich mit Verbrennungsrückständen zu aggressiven Säuren und lässt das Auspuffblech von innen nach außen durchrosten.

Teile der Auspuffanlage können bei Langstreckenfahrten unter Temperaturspannungen leiden, wenn bei Regen das heiße Blech ständig kalten Duschen ausgesetzt ist. Dann kann das Material reißen oder brechen. Spritz- und Salzwasser fördern den Rostfraß von außen. Steinschlag oder Aufsetzen auf hartem Untergrund wirken lebensverkürzend.

Technik-lexikon: Elemente zur Abgasverbesserung

Bei großem Luftüberschuss verbrennt der Kraftstoff im Brennraum »sauber«. Abgasbestandteile wie Kohlenmonoxid und Ruß bilden sich daher in sehr geringen Konzentrationen.

Turbolader:
Dieses System sorgt für mehr Ansaugluft. Bei geringen Einspritzmengen des Kraftstoffs entsteht Luftüberschuss bei der Verbrennung. Es entstehen weniger Abgas-Schadstoffe, die Geräusche werden reduziert, Leistungsausbeute und Wirkungsgrad erhöht.

Geregelte Katalysatoren:
Bei Benzinmotoren gewährleisten sie auf der Basis von Lambda-Sonden und Motorsteuergerät die Abgasentgiftung. Die von den O2-Sonden gemeldeten Sauerstoffkonzentrationen im Abgas und die Daten zum Betriebszustand des Motors (Drehzahl, Last) sind Grundlage für die Regelung. Ein Verhältnis von Lambda = 1 bedeutet, dass für die Verbrennung von 1 kg Kraftstoff 14,7 kg Luft zur Verfügung stehen. Dies wäre ein theoretisch optimales Kraftstoff-Luft-Mischungsverhältnis. Das Motorsteuergerät ermittelt den Lambda-Regelwert für ein optimales Gemisch.

Ungeregelte Oxidationskatalysatoren:
Bei Dieselmotoren nutzen diese Systeme den hohen Restsauerstoffanteil im Abgas aus. Dadurch werden Kohlenwasserstoffe und Kohlenmonoxid deutlich reduziert.

Ladeluftsystem mit Abgasturbolader

Eine wirkungsvolle Methode zur Steigerung der Motorleistung besteht darin, die Füllung des Zylinders mit Frischluft für die Verbrennung zu verbessern. Diese Aufladung bewirken bei den Ottomotoren die mechanisch von der Kurbelwelle her angetriebenen Kompressoren und bei den CDI die Abgasturbolader. Diese benutzen die Abgase als Antriebsenergie. Die Gase passieren das Turbinengehäuse, wo sie das Läuferrad auf über 100.000 U/min beschleunigen. Der Läufer treibt über die Welle das Verdichterrad. Es saugt Frischluft in das Verdichtergehäuse und presst sie in die Verbrennungskammern. Die vom Turbolader komprimierte und somit aufgeheizte Luft wird in einem Ladeluftkühler wieder abgekühlt. Dadurch wird die Leistungsausbeute noch verbessert, denn kühlere Luft enthält mehr Sauerstoffteilchen.

Arbeiten an der Auspuffanlage

Für Arbeiten an Abgasanlage und Ladeluftsystem gelten die Vorschriften, die für Arbeiten an Motor oder Kraftstoffsystem üblich sind. Beachten Sie darüber hinaus folgende Regeln (siehe auch »Praxistipp« und die Hinweise im Anhang an die Arbeitsanleitung »Zustand der Auspuffanlage prüfen«):

- Gelöste oder aufgeschnittene Kabelbinder an den selben Stellen wieder einbauen oder erneuern.
- Schlauchstutzen und Schläuche müssen vor dem Montieren öl- und fettfrei sein.
- Dichtungen, Dichtringe und selbstsichernde Muttern sind immer zu ersetzen.
- Schlauchverbindungen mit Schnellverschluss-Kupplungen und Schlauchschellen sichern. Bei der Montage müssen die Haltenasen sicher einrasten.

Arbeiten an der Auspuffanlage

Praxistipp

- Auf rostigem Blech können Sie nicht mehr richtig schweißen. Der Erfolg von Reparaturen an einer durchgerosteten Auspuffanlage ist meist nur von kurzer Dauer. Auspuffkitt und Bandagen halten zwar einigermaßen, aber das Blech bricht dann bald neben der Reparaturstelle aus.
- Bei Auspuffanlagen mit Vor- und Nachschalldämpfer kommt es häufig vor, dass nach dem Austausch des einen wenige Monate später auch der zweite auswechselbedürftig ist. Werkstätten wechseln deshalb die Auspuffanlage in der Regel komplett aus. Prüfen Sie den Zustand der Anlage genau und entscheiden Sie erst dann, ob Sie einzelne Teile oder das ganze System austauschen.
- Die Auspuffanlage ist mit dem Auspuffkrümmer durch Bolzen und Muttern fest verbunden. Am Fahrzeugboden ist sie mit Gummilagern befestigt. Bei gründlicher Kontrolle der Anlage müssen diese Aufhängungen unbedingt mit untersucht werden.
- Bei einer Demontage darf die Abgasanlage keinesfalls herunterfallen. Dabei könnte der Keramikkörper im Katalysator beschädigt werden.
- Beim Ausbau der Abgasanlage ist zu beachten, dass der mit dem Abgaskrümmer verbundene Abgasturbolader bei einem Defekt nur komplett ersetzt werden kann. Der Turbolader ist ein Präzisionsteil. Zum Austausch empfiehlt sich eine Werkstatt.
- Die Abgasanlage kann, wenn sie bei der Demontage gestützt wird, komplett mit allen Schalldämpfern ausgebaut werden.
- Denken Sie vor den Arbeiten grundsätzlich daran, beim Ersatzteilkauf neue selbstsichernde Muttern sowie Dichtungen und Haltegummis mitzunehmen.
- Wenn die Untersuchung ergibt, dass Rohre getrennt werden müssen, geschieht das am besten durch kräftige Drehbewegungen oder Hammerschläge. Wenn das nicht funktioniert, sägen Sie die Rohrverbindung des defekten Schalldämpfers 100 mm hinter der Verbindungsstelle ab. Den Rest des Rohres mit der Metallsäge in Längsrichtung aufsägen und mit einem kräftigen Schraubendreher aufhebeln.
- Die Verschraubungen der Auspuffanlage lassen sich beim nächsten Mal leichter lösen, wenn Sie die Gewinde beim Einbau mit hochhitzefestem Kupferfett bestreichen. Das gilt auch für die Rohrverbindungen.

Zustand der Auspuffanlage kontrollieren

Arbeitsschritte | W 12 Monate

1 Fahrzeug mit der Hebebühne anheben und sichern oder mit Wagenheber anheben und absolut rüttelsicher aufbocken. Er darf nicht kippeln, wenn Sie heftig an den Rohren der Auspuffanlage drehen oder zerren.

2 Komponenten auf Brüchigkeit, Einrisse oder sonstige Schäden überprüfen, bei Bedarf ersetzen. Zur Kontrolle den Auspuff an den Schraubbefestigungen rütteln.

3 Verschraubungen am Auspuffkrümmerflansch auf festen Sitz überprüfen. Wenn sich beim Demontieren eine Verschraubung nicht lösen lässt, mit rostlösendem Mittel behandeln oder durch Überdrehen abreißen.

4 Mit einem Lappen das Auspuffendrohr zuhalten. Der Motor muss nach kurzer Zeit ausgehen. Gibt es zischelnde Geräusche an Verbindungsstellen (Zylinderkopf/Abgaskrümmer, Abgaskrümmer/Abgasrohr/Katalysator etc.) und läuft der Motor ungestört weiter, ist die Anlage an der Geräuschstelle undicht. Undichtigkeiten müssen beseitigt werden.

5 Ein sehr dumpfer Auspuffton und Knallen im Schiebebetrieb weisen auf einen durchgerosteten Auspuff hin.

6 Schalldämpfer mit einem Hammer rundum gründlich abklopfen, auch an den Stirnseiten. Nicht zu zaghaft hämmern. Klingt es bei jedem Schlag hell, ist das Blech noch gesund. Wird das Klopfgeräusch an manchen Stellen dumpfer, ist die Außenhaut bereits geschwächt und wird bald durchbrechen.

7 Wenn Teile der Anlage schon einmal ersetzt wurden, trennt man die Steckverbindungen der Rohrenden am besten in erwärmtem Zustand. Schweißbrenner oder Propangasbrenner verwenden und Feuerlöscher bereit halten!

Hinweise und Regeln:
Im Folgenden werden Reparaturen für Benziner und für Dieselfahrzeuge demonstriert. Dabei sollte beachtet werden:

- Bei der Demontage sowohl von einzelnen Teilen als auch der kompletten Auspuffanlage die Anlage stets gut abstützen, damit nichts herunterfällt.
- Einbaulage und Freigängigkeit der Auspuffanlage prüfen. Die Anlage muss spannungsfrei montiert sein, bei Bedarf Auspuffanlage ausrichten.

Zum Aus- und Einhängen von Auspuffgummilagern bei Bedarf Gleitflüssigkeit (Naphtolen H) benutzen.

Ein Helfer kann bei all diesen Arbeiten nützlich sein. Nach getaner Arbeit immer Motorprobelauf durchführen und Auspuffanlage auf Dichtheit prüfen.

Wurden Katalysatoren ausgebaut und ersetzt, müssen die Altteile vorschriftsmäßig entsorgt werden. Sie dürfen nicht wie Schrott behandelt werden, weil sie wertvolles Edelmetall enthalten, das wieder in den Produktionsprozess eingebracht werden kann. Daimler bietet seit 1989 eine Rückgabemöglichkeit mit Rückwertvergütung der Altkatalysatoren an.

Der ausgebaute Dieselpartikelfilter ist ebenfalls ein hochwertiges Altteil und wird im Tausch aufbereitet. Den ausgebauten Partikelfilter mit den Stopfen und der Verpackung des Neuteils versehen und über den bestehenden Rückführungsprozess für Tauschteile dem Logistic Center (LC) zuführen.

Auspuffkrümmer mit Stirnwand-Katalysator Motor 271 aus-/einbauen

Arbeitsschritte

1 Ausbau: Fahrzeug (E 200 K) mit Hebebühne anheben und sichern oder mit Wagenheber anheben und absolut rüttelsicher aufbocken. Motorraumverkleidung unten ausbauen.

2 Steckverbindung der O2-Sonde nach KAT und O2-Sonde vor KAT trennen und die elektrischen Leitungen aus den Haltern ausclipsen. Beide Sonden ausschrauben (nur beim Erneuern des Stirnwandkatalysators).

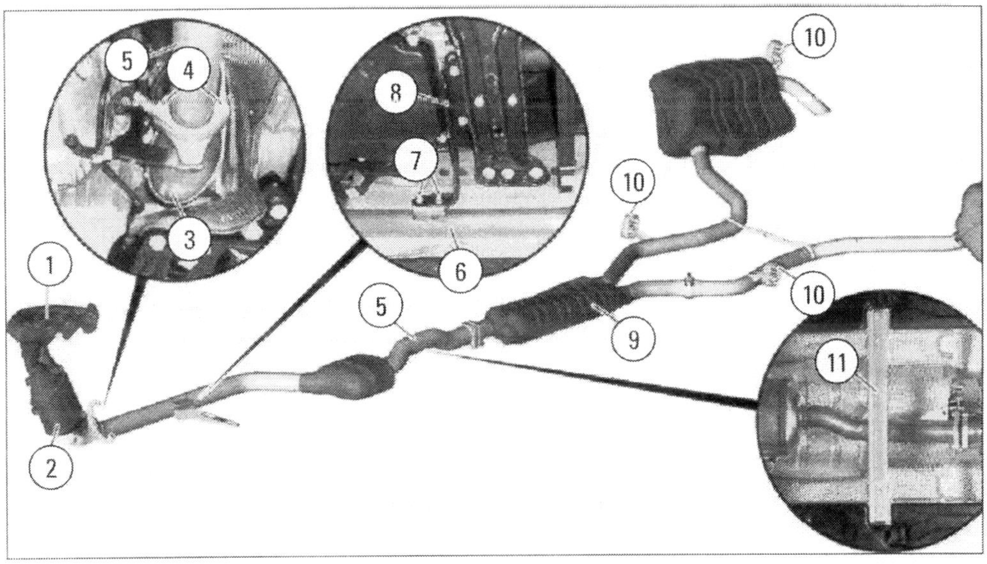

271-Abgasanlage vorn bei Motoren 271.956/.941: (1) Auspuffkrümmer, (2) Stirnwandkatalysator, (3) Katalysatorboden, (4) Schrauben an Klemmschelle, (5) vordere Auspuff-Anlage, (6 Rahmenboden, (7) Schrauben, (8) Halter, (9) Mittelschalldämpfer, (10) Auspuff-Gummilager, (11) Querstrebe.

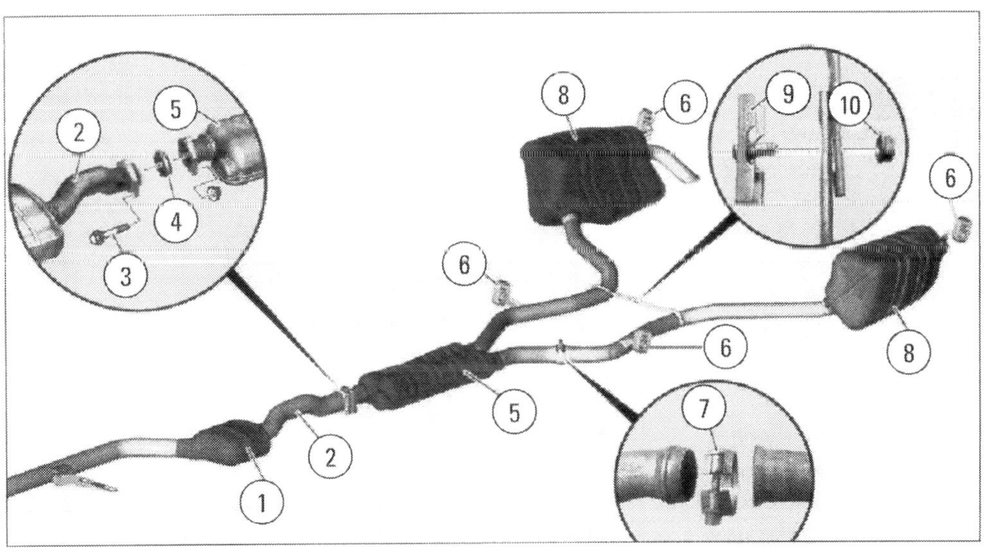

271-Abgasanlage hinten bei Motoren 271.956/.941: (1) Unterboden-Katalysator, (2) vordere Auspuff-Anlage, (3) Schrauben, (4) Dichtung, (5) Mittelschalldämpfer, (6) Auspuff-Gummilager, (7) Schraubschelle, (8) Nachschalldämpfer, (9) Halter mit Schraube, (10) Mutter (20 Nm).

3 Stirnwandkatalysator (2) von der vorderen Auspuffanlage (5 bzw. 2) durch Herausdrehen von zwei Schrauben an Klemmschelle (4) trennen. Anschließend Stirnwandkatalysator vom Halter (8) durch Herausdrehen der Schraube (7) abmontieren (Bilder vorige Seite). Abschirmblech über den Krümmerflanschen ausbauen.

4 Auspuffkrümmer (5) vom Zylinderkopf durch Abschrauben der acht Muttern (4) abmontieren und Auspuffkrümmer mit Stirnwandkatalysator (1) ausbauen (Bild unten).

5 **Einbau:** sinngemäß in umgekehrter Ausbaureihenfolge. Dabei die zwei Schrauben der Verbindung zwischen Stirnwandkatalysator und vorderer Auspuffanlage erneuern und mit 20 Nm festziehen. Schraube am Halter Stirnwandkatalysator ebenfalls erneuern.

6 Auspuffkrümmerdichtung (6) und Muttern (4) Auspuffkrümmer an Zylinderkopf erneuern und mit 21 Nm festziehen (Bild unten). Dichtflächen reinigen.

7 Wenn der Stirnwandkatalysator erneuert wird, müssen die O2-Sonden (2, 3; Bild unten) ab- und ummontiert werden. Das Gewinde der O2-Sonden mit Heißschmierpaste bestreichen und auf korrekten Sitz der Steckverbindungen der Sonden achten.

8 Motorprobelauf durchführen, Auspuffanlage auf Dichtheit prüfen. Danach erst Motorraumverkleidung unten einbauen.

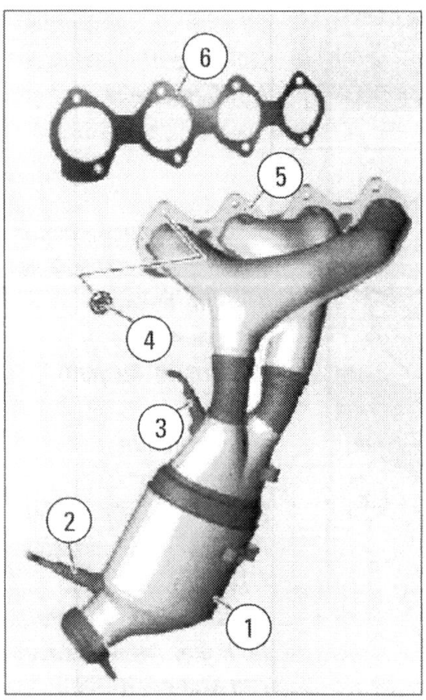

Krümmer und Katalysator von Motor 271: (1) Stirnwandkatalysator, (2) O2-Sonde nach Kat, (3) O2-Sonde vor Kat, (4) Muttern, (5) Auspuffkrümmer, (6) Dichtung.

Auspuffkrümmer der Motoren 272/273 aus-/einbauen

1 **Ausbau:** Fahrzeug (E 240, E 280, E 350, E 500) auf Hebebühne fahren, Motorhaube öffnen. Bei Ausbau des rechten Auspuffkrümmers muss die Masseleitung der Batterie abgeklemmt werden. Luftfiltergehäuse ausbauen.

2 Beim Motor 272.985 die Zündspulen ausbauen. Die bei noch abgesenktem Fahrzeug zugänglichen Muttern zwischen Auspuffkrümmern und Zylinderkopf abschrauben.

3 Fahrzeug anheben. Untere Motorraumverkleidung ab- und rechten und linken Katalysator ausbauen.

4 Fahrzeuge mit 4Matic: Das Wärmeschutzblech beim Ausbau des rechten Auspuffkrümmers am Verbindungsträger Vorderachsgetriebe, beim Ausbau des linken Auspuffkrümmers am Lenkungsgehäuse abmontieren.

5 Die bei angehobenem Fahrzeug zugänglichen Muttern zwischen rechtem und linkem Auspuffkrümmer und Zylinderkopf abschrauben.

6 Beide Auspuffkrümmer und Auspuffkrümmerdichtungen nach unten herausnehmen und Dichtflächen an Zylinderkopf und Auspuffkrümmern reinigen.

7 **Einbau** sinngemäß umgekehrt. Muttern zwischen Auspuffkrümmern und Zylinderkopf mit 16 Nm festziehen. Motorprobelauf, Auspuffanlage auf Dichtheit prüfen. Danach erst Motorraumverkleidung unten einbauen.

Auspuffkrümmer der Motoren 646 aus-/einbauen

1 **Ausbau:** Abgasturbolader ausbauen (nachfolgende Anleitung). Selbstsichernde Muttern Auspuffkrümmer an Zylinderkopf abschrauben und Auspuffkrümmer sowie Zylinderkopfdichtung abnehmen.

2 Stehbolzen Auspuffkrümmer an Zylinderkopf auf Beschädigung und losen Sitz prüfen. Dichtflächen an Auspuffkrümmer und Zylinderkopf reinigen. Dazu keine scharfkantigen oder spitzen Gegenstände verwenden.

3 **Einbau** sinngemäß umgekehrt. Zylinderkopfdichtung und beschädigte Stehbolzen erneuern. Selbstsichernde Muttern Auspuffkrümmer an Zylinderkopf mit 30 Nm, Stehbolzen Auspuffkrümmer an Zylinderkopf mit 20 Nm festziehen.
Motorprobelauf durchführen und Auspuffanlage auf Dichtheit prüfen.

Anmerkung: Der Aus- und Einbau der Auspuffkrümmer bei den 6- und 8-Zylinder-Dieselmotoren 642/648/629 ist ziemlich kompliziert und aufwändig. Diese Arbeiten empfehlen wir hier nicht. Sie sollten sie besser einer Werkstatt übertragen.

Abgasturbolader beim Motor 646.8 aus-/einbauen

Arbeitsschritte

1 **Ausbau (E 200/220 CDI):** Motorabdeckung und Luftfiltergehäuse ausbauen. Abschirmblech über dem Abgasturbolader ausbauen: Bei Motoren ohne Partikelfilter die Schrauben herausdrehen und das Wärmeschutzblech abnehmen. Bei Motoren mit Partikelfilter elektrische Leitungen ausclipsen, Schrauben herausdrehen und Abschirmblech abnehmen.

2 Die Katalysator-Dieselpartikelfilter-Einheit ausbauen. Die Schraube Ladeluftleitung an Ladeluftkanal herausdrehen, die Leitung (neben dem Ladeluftkanal) ausclipsen und den Ladeluftkanal vor Ladeluftkühler ausbauen.

3 Ölzulaufleitung abmontieren. Dazu Schraube Ölzulaufleitung an Abgasturbolader und Schraube Ölzulaufleitung an Zylinderkopf herausdrehen.

4 Stütze an der Unterseite des Abgasturboladers durch Herausdrehen der Schraube abmontieren. Dazu wird ein Einsteck-Torx-Ringschlüssel mit entsprechendem Einsteckschlüsselsatz benötigt.

5 Stecker vom Ladedrucksteller abziehen und Steckverbindung vom Temperaturfühler vor Abgasturbolader trennen.

6 Abgasturbolader vom Auspuffkrümmer abschrauben.

7 Abgasturbolader und gleichzeitig die Ölablaufleitung nach oben herausnehmen. Auslaufendes Öl in geeignetem Gefäß auffangen. Bei Austausch des Abgasturboladers die Ölablaufleitung vom Abgasturbolader abmontieren. Dazu die beiden Schrauben herausdrehen.

8 **Einbau** sinngemäß umgekehrt. Vor dem Einbau eines neuen Abgasturboladers muss die Ölablaufleitung an den Turbolader angesetzt werden. Die Befestigungsschrauben für die Ölablaufleitung werden erst nach dem Einbau des neuen Turboladers angezogen. Die Schrauben der Flanschverbindung Auspuffkrümmer an Abgasturbolader in Torx-Ausführung müssen durch Schrauben in Zwölfkant-Ausführung ersetzt werden; mit 20 Nm plus Vierteldrehung (90°) festziehen.

9 Um den Abgasturbolader spannungsfrei montieren zu können, muss die Schraube der Stütze Abgasturbolader an Zylinderkurbelgehäuse gelöst sein.
Dichtringe der Ölzulaufleitung erneuern. Die Schrauben für Stütze an Abgasturbolader mit 30 Nm und für Stütze Abgasturbolader an Zylinderkurbelgehäuse mit 20 Nm festziehen. Schraube Ölzulaufleitung an Abgasturbolader mit 18 Nm, alle anderen Schrauben mit 9 Nm anziehen.

10 Motorölstand und bei laufendem Motor die Dichtheit prüfen. Fehlerspeicher auslesen.

Anmerkung: Der Aus- und Einbau des Turboladers ist, wie bereits eingangs im Kapitel angemerkt, eine komplizierte Arbeit an einem Präzisionsteil. Wir haben hier zwar das Vorgehen beschrieben, empfehlen aber dennoch die Werkstatt.

Unterbodenkatalysator beim Motor 271 aus-/einbauen

Arbeitsschritte

1 **Ausbau (E 200 K):** Fahrzeug anheben und hinteres Teilstück der unteren Motorraumverkleidung ausbauen. Vordere Auspuffanlage (2) wie beschrieben vom Stirnwandkatalysator und dann vom Mittelschalldämpfer (5) durch Herausdrehen der Schrauben (3) trennen (unteres Bild auf Seite 119).

2 Nach Abschrauben der vorderen Auspuffanlage von einem Halter (zwei Schrauben, Halter liegt zwischen Stirnwand- und Unterbodenkatalysator) kann die vordere Auspuffanlage (2) mit Unterbodenkatalysator (1) herausgenommen werden.

3 **Einbau** in sinngemäß umgekehrter Ausbaureihenfolge. Die beiden Anschlussstellen von Verbrennungs- und Korrosionsrückständen säubern.
Alle Schrauben und Muttern sowie die Dichtung (4) der Anschlussstelle vordere Auspuffanlage an Mittelschalldämpfer erneuern. Vordere Auspuffanlage an Stirnwandkatalysator, an Mittelschalldämpfer und an Halter mit jeweils 20 Nm festschrauben.

4 Einbaulage und Freigängigkeit der Auspuffanlage prüfen. Motorprobelauf durchführen und Auspuffanlage auf Dichtheit prüfen. Untere Motorraumverkleidung einbauen.

Katalysator rechts und links Motoren 272/273 aus-/einbauen

Arbeitsschritte

1 **Ausbau:** Fahrzeug anheben. Hinteres Teilstück der unteren Motorverkleidung abmontieren. Querträger (an Karosserie zwischen Kat und Mittelschalldämpfer) ausbauen.

2 Elektrische Steckverbindungen und Leitungen der O2-Sonden des bzw. der auszubauenden Katalysatoren aus Halteklammern ausclipsen und trennen.

3 Mittelschalldämpfer (1) mit Getriebeheber und Getriebeplatte abstützen (MB: WE58.40-Z-1030/1018-11A).

4 Katalysatoren rechts und links (2, 3) vom jeweiligen Katalysatorhalter abmontieren und vom Mittelschalldämpfer durch Herausdrehen von je zwei Schrauben (4, 5) trennen (folgendes Bild). Dann ebenfalls durch Herausdrehen von je zwei Schrauben die Katalysatoren vom Auspuffkrümmer trennen und abnehmen. Bei Erneuern des Katalysators müssen die O2-Sonden abmontiert und umgebaut werden.

5 **Einbau** sinngemäß in umgekehrter Ausbaureihenfolge. Die beiden Anschlussstellen von Verbrennungs- und Korrosionsrückständen säubern. Schrauben, Muttern und Dichtungen (6) erneuern.

6 Gewinde der O2-Sonden mit Heißschmierpaste bestreichen und auf korrekten Sitz der Steckverbindungen der Sonden achten. Die O2-Sonden werden mit 50 Nm an den Katalysator geschraubt. Schraube Querträger an Karosserie hat 25 Nm Anzugsdrehmoment, alle anderen Befestigungsschrauben 20 Nm.

7 Einbaulage und Freigängigkeit der Auspuffanlage prüfen. Motorprobelauf durchführen und Auspuffanlage auf Dichtheit prüfen. Danach untere Motorraumverkleidung einbauen.

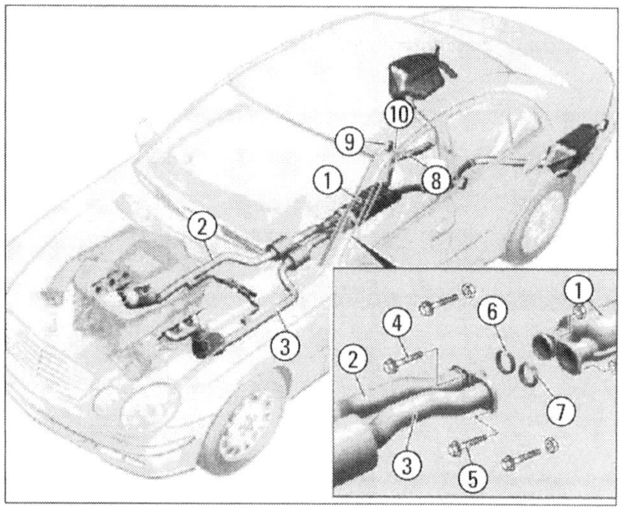

(1) Mittelschalldämpfer, (2) rechter und (3) linker Katalysator, (4) und (5) Schrauben, (6) und (7) Dichtungen, (8) Auspuffanlage, (9) Auspuffgummilager, (10) Haltebügel.

Vorkatalysator (motornah) Motoren 646 aus-/einbauen

Arbeitsschritte

1 **Motoren ohne Partikelfilter; Ausbau:** Luftfiltergehäuse ausbauen (außer Motor 646.8). Wärmeschutzblech über Abgasturbolader ausbauen. Sechs Schrauben herausdrehen.

2 Klemmschelle (3b) von Abgasturbolader (5) an Vorkatalysator (1) abmontieren. Profis nutzen dazu die Montagevorrichtung 211 589 04 63 00. Hinteres Geräuschkapselunterteil ausbauen und mit Montagevorrichtung die Klemmschelle (3a) von Vorkatalysator (1) am Katalysator (2) abmontieren (alle Positionen oberes Bild rechte Spalte).

3 Vorkatalysator von seinem Halter (6) abmontieren und nach oben herausnehmen.

4 **Einbau:** Vorkatalysator (1) lose an Halter (6) montieren, Auspuffgummilager (7) auf Verschleiß prüfen, bei Bedarf erneuern. Selbstsichernde Mutter (8) ebenfalls erneuern.

5 Klemmschelle (3b) von Abgasturbolader (5) an Vorkatalysator (1) montieren, Dichtkegel (4b) erneuern. Klemmschelle (3a) vom Vorkatalysator (1) an Katalysator (2) montieren, Dichtkegel (4a) erneuern. Vorkatalysator an Halter (6) befestigen, selbstsichernde Mutter (8) mit 20 Nm festziehen.

6 Einbaulage und Freigängigkeit der Auspuffanlage prüfen. Wärmeschutzblech über Abgasturbolader und Luftfiltergehäuse (außer Motor 646.8) einbauen. Motorprobelauf durchführen und Auspuffanlage auf Dichtheit prüfen. Danach hinteres Geräuschkapselunterteil einbauen.

Anmerkung: Der Aus- und Einbau des motornahen Vorkatalysators bei den Modellen E 200 CDI und E 220 CDI mit Partikelfilter ist kompliziert und aufwändig. Sie sollten diese Reparatur besser einer Werkstatt übertragen.

Katalysator Motoren 646 ohne Partikelfilter aus-/einbauen

Arbeitsschritte

1 **Ausbau:** Hinteres Geräuschkapselunterteil ausbauen. Vorkatalysator (1) von Katalysator (2) durch Demontage der Klemmschelle (3) trennen (Montagevorrichtung!).

2 Die Rohrschelle zwischen Katalysator und Nachschalldämpfer (rechts außerhalb des Bildes) lösen. Muttern (6) des Halters (7) von Gewindeplatte (5) des Katalysators (2) abschrauben (alle Positionen unteres Bild auf dieser Seite). Katalysator herausheben.

3 **Einbau:** Katalysator (2) und Halter (7) lose mit Gewindeplatte (5) verschrauben, Muttern (6) erneuern. Gummilager (8) des Halters auf Verschleiß prüfen, bei Bedarf erneuern.

4 Katalysator (2) mit Vorkatalysator (1) durch Klemmschelle (3) verbinden, Dichtkegel (4) erneuern (am günstigsten mit der Montagevorrichtung!).

5 Katalysator (2) ausrichten, am Halter (7) spannungsfrei befestigen. Selbstsichernde Muttern (6) zur Befestigung Halter an Kat mit 20 Nm festziehen. Den Nachschalldämpfer ausrichten und mittels Rohrschelle am Katalysator (2) befestigen. Mutter der Rohrschelle mit 20 Nm festziehen.

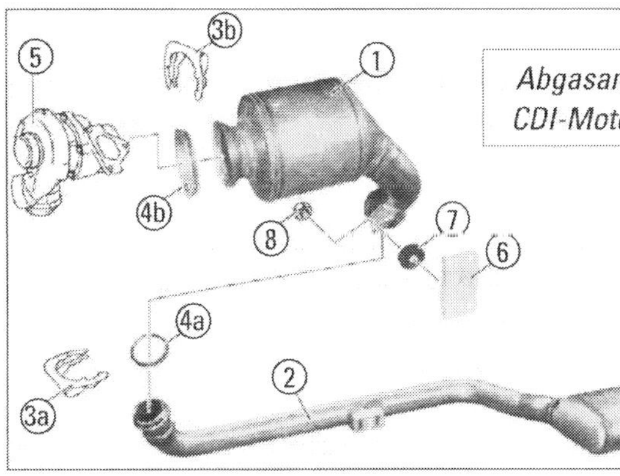

Abgasanlage der CDI-Motoren 646.

(1) Vorkatalysator, (2) Katalysator, (3a, b) Klemmschellen, (4a, b) Dichtkegel, (5) Abgasturbolader, (6) Halter, (7) Auspuffgummilager, (8) selbstsichernde Mutter.

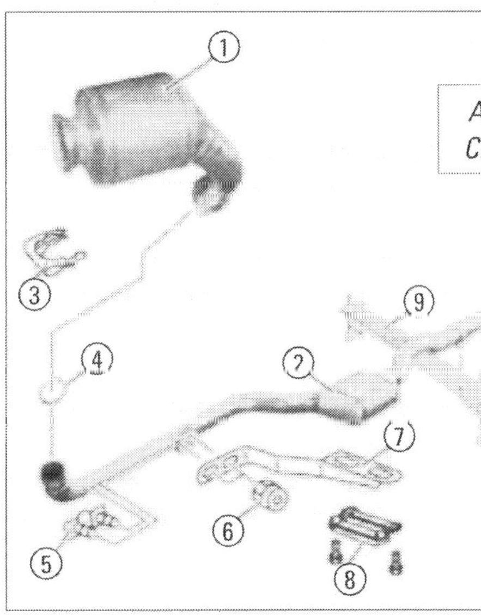

Abgasanlage der CDI-Motoren 646.

(1) Vorkatalysator, (2) Katalysator, (3) Klemmschelle, (4) Dichtkegel, (5) Gewindeplatte, (6) Muttern, (7) Halter, (8) Gummilager, (9) Querstrebe.

6 Einbaulage und Freigängigkeit der Auspuffanlage prüfen. Motorprobelauf durchführen und Auspuffanlage auf Dichtheit prüfen. Erst danach hinteres Geräuschkapselunterteil einbauen.

Vorkat (motornah) und Kat der 6-/8-Zylinder CDI aus-/einbauen

Arbeitsschritte

1 Ausbau Vorkatalysator: Motorhaube öffnen und senkrecht stellen. Motorabdeckung und Hitzeschutz über Abgasturbolader ausbauen.

2 Abgasrohr ausbauen. Dazu die oberen Schrauben herausdrehen und die untere Schraube nur lösen, da der Flansch geschlitzt ist. Klemmschellen zwischen Abgasrohr und Vorkatalysator sowie zwischen Vorkat und Kat ausbauen.

3 Schraube Vorkatalysator an Halter herausdrehen und Vorkatalysator nach oben herausnehmen.

4 Einbau sinngemäß umgekehrt. Die Klemmschellen prüfen, ggf. erneuern. Schraube Vorkatalysator an Halter mit 15 Nm, Schraube Klemmschelle Vorkatalysator an Winkelrohr mit 17 Nm, Schraube Klemmschelle Vorkatalysator an Katalysator mit 17 Nm festziehen.

5 Einbaulage und Freigängigkeit der Auspuffanlage prüfen. Motorprobelauf durchführen, Anlage auf Dichtheit prüfen.

1a Ausbau Katalysator: Motorabdeckung ausbauen. Luftfiltergehäuse rechts ausbauen. Klemmschelle zwischen Katalysator und Vorkatalysator ausbauen.

2a Fahrzeug anheben, Geräuschkapselunterteil ausbauen.

3a Steckverbindung O2-Sonde vor Kat trennen (aus Halterung nehmen) und elektrische Leitung der O2-Sonde freilegen (Kabelbinder).

4a Elektrische Steckverbindung am Temperaturfühler des Katalysators trennen (aus der Halterung nehmen).

5a Fahrzeuge ohne Partikelfilter: Klemmschelle zwischen Katalysator und Auspuffrohr, Fahrzeuge mit Partikelfilter: Klemmschelle zwischen Katalysator und Dieselpartikelfilter lösen.

6a Mutter vordere Auspuffanlage an Halter des Katalysators abschrauben und Katalysator ausbauen. Bei Erneuern des Kat O2-Sonde und Temperaturfühler des Katalysators ausbauen.

7a Einbau sinngemäß umgekehrt. Alle Klemmschellen prüfen, ggf. erneuern. Kabelbinder und Mutter vordere Auspuffanlage an Halter erneuern. Gewinde der O2-Sonde und des Temperaturfühlers mit Heißschmierpaste bestreichen.

8a Mutter vordere Auspuffanlage an Halter mit 20 Nm, Schraube Klemmschelle Vorkat an Kat mit 17 Nm und Schraube Klemmschelle Katalysator an Dieselpartikelfilter bzw. an Rohrverbindung mit 17 Nm festziehen.

9a Einbaulage und Freigängigkeit der Auspuffanlage prüfen. Motorprobelauf durchführen und Auspuffanlage auf Dichtheit prüfen.

Schalldämpfer des E 200 K aus-/einbauen

Arbeitsschritte

Bei diesen Arbeiten am Motor 271 orientieren Sie sich bitte am unteren Bild auf Seite 119.

1 Ausbau: Fahrzeug anheben. Mutter (10) abschrauben und Halter (9) abnehmen. Linken Nachschalldämpfer (8) vom Mittelschalldämpfer (5) durch Lösen einer Klemmschelle (7) trennen.

2 Nach Aushängen des linken Nachschalldämpfers aus den Auspuffgummilagern (6) kann dieser Nachschalldämpfer abgenommen und erneuert werden. Einbau sinngemäß in umgekehrter Ausbaureihenfolge. Ordentliche Ausrichtung des Nachschalldämpfers beachten!

3 Mittelschalldämpfer (5) von vorderer Auspuffanlage (2) durch Herausdrehen der Schrauben (3) trennen. Mittelschalldämpfer (5) mit rechtem Nachschalldämpfer (8) aus den Auspuffgummilagern (6) aushängen und abnehmen. Auspuffgummilager (6) auf Verschleiß prüfen und bei Bedarf erneuern.

4 Einbau: Alle Anschlussstellen von Verbrennungs- und Korrosionsrückständen säubern.

5 Rechten Nachschalldämpfer (8) mit Mittelschalldämpfer (5) in Auspuffgummilager (6) einhängen. Mittelschalldämpfer (5) und vordere Auspuffanlage (2) lose verschrauben.

6 Linken Nachschalldämpfer (8) und Mittelschalldämpfer (5) mittels Klemmschelle (7) sowie linken und rechten Nachschalldämpfer (8) mittels Halter (9) und Mutter (10) zunächst lose verschrauben.

7 Mittelschalldämpfer (5) mit rechtem Nachschalldämpfer (8) ausrichten und Schrauben (3) mit 20 Nm festziehen. Schrauben (3) und Dichtung (4) erneuern.

8 Linken Nachschalldämpfer (8) ausrichten und Klemmschelle (7) mit 20 Nm festziehen. Selbstsichernde Mutter (10) der Nachschalldämpfer-Verstrebung mit 20 Nm festziehen.

9 Einbaulage und Freigängigkeit der Auspuffanlage prüfen. Motorprobelauf, Prüfung der Auspuffanlage auf Dichtheit.

Schalldämpfer der E 280 / 350 / 500 aus-/einbauen

Arbeitsschritte

Diese Arbeiten betreffen die Motoren 272 und 273. Orientierung geben das Bild rechts und die Übersicht Seite 122.

1 Ausbau: Fahrzeug anheben. Nachschalldämpferverstrebung (2) durch Abschrauben der Mutter (5) und Abnehmen des Halters (4) trennen. Linken Nachschalldämpfer durch Lösen der Klemmschelle (3) vom Mittelschalldämpfer (1) trennen (Bild rechts).

2 Nach Aushängen des linken Nachschalldämpfers (8) aus den Auspuffgummilagern (9) kann dieser Nachschalldämpfer abgenommen und erneuert werden (diese und folgende Positionen beziehen sich auf das Bild Seite 122). Einbau sinngemäß in umgekehrter Ausbaureihenfolge. Ordentliche Ausrichtung des Nachschalldämpfers beachten!

3 Mittelschalldämpfer (1) durch Herausdrehen der Schrauben (4, 5) an der Verbindungsstelle von den Katalysatoren (2, 3) trennen. Mittelschalldämpfer (1) mit dem rechten Nachschalldämpfer (8) aus den Auspuffgummilagern (9) aushängen und abnehmen. Auspuffgummilager auf Verschleiß prüfen und bei Bedarf erneuern.

4 Einbau: Alle Anschlussstellen von Verbrennungs- und Korrosionsrückständen säubern.

5 Rechten Nachschalldämpfer (8) mit Mittelschalldämpfer (1) in Auspuffgummilager (9) einhängen und Mittelschalldämpfer lose an Katalysatoren (2, 3) montieren.

6 Linken Nachschalldämpfer (8) und Mittelschalldämpfer (1) mittels Klemmschelle (im Bild unten Position 3) lose verschrauben.

7 Linken und rechten Nachschalldämpfer durch Nachschalldämpferverstrebung (2) mittels Halter (4) und Mutter (5) lose verbinden (alle Positionen Bild unten).

8 Mittelschalldämpfer (1) mit rechtem Nachschalldämpfer (8) ausrichten und Schrauben (4, 5) mit 20 Nm festziehen. Schrauben und Dichtungen (6, 7) erneuern.

9 Linken Nachschalldämpfer (8) ausrichten und Klemmschelle mit 20 Nm festziehen.

10 Mutter (5) der Nachschalldämpferverstrebung (2) mit einem Drehmoment von 20 Nm am Halter (4) festziehen (wieder Bild unten).

11 Einbaulage und Freigängigkeit der Auspuffanlage prüfen. Motorprobelauf durchführen und die Auspuffanlage auf Dichtheit kontrollieren.

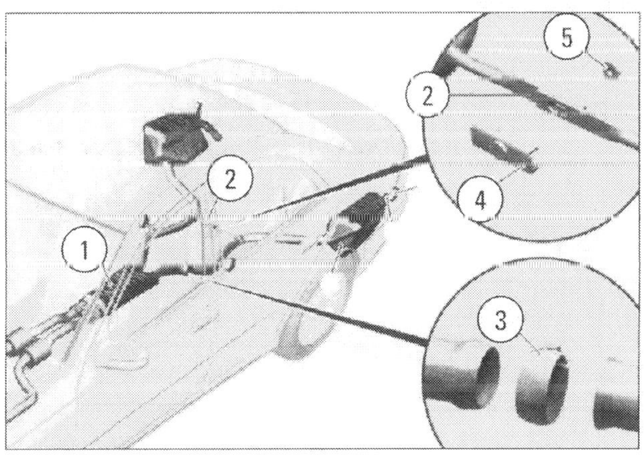

Mittelschalldämpfer der 6- und 8-Zylinder-Benzinmotoren 272/273: (1) Mittelschalldämpfer, (2) Nachschalldämpferverstrebung, (3) Klemmschelle (4) Halter, (5) Mutter.

Nachschalldämpfer der E 200/220 CDI aus-/einbauen

Arbeitsschritte

Diese Arbeiten betreffen im Wesentlichen die Motoren 646. Orientierung dafür gibt das Bild unten.

1 **Ausbau:** Fahrzeug anheben. Rohrschelle (3) zwischen Katalysator (1) und Nachschalldämpfer (2) lösen.

2 Nachschalldämpfer aus den Auspuffgummilagern (4, 5) aushängen und herausnehmen. Auspuffgummilager auf Verschleiß prüfen, bei Bedarf ersetzen.

3 **Einbau:** Nachschalldämpfer (2) in Gummilager (4, 5) einhängen, evtl. Gleitflüssigkeit (Naphtolen H) benutzen.

4 Nachschalldämpfer (2) ausrichten und mittels Rohrschelle (3) an Rohrleitung oder Katalysator (1) befestigen. Mutter der Rohrschelle mit 20 Nm festziehen.

5 Die Mutter zur Befestigung des Auspuffgummilagers am Rahmenboden wird ebenfalls mit 20 Nm festgezogen.

6 Mit dem gleichen Anzugsdrehmoment die selbstsichernden Muttern Flanschverbindung Dieselpartikelfilter an Rohrleitung und Rohrleitung an Halter festziehen.

7 Einbaulage und Freigängigkeit der Auspuffanlage prüfen. Motorprobelauf durchführen und die Auspuffanlage auf Dichtheit kontrollieren.

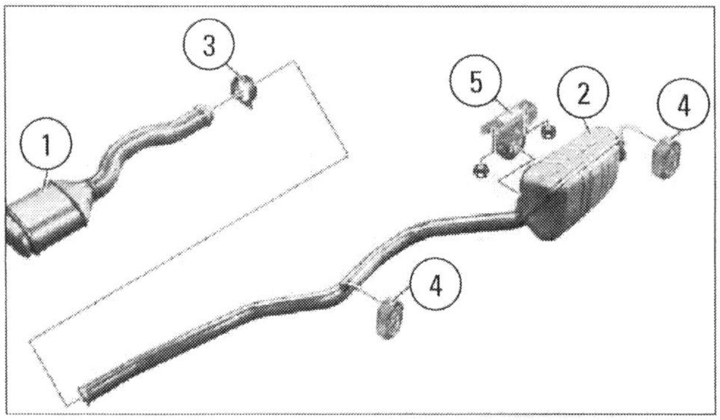

Nachschalldämpfer der 4-Zylinder-Dieselmotoren 646: (1) Katalysator, (2) Nachschalldämpfer, (3) Rohrschelle, (4) und (5) Auspuffgummilager.

Nachschalldämpfer der E 280/320/420 CDI aus-/einbauen

Arbeitsschritte

Diese Arbeiten betreffen im Wesentlichen die Motoren 648.9x, 642.9x und 629.9x. Orientierung dafür geben die Bilder unten.

1 **Ausbau:** Fahrzeug anheben.

2 Halter (2) zwischen Nachschalldämpfer links (1a) und rechts (1b) ausbauen.

3 Bei Modellen mit Partikelfilter: Muttern der Flanschverbindungen des Dieselpartikelfilters (3) abschrauben.

4 Bei Modellen ohne Partikelfilter: Muttern der Flanschverbindungen des mittleren Auspuffrohrs abschrauben.

5 Nachschalldämpfer links (1a) an den Auspuffgummilagern (4), Nachschalldämpfer rechts (1b) an den Auspuffgummilagern (5) aushängen und ausbauen.

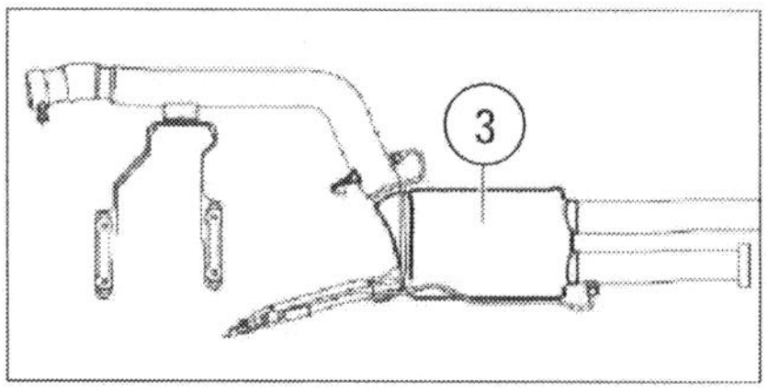

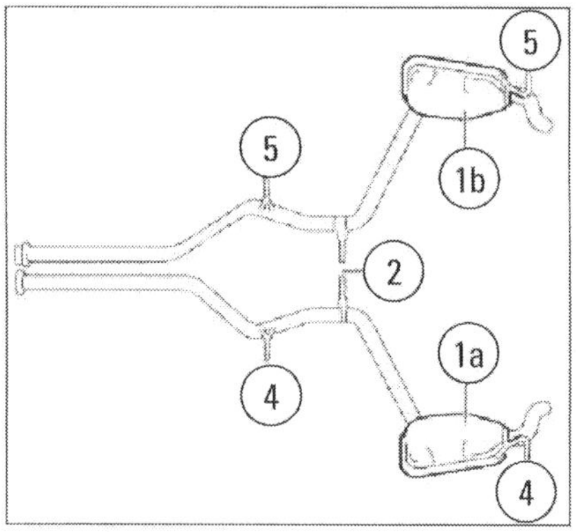

Nachschalldämpfer der 6- und 8-Zylinder-Dieselmotoren 648, 642 und 629: (1a, 1b) linker und rechter Nachschalldämpfer, (2) Halter zwischen den Nachschalldämpfern, (3) Dieselpartikelfilter, (4) Auspuffgummilager linker und (5) Auspuffgummilager rechter Nachschalldämpfer.

6 **Einbau** sinngemäß in umgekehrter Ausbaureihenfolge. Auspuffgummilager auf Verschleiß prüfen, ggf. erneuern. Zum Einbau der Nachschalldämpfer ist das Werkzeug Hakenschlüssel der Firma Hazet (Nummer BR 00.45-Z-1003-06A) sehr empfehlenswert.

7 Mutter Klemmschelle Nachschalldämpfer an Rohrverbindung mit 35 Nm festziehen.

8 Einbaulage und Freigängigkeit der Auspuffanlage prüfen. Motorprobelauf; Auspuffanlage auf Dichtheit kontrollieren.

8 Katalysator-Dieselpartikelfilter-Einheit herausnehmen.

9 **Einbau** sinngemäß umgekehrt. Alle selbstsichernden Muttern sowie die Überwurfmutter Druckleitung an Dieselpartikelfilter mit 20 Nm festziehen. Die Schraube Rohrschelle Katalysator an Abgasturbolader mit 15 Nm, die Schraube Klemmbleche Druckleitung mit 3 Nm festziehen.

10 Fehlerspeicher auslesen und löschen. Motorprobelauf durchführen und Abgasanlage auf Dichtheit prüfen. Danach Geräuschkapselunterteil einbauen.

Kat-Partikelfilter-Einheit bei E 200/220 CDI aus-/einbauen

Arbeitsschritte

Die Arbeitsanleitung bezieht sich auf die Katalysator-Dieselpartikelfilter-Einheit von E 200/220 CDI mit Motoren 646. Orientierung zum Aufbau der Baugruppe geben die Bilder zu Kapitelbeginn, rechts und auf der nächsten Seite.

1 **Ausbau:** Motorabdeckung und Luftfiltergehäuse ausbauen, Abschirmblech über dem Abgasturbolader abmontieren. Steckverbindungen Fühler und O2-Sonde (5, 6; S. 128) trennen.

2 Klemmbleche der Druckleitungen (3) ausbauen. Dazu Schrauben (4a, 4b; Bild rechts) der Klemmbleche lösen und Schraube des Halters herausdrehen (wie folgende Anleitung »Dieselpartikelfilter aus- und einbauen«).

3 Selbstsichernde Mutter Katalysator (1) an Halter abschrauben. Rohrschelle Kat an Abgasturbolader ausbauen.

4 Wagen anheben und hinteres Teilstück der Geräuschkapselunterteile ausbauen.

5 Druckleitungen (3) an Dieselpartikelfilter (2) durch Lösen der Überwurfmuttern abschrauben (Bild rechts).

6 Selbstsichernde Mutter der Rohrschelle an der Flanschverbindung Dieselpartikelfilter an Rohrleitung lösen. Elektrische Steckverbindung (4; S. 128) trennen.

7 Selbstsichernde Muttern Rohrleitung an Halter und Dieselpartikelfilter an Halter am Getriebe abschrauben.

Dieselpartikelfilter bei E 200/220 CDI aus-/einbauen

Arbeitsschritte

Die Arbeitsanleitung bezieht sich auf den Dieselpartikelfilter von E 200/220 CDI mit Motoren 646.8x und 646.9x.

1 **Ausbau:** Fahrzeug anheben. Geräuschkapselunterteile ausbauen. Flanschverbindung Dieselpartikelfilter an Rohrleitung lösen. Muttern Rohrleitung an Halter am Getriebe abmontieren.

2 Temperaturfühler (4) nach Kat im Dieselpartikelfilter (2) ausbauen. Dazu elektrische Steckverbindung des Temperaturfühlers trennen, Kabel aus Kabelhalter ausclipsen und Temperaturfühler herausdrehen.

3 Schraube (4a) der Klemmbleche Druckleitung und Schraube (4b) des Halters Druckleitung an Katalysator herausdrehen (Bilder unten und nächste Seite).

(1) Katalysator, (2) Dieselpartikelfilter, (3) Druckleitungen, (4a) und (4b) Schrauben an den Klemmblechen.

4 Druckleitungen (3) durch Lösen der Überwurfmutter am Dieselpartikelfilter (2) und Dieselpartikelfilter vom Katalysator (1) abmontieren.

5 Dieselpartikelfilter gegen Herunterfallen sichern und Befestigungsmuttern des Filters vom Halter am Getriebe abschrauben.

6 Dieselpartikelfilter vorsichtig nach unten herausnehmen. Bei Erneuern des Partikelfilters mit Werkstattsystem den Fehlerspeicher auslesen und ebenfalls mit Star Diagnosis die Anpassung des Steuergeräts CDI vornehmen.

7 **Einbau** sinngemäß in umgekehrter Ausbaureihenfolge. Dichtflächen zwischen Dieselpartikelfilter und Katalysator reinigen sowie Schrauben und Dichtung (5) erneuern. Mutter der Schraubverbindung Dieselpartikelfilter an Katalysator in zwei Stufen, erst mit 10 Nm, dann mit 30 Nm anziehen.

8 Die Überwurfmutter Druckleitung an Dieselpartikelfilter und alle selbstsichernden Muttern sind mit 20 Nm festzuziehen. Das Anzugsdrehmoment der Schraube Klemmbleche Druckleitung und für den Halter Druckleitung an Katalysator beträgt jeweils 3 Nm.

9 Einbaulage und Freigängigkeit der Auspuffanlage prüfen. Motorprobelauf durchführen und Auspuffanlage auf Dichtheit kontrollieren.

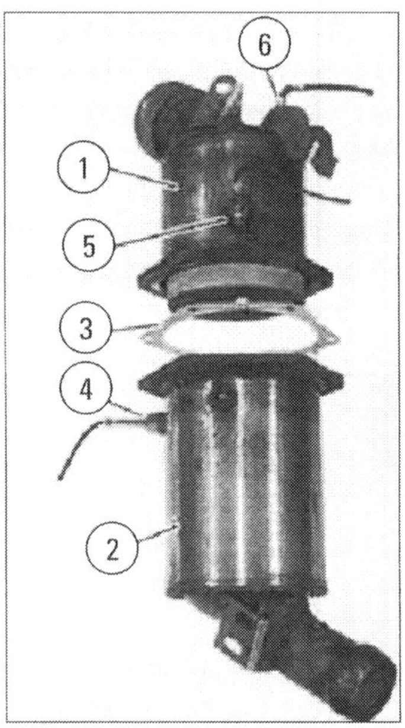

(1) Katalysator, (2) Dieselpartikelfilter, (3) Dichtung, (4) Temperaturfühler nach Kat im Partikelfilter, (5) Temperaturfühler vor Filter im Kat, (6) Steckverbindung O2-Sonde vor Kat.

Dieselpartikelfilter bei E 280/320/420 CDI aus-/einbauen

Arbeitsschritte

Die Arbeitsanleitung bezieht sich auf den Dieselpartikelfilter der 6- und 8-Zylinder-CDI mit Motoren 648, 642 und 629.

1 **Ausbau:** Fahrzeug anheben und Geräuschkapselunterteil ausbauen.

2 Temperaturfühler (6) vor Partikelfilter (1) abschrauben.

3 Druckleitungen (2) am Dieselpartikelfilter (1) mit Überwurfmutter (Drehmoment 20 Nm) abschrauben.

4 Schraube (4) an Klemmblech der Druckleitungen herausdrehen.

5 Muttern (3) Dieselpartikelfilter an Halter der Auspuffanlage abschrauben.

6 Klemmschelle Dieselpartikelfilter an Katalysator lösen.

7 Schrauben (5) der Flanschverbindungen Partikelfilter an Endschalldämpfer lösen.

8 Dieselpartikelfilter (1) am besten zusammen mit einem Helfer ausbauen.

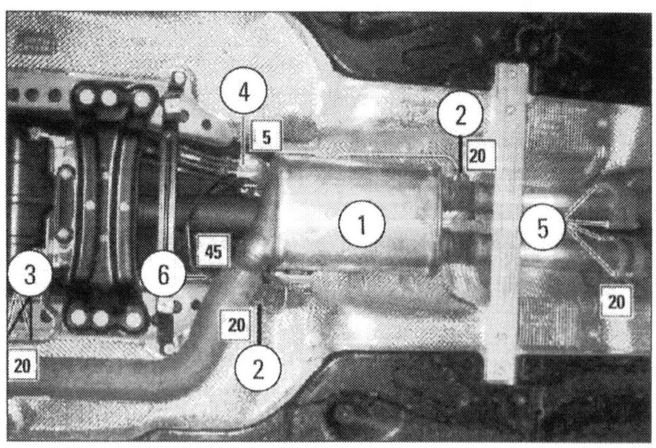

(1) Dieselpartikelfilter, (2) Druckleitungen, (3) Muttern Partikelfilter an Halter, (4) Schraube Klemmbleche der Druckleitungen, (5) Schrauben Flanschverbindung Partikelfilter an Endschalldämpfer, (6) Temperaturfühler vor Partikelfilter. Zahlen in Kästchen: Drehmomente.

9 Einbau sinngemäß in umgekehrter Ausbaureihenfolge. Gewinde des Temperaturfühlers und Gewinde für Überwurfmutter Druckleitungen am Dieselpartikelfilter mit Heißschmierpaste bestreichen. Muttern (3) Dieselpartikelfilter an Halter erneuern.

10 Klemmschelle Partikelfilter an Katalysator mit 35 Nm anziehen. Alle weiteren Anziehdrehmomente siehe Bild (kleine Ziffern in den Kästchen).

11 Fehlerspeicher auslesen und löschen sowie bei Erneuern des Partikelfilters Steuergerät CDI anpassen mithilfe Werkstattsystem Star Diagnosis.

12 Einbaulage und Freigängigkeit der Auspuffanlage prüfen. Motorprobelauf durchführen und Auspuffanlage auf Dichtheit kontrollieren.

Auspuffanlage komplett oder ab Flanschverbindung aus-/einbauen

Arbeitsschritte

Diese Arbeiten sind bei allen Motoren prinzipiell ähnlich. Sie werden nötig, wenn Teile zu reparieren (schweißen) oder zu ersetzen sind. Ein Beispiel zeigt das nebenstehende Bild: Eine Aufhängung an der hinteren Auspuffanlage ist angebrochen und droht, gänzlich abzureißen. Ausbau in größerem Umfang und zumindest Schweißarbeit ist dann erforderlich.
Die bisherigen Arbeitsanleitungen dieses Kapitels haben an vielen Aus- und Einbaubeispielen gezeigt, wie die einzelnen Komponenten zur Gesamtanlage zusammengeschraubt sind. Für die Dieselmotoren zeigen die Bilder unten nochmals das Prinzip, für die Benzinmotoren gelten die Bilder auf Seite 119.

- Fahrzeug anheben und hinteres Teilstück der unteren Motorraumverkleidung (Benziner) oder hinteres Geräuschkapselunterteil (CDI) ausbauen.
- Querstrebe an der Karosserie zwischen Unterbodenkatalysator und Mittelschalldämpfer oder nach Katalysator(en) durch Herausdrehen der Schrauben ausbauen.
- Elektrische Steckverbindungen und elektrische Leitungen von O2-Sonden und Temperaturfühlern trennen bzw. aus Halteklammern ausclipsen.
- Druckleitungen an Dieselpartikelfilter abmontieren. Dieselpartikelfilter oder (wenn nicht vorhanden) mittleres Auspuffrohr ausbauen. Katalysatorhalter vom Getriebe abmontieren.
- Auspuffanlage mit Getriebeheber und Getriebeplatte abstützen (Werkstatteinrichtungen WE58.40-Z-1030-11A und WE58.40-Z-1018-11A).
- Vorkatalysator(en) von den Auspuffkrümmern abschrauben und durch Abmontieren der Klemmschelle von Katalysator trennen. Wenn vorhanden, Dieselpartikelfilter durch Abmontieren der Rohrschelle von Rohrleitung trennen.
- Auspuffanlage von Haltern abschrauben, vom Stirnwandkatalysator abmontieren und entweder ganz oder nur an den Nachschalldämpfern aus den Gummilagern aushängen.
- Anlage absenken.
- Einbau umgekehrt. Motorprobelauf, Dichtheit prüfen.

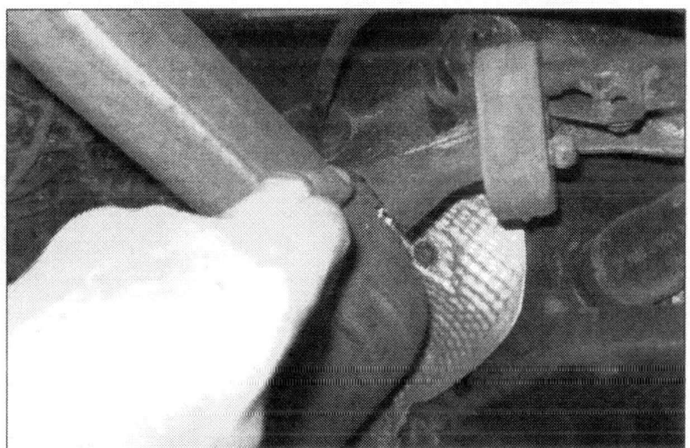

Riss in der Aufhängung am Endrohr für eines der Auspuffgummilager.

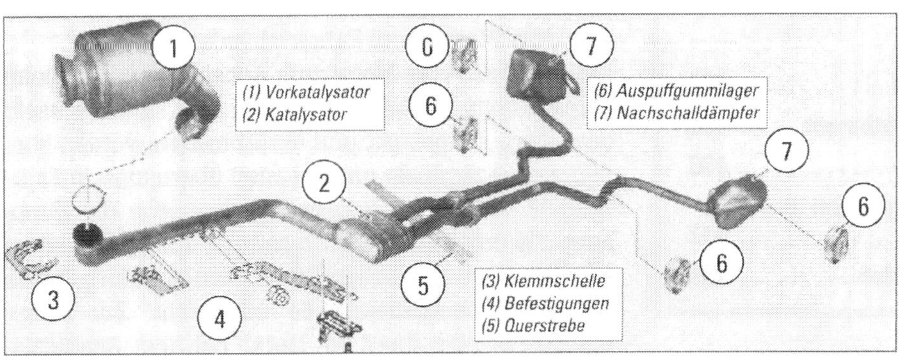

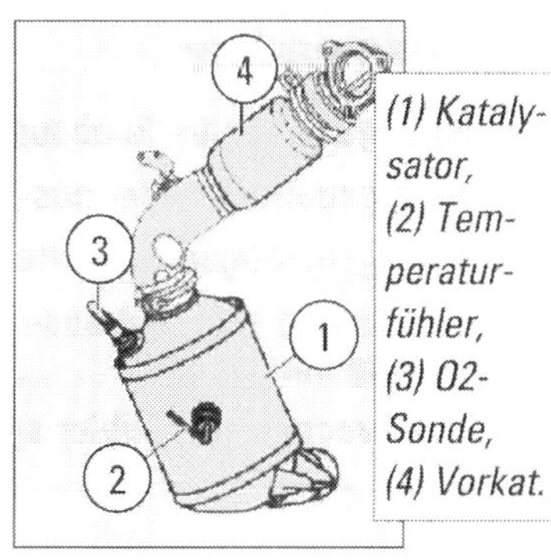

DIE KRAFT-ÜBERTRAGUNG

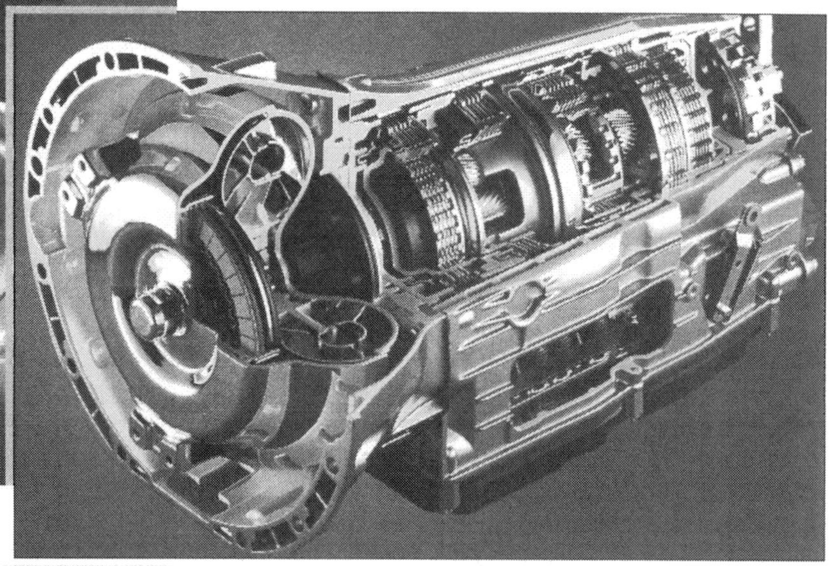

Die »7G-TRONIC« (unten) ist das weltweit erste 7-Gang-Automatikgetriebe. Aber die E-Klasse pflegt auch Bewährtes wie den Schalthebel »Classic Line« (links).

Wartung

Reparatur

Die vom Motor produzierte Leistung gelangt zu den Rädern über ein System der Kraftübertragung aus Kupplung, Getriebe und Achsantrieb. Diese drei Akteure sind durch Gelenke, Wellen und Zahnräder miteinander verbunden. Welche Kraft sie real an die Räder übertragen, hängt ganz davon ab, was dem Wagen vom Fahrer abverlangt wird.

Der Kraftfluss vom Motor zum Achsantrieb muss beim Starten, beim fahrbereiten Stehen oder zum Wechseln der Gänge hergestellt und unterbrochen werden können. Das Ankoppeln und Trennen übernimmt in Fahrzeugen mit mechanischem Schaltgetriebe die Kupplung. Sie ermöglicht auch ruckfreies Anfahren, indem sie die unterschiedlichen Drehzahlen von Kurbelwelle und Getriebe-Antriebswelle ausgleicht. Zur Kupplungsbetätigung dient ein Pedal, mit dem Ausrückla-

Die Aggregateinheit: Kompressormotor 271 mit Getriebe.

ger, Kupplungsscheibe und Druckplatte bedient werden (Bild unten). Das Pedal fehlt in Fahrzeugen mit Automatikgetriebe. Bei ihnen ist die Kupplung ins Getriebe integriert und arbeitet vollautomatisch.
Das Getriebe passt die Motordrehzahl der gewünschten Geschwindigkeit der Räder an, weil der Motor nur in einem begrenzten Drehzahlbereich verwertbare Leistung bietet. Beim Anfahren wird an den Antriebsrädern ein großes Drehmoment benötigt. Dazu übersetzt der erste Gang die Motordrehzahl für die Räder ins Langsamere. Bei der Autobahnfahrt im sechsten Gang verhält es sich umgekehrt, eine Übersetzung ins Schnellere wird wirksam.
Der Achsantrieb ist die letzte Zwischenstation, über die das vom Motor produzierte Drehmoment die Antriebsräder erreicht. Seine Aufgabe besteht darin, die Drehzahlen vom Getriebe ins Langsamere zu übersetzen, das Drehmoment zu vergrößern und es gleichmäßig an die Antriebsräder zu übertragen.
Für die E-Klasse stehen drei Getriebevarianten zur Verfügung: das mechanische 6-Ganggetriebe, das automatische 5-Ganggetriebe und das automatische 7-Ganggetriebe, die so genannte »7G-TRONIC«.

Das mechanische Getriebe

Serienmäßig in den 4-Zylinder-Modellen sowie in den E 280 CDI, E 230 und E 280 ist ein 6-Gang-Schaltgetriebe. Das mechanische Handschaltgetriebe (Mercedeskennzeichnung Nr. 716.6) ist ein vollsynchronisiertes Zweiwellengetriebe mit sechs Vorwärtsgängen und einem Rückwärtsgang. Es kommt in den Ausführungen 716.60, -62, -63, -64, -65 und -66 zum Einsatz.

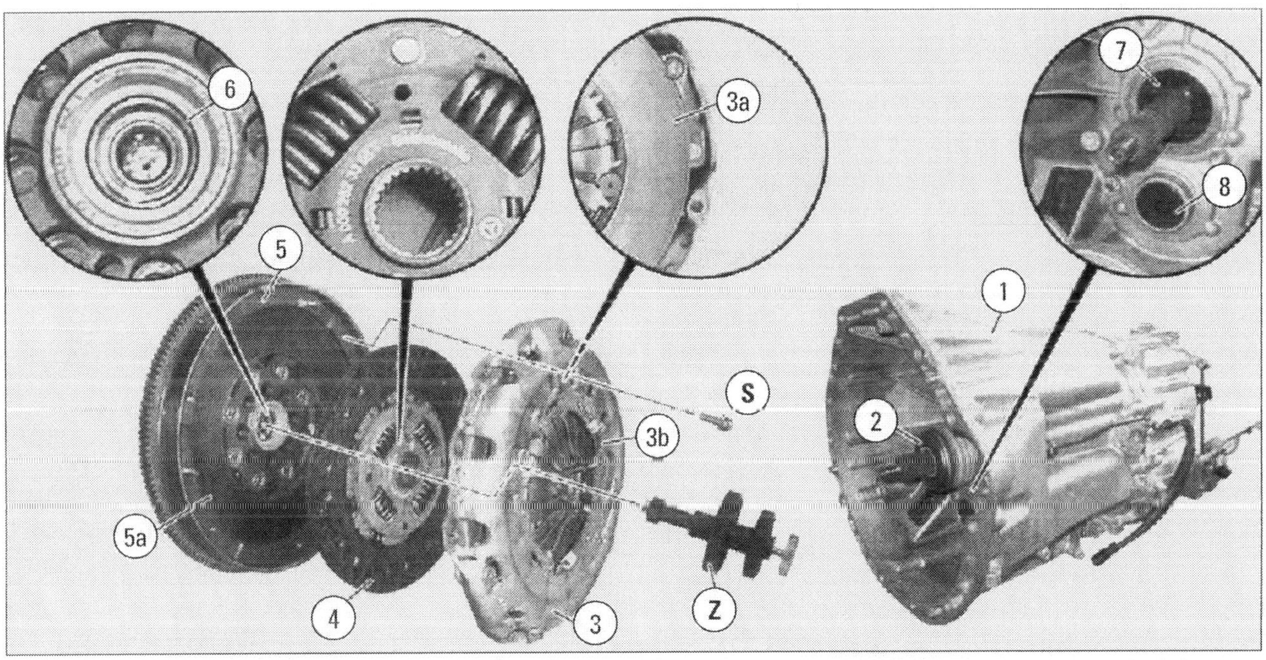

Kupplung für Schaltgetriebe 716.6:
(1) Getriebe, (2) Zentralausrücker, (3) Druckplatte, (3a) Reibfläche, (3b) Nachstellring, (4) Kupplungsscheibe (»Mitnehmerscheibe«), (5) Schwungrad, (5a) Reibfläche, (6) Pilotlager, (7) Radialwellendichtring, (8) Abdichtdeckel.
(Z) Zentrierwerkzeug, (S) Innensechskantschraube.

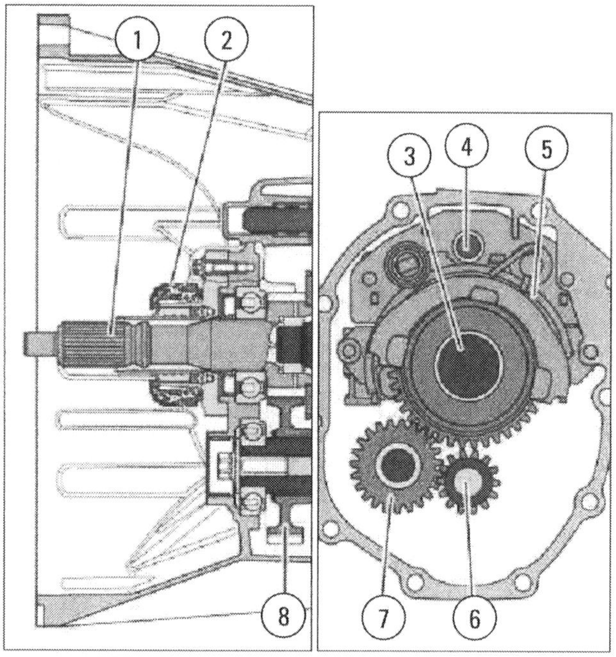

Schaltgetriebe 716.6, links Längsschnitt vorderer Teil der Glocke, rechts Querschnitt: (1) Antriebswelle, (2) Zentralausrücker, (3) Hauptwelle, (4) Zentralschaltwelle, (5) Innenschaltungsmodul, (6) Vorgelegewelle, (7) Rückwärtsgang-Zwischenrad, (8) fünfter Gang.

Der sechste Gang dieses Getriebes ist ein verbrauchs- und drehzahlsenkender Schongang. Das Getriebe hat eine konventionelle Trockenkupplung mit automatischer Verschleißnachstellung, die durch einen hydraulischen Zentralausrücker (2 in den Bildern vorige und diese Seite) betätigt wird.

Das Getriebe ist wartungsfrei und hat eine Dauerölfüllung. Die Schalthebelbewegung wird durch Schaltstange und Seilzug übertragen, die Zentralschaltwelle (4 im Bild oben) ist nadelgelagert. Radsätze und Wellen sind zwischen zwei Lagerebenen angeordnet. Das geteilte Getriebegehäuse besteht aus Leichtmetall. Vorderes und hinteres Gehäuseteil sind mit Flüssigdichtmittel abgedichtet.

Die Antriebswelle (1 im Bild oben) wird im Schwungrad (5 im Bild vorige Seite) durch ein Pilotlager (6 im Bild vorige Seite) gelagert. Hauptwelle (3 im Bild oben) und Antriebswelle sind im Getriebegehäuse auf einer gemeinsamen Wellenebene ineinander gesteckt und in Rillenkugellagern gelagert. Die Vorgelenkwelle (6 im Bild oben) ist zur Gewichtsreduzierung als Hohlwelle ausgeführt und durch Rillenkugellager und Rollenhülse gelagert.

»Direct Control«

In der seit 2006 gefertigten Generation der E-Klasse kommt ein Maßnahmepaket zum Einsatz, das Fortschritte in Agilität und Handling bewirkt: »Direct Control«. Dies bewirkt für Lenkung, Fahrwerk und Schaltgetriebe eine direktere, spontanere und agilere Interaktion als bisher.

Die Schaltsteuerung des Sechsgang-Getriebes wurde im Rahmen dieser Modellpflege weiterentwickelt. Dadurch erzielen die Mercedes-Ingenieure vor allem beim Schaltkomfort und bei der Schaltpräzision beachtliche Fortschritte. Die Technik: Im Unterschied zur bisherigen Steuerung, bei der die Bewegungen des Schalthebels in der Längs- und in der Querrichtung getrennt an das Getriebe übertragen wurden, übermittelt nun eine einzige Schaltstange beide Bewegungen gleichzeitig. Dadurch konnte auf die bisherigen Umlenkungen verzichtet werden. Das macht sich in der Praxis vor allem durch einen schnellen und leichten Gangwechsel bemerkbar.

Die zwei automatischen Getriebe

Die 4Matic-Modelle verfügen serienmäßig, die 4-Zylinder-Modelle auf Wunsch über das elektronisch gesteuerte 5-Gang-Automatikgetriebe mit Überbrückungskupplung im Drehmomentwandler. Die Übersetzungen für die Gangstufen werden durch drei Planetenradsätze realisiert. Der 5. Gang mit Übersetzung uns Schnelle ist ein Schongang. Die Gänge werden durch entsprechende Kombination von jeweils drei hydraulisch betätigten Lamellenbremsen und Lamellenkupp-

Praxistipp

Abschleppen bei Automatik-Getriebe

Springt ein Wagen mit automatischem Getriebe einmal nicht an, sollten Anschieben oder Anschleppen nach Möglichkeit vermieden werden. Versuchen Sie es besser zunächst mit dem Starthilfekabel.

Müssen Sie Ihr Fahrzeug abschleppen lassen, dann nur in Vorwärtsrichtung und im Leerlauf. Dabei nicht schneller als 50 km/h fahren und höchstens 50 km weit schleppen, sonst reicht die Getriebeschmierung wegen Überhitzung nicht aus. Im Zweifelsfall das Auto lieber verladen.

lungen sowie von zwei mechanischen Freiläufen verwaltet.
Die elektrohydraulische Steuereinheit ist von unten an das Getriebegehäuse geschraubt. Den Abschluss bildet eine Ölwanne aus Stahlblech. Durch Bohrungen in Antriebs- und Abtriebswelle werden das Öl für die Kupplungen und das Schmieröl zugeführt. Parksperrenrad und Abtriebsflansch sind über Verzahnungen mit der Abtriebswelle verbunden.

Welterste Siebengang-Automatik

Über sieben Vorwärtsgänge und zwei Rückwärtsgänge verfügt das elektronisch gesteuerte Automatikgetriebe »7G-Tronic«. Es ist serienmäßig in den 320 und 420 CDI der E-Klasse sowie den E 350, E 500 und E 63 AMG verbaut. Auf Wunsch ist es für den E 280 CDI, den E 230 und den E 280 erhältlich. In Verbindung mit dem Sportpaket bietet die »7G-TRONIC« im E 350 und E 500 einen manuellen Schaltmodus, bei dem der Autofahrer die Fahrstufen durch Antippen neu entwickelter, besonders griffgünstiger Schaltpaddles am Lenkrad wechseln kann.
Die sieben Vorwärtsgänge ermöglichen eine größere Spreizung zwischen dem niedrigsten und dem höchsten Gang und somit kleinere Drehzahlsprünge. Zusammen mit der Wandlerüberbrückungskupplung werden optimales Drehzahlniveau, sanfte Schaltvorgänge und niedrigerer Kraftstoffverbrauch garantiert.

Praxistipp: Getriebegeräusche

Geräusche aus dem Getriebe deuten fast immer auf Verschleiß von Zahnrädern oder Wellenlagern hin. Solche Geräusche treten meist bei Fahrzeugen mit hoher Laufleistung auf. Zunächst den Ölstand im Getriebe kontrollieren und dann unterscheiden:

- Bei heulendem Geräusch nur in einem Gang ist höchstwahrscheinlich die Verzahnung des betreffenden Gangradpaares verschlissen.
- Geräusche in allen Gängen werden durch Schäden am Achsantrieb oder an den Wellenlagern des Getriebes verursacht.
- Raue, mahlende Geräusche bei warmem Getriebe zeigen schlagende Synchronringe an.

Für schnellere Zwischenspurts kann die »7G-TRONIC« dank Mehrfach-Rückschaltung mehrere Gänge überspringen. Die kürzeren Schaltzeiten erlauben zudem eine bessere Beschleunigung und schnellere Zwischenspurts. Bei Vollgas werden automatisch Gänge übersprungen, so genannte verschliffene Mehrfachrückschaltungen lassen das Fahrzeug die Endgeschwindigkeit schnellstmöglich erreichen.
Bei der »7G-TRONIC« sind alle Getriebefunktionen und Getriebekomponenten in einem Montagemodul von 620 mm Länge und 81,5 kg Masse zusammengefasst. Die drei Baugruppen sind der Drehmomentwandler mit Torsionsdämpfer und Wandlerüberbrückungskupplung, die Ölpumpe für Öldruck und Schmierung und das Getriebegehäuse aus Leichtmetall mit Getriebemechanik und elektrohydraulischer Steuereinheit. Die Mechanik besteht aus Ravigneaux-Radsatz, zwei Planetenradsätzen, Parksperre, drei Lamellenkupplungen und drei Lamellenbremsen. Die Steuereinheit ist unter das Getriebegehäuse montiert, wird ständig vom Getriebeöl umspült und dadurch auch gekühlt.

Der Achsantrieb

Die vom Getriebe kommenden Drehzahlen werden vom Achsantrieb ins Langsamere übersetzt. So wird das Drehmoment vergrößert und gleichmäßig an die Hinterräder als Antriebsräder der E-Klasse-Fahrzeuge übertragen. Mit einer Gelenkscheibe ist an das Getriebe die vordere Gelenkwelle angeschraubt, die zum Gelenkwellenzwischenlager führt, von dem die hintere Gelenkwelle bis zum Hinterachsmittelstück führt, an das sie mit Gelenkscheibe angeschraubt ist.

Praxistipp: Schäden an Gelenk und Antriebswelle

Sporadisch können Geräusche auftreten, die auf einen Defekt am Achsantrieb hinweisen:

- Rhythmische Schlag- oder Knack-knack-knack-Geräusche beim Gasgeben deuten auf einen Schaden am radseitigen Gelenk hin.
- Vibriert und zittert bei eingeschlagenen Rädern das Lenkrad, ist meist das äußere Gelenk beschädigt.
- Knackgeräusche beim Anfahren signalisieren oftmals einen Defekt an der Antriebswelle.

Vom Ausgleichsgetriebe im Hinterachsmittelstück erfolgt die Kraftübertragung über zwei Antriebswellen (Gelenkwellen) auf die Hinterräder. Die Gelenke an diesen Wellen gewährleisten, dass bei jedem Beugewinkel der Antriebswelle eine gleichmäßige Kraftübertragung erfolgt.

Das Getriebeöl

Alle Getriebe sind wie die Motoren mit einer Ölwanne ausgestattet (Bild unten). Öl ist erforderlich für ständige Schmierung und Kühlung von Radsätzen, Lagern und Wellen. Getriebeöle sind konstruktionsgerechte Substanzen. Sie müssen konstruktiven, technologischen und stofflichen Anforderungen ebenso genügen wie Forderungen an Lagerfähigkeit, Umweltverträglichkeit, weltweite Verfügbarkeit, Wirtschaftlichkeit und Qualität der Schmierstoffeigenschaften.
Mercedes-Benz hat Ölstandards festgelegt, die im Einzelnen auf bestimmten Blättern der Betriebsstoffvorschriften dokumentiert werden. Berücksichtigt wird, dass Getriebeöle einer definierten Qualität vielfach in den unterschiedlichsten Aggregaten eingesetzt werden können, dass einige Aggregate aber auch ganz spezielle Schmierstoffe erfordern. Die Vorschriftenblätter für Getriebeöle sind daher recht zahlreich.
Normalerweise sind die Getriebe mit Lebensdauerfüllungen versehen, so dass Nachfüllen oder Wechseln von Öl nicht erforderlich ist. In bestimmten Reparaturfällen ist das aber unumgänglich, weshalb wir hier

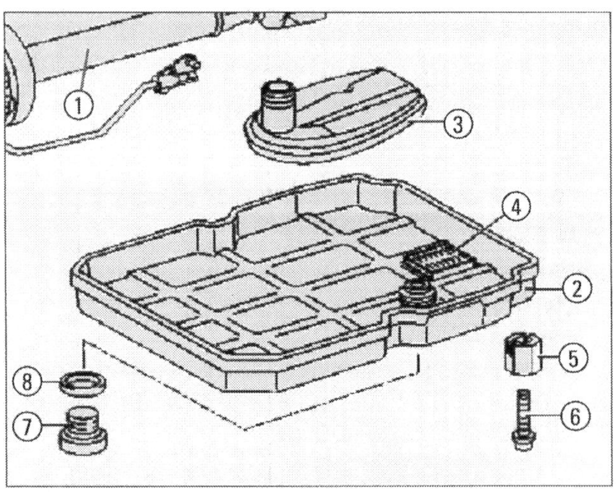

Ölwanne des Automatik-Getriebes 722.6: (1) Getriebe, (2) Ölwanne, (3) Ölfilter, (4) Magnet, (5) Klemmkörper, (6) Schraube, (7) Ölablassschraube, (8) Dichtring.

kurz auf die Spezifikationen eingehen, ansonsten aber auf die Vorschriftenblätter mit den Details der für Mercedes-Benz-Fahrzeuge freigegebenen Öle verweisen:

1. Getriebeöle	Blatt 235.1/.4/.5/.10/.11/.12
2. ATF	Blatt 236.1 bis 236.12 und Blatt 236.81.

- Für die mechanischen Getriebe 716.6 der E-Klasse ist Getriebeöl der SAE-Klasse 75W-80W nach Blatt 235.10 vorgeschrieben. Das sind Produkte wie MB 317 der Exxon Mobil Corporation (USA) und Schaltgetriebeöl A 001 989 2603 der Daimler AG, Stuttgart. Füllmengen: Je nach Bauart 1,2 Liter oder 1,5 Liter.
- Für die 5-Gang-Automatikgetriebe 722.6 der E-Klasse ist Flüssigkeitsgetriebeöl der SAE-Klasse ATF nach Blatt 236.10 und 236.12 vorgeschrieben. Konkretes Produkt ist ATF 3353 A 001 989 2103 von Daimler. Füllmengen: Je nach Bauart 7,5 Liter, 7,5 (+0,5) Liter, 8,6 (+0,5) Liter oder 9 Liter.
- Für die 7-Gang-Automatikgetriebe 722.9 der E-Klasse ist Flüssigkeitsgetriebeöl der SAE-Klasse ATF nach Blatt 236.12 vorgeschrieben. Konkrete Produkte sind Fuchs Titan ATF 3353 der Fuchs Petrolub AG, Mannheim, Shell ATF 3353 der Shell International Petroleum Company (England) und ATF 3353 A 001 989 4503 von Daimler. Füllmengen: Grundfüllmenge 6 Liter, Auffüllmenge nach Getriebetausch 2 Liter, nach Getriebe- und Wandlertausch 4 Liter.

Kupplungspedal aus-/einbauen

Arbeitsschritte

Fahrzeuge mit mechanischem Getriebe 716.x verfügen über ein Kupplungspedal. Um dieses ausbauen zu können, muss die Pedalanlage ausgebaut werden.

1 **Ausbau:** Linke Abdeckung unter der Armaturentafel (»Innenraum«) und Bremslichtschalter (3, Bild 3 nächste Seite. Ausbau: »Die Fahrzeugelektrik«) ausbauen.

2 Verriegelungstaste am Schalter Kupplungspedal (2, Bild 3 nächste Seite) drücken, Den Schalter um 90° nach rechts drehen und herausnehmen.

3 Vordere Abdeckung (3, Bild 3 nächste Seite) ausclipsen und abnehmen. Bolzen (9, Bild 1 nächste Seite) heraushebeln. Bolzen auf Beschädigungen und Verschleiß prüfen, bei

Bedarf erneuern. Geberzylinder (1) von Pedalanlage (11) abmontieren (, Bild 1 unten). Leitungen am Geberzylinder nicht abklemmen.

4 Schraubbolzen (6) herausdrehen. Bolzen auf Beschädigungen und Verschleiß prüfen, ggf. erneuern. Bundmuttern (5 und von Bolzen 6) abschrauben (Bild 3 unten).

5 Pedalanlage (11, 5 und 4 in Bild 1, 2 und 3) aus hinterer Abdeckung ausclipsen und herausnehmen.

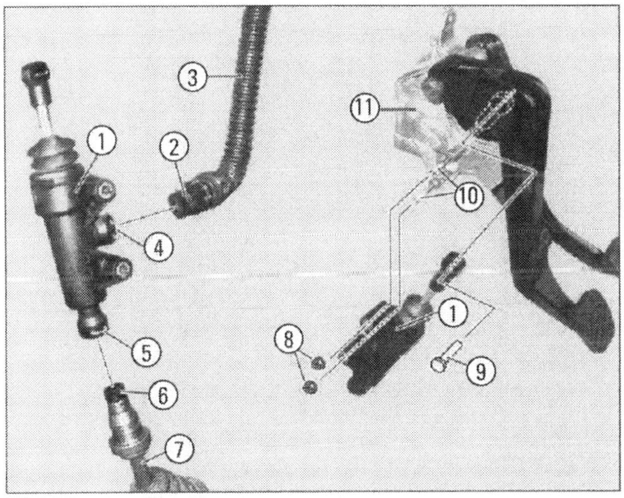

Kupplung Bild 1: (1) Geberzylinder, (2) O-Ring, (3) Zulaufleitung, (4, 5) Klammern, (6) O-Ring, (7) Druckleitung, (8) Muttern, (9) Bolzen, (10) Schrauben, (11) Pedalanlage.

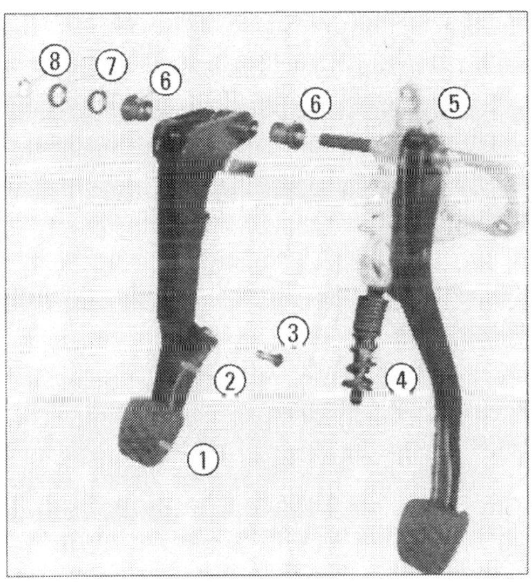

Kupplung Bild 2: (1) Pedalgummi, (2) Kupplungspedal, (3) Bolzen, (4) Übertotpunktfeder, (5) Pedalanlage, (6) Buchsen, (7) Scheiben, (8) Sicherungsring.

6 Kupplungspedal (2) durchdrücken, Bolzen (3) der Übertotpunktfeder (4) heraushebeln und Übertotpunktfeder vom Kupplungspedal wegschwenken (Bild 2).

7 Sicherungsring (8) abmontieren, Scheiben (7) abnehmen und Kupplungspedal (2) herausnehmen (Bild 2).

8 **Einbau** sinngemäß in umgekehrter Reihenfolge.

9 Buchsen (6) auf Verschleiß prüfen, bei Bedarf erneuern und am inneren Durchmesser mit MB-Langzeitschmierfett einfetten (Bild 2).

10 Pedalgummi (1) auf Verschleiß prüfen und bei Bedarf erneuern (Bild 2).

11 Muttern (8) erneuern und Bolzen (9) leicht mit MB-Langzeitschmierfett einfetten (Bild 1).

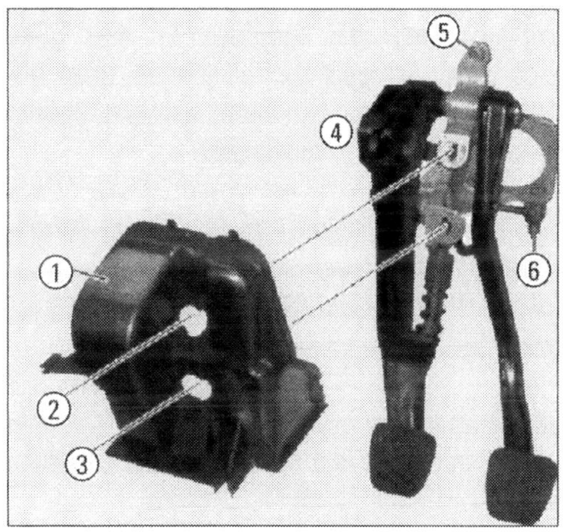

Kupplung Bild 3: (1) Abdeckung, (2) Schalter Kupplungspedal, (3) Bremslichtschalter, (4) Pedalanlage, (5) Bundmuttern, (6) Bolzen mit Bundmuttern.

Kupplungs-Geberzylinder aus-/einbauen

Arbeitsschritte

1 **Ausbau:** : Hinteres Teil der Geräuschkapsel-Unterteile (Dieselmotor) bzw. der Motorraumverkleidung (Benzinmotor) ausbauen. Entlüfterschraube (1) am Zentralausrücker mit Steckschlüssel (MB Sonderwerkzeug 140 589 03 09 00) öffnen und dabei austretende Bremsflüssigkeit in geeignetem Gefäß auffangen. Entlüfterschraube (6 Nm) folgendes Bild:

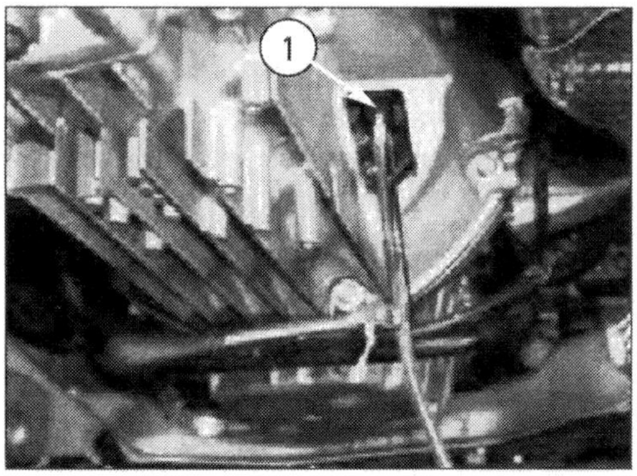

Entlüfterschraube am Zentralausrücker mit aufgestecktem Ablaufschlauch für die Bremsflüssigkeit.

2 Kupplungspedal zum Entleeren der Komponenten der Kupplungsbetätigung mehrmals betätigen. Es darf keine Bremsflüssigkeit in den Fahrgastraum eindringen. Linke Abdeckung unter Armaturentafel (»Innenraum«) und Bremslichtschalter (»Fahrzeugelektrik«) ausbauen.

3 Verriegelungstaste am Schalter Kupplungspedal (2) drücken, den Schalter um 90° nach rechts drehen und ausbauen. Abdeckung (1) ausclipsen und abnehmen (Bild 3 vorige Seite). Bolzen (9, Bild 1) heraushebeln.

4 Muttern (8) abschrauben und Schrauben (10) aus dem Geberzylinder (1) herausschieben (diese und die folgenden Positionen beziehen sich auf Bild 1).

5 Klammer (5) ausbauen und Geberzylinder (1) von Druckleitung (7) abziehen. Zulaufleitung (3) nicht abklemmen. Austretende Bremsflüssigkeit mit Lappen auffangen.

6 Klammer (4) ausbauen und Zulaufleitung (3) von Geberzylinder (1) abziehen. Austretende Bremsflüssigkeit mit Lappen auffangen. Geberzylinder (1) herausnehmen.

7 **Einbau** sinngemäß in umgekehrter Reihenfolge. O-Ringe (2 und 6) und Muttern (8) erneuern. Die Muttern mit 13 Nm festziehen. Bolzen (9) leicht mit MB-Langzeitschmierfett einfetten (alle Positionen Bild 1).

8 Kupplungsbetätigung entlüften (nächste Arbeitsanleitung) und Dichtheit der Kupplungsbetätigung prüfen.
Erst danach alle Abdeckungen und Verkleidungen einbauen.

Kupplungsbetätigung entlüften

Arbeitsschritte

Für diese Arbeit ist ein handelsübliches Bremsflüssigkeitswechsel-Gerät wie im folgenden Bild erforderlich:

Handels- und werkstattübliches Bremsflüssigkeits-Wechselgerät.

1 Motorhaube öffnen, Verschlussdeckel am Vorratsbehälter für Bremsflüssigkeit abschrauben, Bremsflüssigkeitswechsel-Gerät am Bremsflüssigkeitsbehälter anschließen und einschalten.

2 Fahrzeug anheben und die unteren Verkleidungen/Geräuschkapseln ausbauen.

3 Entlüfterschraube am Zentralausrücker mit Steckschlüssel (MB Sonderwerkzeug 140 589 03 09 00) öffnen (Bild links oben). Dabei austretende Bremsflüssigkeit durch aufgesteckten Schlauch in ein geeignetes Gefäß abfließen lassen und auffangen.

4 Wenn die Bremsflüssigkeit sauber und blasenfrei ausströmt, kann die Entlüfterschraube am Zentralausrücker geschlossen und mit 6 Nm angezogen werden.

5 Bremsflüssigkeits-Wechselgerät vom Vorratsbehälter Bremsflüssigkeit abmontieren und Bremsflüssigkeitsstand im Vorratsbehälter richtig stellen.

6 Verschlussdeckel am Vorratsbehälter Bremsflüssigkeit aufschrauben, Funktion der Kupplungsbetätigung und Dichtheit des Systems prüfen.

7 Hinteres Teil der Geräuschkapsel-Unterteile (Diesel) bzw. der Motorraumverkleidung (Benziner) anbauen.

Schaltzug und Wählzug aus-/einbauen und Schaltung einstellen

Arbeitsschritte

1 **Ausbau:** Schalthebel in Leerlaufstellung schalten.

2 Schalthebelmanschette mit Montagekeil aus der Verkleidung Mittelkonsole lösen, nach oben über den Schalthebelgriff stülpen, Klemmring oben unter der Manschette entgegen dem Uhrzeigersinn lösen und Schalthebelgriff vom Schalthebel abziehen.

3 Abdeckung am Schalthebel ausbauen (»Innenraum«). Erst die Außen-, dann die Innenmanschette ausclipsen und nach oben stülpen. Dabei nicht die Haltenasen der Manschetten überdehnen.

4 Wählzug an der Mittelschaltung mit geeignetem Werkzeug aushebeln. Wählzug und Kugelpfanne dabei nicht beschädigen!

5 Sicherungsring mit geeignetem Werkzeug herausdrücken und Abdeckkappe vom Gehäuse abbauen. Den Wählzug am Gehäuse aushängen.

6 Mutter am ausgehängten Zug gegen den Uhrzeigersinn drehen, den Wählzug abnehmen und nach unten aus der Geräuschdämmmanschette herausziehen. Nicht die Manschette beschädigen!

7 **Einbau** sinngemäß in umgekehrter Reihenfolge. Dabei Kugelgelenk, –kopf und -pfanne leicht einfetten. Auf korrekten Sitz des Abstandsrings hinter der Mutter achten. Der Ring dient nur als Montagehilfe und beeinflusst die Funktion der Schaltung nicht. Nach dem Einbau den Wählzug an seiner Einstellvorrichtung einstellen.

8 Obere Führung der Abdeckkappe am Gehäuse oben einsetzen, dann Abdeckkappe unten am Gehäuse einclipsen. Die Haltelaschen müssen hörbar einrasten.

9 Zum **Einstellen des Schaltzugs** die Arretierung des Zugs an der Fahrzeugunterseite hineindrücken, bis die Verriegelung die Arretierung in gespannter Position hält. Den Schalthebel nach rechts drücken, anheben und halten.

10 Eine Einstelllehre (MB: Sonderwerkzeug 716 589 00 23 00) mit der Aussparung nach oben einlegen und den Schalthebel loslassen. Einstelllehre nach vorn schieben, bis sie am Anschlag der Sperre für den Rückwärtsgang anliegt. Darauf achten, dass die Einstelllehre vorn und hinten am Gehäuse anliegt.

11 Schalthebel zur Fixierung der Grundposition nach links auf die Einstelllehre drücken und halten, bis ein Helfer die Verriegelung des Schaltzugs an der Fahrzeugunterseite gedrückt hat und die Arretierung herausspringt. Dann die Einstelllehre abnehmen.

Hydraulikölstand prüfen und Öl nachfüllen

(Schaltgetriebe Sequentronic)

Arbeitsschritte — 12 Monate 60.000 km

1 Fahrzeug anheben, untere Motorverkleidung ausbauen. Abdeckung der Steckverbindung der Hydraulikpumpe (Getriebeunterseite) ausbauen und Steckverbindung trennen.

2 Mit einem Werkstattsystem (MB: Star Diagnosis Compact Pkw) Hydraulikdruck auslesen und kontrollieren. Das System anschließen, Zündung einschalten und alle Gänge durchschalten, bis das Getriebe drucklos ist. Schlüssel aus Zündschloss abziehen.

3 Ölkontrollschraube (2) aus dem Hydraulikbehälter herausdrehen. Während des Fahrbetriebs kann sich eine geringe Menge Hydrauliköl im Steigrohr (3) ansammeln, das nach dem Herausdrehen der Ölkontrollschraube (2) austritt. Ölstand trotzdem wie beschrieben prüfen und ggf. richtig stellen. Öleinfüllschraube (4) herausdrehen. Während des Fahrbetriebs kann sich eine geringe Menge Hydrauliköl im Steigrohr (5) ansammeln, das nach dem Herausdrehen der Öleinfüllschraube austritt (alle Positionen Bild unten).

4 Doppelstutzen mit dem Maß M10x1 einsetzen und mit einer Handpumpe (MB-Werkzeug 210 589 00 71 00) Hydrauliköl (MB-Spezifikation 345.0) nachfüllen (Füllmenge 0,5 Liter), bis an der Ölkontrollöffnung Hydrauliköl austritt.

5 Doppelstutzen herausdrehen, Dichtring erneuern und Öleinfüllschraube (35 Nm) hineindrehen.
Ölkontrollschraube (2) hineindrehen. Dichtring erneuern. Lasche der Abdeckung der Steckverbindung der Hydraulikpumpe in die Aussparung einführen.

6 Zündung einschalten und alle Gänge durchschalten, bis ausreichend Systemdruck zur Verfügung steht. Fehlerspeicher auslesen.

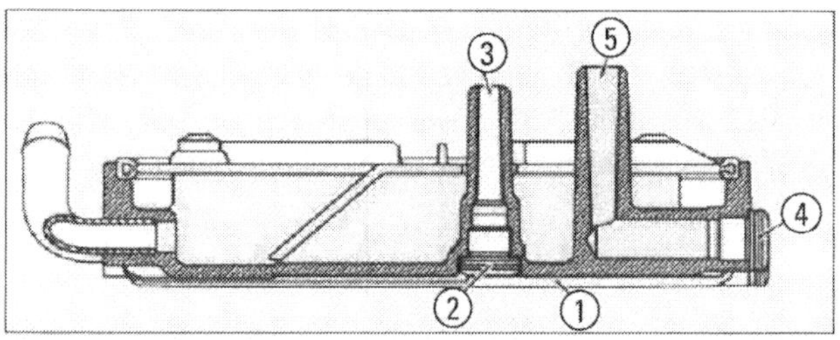

Hydraulikölbehälter am Getriebe 716.60x: (1) Behälter, (2) Ölkontrollschraube, (3) Steigrohr, (4) Öleinfüllschraube, (5) Steigrohr.

Ölstand im 5-Gang-Automatikgetriebe prüfen und richtig stellen

Arbeitsschritte — 12 Monate 60.000 km

Auf äußerste Sauberkeit achten! Umfeld von Trennstellen immer gründlich reinigen. Kleinste Schmutzpartikel in den hydraulischen Komponenten können die Funktion des Getriebes beeinträchtigen und zum Ausfall führen. Gummierte, ölfeste und faserfreie Handschuhe tragen. Getriebeteile sauber lagern und abdecken.

1 Fahrzeug waagerecht stellen, gegen Anfahren sichern, Wählhebel in Position »P« stellen und Motorhaube öffnen.

2 Die Platte (1) des Sicherungsstiftes mit geeignetem Werkzeug (4) abbrechen und den in der Verschlusskappe (2) verbleibenden Stift nach unten herausdrücken (Pfeil). Verschlusskappe (2) vom Öleinfüllrohr abnehmen (Bilder S. 139).

3 Getriebeöl mittels Trichter (MB Werkzeug 126 589 12 63 00) und Füllrohr (MB Werkzeug 140 589 49 63 00) einfüllen. Bei Neubefüllung und nach Getriebeölwechsel vor Motorstart ca. 5 Liter Getriebeöl einfüllen. Zu geringe Mengen bewirken Fehlfunktionen und Getriebeschäden.

4 Motor starten und in Fahrstufe »P« bei Leerlaufdrehzahl laufen lassen. Bei Neubefüllung nun restliche Getriebeölmenge bis zur Gesamtfüllmenge nach Tabelle einfüllen:

E 200 CDI	7,5 (+0,5) Liter
E 220 CDI (646.961)	7,5 (+0,5) Liter
E 220 CDI (646.821)	7,5 Liter
E 280 CDI	7,5 Liter
E 320	7,5 (+0,5) Liter

5 Betriebsbremse betätigen und Fahrstufen bei stehendem Fahrzeug und Leerlaufdrehzahl des Motors mehrmals durchschalten.

6 Ölmessstab (MB Werkzeug 140 589 15 21 00) bis zum Anschlag in das Öleinfüllrohr einführen, herausziehen und Ölstand ablesen. Bei kaltem Getriebe (ca. 25 °C) muss der Getriebeölstand zwischen der »min«- und der »max«-Marke der Markierung (A) liegen (Bild S. 139).

7 Getriebeöl auf Betriebstemperatur (80 °C) bringen, Bremse betätigen und Fahrstufen bei stehendem Fahrzeug und Leerlaufdrehzahl des Motors mehrmals durchschalten.

8 Betriebsbremse betätigen und Getriebeöltemperatur in Fahrstufe »D« mit Werkstattsystem prüfen. Zwei Minuten Wartezeit einhalten, bis die exakte Getriebeöltemperatur gemessen werden kann.

9 Ölmessstab bis zum Anschlag in das Öleinfüllrohr einführen, herausziehen und Ölstand ablesen. Bei einer Getriebeöltemperatur von 80 °C muss der Getriebeölstand zwischen der »min«- und der »max«-Marke der Markierung (B) liegen.

10 Zu viel eingefülltes Getriebeöl unbedingt ablassen oder absaugen (Handpumpe; MB-Werkzeug 210 589 00 71 00). Getriebeölstand erneut prüfen. Verschlusskappe (2) auf Öleinfüllrohr aufsetzen und neuen Sicherungsstift (1) eindrücken, bis dieser einrastet (Bilder S. 139).

11 Motorprobelauf durchführen und Getriebe bei laufendem Motor auf Dichtheit und Funktion prüfen.

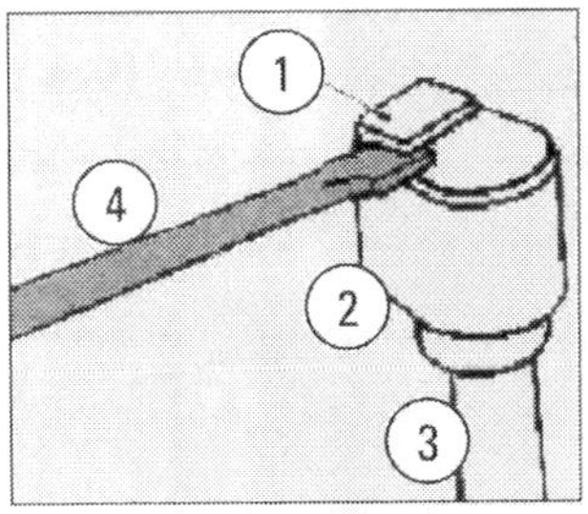

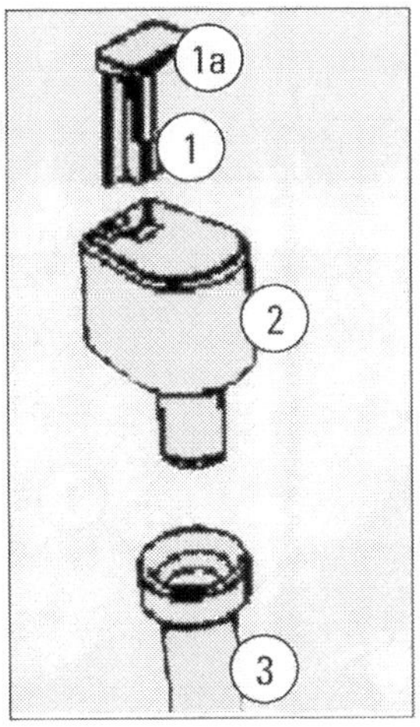

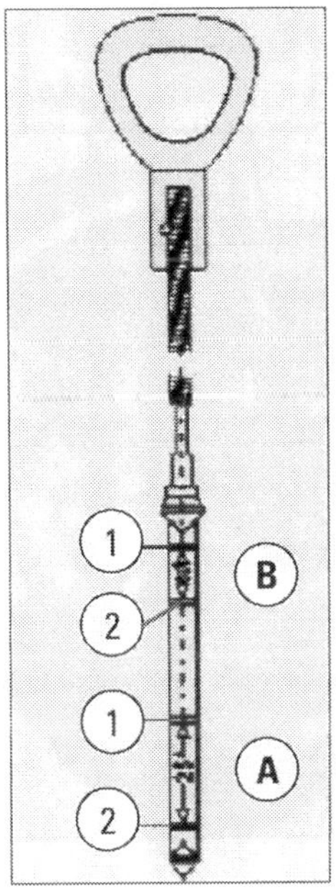

Verschlusskappe:
(1) Platte,
(1a) Platte abgebrochen,
(2) Verschlusskappe,
(3) Öleinfüllrohr,
(4) Flachschraubendreher.

Ölmessstab:
(1) min,
(2) max,
(B) ATF-Temperatur 80 °C,
(A) ATF-Temperatur 25 °C.

Ölfilter des 5-Gang-Automatikgetriebes wechseln

Arbeitsschritte

1 **Ausbau:** Zündung ausschalten, Senderschlüssel aus dem Steuergerät EZS abziehen und aus dem Fahrzeug entfernen bzw. Karte für Keyless Go außerhalb der Senderreichweite aufbewahren.

2 Fahrzeug anheben und hintere untere Motorraum-Verkleidungen / Geräuschkapseln ausbauen.

3 Ölablassschraube (7) herausdrehen und Getriebeöl ablassen. Bei verbranntem oder mit Abrieb durchsetztem Getriebeöl müssen Ölkühlerleitungen und Ölkühler wie nachfolgend beschrieben gespült werden.

4 Schrauben (6) herausdrehen. Ölwanne (2) abnehmen, Magnet (4) aus Ölwanne herausnehmen und Ölfilter (3) abnehmen.

5 **Einbau** sinngemäß in umgekehrter Reihenfolge.

6 Magnet (4) von Abrieb reinigen. O-Ring am Ölfilter (3), Dichtung an Ölwanne (2) und Dichtring (8) erneuern. Klemmkörper (5) an Schraube (6) beachten.
(Alle Positionsziffern beziehen sich auf die Abbildung Seite 134 / Ölwanne 722.6).

7 Ölstand im Getriebe prüfen bzw. Öl einfüllen.

Ölkühlerleitungen und Ölkühler spülen

Arbeitsschritte

1 Handpumpe (MB Werkzeug 210 589 00 71 00) mit Vakuumanschluss an den zugehörigen Pumpbehälter anschließen, Kunststoffschlauch an Anschlussstutzen aufstecken, durch Öleinfüllrohr ganz hinunter in die Ölwanne schieben und Pumpe betätigen.

2 Handpumpe mit Druckanschluss an den Pumpbehälter anschließen. Pumpbehälter mit Petroleum füllen.

3 Kunststoffschlauch an den Anschlussstutzen aufstecken und mit entsprechendem Anschlussstück an eine der beiden Ölkühlerleitungen anschrauben und mit Petroleum durchspülen. Auf freien Durchfluss des Petroleums achten.

4 Danach Ölkühler und Ölkühlerleitungen gründlich mit Druckluft ausblasen.

5 Den zweiten Kunststoffschlauch an die zweite Ölkühlerleitung anschließen und ausfließendes Getriebeöl auffangen. Bei Bedarf den Kunststoffschlauch mit einer Schlauchschelle auf dem Anschlussstutzen sichern.

DAS FAHRWERK

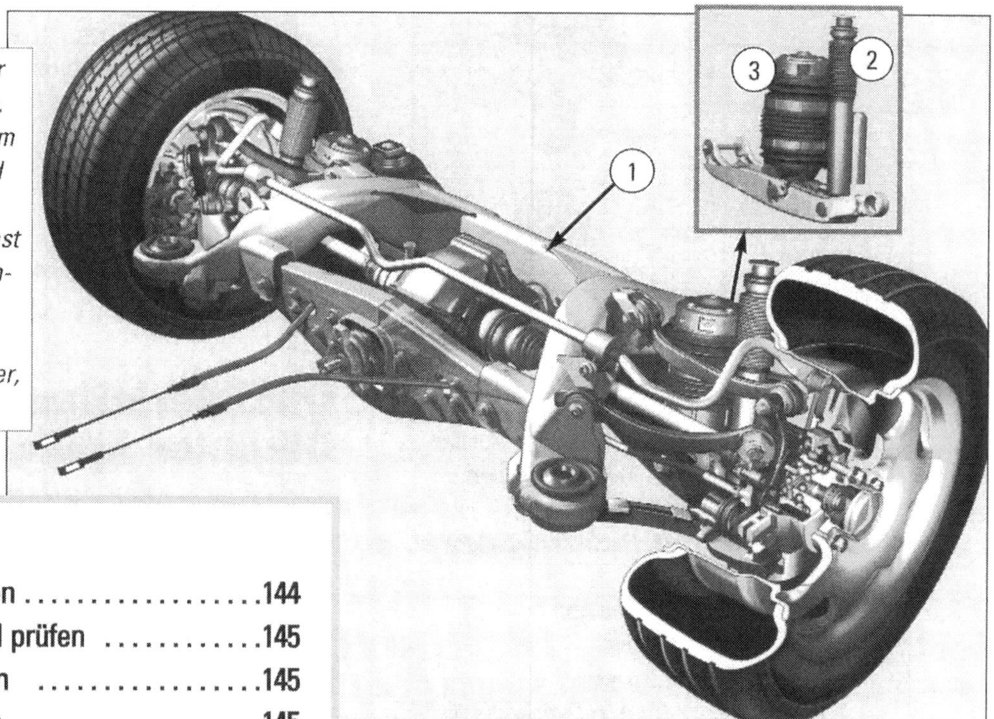

Hinterachse in bewährter Raumlenker-Technologie. Geschmiedetes Aluminium an allen fünf Lenkern und der Achsträger (1) aus Aluminiumguss sparen fast ein Drittel Gewicht gegenüber der Achse des Vorgängermodells. Detailbild: (2) Stoßdämpfer, (3) Luftfeder.

Wartung

Reparatur

Die Limousine der neuen E-Klasse setzt mit einer Vielzahl technischer Innovationen neue Standards auf dem Gebiet von Fahrzeugsicherheit, Komfort und Fahrdynamik. Ihren dynamischen Charakter stellt die Generation ab 2002 durch vorbildliche Agilität, sportwagenähnliches Handling und perfektes Kurvenverhalten unter Beweis. Eine neu entwickelte Vierlenker-Vorderachse und eine größtenteils aus Aluminium hergestellte Raumlenker-Hinterachse schaffen dafür die technischen Voraussetzungen.

Die neue Vierlenker-Vorderachse

An der Vorderachse wurde das Doppelquerlenker-System des Vorgängermodells durch eine aufwändige Vierlenkertechnik ersetzt, die in puncto Radführung, Lenkpräzision und Komfort weitere Fortschritte ermöglicht. Zwei separate Lenker (Zugstrebe und Federlenker) übernehmen die Aufgaben der unteren Dreiecksquerlenker und ermöglichen eine noch vorteilhaftere Achskinematik sowie eine noch genauere Führung der Räder. Die Aufgaben bei der Radführung teilen sich die unteren Federlenker und Zugstreben mit Dreieckslenkern im oberen Bereich der Vorderachse. Beide Lenkerebenen sind durch Achsschenkel miteinander verbunden. Die vierte Komponente, die der Vierlenkerachse ihren Namen gibt, sind die Spurstangen. Schraubenfedern, Einrohr-Stoßdämpfer und ein Drehstab-Stabilisator komplettieren die Technik der Vorderachse.

Hinterachse: Unübertroffene Technik

An der Hinterachse bewährt sich die Raumlenker-Technologie, die nach Ansicht der Mercedes-Ingenieure in Radführung, Komfort und Fahrsicherheit unübertroffen ist. Aluminium ersetzt Stahl: Alle fünf Lenker der Hinterachse bestehen aus geschmiedetem Aluminium. Der Hinterachsträger ist eine Neuentwicklung, die sich durch kompaktere Abmessungen und dank Aluminium durch geringeres Gewicht auszeichnet. Der Träger ist ein Gussteil. Insgesamt wird durch den Einsatz des Werkstoffs Aluminium an der Hinterachse eine Gewichtseinsparung von über 30 Prozent erreicht. Neben den Luftfederelementen der serienmäßigen Niveauregulierung kommen an der Hinterachse Gasdruck-Stoßdämpfer und ein Drehstab-Stabilisator zum Einsatz.

Das T-Modell-Fahrwerk

Das Fahrwerk des neuen T-Modells (ab 2003) erfüllt die gleichen hohen Ansprüche, die bereits die Limousine auszeichnen: bestmögliche Sicherheit, vorbildlicher Komfort, sportliche Dynamik. Bemerkenswert sind vor allem die Resultate beim Geradeauslauf, bei Lenkpräzision und Agilität, bei der Fahr- und Bremsstabilität sowie beim Federungs- und Abrollkomfort. Daran haben zukunftsweisende Innovationen maßgeblichen Anteil, mit denen sich das T-Modell von anderen Automobilen dieses Marktsegments deutlich unterscheidet.

Auch das T-Modell verfügt über das elektronisch gesteuerte Bremssystem Sensotronic Brake Control (SBC) und die Luftfederung Airmatic DC, zwei fahrwerkstechnische Meilensteine der E-Klasse. Zusätzlich wurde eine neue serienmäßige Niveauregulierung für die Hinterachse entwickelt, die auf der Technik des Luftfedersystems basiert.

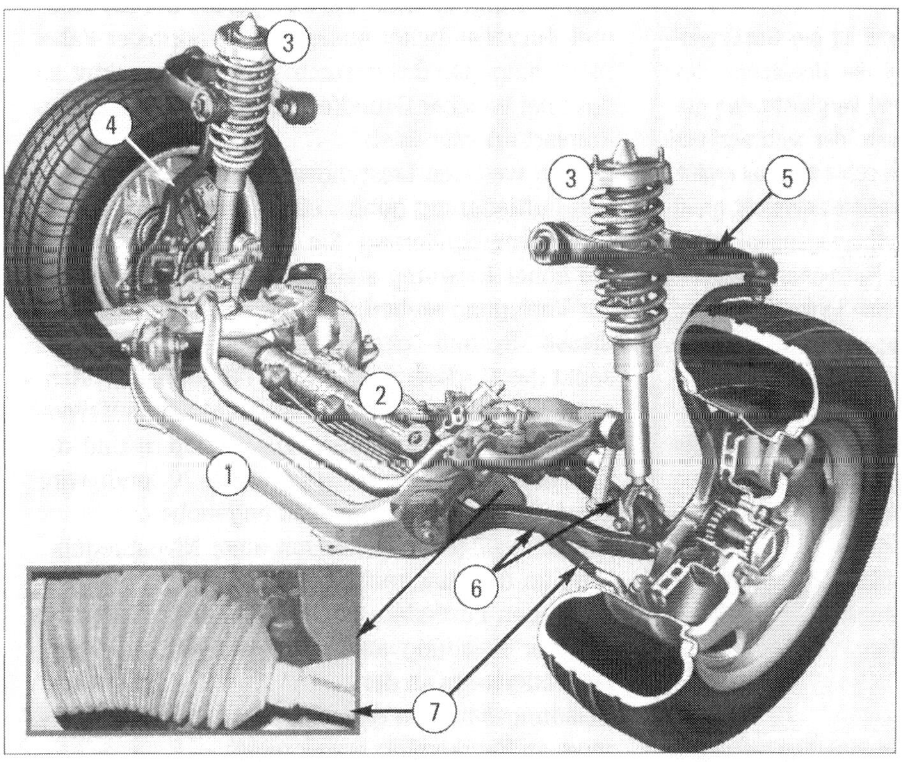

Die neue Vierlenker-Vorderachse: (1) Vorderachsträger, (2) Zahnstangenlenkung, (3) Federbein(e), (4) Achsschenkel, (5) Dreieckslenker im oberen Bereich, (6) Zugstrebe und Federlenker statt Dreiecksquerlenker im unteren Bereich. Detailbild: Manschette an der (7) Spurstange.

Elektronisches Stabilitätsprogramm ESP

Technik-lexikon

Durch das von Mercedes und einigen anderen Herstellern als »Elektronisches StabilitätsProgramm - ESP« bezeichnete System wird ein Fahrzeug bis an die physikalische Grenze stabil gegen Ausbrechen. Das Anti-Schleuderprogramm soll nicht etwa Fahrwerksschwächen kompensieren. ESP erhöht die aktive Fahrsicherheit: Der Wagen bleibt damit selbst in schwierigen und unerwarteten Situationen noch besser beherrschbar. ESP bewirkt in kritischen Fahrsituationen gezielte Bremseingriffe an einzelnen Rädern und eine bedarfsgerechte Anpassung der Motorleistung zur Stabilisierung des Fahrzeugs, besonders in Kurven und bei plötzlichen Ausweichmanövern.

ESP erkennt eine fahrdynamisch kritische Situation beispielsweise an einem durchdrehenden Rad. Sofort wird ESP aktiv und bremst je nach Situation und Bedarf eins oder mehrere Räder gezielt ab. Zusätzlich wird, falls vom System als notwendig erkannt, automatisch das Motordrehmoment angepasst. So unterstützt ESP den Fahrer dabei, das Fahrzeug wieder zu stabilisieren. Doch kann auch ESP nur im Rahmen der fahrphysikalischen Gesetze helfend eingreifen.

Herzstück des Stabilitäts-Programms ist ein Geschwindigkeitsmesser. Er verfolgt ständig die Bewegung des Fahrzeugs um seine Hochachse und vergleicht den gemessenen Ist-Wert mit dem Sollwert, der sich aus der Lenkvorgabe des Fahrers und der Geschwindigkeit ergibt. Sobald das Fahrzeug von dieser Ideallinie abweicht, greift ESP ein und beeinflusst Schleuderbewegungen schon beim Entstehen. ESP verbindet die Funktionen von Anti-Blockier-System ABS und Antriebs-Schlupf-Regelung ASR bei gleichzeitiger Erweiterung um eine Fahrstabilitätshilfe.

Eine neue, serienmäßige Zusatzfunktion des ESP ist die Anhängerstabilisierung. Im Rahmen der physikalischen Möglichkeiten kann sie den Pendelschwingungen eines Anhängers bereits im Ansatz entgegenwirken. Erst wenn ein zusätzliches Abbremsen zur Stabilisierung unumgänglich wird, passt die ESP-Anhängerstabilisierung auch automatisch die Fahrgeschwindigkeit an.

Die Airmatic DC ist als Wunschausstattung für alle Modellvarianten lieferbar. Die Zusatzbuchstaben »DC« stehen für die englischen Begriffe »Dual Control« und betonen die neuartige Doppelfunktion der Anlage, die jetzt mittels moderner Mikro-Elektronik Federung und Dämpfung steuert:

- Für die Dämpfung sorgt das Adaptive Dämpfungs-System (ADS II), das die Stoßdämpferkraft stets bedarfsgerecht regelt und dabei Fahrbahnzustand, Fahrweise und Beladung berücksichtigt.
- Für die Federung sind spezielle Gummibälge in den Luftfedern zuständig. In ihrem Inneren befindet sich komprimierte Luft, die Räder und Karosserie weicher und komfortabler abfedert. Bei normaler Fahrweise herrscht im Airmatic-DC-System der E-Klasse ein Druck von sieben bis neun bar.

»Airmatic« steuert Federungskomfort

Neu an dieser Anlage ist die Möglichkeit, das Luftvolumen während der Fahrt aktiv zu steuern. So schaltet die Airmatic DC bei schneller Kurvenfahrt oder bei anderen hohen fahrdynamischen Anforderungen einen Teil des Luftvolumens kurzzeitig ab und stellt dadurch eine härtere Federrate ein. Der Effekt: Die Wank- und Nickbewegungen der Karosserie verringern sich, was sich positiv auf die Fahr- und Kurvenstabilität auswirkt. Bei normaler Fahrt bleibt hingegen das gesamte Luftvolumen aktiv, so dass bei weicher Grundfederung ein Maximum an Komfort erreicht wird.

Zu den weiteren Leistungsmerkmalen der neuartigen Luftfederung gehört eine automatische Rundum-Niveauregulierung. Sie sorgt dafür, dass auch bei hoher Beladung stets die gleichen Federwege zur Verfügung stehen. Während der Fahrt arbeitet dieses System geschwindigkeitsabhängig und senkt die Karosserie ab Tempo 140 an beiden Achsen automatisch um 15 Millimeter ab, um auf diese Weise den Luftwiderstand zu verringern und die Fahrstabilität zu verbessern. Unter 70 km/h wird der Aufbau auf Normalniveau angehoben.

Die neuen T-Modelle sind mit einer Niveauregulierung an der Hinterachse ausgestattet, die auf voll tragenden Luftfedern basiert. Das ermöglicht eine von der Beladung abhängige Niveauregulierung: Die Federwege an der Hinterachse bleiben in jeder Beladungssituation gleich, so dass stets ein Maximum an Fahrkomfort erzielt wird.

Raumlenker-Achse
Technik-lexikon

In ihrer Wirkung kommt die Raumlenker-Achse einer passiven Hinterachslenkung nahe. Fünf räumlich angeordnete Lenker lassen beim Einfedern des Rades ausschließlich genau definierte Lenkeffekte zu.
Die Lenkeraufhängungen sind untereinander abgestimmt, so dass keine Vorspuränderungen auftreten. Der Wagen gewährleistet damit einen sehr guten Geradeauslauf.

Servounterstützte Zahnstangenlenkung

Das Getriebe der Zahnstangenlenkung befindet sich beim Mercedes-Benz E-Klasse vor der Radmitte. Durch diese Position wird in Kurven das leicht beherrschbare, untersteuernde Eigenlenkverhalten der Mercedes-Limousine unterstützt.
Die servounterstützte Zahnstangenlenkung hat eine variable Übersetzung, die im mittleren Bereich etwas indirekter arbeitet als in den äußeren Stellungen. Als zusätzliches Komfort-Extra liefert Mercedes-Benz eine geschwindigkeitsabhängige Parameter-Servolenkung, bei der sich das Lenkmoment unterhalb von 100 km/h kontinuierlich je nach Fahrgeschwindigkeit verringert.
Die Lenksäule des T-Modells der E-Klasse ist serienmäßig längs- und höheneinstellbar. Zieht der Autofahrer den Griff unterhalb der Lenksäule nach hinten, lässt sich das Lenkrad in der Höhe um 25 Millimeter und in Längsrichtung um 25 Millimeter nach vorne oder um 35 Millimeter nach hinten bewegen. Auf Wunsch übernehmen Elektromotoren diese Aufgabe. Sie bringen die Lenksäule auch in eine komfortable Ein- oder Ausstiegsposition, wenn der Autofahrer den elektronischen Zündschlüssel abzieht und der Elektronik damit das Signal zum Aussteigen gibt.

E-Klasse-Lenkrad: Auf Wunsch von E-Motoren positioniert.

»Direct Control« und 4Matic

Die erfolgreichen Mercedes-Modelle ab 2006 sehen nicht nur dynamischer aus und bieten mehr Leistung, sie überzeugen vor allem auch duch ihr agileres Fahrverhalten. »Direct Control« macht es möglich: Mit diesem serienmäßigen Maßnahmenpaket gelang den Entwicklern ein beachtlicher Fortschritt in der Fahrdynamik, ohne die Synergie von Sicherheit und Langstreckenkomfort zu beeinträchtigen.
Durch die um etwa zehn Prozent direktere Lenkung spricht die E-Klasse spontan auf Lenkbewegungen an, vermittelt aber weiterhin das gute Gefühl souveräner Fahrsicherheit und Fahrstabilität. Ein ebenfalls neu entwickeltes Federlenkerlager kann Querkräfte bei Kurvenfahrt besser abstützen und macht Limousine und T-Modell in Kurven noch neutraler. Zusätzlich erhalten die Modelle ELEGANCE und AVANTGARDE Zuganschlagfedern, die bei Kurvenfahrt das Wanken der Karosserie wirkungsvoll begrenzen.
Insgesamt zehn E-Klasse-Modelle sind als Allradvarianten zu haben. In der neuen Generation sind auch die V6-CDI-Modelle (E 280 / E 320 CDI) mit 4Matic lieferbar. Von den Benzinern werden E 280, E 350 und E 500 mit Allradantrieb gebaut. Das intelligente Zusammenspiel des permanenten Allradantriebs 4Matic mit dem serienmäßigen ESP und der elektronischen Traktionsregelung 4ETS gewährleistet sichere Fortbewegung bei allen Witterungsbedingungen.
Das elektronische Traktionssystem 4ETS arbeitet ohne herkömmliche Differenzialsperren, die bei anderen Allrad-Personenwagen Komfort und Handling beeinträchtigen. Stattdessen bremst 4ETS durchdrehende Räder gezielt ab und leitet dabei gleichzeitig das Antriebsmoment auf die Räder mit guter Traktion. Es erzielt damit die Wirkung von drei Differenzialsperren.
4Matic-T-Modelle werden serienmäßig mit der Niveauregulierung durch voll tragende Luftfedern ausgestattet. Diese beladungsabhängige Niveauregulierung hält die Federwege an der Hinterachse in jeder Beladungssituation gleich, so dass stets ein Maximum an Fahrkomfort erzielt wird.

Radeinstellung prüfen

Arbeitsschritte

1 Unternehmen Sie eine kurze Probefahrt zur Überprüfung der Lenkgeometrie (siehe das unten stehende »Techniklexikon«). Dazu müssen beide Vorderreifen von gleicher Reifensorte sein, dieselbe Profiltiefe aufweisen und den vorgeschriebenen Luftdruck haben.

2 Kontrollieren Sie genau, ob die Lenkradspeichen bei Geradeausfahrt symmetrisch stehen. Die richtige Stellung der Vorderräder entscheidet darüber, ob Ihr Fahrzeug auf ebener Strecke und in Kurven ruhig und sicher auf der Straße liegt. Nach harter Berührung des Bordsteins kann die Geometrie der Vorderradaufhängung gestört sein. Ein schief sitzendes Lenkrad ist ein Zeichen für Spurfehler.
Auch durch schadhafte Manschetten (Bild unten) verschlissene Gelenke und Gummilager oder unsachgemäße Reparaturen wirken sich negativ auf das Fahrverhalten aus.

Begriffe der Lenkgeometrie

Techniklexikon

Nachlauf: Abstand (in Fahrtrichtung) zwischen der gedachten Verlängerungslinie der Lenkdrehachse zum Boden und dem Mittelpunkt der Reifenaufstandsfläche. Durch den Nachlauf werden die Räder gezogen (und nicht geschoben). Sie neigen deshalb dazu, sich von selbst geradeaus zu stellen und diese Stellung auch beizubehalten.
Spreizung: Die Neigung der Lenkungsdrehachse zu einer Senkrechten. Denkt man sich eine Linie dieser Achse zum Boden und misst den Abstand zur Mittellinie durch das Rad (Mittelpunkt der Reifenaufstandsfläche), erhält man den Lenkrollradius. Dieser soll möglichst klein sein, um die Störkräfte in der Lenkung zu verringern. Die Spreizung bewirkt zusammen mit dem Nachlauf, dass sich bei eingeschlagenen Rädern das Fahrzeug etwas anhebt. Lässt man das Lenkrad los, stellen sich die Räder selbst in die Mittelstellung zurück (Rückstellmoment).
Sturz: Die Neigung des Rades zu einer Senkrechten. Vermindert Fahrbahnstöße auf die Teile der Lenkung, reduziert Lenkkräfte und Reibung der Räder auf der Fahrbahn. Die Vorderräder haben positiven Sturz. Sie stehen oben im Radkasten geringfügig weiter auseinander als unten am Boden.
Vorspur: Die Vorderräder stehen vorn enger zusammen als hinten (rollen aufeinander zu). Das gleicht die Reibung zwischen Rad und Straße aus, die das linke Rad nach links und das rechte nach rechts drücken will. Die Vorspur verhindert Flattern der Räder und Radieren der Reifen. Bei der Fahrt durch eine Kurve schwenkt das kurveninnere Rad zur Unterstützung der Lenkbewegung und der Lenkkräfte stärker ein als das kurvenäußere. Die Vorspur geht in Nachspur über (Räder stehen hinten enger zusammen als vorn).

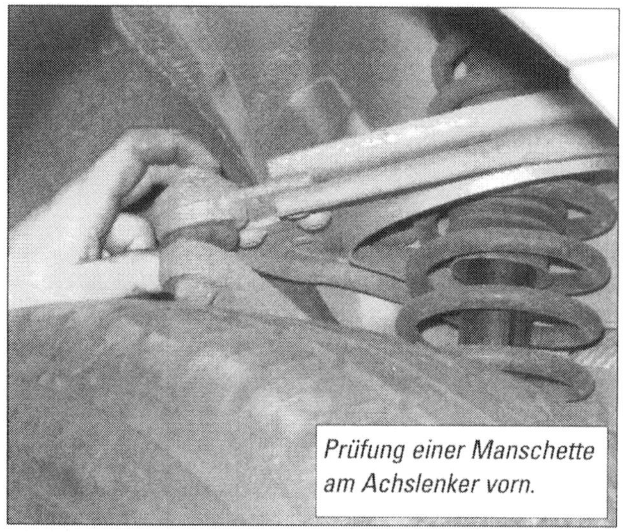

Prüfung einer Manschette am Achslenker vorn.

Ungleichmäßig abgefahrenes Reifenprofil durch Fehler in der Lenkgeometrie: Abschrägung durch falsche Radeinstellung...

...und abgefahrene Reifenmitte durch häufiges Fahren mit Höchstgeschwindigkeit und zu hohem Reifendruck.

3 Läuft das Auto auf ebener Fahrbahn und bei losgelassenem Lenkrad geradeaus? Zieht es zur Seite? Stellt sich die Lenkung nach Kurven von selbst geradeaus?

4 Prüfen Sie im Stand: Stehen die Vorderräder symmetrisch zueinander? Ist das Reifenprofil gleichmäßig abgenutzt (Bilder Seite 144) ? Zeigen die Außenkanten stärkere Verschleißspuren als die Innenseiten?

5 Wenn Sie Anlass zum Zweifel an der Radeinstellung haben, wenden Sie sich unverzüglich an die Werkstatt zur präzisen Vermessung und ggf. Reparatur. Immer Vorder- und Hinterachse zusammen vermessen, vorgegebene Sollwerte einhalten. Autohersteller bestehen oft auf dem Einsatz von ihnen freigegebener Achsmessgeräte.

Zustand der Stoßdämpfer prüfen

Kontrollieren Sie bei der Probefahrt zur Überprüfung der Lenkgeometrie auch den Stoßdämpferzustand. Nach zwei verschlissenen Reifensätzen haben die Stoßdämpfer in der Regel nur noch die Hälfte ihrer ursprünglichen Wirkung. Wenn die Räder keinen ständigen Kontakt mehr zum Boden haben, sind die Stoßdämpfer reif für den Austausch.

1 Prüfen, ob die Lenkung flattert und ob die Karosserie bei der Fahrt über Unebenheiten nachschwingt. Die verbreitete Schaukelmethode, bei der man den Wagen am Kotflügel aufschaukelt und plötzlich loslässt, ersetzt keine Prüfung. Damit können Sie bestenfalls nur einen total ausgefallenen Stoßdämpfer feststellen.

2 Wirkt das Fahrzeug in Kurven schwammig? Dann werden die kurveninneren Räder nicht genügend auf den Boden gedrückt, die äußeren nicht stark genug entlastet. Springen die Räder auch auf normaler Fahrbahn? Schauen Sie nach, ob sich die Reifen ungleichmäßig abnutzen (Bilder S. 144).

3 Tritt an der Dichtung der Kolbenstange des Dämpfers (vorn wie hinten) Öl aus (Schwitzen)? Das muss genau überprüft und eingeschätzt werden, aber es ist kein Grund, einen Dämpfer zu ersetzen. Geringer Ölaustritt ist sogar von Vorteil, weil dadurch der Dichtring geschmiert wird und sich die Lebensdauer erhöht. Wenn ein Ölfleck sichtbar ist (aber stumpf, matt, eventuell durch Staub trocken) und sich nicht weiter ausbreitet als vom oberen Dämpferverschluss (Kolbenstangendichtring) bis zum unteren Federteller, gilt der Dämpfer als in Ordnung.

4 Lassen Sie die Stoßdämpfer zur exakten Diagnose einmal im Jahr auf dem Prüfstand eines Automobilclubs, von TÜV oder DEKRA kontrollieren.

Lenkungsspiel prüfen

1 Die Räder geradeaus stellen. Greifen Sie durchs geöffnete Fenster und drehen Sie das Lenkrad kurz hin und her.

2 Das Vorderrad muss sich sofort mitbewegen. Achten Sie dazu auf die Felge! Der elastische Reifen kann einen Teil des Einschlags schlucken, ehe er sich bewegt.

3 Wenn die Lenkung um die Geradeausstellung kein Spiel hat, aber bei stärkerem Einschlag spürbar klemmt, ist die Zahnstange verschlissen. Dann muss das Lenkgetriebe ausgetauscht werden.

Radlagerspiel prüfen

1 Laute Laufgeräusche signalisieren oftmals Schäden am Radlager. Treten die Geräusche zum Beispiel in Rechtskurven auf, ist das linke Radlager defekt. Radlager müssen bei Schäden ausgetauscht werden. Das ist eine Sache für die Werkstatt. Lager, Laufringe, Nabe und Lenk-Schwenklager sind in engen Toleranzen gefertigt, die bei der Montage Spezialwerkzeuge erforderlich machen.

2 Stellen Sie den Wagen auf festem Boden ab. Packen Sie das Rad im oberen Bereich und versuchen Sie, es quer zum Wagen zu bewegen. Bei einwandfreien Lagern darf kein Spiel vorhanden sein.

3 Wenn Sie Spiel an den vorderen Radlagern feststellen, lassen Sie einen Helfer die Bremse treten. Wiederholen Sie die Kontrolle. Wenn immer noch Spiel festgestellt wird, ist das Achsgelenk defekt. Reparieren und austauschen!

Spurstangengelenke auf Spiel und Gummimanschetten prüfen

1 Zündung ausschalten. Fahrzeug anheben, dass die Räder frei hängen und die aus dem Lenkgetriebe links und rechts austretenden Spurstangen mit ihren Faltenbälgen zugänglich sind. Faltenbalg prüfen/wechseln siehe nächste Anleitung.

2 Kopf und Gelenk der rechten und linken Spurstange kräftig drücken und ziehen. Ist ein Spiel spürbar, muss das Spurstangengelenk erneuert werden (spätere Arbeitsanleitung).

3 Mit einer Taschenlampe die Gummimanschette des linken und rechten Spurstangengelenks ableuchten. Gründlich auf Dichtheit und auch auf kleinste Verschleißspuren prüfen. Bei undichter Manschette muss das Spurstangengelenk erneuert werden.

Faltenbalg prüfen und aus-/einbauen

1 Fahrzeug anheben und Motorraumverkleidung unten (Benzinmotoren) bzw. Geräuschkapsel-Unterteile (Dieselmotoren) ausbauen. Situation siehe Bild unten.

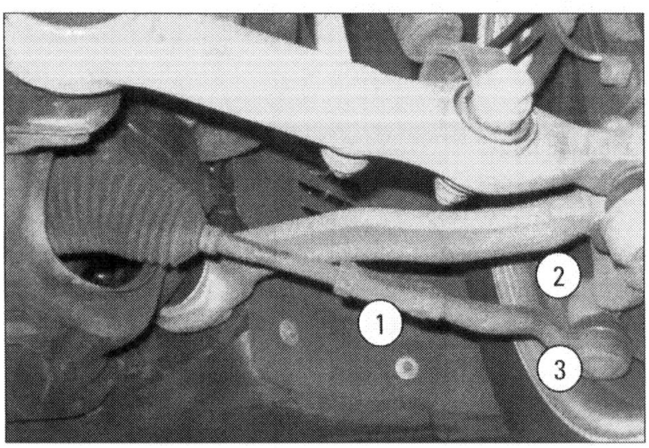

Einbaulage der Spurstange (1) in einem E-Klasse-Fahrzeug. (2) selbstsichernde Mutter, (3) Spurstangengelenk.

2 Prüfen: Faltenbalg (4, Bild unten) prüfen. Dazu den Faltenbalg durch Links- bzw. Rechtseinschlag der Lenkung strecken und dabei auf Beschädigungen (Risse, Scheuerstellen und Eindrückungen) untersuchen.

3 Faltenbälge niemals durch Ein- oder Umdrücken der Wülste prüfen, da dies Beschädigungen an den Bälgen hinterlässt und langfristig zu Undichtigkeiten führt! Für die Zahnstangenlenkung ist aber gerade eine einwandfreie Dichtheit der Faltenbälge unabdingbar. Bei Bedarf Faltenbalg erneuern.

4 Ausbau: Wenn der Faltenbalg erneuert werden muss, ist die Spurstange (1) auszubauen (siehe die nachfolgende Reparaturanleitung),

5 An der ausgebauten Spurstange die Kontermutter (2) abschrauben, äußere (3) und innere (5) Klemmschelle (mit einem Seitenschneider) abmontieren.

6 Faltenbalg (4) abziehen und O-Ring (6) erneuern. Zahnstange und Axialgelenk der inneren Spurstange auf Korrosion und Spiel prüfen.

7 Bei bereits korrodierter Zahnstange und damit undichter Lenkung muss die Zahnstangenlenkung komplett erneuert werden. Bei ausgeschlagenem Axialgelenk ist die innere Spurstange zu erneuern.

8 Einbau sinngemäß in umgekehrter Reihenfolge. Der O-Ring (6) muss immer erneuert werden. Eine neue innere Klemmschelle (5) ansetzen und mit einer handelsüblichen Klemmzange spannen. Überprüfen Sie den richtigen Sitz der Klemmschelle!

(1) Spurstange, (2) Kontermutter Spurstange an innere Spurstange, (3) äußere Klemmschelle, (4) Faltenbalg, (5) innere Klemmschelle, (6) O-Ring, (7) Spurstangengelenk mit Gummimanschette und selbstsichernder Mutter.

Spurstange aus-/einbauen

Arbeitsschritte

Für diese Arbeit werden Druckstück und Abzieher (Mercedes-Benz Werkzeuge 171589003400 und 601589043300) benötigt.

1 Ausbau: Fahrzeug anheben und vordere Laufräder abmontieren. Selbstsichernde Mutter (2 bzw. 7, Bilder S. 146) Spurstange an Achsschenkel abschrauben.

2 Spurstangengelenk (3 bzw. 7, Bilder S. 146) vom Achsschenkel abdrücken. Dazu das Druckstück montieren und das Spurstangengelenk mit dem Abzieher abdrücken (Bild unten). Dabei darf keinesfalls die Gummimanschette beschädigt werden, da sonst Schmierstoff aus dem Spurstangengelenk austritt, was den Verschleiß erhöht.

3 Abzieher und Druckstück abnehmen und die Konusverbindung des Gelenks reinigen. Beim Einbau darf kein Fett oder Öl am Konus und am Gewinde sein, da sich das Spurstangengelenk sonst lösen könnte.

4 Kontermutter (4) Spurstange an innerer Spurstange lösen und die Spurstange (1) abschrauben. Spurstange zum Lösen der Kontermutter gegenhalten (Bilder S. 146).

5 Einbau sinngemäß in umgekehrter Ausbaureihenfolge. Dabei die selbstsichernde Mutter Spurstange an Achsschenkel in 1. Stufe mit 50 Nm festziehen, in 2. Stufe 60° weiterdrehen. Die Kontermutter (4) Spurstange an innerer Spurstange wird mit 60 Nm festgezogen.

6 Nach Abschluss dieser Arbeiten muss eine Fahrwerkvermessung vorgenommen werden. Das ist Sache der Werkstatt mit ihrem zugelassenen Vermessungsgerät.

Abdrücken des Spurstangengelenks vom Achsschenkel: (1) Gelenk, (2) Druckstück, (3) Abzieher.

Federbein vorn aus- und einbauen

(Außer 4Matic-Allrad und Airmatic-Luftfeder)

Arbeitsschritte

1 Ausbau: Räder geradeaus stellen, Fahrzeug anheben und vorderes Laufrad abbauen.

2 Federbein-Muttern (2) vorne am Vorbau abschrauben.

3 Federbein (1) vom Federlenker (3) abschrauben. Lenker nach unten drücken, Federbein nach hinten herausnehmen.

4 Einbau umgekehrt. Schrauben und Muttern der Fahrwerkskomponenten erst im fahrfertigen Zustand festziehen. (Weiter und Abbildung Seite 148)

Praxistipp

Hinweise und Regeln zum Fahrwerk

- Schweiß- und Richtarbeiten an tragenden und Rad führenden Bauteilen der Radaufhängung und an Lenkungsteilen sind prinzipiell nicht zulässig. Beschädigte Teile dürfen nicht durch Schweißen repariert, sondern müssen grundsätzlich erneuert werden.
- Größte Sauberkeit beachten! Verbindungsstellen und deren Umgebung vor dem Lösen gründlich reinigen. Keine fasernden Lappen verwenden.
- Ausgebaute Teile auf sauberer Unterlage ablegen. Abdecken, wenn die Reparatur nicht sofort erfolgt. Ersatzteile erst unmittelbar vor dem Einbau aus der Verpackung nehmen. Nur original verpackte Teile verwenden.
- Geöffnete Bauteile bis zur Reparatur sorgfältig abdecken oder verschließen.
- Liegen Teile offen, darf nicht mit Druckluft gearbeitet und das Fahrzeug nicht bewegt werden.
- Abgelassenes Hydrauliköl nicht wieder verwenden.
- Bei Arbeit auf der Hebebühne Fahrzeug zwischen den Säulen ausrichten und die vier Aufnahmeteller an den vorgeschriebenen Aufnahmepunkten unten an der Karosserie platzieren.
- **Grundsatz:** Fehlerhafte Lenkgeometrie lässt sich weitgehend beim Fahren ergründen, die Vermessung der Radstellung aber ist auf jeden Fall eine Sache der Werkstatt!

5 Muttern (2) Federbein vorne an Vorbau mit 25 Nm, Schraube/Mutter (4/5) Federbein vorne an Federlenker mit 165 Nm festschrauben.

6 Nach Einbau von Neuteilen die Scheinwerfereinstellung prüfen und bei Bedarf richtig stellen.

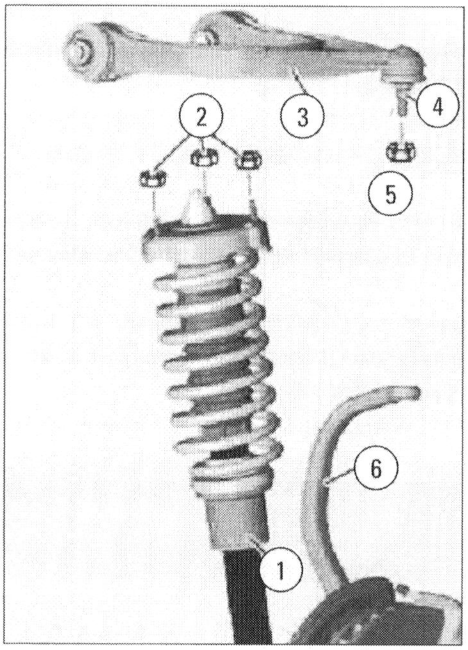

Federbein Aus-/Einbau:
(1) Federbein, (2) Muttern am Vorbau, (3) Federlenker, (4) Schraube, (5) Mutter am Federlenker, (6) Achsschenkel.

Federbein vorn zerlegen und zusammenbauen

(Außer Airmatic / semiaktive Luftfederung)

Arbeits-schritte

Federbein wie beschrieben ausbauen. Für die anschließende Arbeit werden folgende MB-Sonderwerkzeuge benötigt: Spanngerät 203 589 01 31 00, Spannplatten 211 589 01 63 00 und 230 589 11 63 00 sowie der Steckschlüsseleinsatz 210 589 00 09 00 oder passendes handelsübliches Werkzeug.

1 Zerlegen: Spanngerät (2) in Schraubstock einspannen und Spannplatte (3) sowie Spannplatte (4) einsetzen.

2 Federbein (1) so in das Spanngerät (2) einsetzen, dass möglichst viele Windungen der Feder (11) gespannt werden.

3 Feder (11) spannen, bis der obere Federteller (13) entlastet ist. Kappe (15) abnehmen. Befestigungsmutter (14) abschrauben, dabei Kolbenstange (6) gegenhalten, und Stoßdämpfer (5) abnehmen. Faltenbalg (16) und Anschlagdämpfer (17) abnehmen (alle Positionen Bilder unten).

4 Unteren Federteller (10), Anlagegummi (9) und Auflagescheibe (8) abnehmen. Spanngerät (2) entspannen, Feder (11) mit oberem Federteller (13) und Auflage (12) entnehmen.

5 Prüfen: Stoßdämpfer auf Dichtheit prüfen. Ein leichter Ölfilm am Stoßdämpfer ist zulässig. Bei Bedarf Stoßdämpfer erneuern (siehe auch die folgende Arbeitsanleitung »Stoßdämpfer prüfen und entsorgen«).

6 Faltenbalg (16), Anschlagdämpfer (17), Federauflage (12), Auflagescheibe (8) und Anlagegummi (9) auf Verschleiß prüfen. Rissige, verölte und verformte Komponenten erneuern.

7 Zusammenbauen und einbauen: in sinngemäß umgekehrter Reihenfolge. Vorderes Federbein wieder einbauen. Scheinwerfereinstellung prüfen!

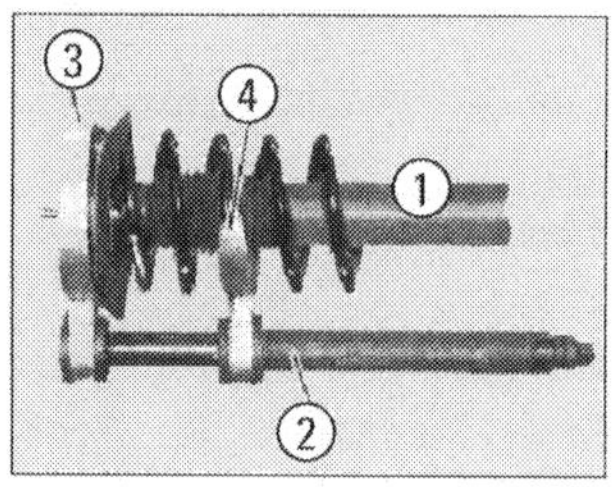

Demontage und Montage des vorderen Federbeins.

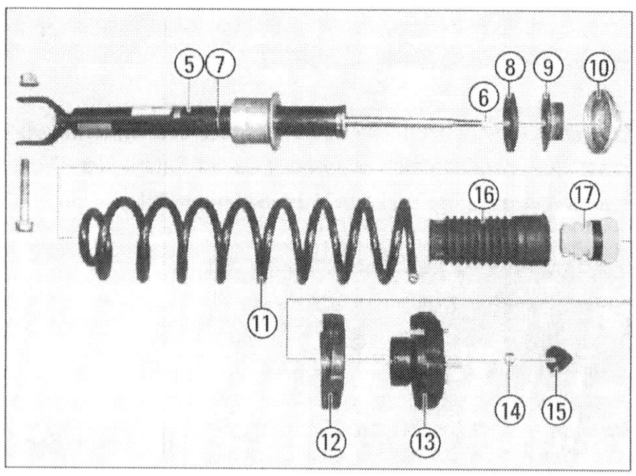

(1) Federbein, (2) Spanngerät, (3, 4) Spannplatten, (5) Stoßdämpfer, (6) Kolbenstange, (7) Stützring, (8) Auflagescheibe, (9) Anlagegummi, (10) unterer Federteller, (11) Feder, (12) Federauflage, (13) oberer Federteller, (14) Befestigungsmutter, (15) Kappe, (16) Faltenbalg, (17) Anschlagdämpfer.

Luftfederbein vorn aus- und einbauen

(Fahrzeuge mit semiaktiver Luftfeder Airmatic)

Für diese Arbeit werden das MB-Sonderwerkzeug 211 589 00 09 00 und das Diagnosesystem Star Diagnosis Compact Pkw benötigt. Diese anspruchsvolle Reparatur können wir hier nicht empfehlen. Wir skizzieren nur das Prinzip.

1 Ausbau: Räder geradeaus stellen, Wagen anheben, vorderes Laufrad abmontieren. Mit Star Diagnosis Druck aus dem Federbein ablassen, bis ein Restdruck von maximal 3,5 bar im Federbein erreicht ist.

2 Elektrische Steckverbindung am Schaltventil oben trennen. Anschluss der Druckleitung Luftfederung/Federbein vorn abmontieren, Leitung mit Blindstopfen verschließen.

3 Muttern Federbein vorne an Vorbau abschrauben und vorderes Teilstück des Innenkotflügels im Vorderkotflügel ausbauen. Elektrische Steckverbindung der Dämpfventileinheit trennen.

4 Selbstsichernde Mutter am Führungsgelenk des oberen Querlenkers vom Achsschenkel abschrauben und Führungsgelenk aus dem Achsschenkel herausdrücken.

5 Luftfederbein am Federlenker abmontieren. Dazu Mutter Federbein/Federlenker abschrauben. Federlenker herunterdrücken, Luftfederbein vom Federlenker ab- und seitlich nach unten herausnehmen.

6 Einbau sinngemäß umgekehrt. Zustand des Luftfederbeins überprüfen. Alle beschädigten Druckleitungen und deren Anschlüsse müssen instand gesetzt werden.
Mutter Federbein an Federlenker mit 165 Nm, selbstsichernde Mutter Führungsgelenk oberer Querlenker an Achsschenkel mit 30 Nm (neu: 43 Nm), Muttern Federbein an Vorbau mit 25 Nm festziehen. Druckleitung Luftfederung an Federbein = 2 Nm.

7 Luftfederbein per Star Diagnosis mit 5 bar befüllen. Die Räder dürfen während des Befüllens keinen Bodenkontakt haben, sonst wird der Luftfederbalg im Federbein zerstört!

8 Verschraubung Luftfederbein/Federlenker im fahrfertigen Zustand bei normalem Fahrzeugniveau festziehen. Abschließend die Airmatic (Code 489) auf Dichtheit prüfen.

Stoßdämpfer prüfen und entsorgen

(Außer semiaktive Luftfederung Airmatic)

Hat ein Stoßdämpfer oder Federbein einen Schaden, muss noch nicht gleich auch der Stoßdämpfer oder das Federbein auf der gegenüberliegenden Seite ersetzt werden. Das gilt für Geräuschbeanstandungen wie z. B. Poltern ebenso. Versuchen Sie, durch einseitiges Befahren entsprechend beschaffener Straßen oder durch einen Links-Rechts-Tausch das verursachende Federbein zu ermitteln. Nur das diagnostizierte Bauteil Dämpfer oder Federbein sollten Sie dann ersetzen. In diesem Sinne orientiert Mercedes-Benz auch die Werkstätten.
Da bei größerer Laufleistung damit gerechnet werden muss, dass ein Neuteil im Zusammenspiel mit einem bereits gelaufenen Dämpfer nicht mehr harmoniert und dadurch Fahrkomfort und Fahrdynamik beeinträchtigt werden können, empfiehlt Mercedes-Benz allerdings ab einer Laufleistung von 80.000 km die paarweise Erneuerung.

Prüfen:

1 Wenn der alte Stoßdämpfer wieder eingebaut werden soll, Kolbenstange auf Oberflächenbeschädigung, Verbiegung und klemmfreien Lauf in der Führungsbuchse sowie auf äußere Öldichtigkeit prüfen. Gibt es Schäden und Mängel, Stoßdämpfer ggf. entsorgen.

2 Soll er wieder eingebaut werden, dann die innere Dichtheit des Stoßdämpfers prüfen. Die Ölreserve im Stoßdämpfer wird durch das Austrittsmaß der Kolbenstange ermittelt: Kolbenstange bis zum Anschlag hineindrücken, senkrecht nach unten richten und das Maß des Austritts der Kolbenstange genau messen. Es beträgt bei einem Stoßdämpfer im Neuzustand 0+2 mm. Bei einem gebrauchten Stoßdämpfer darf es bis zu 20 mm betragen. Wird dieser Sollwert überschritten, muss der Stoßdämpfer entsorgt werden.

3 Bei Stoßdämpfern mit Gummilager im Gehäuseauge, die nicht erneuert werden: Gummilager müssen fest im Gehäuseauge sitzen, dürfen nicht gerissen oder beschädigt sein.

Entsorgen:

Vorderachse Zweirohrstoßdämpfer: Beim Zweirohrstoßdämpfer formen Arbeitszylinder (6) und Behälterrohr (7) zwei Räume. Innerhalb des Arbeitszylinders (6) befindet sich der Arbeitsraum. In ihm bewegen sich der Kolben und die Kolbenstange (4). Der ringförmige Ölvorratsraum (5) befindet sich zwischen Arbeitszylinder (6) und Behälterrohr (7). Er dient dazu, die durch die Bewegung der Kolbenstange (4) verursachte Ölvolumenänderung im Arbeitsraum auszugleichen. Der Ölvorratsraum (5) ist zu einem Teil mit Hydrauliköl und zum anderen mit Gas (3) gefüllt, das unter einem Druck von 6 bis 8 bar steht.

1 Erste Bohrung: Behälterrohr (7), ca. 20 mm (Maß A) von Oberkante entfernt mit Bohrer 5 mm Durchmesser anbohren (Gas entweicht).

2 Zweite Bohrung: Behälterrohr (7), ca. 20 mm (Maß B) von Unterkante entfernt, direkt oberhalb des Bodenventils (9) mit Bohrer 5 mm Durchmesser anbohren. Hydrauliköl entweicht, Vorschriften zur Entsorgung von Hydrauliköl beachten!

3 Erste Bohrung mit Druckluft beaufschlagen, damit die Kolbenstange (4) ganz nach unten gedrückt wird. Der Stoßdämpfer muss sich durch die zweite Bohrung komplett entleeren. (Alle Positionen Bild unten)

4 Stoßdämpfer als Altteil entsorgen.

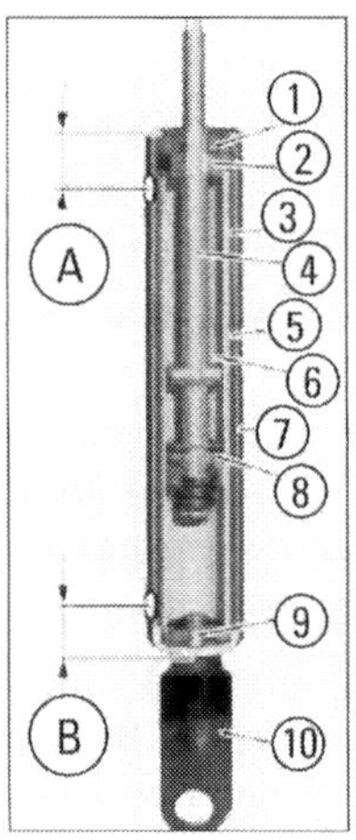

Zweirohrstoßdämpfer Vorderachse: (1) Kolbenstangenführung, (2) Kolbenstangendichtung, (3) Gas, (4) Kolbenstange, (5) Ölvorratsraum, (6) Arbeitszylinder, (7) Behälterrohr, (8) Kolbenstangendichtung, (9) Bodenventil, (10) Stoßdämpferbefestigung. (A) = 20 mm, (B)= 20 mm.

Hinterachse Einrohrstoßdämpfer: Beim Einrohrstoßdämpfer befinden sich der Arbeitsraum und der Ölvorratsraum in einem einzigen Zylinderrohr. Öl (oben) und Gas (unten) werden durch einen beweglichen Trennkolben (6) mit O-Ringabdichtung voneinander getrennt. Der Gasraum dient zum Ausgleich des einfahrenden Kolbenstangenvolumens und steht unter Druck. Der Gasdruck verursacht die Anschubkraft der Kolbenstange.

1 Erste Bohrung: Arbeitszylinder (5), ca. 5 mm (Maß A) von Unterkante entfernt, mit Bohrer 5 mm Durchmesser anbohren (Gas entweicht).

2 Zweite Bohrung: Arbeitszylinder (5), ca. 20 mm (Maß B) von der Oberkante entfernt, mit Bohrer 5 mm Durchmesser anbohren.

3 Zweite Bohrung mit Druckluft beaufschlagen, damit sich der Trennkolben (6) bis zur ersten Bohrung nach unten schiebt.

4 Dritte Bohrung: Arbeitszylinder (5), ca. 20 mm (Maß C) von erster Bohrung (oberhalb des Trennkolbens 6) entfernt, mit 5 mm-Bohrer anbohren (Hydrauliköl entweicht). (Alle Positionen Bild unten)

5 Stoßdämpfer als Altteil entsorgen.

Einrohrstoßdämpfer Hinterachse: (1) Kolbenstangenführung, (2) Kolbenstangendichtung, (3) Kolbenstange, (4) Kolbenventil, (5) Arbeitszylinder, (6) Trennkolben, (7) Gas, (8) Stoßdämpferbefestigung. (A) = 5 mm, (B) = 20 mm, (C) = 20 mm.

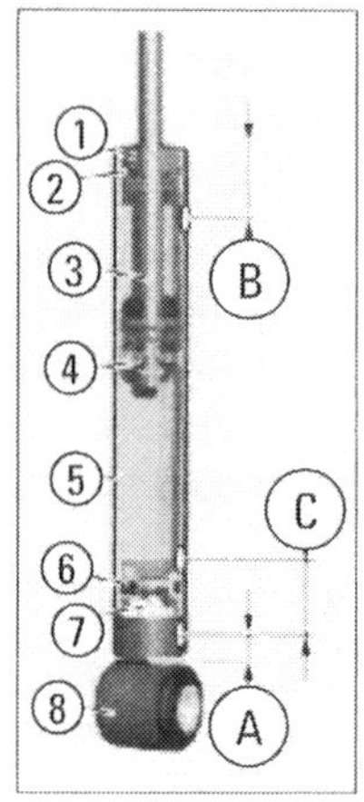

Stoßdämpfer hinten aus- und einbauen

(Limousinen ohne Luftfeder Airmatic)

Arbeitsschritte

1 Ausbau: Seitliche Verkleidung im Kofferraum ausbauen. Kolbenstange des Stoßdämpfers (1) gegenhalten, Mutter (4) zur Befestigung Stoßdämpfer am Rahmenboden abschrauben, Scheibe (5) und oberes Gummilager (6) abnehmen.

2 Fahrzeug mit der Hebebühne anheben. Abdeckung (3) des Federlenkers (2) ausbauen. Stoßdämpfer (1) vom Federlenker (2) abmontieren. Dazu die selbstsichernde Schraube (8) zur Befestigung des Stoßdämpfers am Federlenker herausschrauben.

3 Stoßdämpfer (1) zusammenschieben und herausnehmen sowie unteres Gummilager (7) abnehmen. Oberes und unteres Gummilager (6 und 7) prüfen. Rissige, verölte und verformte Gummilager erneuern.

4 Stoßdämpfer insgesamt auf Beschädigungen prüfen (siehe entsprechende Arbeitsanleitung).

5 **Einbau** sinngemäß in umgekehrter Ausbaureihenfolge. Selbstsichernde Mutter (8) zur Befestigung des Stoßdämpfers am Federlenker mit 55 Nm und Mutter (4) zur Befestigung des Stoßdämpfers am Rahmenboden mit 20 Nm festziehen. (Alle Positionen Bild unten)

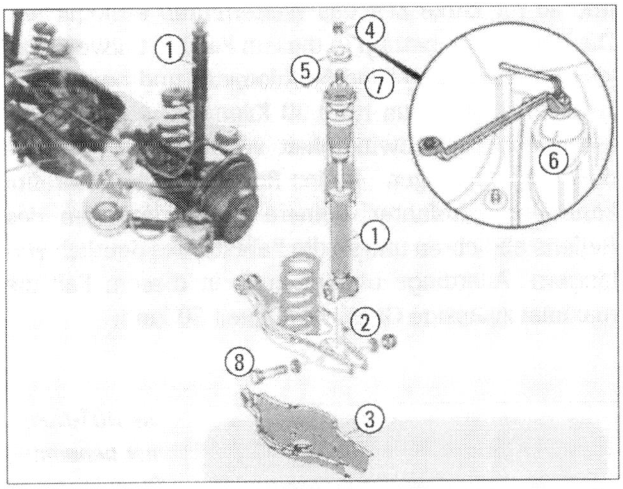

(1) Stoßdämpfer, (2) Federlenker, (3) Abdeckung des Federlenkers, (4) Mutter zur Befestigung des Stoßdämpfers am Rahmenboden, (5) Scheibe, (6/7) oberes/unteres Gummilager, (8) selbstsichernde Mutter Stoßdämpfer an Federlenker.

Stoßdämpfer hinten (Luftfeder) aus-/einbauen

(T-Modelle)

Arbeitsschritte

Diese Arbeit und der Aus-/Einbau der Luftfederung gehören zu den anspruchsvollen Reparaturen, die wir hier kaum empfehlen können. Wir demonstrieren dennoch exemplarisch den Stoßdämpferausbau, für den folgende Einrichtungen und Sonderwerkzeuge benötigt werden: ein Getriebeheber, das Diagnose-System Star Diagnosis Compact Pkw und ein Zapfenschlüssel (bei Mercedes-Benz das Sonderwerkzeug MB 21 589 00 05 00).

1 **Ausbau:** Seitenverkleidung im Fond ausbauen. Fahrzeug mit der Hebebühne anheben, hinteres Laufrad abmontieren. Innenkotflügel im Hinterkotflügel ausbauen.

2 Steckverbindung Hinterachsverteiler der Dampfventileinheit Hinterachse trennen. Abdeckung (2) von Federlenker (3) ausbauen.

3 Luftfeder (1) mit Star Diagnosis bis auf Restdruck entleeren und Federlenker sofort mit Getriebeheber ca. 30 mm anheben. Die Luftfeder darf nicht in Strecklage gehen, sie wird dadurch zerstört! Befestigungsscheibe (4) mit Zapfenschlüssel (9) gegenhalten und durch Drehen der Kolbenstange lösen. Befestigungsscheibe und oberes Gummilager (5) abnehmen. (Alle Positionen Bilder unten)

4 Stoßdämpfer (6) von Federlenker (3) abmontieren. Dazu selbstsichernde Mutter (8) Stoßdämpfer an Federlenker abschrauben. Stoßdämpfer zusammenschieben und heraus-

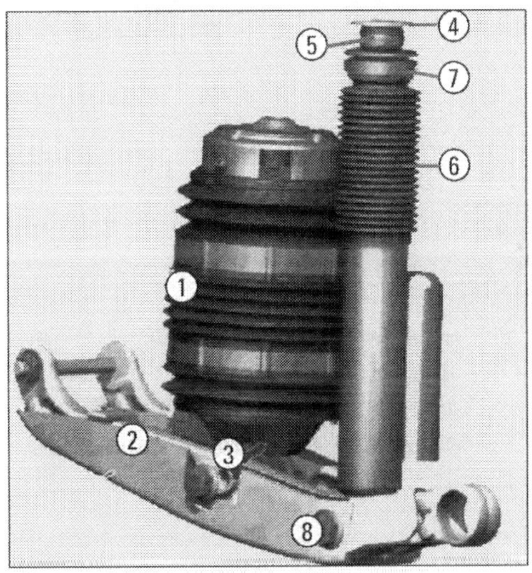

(1) Luftfeder, (2) Abdeckung für Federlenker, (3) Federlenker, (4) Befestigungsscheibe, (5) oberes Gummilager, (6) Stoßdämpfer, (7) unteres Gummilager, (8) selbstsichernde Mutter Stoßdämpfer an Federlenker, (9) Zapfenschlüssel.

nehmen. Unteres Gummilager (7) abnehmen. Beide Gummilager (5/7) prüfen, rissige, verölte und verformte Gummilager erneuern. Stoßdämpfer (6) insgesamt auf Beschädigungen prüfen (siehe entsprechende Arbeitsanleitung), Bei Bedarf erneuern.

5 Einbau sinngemäß umgekehrt. Luftfeder mit Star Diagnosis in KO-Lage befüllen.
Zum Anziehen der Befestigungsscheibe (4) Stoßdämpfer an Rahmenboden (mit 20 Nm) das Drehmoment auf die Kolbenstange übertragen. Anderenfalls wird das erforderliche Drehmoment durch die Haftreibung zwischen Befestigungsscheibe und oberem Gummilager nicht erreicht.
Anziehdrehmoment selbstsichernde Mutter (8) Stoßdämpfer an Federlenker: 50 Nm plus Drehung um 90°.

Reifen und Felgen

Mit Reifenunterbau, Gummimischung und ausgefeiltem Reifenprofil sind moderne Reifen wesentliches Moment der passiven Sicherheit. Sie tragen das Gewicht des Fahrzeugs, fangen kleinere Stöße der Fahrbahn ab und übertragen die Kräfte, die bei Antrieb, Bremsen und Kurvenfahrt entstehen.
Angaben über die Kilometer-Laufleistung sind von den Herstellern kaum zu erwarten. Denn der Reifenverschleiß hängt von Motorisierung, Straßenbeschaffenheit und Fahrweise ab. Die Reifen der angetriebenen Räder bringen es auf eine durchschnittliche Laufleistung von 50.000 bis 60.000 Kilometern, bei mittlerer Motorisierung und normaler Straßenbeschaffenheit. An den Vorderrädern Ihres E-Klasse-Wagens können die Reifen noch länger halten. Aber auch wenn Sie Ihr Fahrzeug nur selten bewegen, sind die Reifen spätestens nach acht Jahren am Ende: Die Mischung des Gummis verändert sich mit der Zeit.
Auf Wunsch können für Ihren Mercedes auch Reifen mit Notlaufeigenschaften geliefert werden. Damit bleiben Sie auch im Falle einer Reifenpanne mobil und können die Strecke bis zur nächsten Werkstatt zurücklegen. Die Reifen verfügen über selbsttragende Seitenwände, die sie bei einem Luftdruckverlust abstützen und so für kurze Zeit das Weiterfahren ermöglichen. Die Reichweite beträgt in diesem Fall bei teilweise beladenem Fahrzeug rund 50 Kilometer und bei voll beladenem Kofferraum rund 30 Kilometer – jeweils bei einer Höchstgeschwindigkeit von 80 km/h. Mithilfe des serienmäßigen Reifen-Reparatursets »Tirefit« kann der Autofahrer kleinere Beschädigungen des Reifens abdichten und so die Fahrstrecke deutlich verlängern. Allerdings beträgt auch in diesem Fall die maximal zulässige Geschwindigkeit 80 km/h.

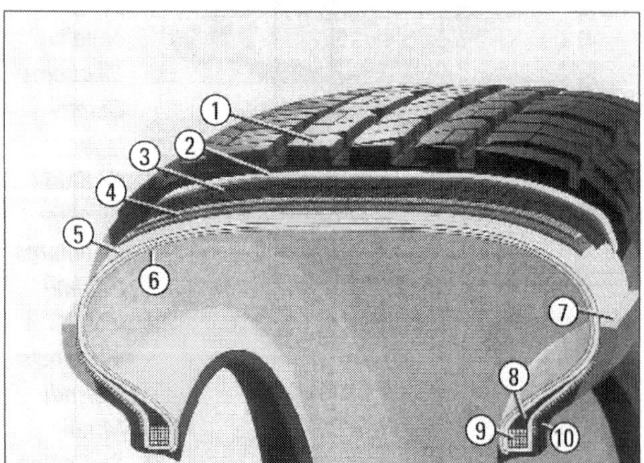

Pkw-Reifenaufbau: (1) Laufstreifen, (2) Base, (3) Nylonbandage, (4) Stahlcordlagen, (5) Karkasse, (6) Innenseele, (7) Seitenteil, (8) Kernprofil, (9) Kern, (10) Wulstverstärker.

Die DOT-Nummer benennt Produktionswoche und Jahr.

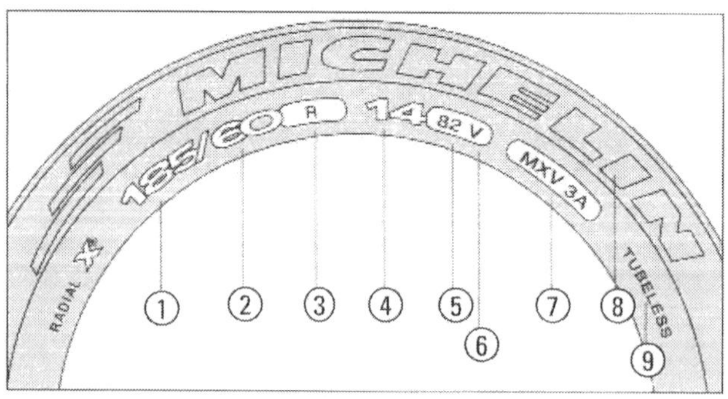

Daten auf der Reifenflanke:
(1) Nennbreite in mm, (2) Höhen-Breiten-Verhältnis in Prozent, (3) Radialkarkasse, (4) Nenndurchmesser in Zoll,
(5) Load-Index (82 = 475 kg),
(6) Speed-Symbol (V = bis 240 km/h),
(7) MXV 3A = Typ,
(8) Name des Herstellers,
(9) Schlauchloser Reifen.

Aufbau in Schichten

Die schlauchlosen Gürtelreifen Ihres Fahrzeugs sind in mehreren Schichten aufgebaut (siehe Abbildung Seite 152 unten links). Profil und Mischung des äußeren Laufstreifens (1) beeinflussen entscheidend die Eigenschaften. Die darunter liegende Base (2) senkt den Rollwiderstand. Die Stahlcordlagen (4) unter Nylonbandagen (3) steigern die Fahrstabilität. Form- und Festigkeitsträger des Reifens ist die Karkasse (5). Die Innenseele (6), eine gasdichte Schicht, ersetzt den früher üblich gewesenen Schlauch. Das Seitenteil (7) schützt die Karkasse vor Beschädigungen. Kernprofil (8) und Wulstverstärker (10) unterstützen Lenk- und Fahrpräzision und fördern die Fahrstabilität. Der Kern (9) sorgt für festen Sitz auf der Felge.

Bestimmungsgrößen für Felgen

Die Größe einer Felge gibt man nach Normvorschrift stets in Zoll an. Die Bezeichnung 7J x 16 z. B. bezeichnet Tiefbettfelgen mit einer Breite von 7 und einem Durchmesser von 16 Zoll. Der Buchstabe »J« steht für die Form des Felgenhorns. Eine weitere wichtige Bestimmungsgröße ist die Einpresstiefe ET.

Bestimmungsgrößen für Reifen

Die Ziffern und Buchstaben auf der Flanke eines Reifens stehen für die Reifendaten. Wichtig ist vor allem das Format des Reifens. Häufigste Serienreifen für die E-Klasse sind 205/55 R16 und 225/55 R16. Der Reifenquerschnitt ist also 205/255 mm breit. Die zweite Zahl bestimmt das Verhältnis von Höhe und Breite. Im Beispiel beträgt es 55 Prozent. Je kleiner dieses Verhältnis, umso flacher und breiter der Reifen. »R« steht für die Radialbauart von Gürtelreifen, die Zahl dahinter nennt den Durchmesser der Felge in Zoll. Welche Reifengrößen und Felgen für Ihr Fahrzeug zugelassen sind, steht in den Kfz-Papieren.

Im Bild Seite 152 bezeichnet die Ziffer 6 den Kennbuchstaben für die zulässige Höchstgeschwindigkeit des Reifens: »Q« steht für 160 km/h, »S« für 180 km/h, »T« für 190 km/h, »H« für 210 km/h und »V« für 240 km/h Spitze. Für maximal 300 km/h gilt das Geschwindigkeitssymbol »Y«.

Herstellungsdatum und ECE-Prüfnummer

Auf Reifen, die seit Januar 2000 hergestellt wurden und werden, sind Herstellungswoche und Jahr mit einer 4stelligen Zahl angegeben. So bedeutet 0904, dass der Reifen in der 9. Produktionswoche des Jahres 2004 hergestellt wurde. Bis Ende 1999 war das Datum der Herstellung mit einer dreistelligen »DOT«-Nummer angegeben. Auf Reifen ab Produktionsjahr 1990 steht hinter dieser Zahl ein kleines Dreieck. 187 plus Dreieck besagt zum Beispiel, dass der Reifen in der 18. Woche des Jahres 1997 produziert wurde.

Reifen, die nach dem 1. Oktober 1998 hergestellt wurden, müssen eine ECE-Prüfnummer auf der Reifenflanke tragen. Diese Nummer (»E« und Zahl für das Herkunftsland, z. B. »1« für Deutschland) besagt, dass

Praxistipp

Risikofaktor Luftdruck

Ein schlecht oder gar nicht gewarteter Reifen kann sich zum Risikofaktor für Fahrer und Auto entwickeln. Fahren Sie zum Beispiel einen Reifen mit zu geringem Luftdruck unter sehr hoher Last, kann dies zu teilweisen Ablösungen der Reifenlauffläche führen (Bild rechts). Diese Schäden bleiben jedoch oft längere Zeit verborgen. Wird der vorher geschädigte Reifen dann stark beansprucht, können durch die enormen Fliehkräfte bei hohen Geschwindigkeiten sogar einzelne Reifenteile abreißen.

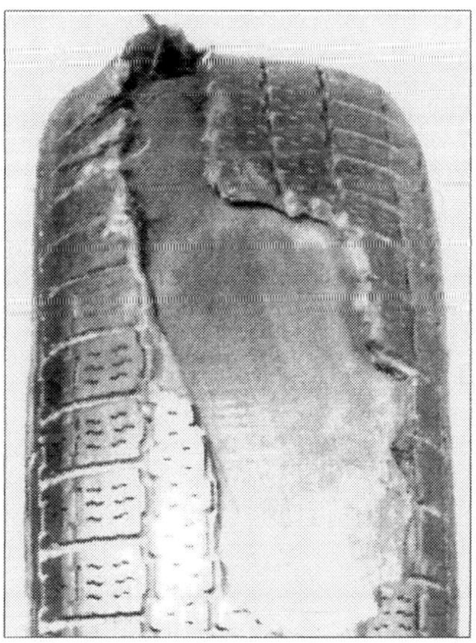

Abriss von Teilen der Lauffläche (siehe »Praxistipp«). Dieser Reifen ist natürlich nicht mehr verwendbar, aber es gibt auch unauffällig herausgebrochene Profilstücke. Dann drohen Eindringen von Feuchtigkeit und Rosten des Stahlgürtels.

der Pneu typgeprüft entsprechend europäischem Qualitäts-Standard ist.

Winterreifen und Schneeketten

Winterreifen rollen auf kalter Fahrbahn sowie auf Schnee und Eis sicherer als Sommerreifen. Sie werden aus einer Gummimischung mit einem hohen Anteil Naturkautschuk hergestellt, die bei Temperaturen unter sieben Grad besser auf der Straße haftet.
Voraussetzung für die gute Übertragung der Motor- und Bremskräfte auf die Straße ist jedoch ein Profil von mindestens 4,0 Millimetern gegenüber der minimal zulässigen Profiltiefe von 1,6 mm (besser sind 2,4 mm) bei Sommerreifen. Weniger Profil als vier Millimeter disqualifiziert den Reifen für den Wintereinsatz. Bestücken Sie alle vier Räder mit Winterreifen! Kombination von Sommer- und Winterreifen ist gefährlich.
Für Winterreifen genügt eine schmale Ausführung. Ratsam ist ein zweiter Satz Felgen. Das Ummontieren der Reifen im Frühjahr und im Herbst kommt auf die Dauer viel teurer. Bei Winterreifen den Luftdruck um 0,2 bar erhöhen und die zulässige Höchstgeschwindigkeit beachten (Sticker ans Armaturenbrett!).
Bei Schnee und Eis sind Schneeketten zulässig, die möglichst feingliedrig sein sollen. Auf Reifen bestimmter Formate dürfen sie allerdings nicht aufgezogen werden. Wenn die Reifen geeignet sind, nehmen Sie die Radzierblenden ab und sichern Sie die Radschrauben mit den passenden Abdeckkappen (Werkstatt). Die Ketten sollen einschließlich Kettenschloss nicht mehr als 15 mm auftragen.

Reifenverschleiß und Reifenwechsel

Heftiges Aufprallen auf die Bordsteinkanten ist gefährlich. Dabei können Schäden an der Reifenstruktur auftreten, die zunächst unsichtbar sind. Die Gefahr solcher Schäden besteht auch beim Parken, wenn der Reifen an die Bordsteinkante gequetscht oder nur mit einem Teil der Aufstandsfläche auf einer Kante abgestellt wird. Vollbremsungen mit blockierenden Rädern können durch Abschleifen infolge Erhitzung zu »Bremsplatten« führen. Reifen mit solchen Bremsplatten erzeugen beim Fahren gefährliche Vibrationen. Tauschen Sie den Reifen aus!
Sie können den Kauf neuer Reifen hinausschieben, indem Sie die Räder jeweils einer Fahrzeugseite gegeneinander austauschen. So erfolgt der Abrieb gleichmäßiger. Beim Ersatz der Reifen sind dann aber vier Exemplare auf einmal fällig. Beim Wechsel in kurzen Kilometerabständen können Sie im Reifenprofil mögliche Fehler von Radaufhängung, Lenkung und Stoßdämpfer auch nicht mehr deutlich erkennen. Beim Reifentausch auf jeder Achse Reifen des gleichen Fabrikats, mit gleichem Profil und Alter montieren!

Indikator Reifenlaufbild

Technik-lexikon

Außenseite (vorn) abgefahren: Meist durch flotte Fahrweise in Kurven. Reifen auf den Felgen drehen lassen oder gegen Hinterräder austauschen.
Außenseiten stärker abgefahren als Profilmitte: Reifen wurde lange Zeit mit zu niedrigem Luftdruck gefahren.
Einseitig abgefahrene Laufflächen: Sind meist auf Sturzfehler zurückzuführen (Achsvermessung!).
Gratbildung am Reifenprofil lässt auf Spurfehler schließen (Achsvermessung!).
Schräges Profil: Falsche Radeinstellung. Leichtmetallräder können die Radstellung durch die manchmal geringere Einpresstiefe der Felgen negativ beeinflussen.
Starke Abnutzung: Bremsung mit blockiertem Rad führt oft zu Stellen mit starker Abnutzung (»Bremsplatte«).
Abnutzung in Profilmitte: Bei häufigem Fahren mit Höchstgeschwindigkeit und bei zu hohem Reifendruck bauchen die Reifen durch die Fliehkraft aus, nutzen daher in der Mitte stärker ab.
Ungleiche Abnutzung: Meist durch Unwucht im Rad. Auswuchten erforderlich.
Unwucht: Erzeugt Vibrationen am Lenkrad, Schütteln im Vorderwagen und erhöhten Reifenverschleiß. Ursache: ungleichmäßige Gewichtsverteilung am Rad.
Dynamische Unwucht wirkt beim schnellen Drehen des Rades. Die übergewichtige Stelle sitzt nicht in der Mittelebene des Rades, sondern etwas nach außen bzw. innen versetzt. Das Rad flattert und wackelt bei schneller Fahrt.
Statische Unwucht zeigt sich, wenn man das Rad am aufgebockten Wagen frei auspendeln lässt: Der Schwerpunkt wird sich ganz von selbst nach unten begeben. Ein Rad mit einer statischen Unwucht hüpft beim Fahren, die Stoßdämpfer verschleißen schneller.
Auswuchten ist Sache der Werkstatt. Dort schraubt man das Rad auf eine Auswuchtmaschine, die Unwuchten anzeigt. An die entsprechenden Stellen der Felgen werden Gewichte montiert, die den unrunden Lauf ausgleichen.

Praxistipp

So halten die Reifen länger

- Verwenden Sie Reifen, die zur Höchstgeschwindigkeit passen. Zu hohes Tempo bewirkt mehr Abrieb, im schlimmsten Fall den Reifenkollaps.
- Machen Sie die Wärmeprobe: Ist der Reifen handwarm, steht es gut um ihn. Ein heißer Gummi ist ein Alarmzeichen, das auf zu niedrigen Luftdruck oder einen beschädigten Unterbau hinweist.
- Wenn Sie häufig auf der Autobahn mit Höchsttempo unterwegs sind: Montieren Sie Reifen, deren Geschwindigkeitsindex eine Klasse höher ist als im Fahrzeugschein verlangt.
- Beim Einparken nicht mit der Reifenflanke am Bordstein schrammen! Über Bordsteine und Schwellen nur langsam und immer im rechten Winkel rollen.

Zustand der Reifen kontrollieren

Arbeitsschritte | W | 15.000 km 12 Monate

1 Wagen aufbocken. Jedes Rad einmal komplett durchdrehen. Steinchen und andere Fremdkörper vorsichtig mit einem kleinen Schraubendreher aus den Profillamellen entfernen. Sitzt in der Reifendecke eine Glasscherbe oder ein Nagel, kann an dieser Stelle Luft entweichen.

2 Achten Sie auf Unregelmäßigkeiten wie etwa auf Einstiche, Schnitte, Risse und heraus gebrochene Profilstücke. Dringt Feuchtigkeit ins Reifeninnere?

3 Von außen ist nicht zu erkennen, ob der stabilisierende Stahlgürtel schon von Rost angefressen ist. Lassen Sie beschädigte Reifen zur Sicherheit vom Fachmann prüfen. Das gilt übrigens auch bei auffälligem Reifenabrieb.

4 Das Reifenprofil muss über die gesamte Lauffläche mindestens 1,6 Millimeter tief sein. Ist das Profil bis auf diese Tiefe abgefahren, wird auf der Lauffläche an mehreren Stellen ein Profilstandsanzeiger sichtbar. Die Buchstaben »TWI« für »Tread Wear Indicator« auf der Reifenflanke (linke untere Ecke im Bild rechts unten) zeigen, wo sich diese Verschleißanzeiger befinden.

Das Fahrverhalten wird mit abnehmendem Profil schlechter, vor allem bei Nässe. Sommerreifen besser bereits bei einer Profiltiefe von ca. 2-3 mm, Winterreifen bei ca. 4 mm tauschen.

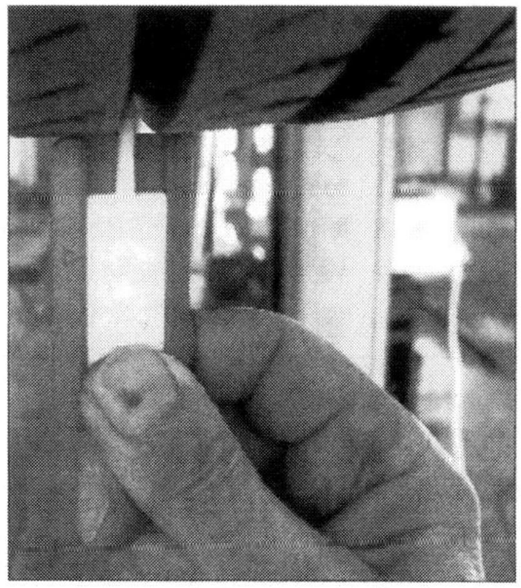

Prüfen der Profiltiefe mit einer Profillehre. Sommerreifen möglichst bei 2 mm, Winterreifen bei 4 mm tauschen.

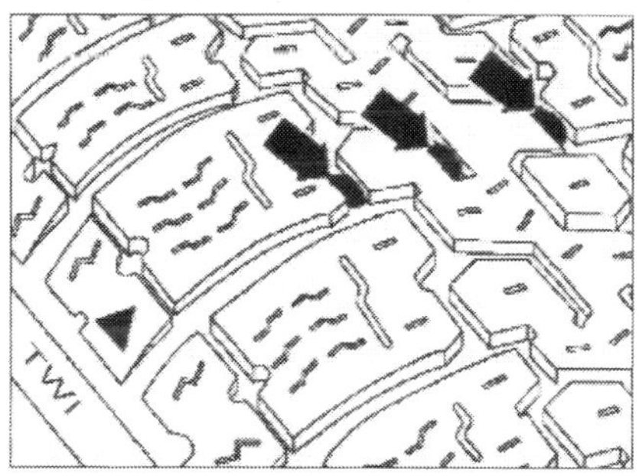

Verschleißanzeige: Die Pfeile weisen auf die Indikatoren. Von den Buchstaben »TWI« (links unten) deutet eine Pfeilspitze auf die Anzeiger.

5 Die Reifenprofiltiefe kann auch mit einer Bremsklotzprüflehre (MB-Werkzeug 211 589 06 23 00) gemessen werden. Die auf der Prüflehre aufgedruckten Symbole und Pfeile kennzeichnen diejenige Seite, die für die entsprechende Messung zu verwenden ist. Vorgehen wie folgt:

- Schieber vor jeder Messung am Mitnehmer zur Anlage bringen, anderenfalls kommt es zu Messfehlern.
- Bremsklotzprüflehre an der Stelle des stärksten Reifenverschleißes auf zwei Profilsegmente aufsetzen.
- Messdorn in den Profilkanal einschieben, bis dieser im Profilgrund aufliegt. Messdorn darf nicht auf der Verschleißmarkierung aufliegen!
- Die Bremsklotzprüflehre zum genauen Ablesen des Messwerts abnehmen.

6 Kontrollieren, ob alle Reifen gleichmäßig abgefahren sind und ob es Auswaschungen gibt.

7 Seitenwände (Flanken) genau ansehen. Beulen deuten auf eine Beschädigung des Reifenunterbaus hin.

Reifenfülldruck prüfen

1 Die Fülldruckwerte für die (Sommer-)Reifen finden Sie auf der Innenseite der Tankklappe (Bild unten).

2 Luftdruck stets bei kalten Reifen kontrollieren. Während der Fahrt erwärmt sich der Reifen, der Innendruck steigt durchaus um einige Zehntel bar. Sie erhalten falsche Werte, wenn Sie direkt nach einer längeren Fahrt den Druck prüfen.

3 Kontrollieren Sie den Reifendruck regelmäßig alle vier Wochen. Bei Markenreifen ist ein Druckverlust von 1,5 Prozent im Monat normal. Mehr weist auf Schäden hin.

4 Reifendruck sollte keinesfalls unter die jeweils geforderten Werte sinken. Ein um 0,2 – 0,3 bar höherer Luftdruck hat dagegen Vorteile: Die Lenkung arbeitet feinfühliger, Reifen halten länger, und der Kraftstoffverbrauch sinkt ein wenig. Nur federt das Fahrzeug nicht mehr so komfortabel.

5 Der Fülldruck von Winterreifen muss um 0,2 bar höher sein als der in Tabellen und auf dem Aufkleber in der Innenseite der Tankklappe angegebene Reifenfülldruck.

6 Reifenventile mit Schutzkappen verschließen. Gelangt Schmutz ins Ventil, wird die Funktion beeinträchtigt.

Aufkleber auf der Innenseite der Tankklappe: Die Tabelle mit Symbolen zum Reifenfülldruck gibt genaue Hinweise, für welche Beladesituation welcher Druck gewählt werden soll.

Rad prüfen und wechseln

Für diese Arbeit werden als Werkzeuge benötigt: Ein Steckschlüsseleinsatz für die Radschrauben (MB: 126 589 04 09 00) und wie bereits beschrieben eine Profillehre oder eine Bremsklotzprüflehre (MB: 211 589 06 23 00).

1 Ausbauen:
Feststellbremse betätigen, 1. Gang oder Rückwärtsgang einlegen, bei Fahrzeugen mit Automatikgetriebe Wählhebel auf »P« stellen; ggf. Warnblinker einschalten.

2 Die Räder der anderen Wagenseite gegen Wegrollen sichern (Keile, Steine). Bordwerkzeug mit Radschraubenschlüssel und Wagenheber entnehmen.

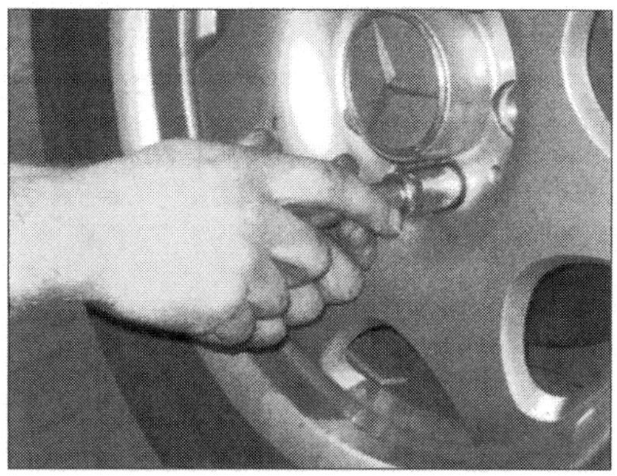

Mit Steckschlüssel und Einsatz werden die Bolzen je eine Umdrehung nach links gelöst (oben). Die Reihenfolge für's Lösen und Anziehen zeigt das Bild unten mit dem Elfspeichenrad.

3 Radblende abziehen und Radschrauben in der im Bild Seite 156 angegebenen Reihenfolge (diagonal von 1 bis 5) eine Umdrehung nach links drehen. Schraubenschlüssel möglichst weit am Ende anfassen. Lassen sich Schrauben nicht lockern, sorgen Sie für sicheren Stand und drücken mit dem Fuß kräftig auf das Schlüsselende.

4 Wagenheber unter dem vom Fahrzeughersteller gekennzeichneten Bereich (Eindrückungen unter dem Schweller) ansetzen und einrasten. Die Klaue muss gut greifen, der Heberfuß liegt mit seiner ganzen Fläche auf festem Untergrund auf. Wagenheber ausrichten, Klaue bis zum festen Anliegen hochdrehen,
Wagen weiter anheben. Bei Arbeit mit der Hebebühne: Fahrzeug zwischen den Säulen ausrichten und Aufnahmeteller an den vorgeschriebenen Stellen platzieren (vergl. Kapitel »Die Fahrzeugreparatur«).

5 Radschrauben herausdrehen, Rad abnehmen.

6 Prüfen:
- Radschrauben prüfen. Die Kugelbunde der Radschrauben müssen öl- und fettfrei sein. Schrauben mit beschädigtem Gewinde, abgenutzter Zinkschicht am Kugelbund oder korrodiertem Kugelbund erneuern, da diese sonst abscheren könnten.
- Reifen auf Beschädigung und Zustand prüfen, sorgfältig die Profiltiefe messen.
- Scheibenräder auf Verschmutzung, auf Schäden an Zentrierung, Kugelkalotten und Felgenhörnern, auf Öl- und Fettfreiheit der Kugelkalotten und auf Korrosion der Radanlagefläche kontrollieren.
- Radnabe, Radschraubengewinde und Bremsscheibentopf an Radanlagefläche auf Verunreinigung und Korrosion prüfen. Korrodierte Flächen mit Drahtbürste oder Schmirgelleinwand reinigen.
- Verunreinigte oder korrodierte Radschraubengewinde müssen gereinigt oder nachgeschnitten werden. Verbleibende Verunreinigungen oder Korrosion im Gewinde verhindern ein Erreichen der notwendigen Spannkraft der Radschraube, trotz erreichtem Solldrehmoment.
- Bei beschädigtem Radschraubengewinde ist die Radnabe zu erneuern.

7 Umsetzen:
Außer bei Fahrzeugen mit Mischbereifung sollten je nach Abnutzungszustand nach einer Fahrstrecke zwischen 5.000 und 10.000 km die Räder paarweise umgesetzt werden. Hinten links nach vorn links und hinten rechts nach vorn rechts. Laufrichtung der Räder beibehalten.

8 Einbauen:
Neues (oder im Falle eines vorübergehenden Radtausches nach Panne unterwegs mit »Tirefit« behandeltes) Rad so drehen, dass sich die Schraubenlöcher der Felge mit dem Gewinde der Radnabe decken. Laufrad aufschieben und Radschrauben eindrehen.
- Gewinde von Radschrauben nicht mit Schmier- oder Korrosionsschutzmitteln behandeln.
- Radschrauben falscher Länge oder Kalottenform dürfen nicht eingedreht werden, weil die Funktion der Bremse oder der Festsitz des Rades dadurch spürbar beeinträchtigt werden könnten.

9 Wagen ablassen und Radschrauben in der gezeigten Reihenfolge von 1 bis 5 mit 130 Nm festziehen. Schrauben nicht mit einem verlängerten Radschlüssel anknallen, die Bremsscheiben könnten sich sonst verziehen. Folge: Ungleichmäßige Bremswirkung und Reifenverschleiß.

10 Reifeninnendruck aller Laufräder (einschließlich Reserverad) richtig stellen und Ventilschutzkappen aufdrehen. Bei Fahrzeugen mit Reifendruckverlust-Warnung zur Vermeidung von Korrosion nur Ventilschutzkappen aus Kunststoff verwenden!

11 Radblenden montieren.

12 Verfallsdatum des Reifendichtmittels Tirefit prüfen (vergl. die nachfolgende Arbeitsanleitung).

13 Bei Fahrzeugen mit Reifendruckkontrolle nach Radtausch, Reifenwechsel oder Reifendruckänderung die Reifendruckkontrolle aktivieren.

14 Nach 50 km Fahrt den Festsitz der Radschrauben mit einem Drehmomentschlüssel überprüfen.

Praxistipp

So lagern Sie Reifen richtig

- Reifen mit Wasser reinigen und gut trocknen. Fremdkörper (Rollsplitt) aus den Profilrillen entfernen.
- Laufrichtung und Position der Reifen markieren.
- In trockenem, kühlem und dunklem Raum lagern. Benzin, Öl, Fett und Chemikalien fernhalten.
- Reifen mit Felgen stapelt man liegend, am besten auf einer alten Holzpalette. Reifen ohne Felgen senkrecht stellen. Die Pneus von Zeit zu Zeit drehen.

Verfallsdatum von »Tirefit« kontrollieren

1 Kofferraumdeckel bzw. Hecktür öffnen und Verkleidung Kofferraumboden bzw. beim T-Modell Laderaumboden anheben sowie die Tirefit-Flasche herausnehmen.

2 Verfallsdatum auf der Flasche prüfen. Mit Erreichen des Verfallsdatums ist das Reifendichtmittel Tirefit zu erneuern. Die Haltbarkeit des Dichtmittels beträgt je nach Ausführung 3 oder 4 Jahre, gerechnet ab Herstellungsdatum.

3 Gebrauchtes oder veraltetes Tirefit in einem Behälter für Reststoffe der Lackierung entsorgen.

Achtung: Brandgefahr! Vermeiden Sie offenes Licht und Funkenbildung. Rauchen Sie nicht. Atmen Sie keine Dämpfe ein. Tirefit nicht verschlucken oder berühren.

Reifen mit »Tirefit«-Kit abdichten

Mit der »Tirefit«-Ausstattung, die links unter der Verkleidung Kofferraumboden (beim T-Modell links unter dem Laderaumboden) untergebracht ist, können kleine Stichverletzungen des Reifens, besonders in der Lauffläche, abgedichtet werden. Das Dichtmittel kann bei Außentemperaturen bis -20 °C verwendet werden.

Eingedrungene Fremdkörper, z. B. Nägel oder Schrauben, möglichst nicht aus dem Reifen entfernen. Bei Schnitt- oder Stichverletzungen des Reifens, die größer als 4 mm sind, bei Schäden an der Felge oder wenn mit sehr geringem Reifendruck gefahren wurde, ist eine Reparatur mit Tirefit-Dichtmittel nicht mehr möglich.

Tirefit darf nicht mit Haut, Augen oder Kleidung in Berührung kommen. Bei Haut- oder Augenkontakt sofort mit viel klarem Wasser abspülen, mit Tirefit verschmutzte Kleidung ausziehen und möglichst mit Perchlorethylen reinigen lassen. Ausgetretenes Dichtmittel ansonsten trocknen lassen und danach wie eine Folie abziehen.

1 Feststellbremse betätigen, ersten Gang einlegen, bei automatischem Getriebe Stellung »P« schalten, und die Tirefit-Ausstattung aus dem Kofferraum holen. Je nach Ausführung die Klappe der elektrischen Luftpumpe öffnen, das Stecker-Kabel und den Manometer-Schlauch aus dem Kompressorgehäuse ziehen, den Manometer-Schlauch auf den Flansch der Tirefit-Füllflasche schrauben und dann die Füllflasche mit dem Kopf nach unten in die Aussparung der elektrischen Luftpumpe stecken.

2 Ventilschutzkappe vom Ventil des defekten Reifens drehen und den Einfüllschlauch auf das Ventil schrauben. Vorher sicherstellen, dass die Ablassschraube am Manometer ganz geschlossen ist.

3 Den Stecker in die Steckdose des Zigarettenanzünders stecken, den Zündschlüssel auf Stellung »1« drehen und den Schalter an der elektrischen Luftpumpe auf »I« drücken. Der Reifen wird nun aufgepumpt und das Dichtmittel eingebracht. Den Kompressor 5 Minuten laufen lassen, aber nicht länger als 6 Minuten. Danach Pumpe erst abkühlen lassen.

4 Wenn nach 5 Minuten der Luftdruck von 1,8 bar nicht erreicht wird, die Luftpumpe ausschalten, diese abnehmen und mit dem Fahrzeug 10 m vor- oder zurückfahren. Das Dichtmittel kann sich so besser verteilen. Die Füllflasche nun von der elektrischen Pumpe abnehmen und den Reifen erneut aufpumpen. Wenn nach weiteren 5 Minuten der Luftdruck von 1,8 bar nicht erreicht werden kann, ist der Reifen zu

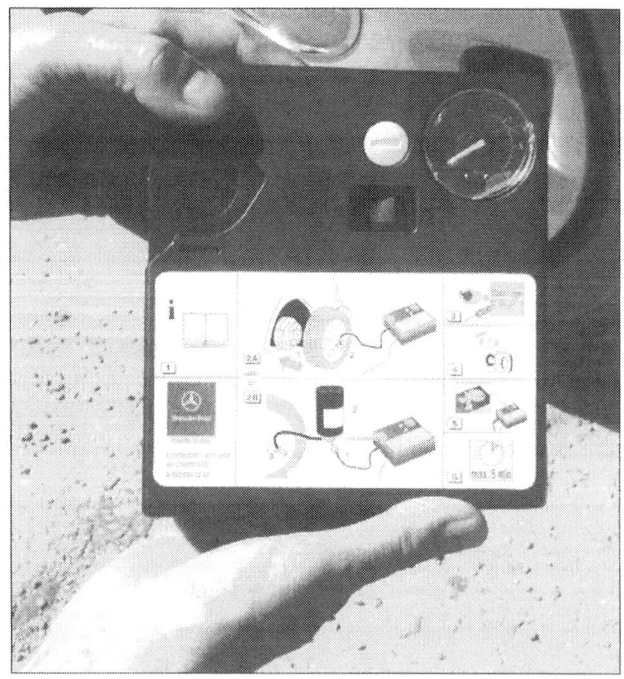

Anleitung »Reifen mit Tirefit abdichten« auf dem Kompressor.

stark beschädigt. Nicht weiterfahren, sondern Werkstatt verständigen. Wurde jedoch ein Reifendruck von 1,8 bar erreicht, den Schalter an der elektrischen Luftpumpe auf »0« drücken und Luftpumpe abnehmen.

5 Jetzt sofort losfahren, das Dichtmittel kann sich so im Reifen verteilen. Nach etwa 10 Minuten Fahrt anhalten und den Reifendruck mit der elektrischen Luftpumpe überprüfen. Wenn der Reifendruck jetzt weniger als 1,3 bar beträgt, ist der Reifen zu stark beschädigt. Nicht weiterfahren, sondern Werkstatt verständigen.

6 Den Reifendruck korrigieren, wenn er noch mindestens 1,3 bar beträgt. Luftdruck erhöhen: elektrische Pumpe einschalten. Reifendruck verringern: Öffnungsschraube am Manometer öffnen und das gelbe Entlüftungsventil neben dem Manometer drücken.

7 Mit einem durch Tirefit reparierten Reifen darf nicht schneller als 80 km/h gefahren werden. Der entsprechende Aufkleber »max. 80 km/h« (befindet sich bei der Tirefit-Ausstattung) muss im Sichtbereich des Fahrers befestigt sein.

8 Das Tirefit-Kit so bald wie möglich in einer qualifizierten Fachwerkstatt ersetzen lassen. Ansonsten Verfallsdatum auf der Füllflasche beachten. Die Haltbarkeit des Dichtmittels beträgt je nach Ausführung 3 oder 4 vier Jahre, gerechnet ab Herstellungsdatum. Altes oder gebrauchtes Tirefit ist umweltgerecht wie beispielsweise Lackierungs-Reststoff zu entsorgen.

Warnhinweis zur Höchstgeschwindigkeit nach Einsatz.

Dichtmittel »Tirefit« aus Reifen ablassen

Arbeitsschritte

1 Fahrzeug anheben, das Laufrad, dessen Reifen vorübergehend mit Tirefit abgedichtet wurde, abmontieren. Laufrad mit nach oben weisendem Ventil abstellen, damit beim Herausdrehen des Ventileinsatzes kein Dichtmittel herausspritzen kann.

2 Ventileinsatz herausdrehen und Druck aus dem Reifen ablassen. Um eine Geruchsbelästigung durch das Reifendichtmittel Tirefit zu vermeiden, Reifendruck im Freien ablassen. Überwurfmutter des Ventilkörpers abschrauben und das Ventil aus dem Scheibenrad herausziehen. Die Radoberfläche nicht beschädigen. In der Ventilbohrung zurückbleibende Ventilreste ins Innere des Laufrades drücken. Bei Fahrzeugen mit Reifendruckkontrolle wird das Ventil nicht aus dem Rad gezogen, sondern der Ventilkörper wird ins Laufrad hineingedrückt.

3 Laufrad mit nach unten weisender Ventilbohrung für 10 Minuten aufrecht und etwas erhöht abstellen. Erhöhtes Abstellen erleichtert das Absaugen des Dichtmittels.

4 An der leeren Tirefit-Füllflasche einen Schlauch anbringen. Dazu den Originalschlauch der Füllflasche durch einen mindestens 400 mm langen Schlauch ersetzen. Leere Füllflasche zusammendrücken, Schlauch durch die Ventilbohrung des Scheibenrades in das Dichtmittel eintauchen.

5 Den Druck auf die leere Füllflasche, die unterhalb des Laufrades positioniert ist, verringern. Dadurch wird das Dichtmittel zu etwa 90% aus dem Rad abgesaugt.

6 Wenn keine leere Füllflasche verfügbar ist, Lauffläche des Reifens mit 10 mm-Spiralbohrer durchbohren und das Dichtmittel in einen geeigneten Behälter abfließen lassen.

7 Abschließend das Scheibenrad mit einem feuchten Tuch von Resten des Dichtmittels reinigen. Bei Fahrzeugen mit Reifendruckkontrolle muss der Radsensor erneuert werden.

8 Abgesaugtes Dichtmittel fachgerecht entsorgen.

Achtung:

Reifen, die mit dem Reifendichtmittel Tirefit behandelt wurden, dürfen nicht repariert werden. Sie müssen gegen neue Reifen gleichen Fabrikats ausgetauscht werden!

DIE BREMS-ANLAGE

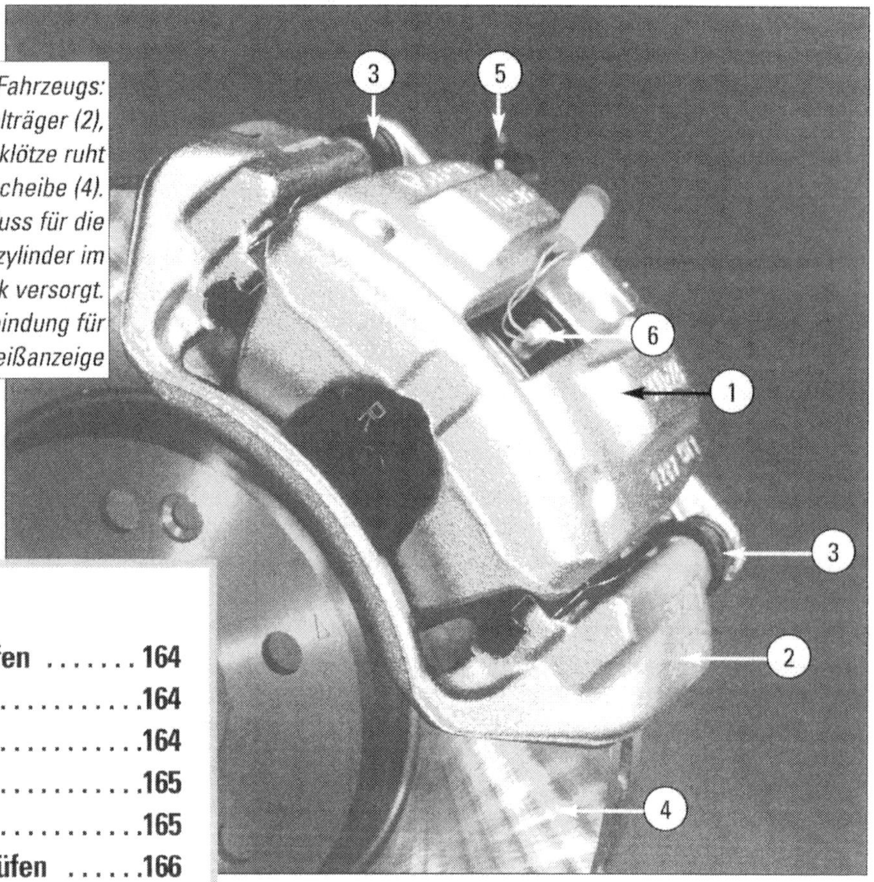

Hinterradbremse eines E-Klasse-Fahrzeugs: Der Bremssattel (1) mit Bremssattelträger (2), Belaghaltefedern (3) für die Bremsklötze ruht über der Bremsscheibe (4). (5) Entlüftungsnippel und Anschluss für die Bremsleitung, die den Radbremszylinder im Sattel mit hydraulischem Druck versorgt. (6) Sensor mit Steckverbindung für die Verschleißanzeige

Wartung

Reparatur

Ihr Fahrzeug braucht natürlich eine leistungsfähige Bremsanlage, denn die Modelle der E-Klasse fahren zwischen 214 km/h (E 200 CDI) und 250 km/h (V8-Modelle) Spitze. Hierzu stehen eine hydraulische Zweikreis-Bremse mit Unterdruckverstärker, ein Stufenhauptbremszylinder, Scheibenbremsen vorn und hinten, die Feststell-Trommelbremse hinten, Anti-Blockier-System ABS, Bremsassistent BAS und Elektronisches Stabilitäts-Programm ESP zur Verfügung. Für die neue Generation der E-Klasse ab Juni 2006 ermöglicht das aus der S-Klasse stammende Bremssystem Adaptive Brake (ABR) mittels elektronischer Steuerung der hydraulischen Zweikreis-Bremse neue Sicherheits- und Komfortfunktionen. Damit unterstützt ABR den serienmäßigen Bremsassistenten. Zudem stattet Mercedes-Benz übrigens die neue Generation der E-Klasse zur Vermeidung von Auffahrunfällen serienmäßig mit blinkenden Bremsleuchten aus.

Alle Modelle verfügen über innenbelüftete Vorderrad-Scheibenbremsen von je nach Typ 28, 30 bzw. 32 mm Scheibendicke (Neuzustand). An der Hinterachse sorgen bei den Vierzylindern und dem E 280 CDI massive Bremsscheiben, bei V6- und V8-Modellen innenbelüftete Bremsscheiben für sichere Verzögerung. Die Dicke (neu) der Bremsscheiben an der Hinterachse beträgt je nach Typ 10 bzw. 22 mm. Der E 63 AMG hat vorn Verbundbremsscheiben und hinten innenbelüftete und gelochte Bremsscheiben.

Die genauen Kenndaten der Bremsen (Bremsscheibendicke neu und Verschleißgrenze, Bremsklotzstärken neu und Verschleißgrenze sowie Ansprechen der Verschleißanzeige in mm) für ein konkretes Fahrzeug müssen jeweils aus den Datenblättern ermittelt oder in der Werkstatt erfragt werden. Die Bremsendaten sind von vielen Faktoren abhängig, u. a. ob das Fahrzeug über einen Faustsattel oder einen Festsattel oder über eine besondere Ausstattung, z. B. Sportpaket Evolution AMG (Code 950), 952 (Sportpaket) etc. verfügt. Zum prinzipiellen Aufbau der Bremsen und zum Messen der Belagdicke nach Entnehmen der Bremsklötze aus den Haltefedern im Bremssattelträger siehe die Bilder unten (vergl. spätere Arbeitsanleitung).

Die Zweikreis-Bremsanlage

Die Straßenverkehrs-Zulassungsordnung (StVZO) fordert für jedes Kraftfahrzeug zwei Bremsanlagen, die unabhängig voneinander arbeiten. Wenn ein System ausfällt, soll das andere das Fahrzeug immer noch abbremsen können. Auch die E-Klasse verfügt deshalb über eine diagonal aufgeteilte Zweikreisbremsanlage: Ein Bremskreis ist für linkes Vorderrad und rechtes Hinterrad, der andere für rechtes Vorderrad und linkes Hinterrad zuständig. Fällt ein Bremskreis aus, bleiben

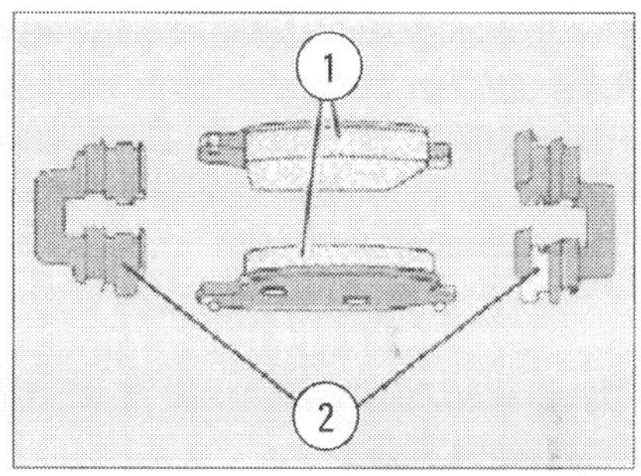

Die Scheibenbremse: (1) Bremsbelag mit Rückenplatte, (2) Belaghaltefedern, (3) Bremsscheibe, (4) Bremssattelträger.

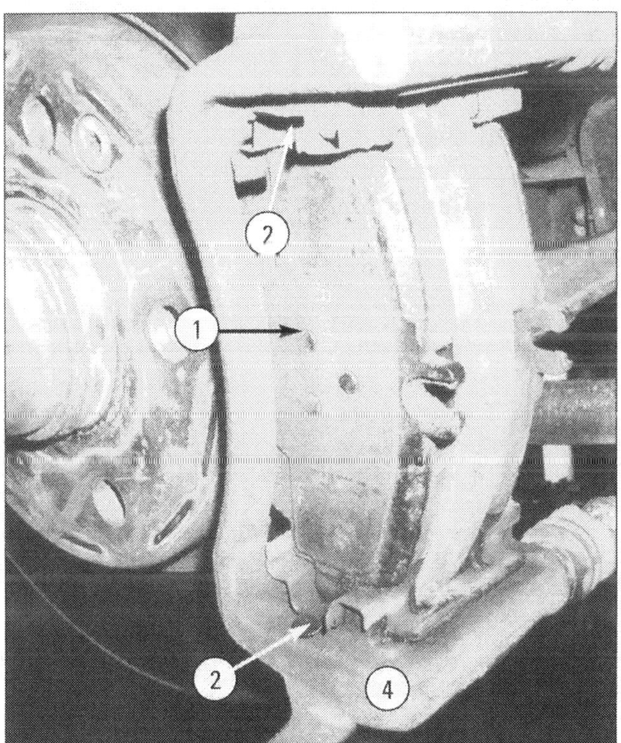

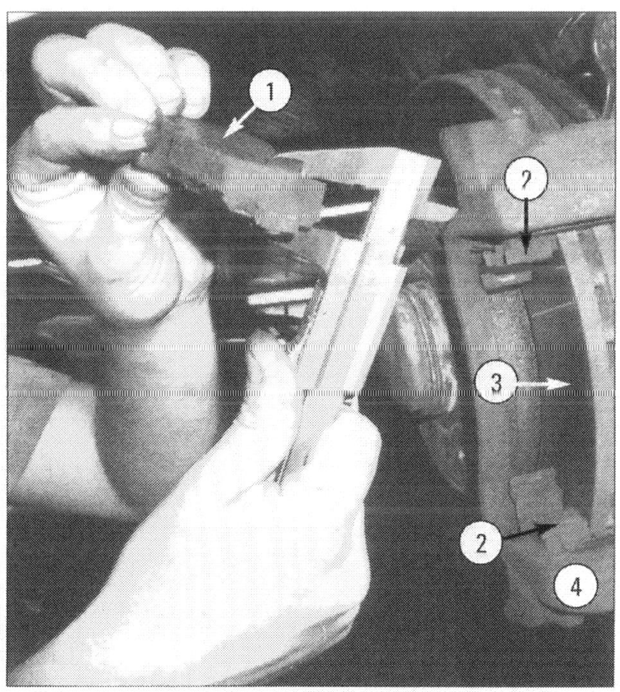

ein Vorder- und ein Hinterrad bremsfähig. Man muss kräftiger aufs Pedal steigen, dieses lässt sich weiter durchtreten, der Anhalteweg wird länger.

Funktionsprinzip: hydraulischer Druck

Beim Bremsen presst eine Druckstange am Pedal einen Doppelkolben in den Hauptbremszylinder, der eine Einheit mit dem Bremskraftverstärker bildet. Die Kolben übertragen die Fußkraft auf die Bremsflüssigkeit im Hauptbremszylinder. Der entstehende hydraulische Druck wird in dem mit pneumatischem Unterdruck versorgten Bremskraftverstärker etwa verdoppelt und setzt sich über Schlauch- und Rohrleitungen zu den Bremssätteln fort. Dort drücken die Kolben der Radbremszylinder die Bremsklötze gegen die Bremsscheiben. Beim Lösen des Bremspedals werden die Kolben und dadurch die Bremssättel von den Bremsscheiben zurückgezogen. Diese drehen wieder frei.
Der Bremskraftverstärker bringt etwa 60% der Bremskraft auf. Bei Benzinmotoren wird sein Unterdruck am Ansaugrohr entnommen, Dieselmotoren arbeiten mit Vakuumpumpe oder Tandempumpe für Kraftstoff- und Unterdruckversorgung.

Bremsassistent und Anti-Blockier-System ABS

Der Bremsassistent, kurz BAS, zählt in allen Modellen der E-Klasse zur Serienausstattung. BAS wirkt in Notbremssituationen. Wenn Sie schnell auf die Bremse treten, erhöht BAS automatisch den Bremsdruck der Bremse und verkürzt so den Bremsweg. Trotz dieser automatischen Vollbremsung blockieren die Räder nicht, weil das Anti-Blockier-System ABS die Bremskraft präzise bis zur optimalen Schlupfgrenze dosiert und der Wagen somit lenkbar bleibt. Wenn Sie das Bremspedal lösen, funktioniert die Bremse wieder wie gewohnt. BAS wird deaktiviert. Ist BAS gestört, steht die Bremsanlage weiterhin mit voller Bremsverstärkung zur Verfügung, in Notbremssituationen wird die Bremskraft jedoch nicht automatisch zusätzlich verstärkt und der Bremsweg kann sich verlängern.
Mit dem erwähnten Anti-Blockier-System ist die E-Klasse serienmäßig ausgestattet. Das elektronisch gesteuerte ABS verhindert durch einen gezielten Eingriff an den einzelnen Rädern, dass diese bei Vollbremsung blockieren. Dabei wird der Bremsdruck über die hydraulische Anlage etwa vier bis fünf Mal pro Sekunde variiert. Durch die automatische Stotterbremsung bleiben die Räder stets lenkbar. ABS wirkt unabhängig von der Straßenbeschaffenheit ab einer Geschwindigkeit von etwa 8 km/h. Bei glatter Straße regelt ABS bereits bei nur leichtem Bremsen.
Die Kontrollleuchte des ABS-Bremssystems leuchtet mit dem Einschalten der Zündung auf und verlischt, wenn der Motor läuft, spätestens nach zwei Sekunden oder wenn schneller als 6 km/h gefahren wird. Leuchtet sie während der Fahrt, dreht entweder ein Rad länger als 20 Sekunden durch oder es liegt eine Störung im ABS-System vor. Es kann auch sein, dass die Bordspannung unter 10,0 Volt gefallen ist.
Wenn ABS gestört ist, können Sie trotzdem weiterfahren, denn die Bremse funktioniert ja. Die Räder könnten nun aber beim Bremsen blockieren: Die Lenkfähigkeit beim Bremsen wird eingeschränkt, der Bremsweg kann sich verlängern.

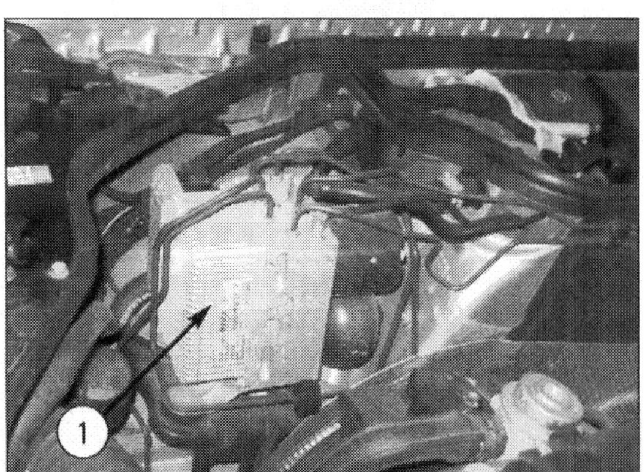

(1) Hydraulikeinheit für das ABS.

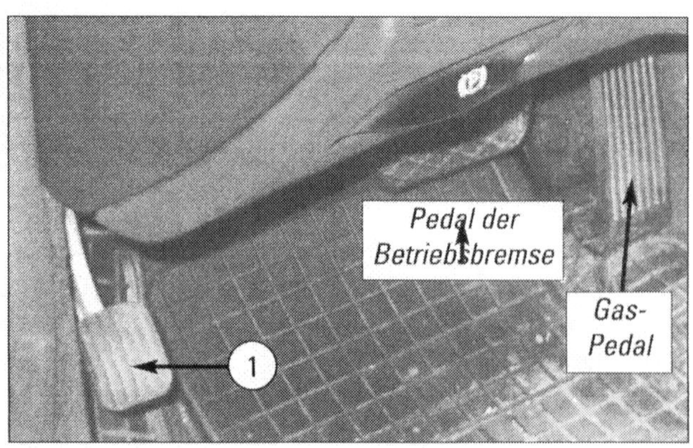

(1) Pedal für die Feststellbremse.

Die Feststellbremse

Den gesetzlichen Vorschriften folgend, verfügt natürlich auch die E-Klasse über eine Feststellbremse als zweite unabhängige Bremsbetätigung. Diese Trommelbremse wird mechanisch per Fußdruck betätigt, ist feststellbar und wirkt auf die beiden Hinterräder. Das Fahrzeug kann damit im Stand gegen unbeabsichtigte Fortbewegung (Rollen) gesichert werden.

Arbeiten am Bremssystem

Viele Wartungen und andere Arbeiten an der Bremsanlage können Sie selbst ausführen. Auch bei einer intakten Bremsanlage kann zum Beispiel der Bremsflüssigkeits-Pegel sinken. Ursache können der Verschleiß an den Bremsbelägen, aber auch Defekte am Kupplungssystem sein. Regelmäßige Kontrolle des Flüssigkeitsstandes ist auf jeden Fall angesagt.
Wichtig ist auch die Kontrolle des Wassergehalts von Bremsflüssigkeit. Bei vielen in Deutschland rollenden Fahrzeugen unterschreitet die Bremsflüssigkeit infolge Wasseraufnahme den kritischen Siedepunkt von 150 °C. Das kann zum Versagen der Bremsen führen.
Regelmäßig, mindestens jedoch alle 15.000 Kilometer oder einmal im Jahr, sollte die Stärke der Bremsbeläge kontrolliert werden. Bremsbeläge grundsätzlich immer auf beiden Seiten erneuern. Mit neuen Bremsbelägen auf den ersten 200 Kilometern häufige Vollbremsungen vermeiden, der Belag verändert sonst seine Struktur. Er verhärtet (»verglast«) und erreicht dadurch nicht seine beste Bremswirkung. Bremsbeläge, die Sie weiter verwenden wollen, sollten Sie beim Ausbau kennzeichnen. Sie müssen an gleicher Stelle wieder eingebaut werden.
Gelangt Luft beim Abnehmen von Bremsschläuchen oder Öffnen von Bremsleitungen ins Bremssystem, müssen Sie die Anlage entlüften. Meist genügt es, wenn Sie nur den Bremskreis entlüften, an dem Sie gearbeitet haben.
Wirkt die Bremse an den Rädern ungleichmäßig, könnten die Gleitflächen von Bremssattel und Bremszange korrodiert sein. Der Bremssattel wird dadurch schwergängig. Wenn infolge einer defekten oder nachlässig montierten Staubmanschette Schmutz und Feuchtigkeit in das Bremssattelgehäuse eindringen, muss der Kolben gereinigt werden.

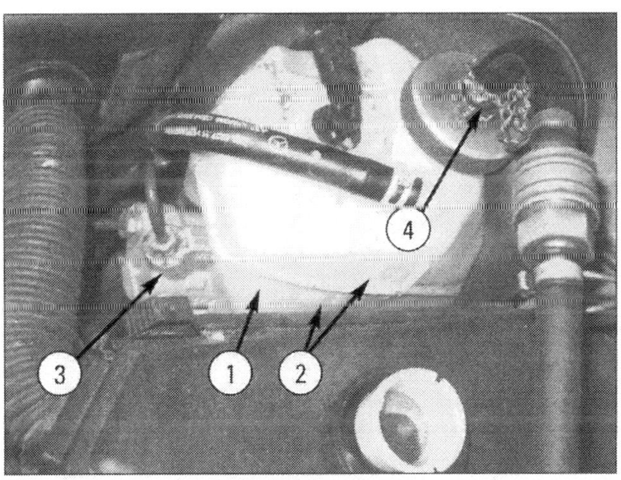

(1) Bremsflüssigkeitsbehälter mit (2) MIN-/MAX-Markierungen hinten links im Motorraum auf dem (3) Bremskraftverstärker. (4) hier wird Bremsflüssigkeit aufgefüllt.

Praxistipp

Vorsicht bei Wartung und Reparatur

- Regelmäßige Kontrolle der Bremsanlage ist für Autofahrer die beste Lebensversicherung. Scheuen Sie sich nicht, die Räder abzunehmen und den Zustand von Bremsscheiben und Bremsbelägen gründlich zu prüfen!
- Machen Sie sich andererseits aber nur ans Schrauben, wenn Sie ganz sicher sind. Suchen Sie sonst besser die Werkstatt auf. Beachten Sie, dass beim Reinigen der Anlage Bremsstaub anfällt, der zu gesundheitlichen Schäden führen kann. Niemals Bremsstaub einatmen!
- Bei Wartungs- und Reparaturarbeiten ist strikt darauf zu achten, dass kein Mineralöl, Schmierfett oder ähnliche Stoffe in die Bremsanlage gelangen. Wird Öl festgestellt, Tandem-Hauptbremszylinder und Ausgleichsbehälter für Bremsflüssigkeit erneuern, gesamte Bremsanlage mit neuer Bremsflüssigkeit durchspülen, alle Baugruppen mit Bestandteilen aus Gummi auswechseln, Bremsanlage entlüften.
- Bremsbeläge sind Bestandteil der Allgemeinen Betriebserlaubnis (ABE), außerdem vom Werk auf das jeweilige Fahrzeug abgestimmt. Deshalb dürfen nur vom Automobilhersteller beziehungsweise vom Kraftfahrtbundesamt (KBA) freigegebene Bremsbeläge (mit KBA-Freigabenummer) verwendet werden.

Zustand der Bremsanlage prüfen

Arbeitsschritte — 15.000 km 12 Monate

1 Bremskraftverstärker, Hauptbremszylinder und Bremssättel auf Beschädigungen und Undichtigkeiten prüfen.

2 Alle Anschlüsse und Verbindungen von Schläuchen und Leitungen auf richtigen Sitz, Undichtigkeiten und Korrosion prüfen. Auf dunkle und feuchte Flecken achten. Kontrollieren Sie besonders, ob Hydraulikleitungen geknickt oder Anschlüsse an der Hydraulikeinheit undicht sind.

3 Bremsschläuche, elektrische Leitungen und Steckkupplungen prüfen. Wenn sie Scheuerstellen aufweisen und Schläuche feucht oder aufgequollen sind: auswechseln.

4 Bremsschläuche dürfen nicht in sich verdreht und nirgendwo porös und brüchig sein. Bei maximalem Lenkeinschlag muss ihr Abstand zu anderen Achsteilen mindestens 15 mm betragen.

5 Eine Minute lang mit voller Kraft aufs Bremspedal treten. Das Pedal darf nicht nachgeben. Eine exakte Druckprüfung ist allerdings Sache der Werkstatt.

7 Alle festgestellten Mängel müssen unverzüglich in eigener Arbeit oder durch die Werkstatt beseitigt werden.

Bremsenfunktion prüfen

Arbeitsschritte

1 Für die Bremsprüfung eine abgelegene Straße aufsuchen und andere Verkehrsteilnehmer nicht gefährden!

2 Schritttempo fahren. Mit voller Kraft bremsen, dann den Gummiabrieb auf der Straße ansehen. Die Bremsen ziehen gleichmäßig, wenn die Spuren gleich lang sind. Die gleiche Übung mit der Feststellbremse durchführen.

3 Auf etwa 50 km/h beschleunigen, Lenkrad loslassen, Hände griffbereit halten. Zuerst sanft, dann scharf bis zum Stillstand bremsen. Das Fahrzeug soll die Spur halten. Bei scharfem Bremsen spüren Sie das ABS-Regeln im Pedal.

4 Nach dem Test auf leicht abschüssiger Strecke Fahrzeug aus dem Stand losrollen lassen. Drehen die Räder frei?

5 Wärmeprobe an den Felgen: Alle vier müssen gleich warm sein. Ursache für zu hohe Temperatur sind z. B. schleifende Bremsen oder defekte Radlager.

Bremskraftverstärker prüfen

Arbeitsschritte

1 Motor abstellen, das Bremspedal mehrmals durchtreten und in seiner tiefsten Stellung halten. Dadurch wird der im Gerät vorhandene Unterdruck abgebaut.

2 Bremspedal bei mittlerer Fußkraft in Bremsstellung halten und den Motor starten.

3 Jetzt muss der Bremskraftverstärker wirksam werden. Das Bremspedal gibt unter dem Fuß spürbar nach. Senkt sich das Pedal nicht, liegt eine Störung vor. Meistens muss dann der Bremskraftverstärker komplett ersetzt werden.

4 Für eine professionelle Prüfung des Bremskraftverstärkers sind mehrere Geräte erforderlich (Unterdruckprüfgerät mit Prüfanschluss MB 201 589 12 21 00 und 168 589 08 63 00, Druckprüfgerät und Pedalkraftmesser). Diese Prüfung sollten Sie damit besser Ihrer Werkstatt überlassen.

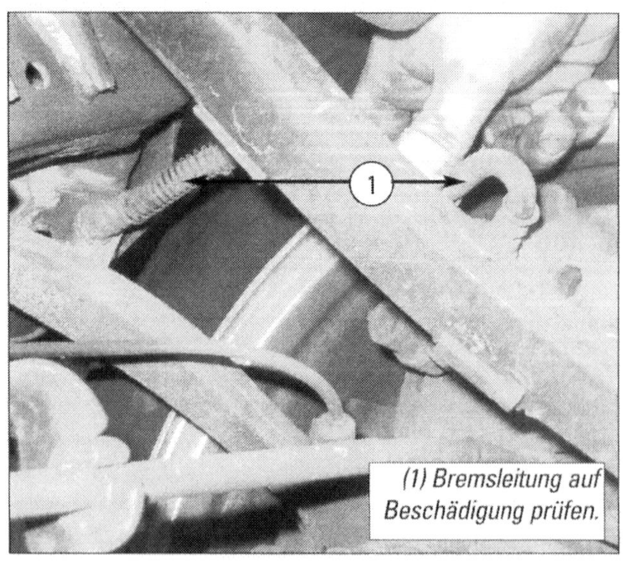

(1) Bremsleitung auf Beschädigung prüfen.

Bremsscheiben prüfen

Arbeitsschritte

1 Fahrzeug anheben, Laufräder abmontieren, Bremsscheiben (1) genau ansehen. Eine bläuliche Verfärbung der Scheibe ist normal.

2 **Prüfen:** Bremsscheiben auf Riefen und vor allem gelochte Bremsscheiben (2) auf Haarrisse (3) prüfen. Sind Längsrillen durch Schmutz oder zu stark abgefahrene Beläge in den Scheiben? Sie dürfen keinesfalls tiefer als 0,5 mm sein. Durch hohe Belastung können Haarrisse entstehen. Diese dürfen nicht länger als 25 mm sein. Bei gelochten Bremsscheiben Risslänge inklusive Lochdurchmesser messen.

3 Bei Riefen (tiefer als 0,5 mm oder zu starken Verschleißspuren (z. B. Haarrisse mehr als 25 mm Länge) müssen Bremsscheiben paarweise ausgetauscht, jedoch niemals nachbearbeitet werden.

4 Perforation der Bremsscheiben (2) prüfen und bei Bedarf reinigen. Sind die Bohrungen durch Bremsabrieb zugesetzt, müssen sie mit einem geeigneten Dorn (Bild unten) gereinigt werden. Ist dies nicht möglich, Bohrer mit 4,3 mm Durchmesser verwenden (Bild darunter). Bohren Sie nicht größer und heben Sie keine Späne von der Bremsscheibe ab!

5 Bremsscheibendicke an Vorder- und Hinterachse mit Messschieber (MB-Werkzeug 140 589 00 19 00) messen. Die Dicke der Scheiben messen Sie am besten, indem Sie zwischen Messschieber und Bremsscheibe jeweils eine Münze legen. Die Dicke der Münzen müssen Sie dann vom gemessenen Wert abziehen.
Messen Sie die Bremsscheibe an mehreren Punkten. Es gilt der jeweils schlechteste Wert. Zu dünne Scheiben müssen paarweise ausgetauscht werden.

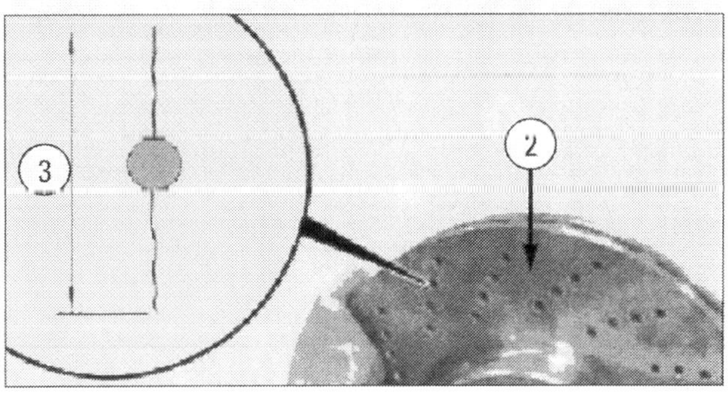

(1) ungelochte innenbelüftete Bremsscheibe, (2) gelochte Bremsscheibe, (3) Haarrisslänge einschließlich Lochdurchmesser.

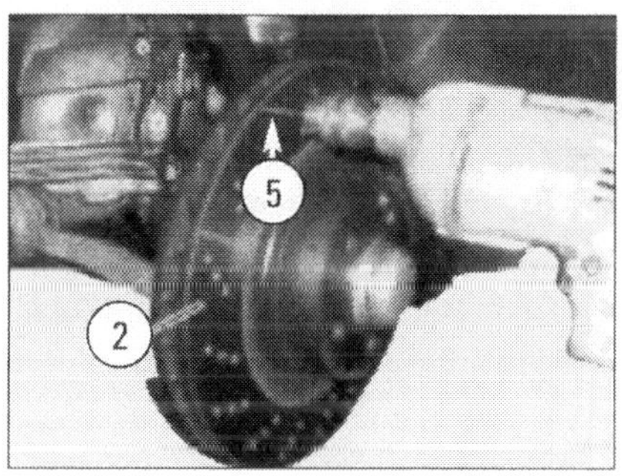

(2) Perforierte Bremsscheibe mit Dorn (4) oder Bohrer (5) reinigen.

Bremsbeläge prüfen

Arbeitsschritte — W 15.000 km 12 Monate

1 Fahrzeug anheben und vordere sowie hintere Laufräder (hintere Räder nur bei Typen 211.076/077/276/277) abmontieren. Die Räder müssen anschießend wieder in gleicher Posi-

tion eingebaut werden. Deshalb empfiehlt es sich, die Einbaulage mit Kreide zu markieren. Nach Ausbau der Räder sind die Bremsen zugänglich.

2 Zur Messung der Belagdicke können die Bremsklötze aus den Haltefedern ausgebaut werden (vergl. die Bilder auf Seite 161). Der Ausbau der Klötze ist aber nicht zwingend erforderlich. Die Bremsbelagdicke der Bremsklötze an der Vorderachse wird bei allen Fahrzeugtypen mit dem Messschieber gemessen.

3 An der Hinterachse kann die Belagdicke bei den Fahrzeugtypen 211.076/077/276/277 ebenfalls mit dem Messschieber ermittelt werden. Bei allen anderen Typen muss die Bremsklotz-Prüflehre (Werkzeug 211 589 06 23 00) verwendet werden.

4 Verschlissene Bremsklötze (Grenzwerte bei Verschleiß in mm siehe in den technischen Daten zum konkreten Fahrzeug) satzweise erneuern.

5 Beim Wiedereinbau der Räder das Anziehdrehmoment für die Radschrauben von 130 Nm beachten.

Stand der Bremsflüssigkeit prüfen

Arbeitsschritte — ständige Wartung

1 Motorhaube öffnen, der Ausgleichsbehälter für die Bremsflüssigkeit ist im Motorraum hinten links angeordnet (Bild S. 163). Stand der Bremsflüssigkeit regelmäßig kontrollieren. Bei Auslieferung oder nach Inspektion muss der Flüssigkeitsstand bei der MAX-Markierung am Ausgleichsbehälter liegen.

2 Wird sinkender Pegel-Stand festgestellt, ist das noch kein Grund zur Sorge, solange die Bremsflüssigkeit im Ausgleichsbehälter zwischen den Markierungen MIN und MAX steht. Sind die Bremsbeläge neu oder ist ihre Dicke noch weit von der Verschleißgrenze entfernt, muss der Flüssigkeitsstand hier liegen.

3 Sind die Bremsbeläge fast abgefahren und steht ihr Wechsel bevor, kann der Pegel nahe der MIN-Marke verbleiben. Beim Einbau neuer Beläge werden die Bremskolben zurückgedrückt. Dadurch steigt der Stand im Bremsflüssigkeitsbehälter wieder an.

4 Muss bei Stand unter der MIN-Markierung Bremsflüssigkeit aufgefüllt werden, dann erst nach erfolgreicher Kontrolle der Dichtheit des Bremssystems.

5 Zum Nachfüllen nur neue Bremsflüssigkeit der Kategorie DOT 4 plus verwenden, das ist das Produkt MB 331.0 Bremsflüssigkeit mit der Sachnummer 000 989 08 07. Wenn gebrauchte Bremsflüssigkeit entsorgt werden muss (siehe auch die folgende Arbeitsanleitung »Bremsflüssigkeit wechseln«), dann orientieren Sie sich am »Umweltschutz-Handbuch für Kfz-Reparaturbetriebe«. Dieses auch für ähnliche Entsorgungsfragen (Altöl, Lackreste) empfehlenswerte Buch wird vom Verband der Automobilindustrie e. V. (VDA) herausgegeben und ist dort auf jeden Fall zu beziehen.

Bremssystem entlüften und Bremsflüssigkeit erneuern

Arbeitsschritte — zwei Jahre

Für diesen Arbeitsablauf wird ein handelsübliches Bremsflüssigkeitswechselgerät (MB: WE58.40-Z-1001-07A) benötigt. Gehen Sie nach Bedienungsanleitung vor.

1 Motorhaube öffnen, Umfeld des Verschlussdeckels reinigen und Verschlussdeckel (2) abschrauben, Bremsflüssigkeitswechselgerät (1; Bild S. 167) nach Herstellerangaben am Bremsflüssigkeitsbehälter anschließen (4; Bild unten), auf 2,0 bar einstellen. Vor Anschließen des Wechselgerätes ist darauf zu achten, dass der Ausgleichsbehälter bis zur MAX-Markierung gefüllt ist. Er darf auch während des Entlüftens niemals leer sein, sonst wird Luft ins System gesaugt.

(1) Bremsflüssigkeitsbehälter, (2) abgebaute Verschlusskappe, (3) Schlauch vom Wechselgerät, (4) Schraubanschluss zum Auffüllen.

2 Fahrzeug anheben. Staubkappen der Entlüfterschrauben an den Bremssätteln abnehmen, Entlüftungsschlüssel (3) und Entlüftungsschlauch (4) entsprechend der Öffnungsreihenfolge bei 1-, 2,- oder 4-Kolben Bremssätteln an der Vorderachse auf die Entlüfterschraube (2) am Bremssattel aufstecken. Beim Bremssattel hinten rechts beginnen. Entlüftungsschlauch in ein geeignetes Auffanggefäß (5) führen. Jetzt die Entlüfterschraube öffnen.

Bild oben:
(1) Befüllgerät.

Bild links:
(2) Entlüfterschraube,
(3) Entlüftungsschlüssel,
(4) Entlüftungsschlauch,
(5) Auffanggefäß.

3 Entlüften: Das hydraulische System der Bremsanlage muss entlüftet werden, wenn es zu Reparaturzwecken geöffnet wurde. Dazu Bremspedal wiederholt durchtreten, bis an der Entlüfterschraube (2) neue Bremsflüssigkeit blasenfrei ausströmt. Zur korrekten Entlüftung der Bremsanlage ist das Pumpen am Bremspedal während des gesamten Entlüftungsvorgangs unbedingt erforderlich. Anderenfalls kann es durch verbliebene Restluft zu Fehlfunktionen und Ausfall der Bremsanlage kommen. Um das Ansaugen von Luft zu vermeiden, Bremspedal beim Pumpen nicht ruckartig, sondern langsam freigeben. Die Entlüfterschraube (2) kann während des gesamten Vorgangs geöffnet bleiben. Erforderliche Gesamtmenge Bremsflüssigkeit: ca. 1,5 Liter.

4 Befüllen: Bremsflüssigkeit muss wie erwähnt als zweijährlicher Service gewechselt werden, wenn das hydrauli-

Technik-lexikon

Bremsflüssigkeit

Mercedes-Benz setzt die Bremsflüssigkeit »DOT 4 plus« ein, eine Weiterentwicklung des DOT 4-Standards (US-Sicherheitsvorschrift FMVSS 116) mit höherem Nasssiedepunkt. Übliches Wechselintervall: zwei Jahre. Die Bremsflüssigkeit aus Glykol und Polyglykoläther ist noch bei minus 40 °C dünnflüssig. Ihr Siedepunkt liegt über 270 °C. Da sie hygroskopisch ist, nimmt Bremsflüssigkeit Wasser auf, was u. a. durch undichte Bremsschläuche und Gummimanschetten geschehen kann. Sie nimmt aber auch Luftfeuchtigkeit auf, weshalb sie nur in verschlossenen, gut abgedichteten Vorratsbehältern (Original-Gebinden) aufbewahrt werden darf.
Durch Wasseraufnahme sinkt der Siedepunkt. Bei einem Wassergehalt von 2,5 Prozent liegt er nur noch bei 150 °C (kritische Grenze). In diesem Fall können sich bei stark erhitzten Bremsen (Gebirgsfahrt, Vollbremsungen) Dampfblasen in der Bremsflüssigkeit bilden. Diese werden beim Bremsen zusammengepresst, das System kann keinen stabilen Bremsdruck aufbauen, das Pedal lässt sich tief durchtreten, schlimmstenfalls bis auf den Boden. Es ist sogar möglich, dass die Bremsen ganz ausfallen.
Die Sicherheit erfordert daher den regelmäßigen zweijährlichen Wechsel der Bremsflüssigkeit. Sie sollte möglichst im Frühjahr erneuert werden. Die für alle Mercedes-Benz-Fahrzeugtypen freigegebene »MB 331.0 Bremsflüssigkeit 000 989 08 07« (DOT 4 plus) garantiert hohe Betriebssicherheit und die Aufrechterhaltung des hohen Siedepunktes über die gesamte Gebrauchsdauer.

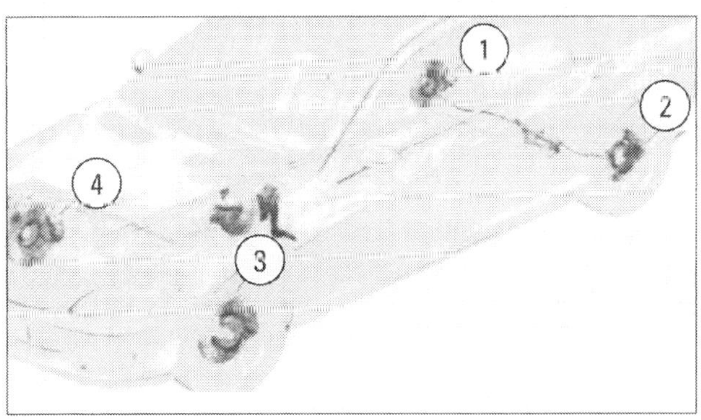

Öffnungsreihenfolge der Entlüfterschrauben bei 1-, 2- oder 4-Kolben-Bremssätteln an der Vorderachse.
Bei 6- oder 8-Kolben-Bremssätteln vorn ist die Reihenfolge: (1) / (2) hinten rechts / links, (3) und (4) vorn links, (5) und (6) vorn rechts.

sche System der Bremsanlage zuvor nicht zu Reparaturzwecken geöffnet wurde. Dazu Entlüfterschraube (2) geöffnet halten, bis neue Bremsflüssigkeit ausströmt. Pumpen am Bremspedal ist nicht erforderlich. Erforderliche Gesamtmenge Bremsflüssigkeit ca. 0,75 Liter.

5 Entlüfterschraube (2) wieder schließen und mit 8 Nm (alle Fahrzeug- und Bremssatteltypen) festziehen. Die Arbeitsschritte 3 bis 5 an den anderen Entlüfterschrauben in der Reihenfolge hinten links, vorn links, vorn rechts (siehe Bild auf S. 167) wiederholen.

6 Entlüftungsschlauch und Entlüftungsschlüssel abziehen und Staubkappen an den Entlüfterschrauben anbringen.

7 Bei Fahrzeugen mit Schaltgetriebe muss beim Erneuern der Bremsflüssigkeit der Vorgang an der Entlüfterschraube des Zentralausrückers wiederholt werden.

8 Bremsflüssigkeits-Wechselgerät abmontieren und Flüssigkeitsstand im Ausgleichsbehälter prüfen, ggf. korrigieren. Verschlussdeckel am Ausgleichsbehälter aufschrauben und mit 2 Nm festziehen. Motorhaube schließen.

9 Mehrmals das Bremspedal betätigen. Druck und Leerweg am Bremspedal prüfen: Der Leerweg darf nicht größer als ein Drittel des gesamten Pedalweges sein.
Bremsanlage auf Dichtheit prüfen. Dann Probefahrt zur Kontrolle der Bremsenfunktion: Mindestens eine Bremsung mit ABS-Regelung muss erfolgen.

Anmerkung: Die Bremsanlage ist auch zu entlüften, wenn beispielsweise Bremsschläuche erneuert oder Bremsleitungen geöffnet werden mussten. Häufig reicht es, nur den Bremskreis zu entlüften, an dem gearbeitet wurde. Beim gesamten Entlüftungsvorgang darf der Bremsflüssigkeitspegel im Ausgleichsbehälter auf keinen Fall unter die MIN-Markierung fallen. Ansonsten gelangt Luft ins System.

Vorsicht mit Bremsflüssigkeit!

Gefahrenhinweis

- Nicht mit dem Mund oder mit offenen Wunden in Berührung bringen! Bremsflüssigkeit ist giftig!
- Mit Bremsflüssigkeit befleckte Karosseriestellen (Lack) mit viel Wasser abwaschen!
- Bremsflüssigkeit nicht mit mineralölhaltigen Flüssigkeiten in Verbindung bringen!

Bremsscheiben vorn und hinten aus-/einbauen

Arbeitsschritte

Bremsscheiben grundsätzlich nur paarweise erneuern!

1 **Ausbau:** Radschrauben lösen, Fahrzeug anheben, entsprechende Laufräder abbauen.

2 Bei Wiederverwendung der Bremsscheiben Bremsbelagdicke und Bremsscheiben auf Zustand prüfen. Bei Wiederverwendung perforierter Bremsscheiben Perforation der Scheiben bei Bedarf wie geschildert reinigen. Bei Ausbau der Bremsscheiben an der Hinterachse die Feststellbremse lösen.

3 Bei Fahrzeugen mit Sensotronic Brake Control (SBC-Bremsen) muss die Bremsanlage mit Star Diagnosis deaktiviert werden. Werkstatt!

4 Bremssattel von Achsschenkel oder Radträger abmontieren und mit einem Haken am Fahrzeug befestigen. Bremsschlauch nicht abmontieren, aber darauf achten, dass er nicht geknickt oder auf Zug beansprucht wird, anderenfalls wird er beschädigt.

5 Selbstsichernde Schraube (3), die die Bremsscheibe (2) an der Radnabe hält, herausdrehen. Bremsscheibe abnehmen, prüfen und ggf. erneuern (Bild unten). Bremsklötze auf Belagdicke prüfen. Bei eingelaufener Feststellbremstrommel die Nachstelleinrichtung der Feststellbremse zurückdrehen, sonst werden die Feststellbremsbacken beschädigt (siehe »Feststellbremse einstellen«).

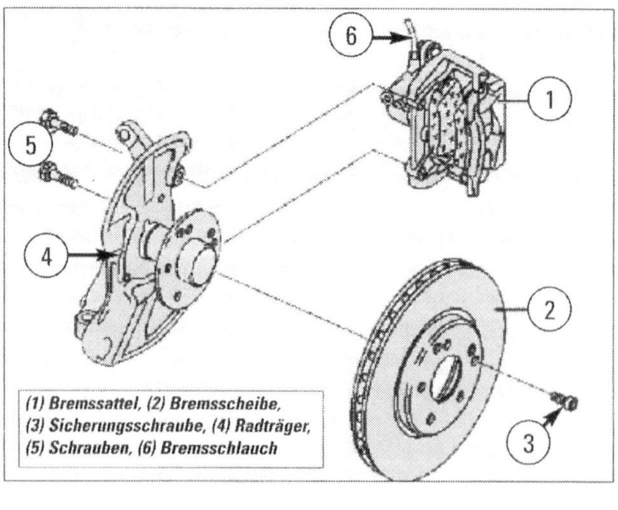

(1) Bremssattel, (2) Bremsscheibe, (3) Sicherungsschraube, (4) Radträger, (5) Schrauben, (6) Bremsschlauch

6 Bei Ausbau der Bremsscheiben an der Hinterachse Belagstärke und Zustand der Feststellbremsbacken prüfen, bei Bedarf erneuern.

7 **Einbau:** Sinngemäß in umgekehrter Ausbaureihenfolge. Bei Fahrzeugen mit SBC-Bremsen die Anlage mit Star Diagnosis aktivieren (lassen). Den Passsitz der Bremsscheibe leicht mit MB-Langzeitschmierfett (Reparaturmittel-Bestellnummer: 000 989 63 51) einfetten. Selbstsichernde Schraube (3) erneuern und mit 10 Nm festziehen.

8 Wurden die Bremsscheiben der Hinterachse ausgebaut, muss die Feststellbremse eingestellt werden (siehe spätere Reparaturanleitung).

9 Nach dem Einbau von Bremsscheiben das Bremspedal im Stand mehrmals kräftig durchtreten. Die Bremsbeläge nehmen dann ihren richtigen Sitz ein.

10 Den Flüssigkeitsstand im Ausgleichsbehälter für Bremsflüssigkeit prüfen und bei Bedarf auffüllen.

Bremssattel (Faustsattel) vorn aus-/einbauen

Arbeitsschritte

Für den Arbeitsgang Aus- und Einbau des Bremsschlauchs werden ein Ringschlüssel mit Steckeinsatz (MB-Werkzeug 000 589 76 03 00 und 000 589 75 03 00) sowie ein Satz Verschlussstopfen (MB-Werkzeug 129 589 00 91 00) benötigt.

1 **Ausbau:** Radschrauben der Vorderräder lösen, Fahrzeug anheben, Räder abbauen. Bei Fahrzeugen mit SBC-Bremsen muss die Bremsanlage mit Star Diagnosis deaktiviert werden.

2 Bremsschlauch (3) ausbauen. Zuerst Bremsschlauch an der Bremsleitung (1) abbauen. Darauf achten, dass Halter (2) nicht verdreht wird (Bildreihe unten; links). Bremsleitung sofort mit Stopfen verschließen. Danach Bremsschlauch (3) vom Bremssattel abmontieren und Bremsklötze ausbauen (siehe entsprechende Reparaturanleitung).

3 Elektrische Zuleitung des Kontaktfühlers Bremsbeläge vom Bremssattel abbauen. Schraube des Führungsbolzens (Bremssattel an Bremssattelträger) und selbstsichernde Schrauben Bremssattelträger an Achsschenkel herausdrehen und Bremssattelträger abnehmen.

4 **Einbau:** Sinngemäß umgekehrt. Nur von Mercedes-Benz freigegebene Bremsschläuche einbauen. Bremsschlauch (3) scheuerfrei und nicht in sich verdreht montieren (drallfrei). Es muss in allen Fahrsituationen ein Mindestabstand von 15 mm zu anderen Achsstellen gewährleistet sein. Beim Festziehen der Bremsleitung (1) am Bremsschlauch (3) darauf achten, dass der Halter (2) nicht verdreht wird. Mit Maulschlüssel am Zweikant des Bremsschlauchs gegenhalten.

5 Beim Anschließen des Bremsschlauches die korrekten Anziehdrehmomente beachten: Leitung an Bremsschlauch = 15 Nm, Schlauch an Bremssattel = 18 Nm. Die Schraube Kontaktfühler Bremsbeläge an Bremssattel wird mit 8 Nm, der Führungsbolzen Bremssattel an Bremssattelträger mit 27 Nm und die selbstsichernden Schrauben Bremssattelträger an Achsschenkel werden mit 115 Nm festgezogen.

Anmerkung: Am Halter (2) ist eine Sicherungsplatte mit Vielzahnprofil befestigt. Am Anschlussstück des Bremsschlauches befinden sich zwei Erhebungen, die den Bremsschlauch in diesem Vielzahnprofil arretieren.

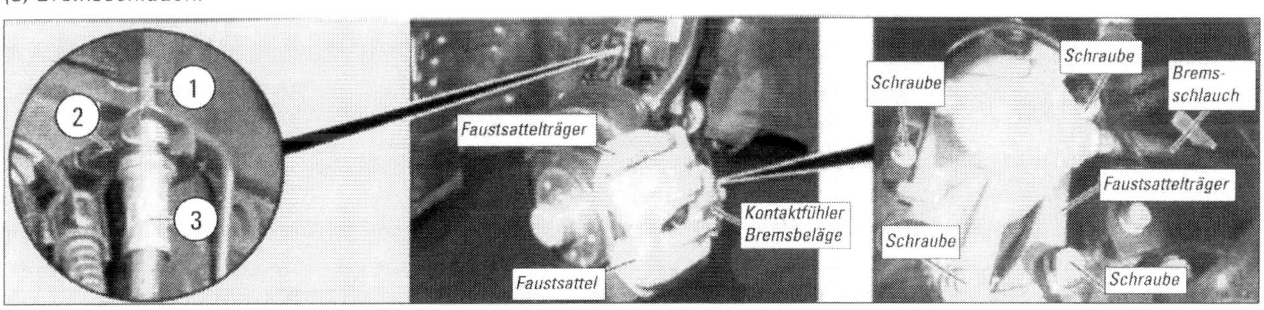

(1) Bremsleitung,
(2) Halter,
(3) Bremsschlauch.

6 Bei Fahrzeugen mit SBC-Bremsen darf die Bremsanlage nur mit dem Werkstattsystem Star Diagnosis entlüftet werden. Bei Fahrzeugen mit Adaptive Brake (ABR) wird die Bremsanlage wie zuvor geschildert entlüftet.

7 Wenn Bremsbeläge ersetzt wurden: Bremspedal im Stand mehrmals kräftig durchtreten. Die Bremsbeläge nehmen dann ihren richtigen Sitz ein.

8 Abschließend Bremsanlage auf Dichtheit und Funktion prüfen.

Bremssattel (Faustsattel) hinten aus-/einbauen

Arbeitsschritte

Für den Aus- und Einbau des Bremsschlauchs werden wieder ein Ringschlüssel mit Steckeinsatz (MB-Werkzeug 000 589 76 03 00 und 000 589 75 03 00) sowie ein Satz Verschlussstopfen (MB-Werkzeug 129 589 00 91 00) benötigt.

1 **Ausbau:** Radschrauben der Hinterräder lösen, Fahrzeug anheben, Räder abbauen. Im SBC-Fall die Bremsanlage per Star Diagnosis deaktivieren

2 Bremsschlauch ausbauen. Bremsschlauch wieder zuerst an der Bremsleitung abbauen und dabei den Halter nicht verdrehen. Bremsleitung sofort mit Stopfen verschließen. Danach Bremsschlauch vom Bremssattel abmontieren.

3 Bei Ausbau des rechten Bremssattels Schraube Kontaktfühler Bremsbeläge an Bremssattel herausdrehen und elektrische Zuleitung des Kontaktfühlers Bremsbeläge vom Bremssattel abnehmen. Bremsklötze wie beschrieben ausbauen. Wenn der Bremssattel erneuert werden soll, den Bremssattelträger vom Radträger abmontieren.

4 **Einbau:** Sinngemäß in umgekehrter Ausbaureihenfolge. Nur von Mercedes-Benz freigegebene Bremsschläuche einbauen. Bremsschlauch scheuerfrei und nicht in sich verdreht montieren (drallfrei). Es muss in allen Fahrsituationen ein Mindestabstand von 15 mm zu anderen Achsstellen gewährleistet sein. Beim Festziehen der Bremsleitung am Bremsschlauch darauf achten, dass der Halter nicht verdreht wird. Mit Maulschlüssel am Zweikant des Bremsschlauchs gegenhalten.

5 Beim Anschließen des Bremsschlauches die korrekten Anziehdrehmomente beachten: Leitung an Bremsschlauch 15 Nm, Schlauch an Faustsattel 18 Nm, Schraube Kontaktfühler Beläge an Bremssattel 8 Nm, selbstsichernde Schraube Bremssattel an Radträger 115 Nm.

6 Bei Fahrzeugen mit Sensotronic Brake Control SBC die Bremsanlage mit Star Diagnosis entlüften. Bei Fahrzeugen mit Adaptive Brake (ABR) die Bremsanlage wie beschrieben entlüften.

7 Wenn Bremsbeläge ersetzt wurden, das Bremspedal im Stand mehrmals kräftig durchtreten. Die Bremsbeläge nehmen dann ihren richtigen Sitz ein.

8 Abschließend Bremsanlage auf Dichtheit und Funktion prüfen.

Bremsklötze Vorderachse (Faustsattel-Modelle) wechseln

Arbeitsschritte

Für diese Arbeit werden eine Rücksetzvorrichtung (MB-Werkzeug 000589 52 43 00) und Keile (MB-Werkzeug 601 589 07 63 00) für Mehr-Kolben-Bremssättel benötigt.

1 **Vorbereitung:** SBC-Bremsanlage mit Werkstattsystem deaktivieren. Um Überlaufen beim Kolbenzurückdrücken zu verhindern, Flüssigkeitsstand im Ausgleichsbehälter für Bremsflüssigkeit bis zur MIN-Markierung absenken.

2 **Ausbau:** Radschrauben der Vorderräder lösen, Fahrzeug anheben, Räder abbauen. Belagdicke der Bremsklötze messen und Zustand der Bremsscheiben prüfen.

3 Steckverbindung Kontaktfühler Bremsbeläge trennen und elektrische Zuleitung des Kontaktfühlers aus Halteklammern am Achsschenkel ausclipsen. (Siehe dazu auch die Anleitung zum Aus-/Einbau des Faustbremssattels vorn.)

4 Elektrische Zuleitungen des Drehzahlgebers aus Halteklammern am Achsschenkel und des Kontaktfühlers Bremsbeläge aus Halteklammern am Längsträger ausclipsen.

5 Schraube aus oberem Führungsbolzen der Verbindung Bremssattel mit Bremssattelträger herausdrehen.

6 Bremssattel abklappen. Dabei Bremsschlauch nicht knicken oder auf Zug beanspruchen, anderenfalls wird er beschädigt.

7 Bremsklötze herausnehmen und nach Vorschrift als Sondermüll entsorgen.

8 Bremsführungsbleche erneuern. Faltenbälge und Staubmanschette auf Beschädigung und korrekten Sitz prüfen. Führungsbolzen auf Leichtgängigkeit, Bremssattel auf Dichtheit, auf Beschädigung und korrekten Sitz prüfen.

9 Kontaktfühler Bremsbeläge aus Belagrückenplatte der Bremsklötze herausziehen.

10 Bremskolben mit Rücksetzvorrichtung zurückdrücken. Restliche Bremskolben des Bremssattels bei Mehr-Kolben-Bremssätteln mit Keilen gegen Herausdrücken sichern. Bei schwergängigen Bremskolben den Bremssattel ersetzen.

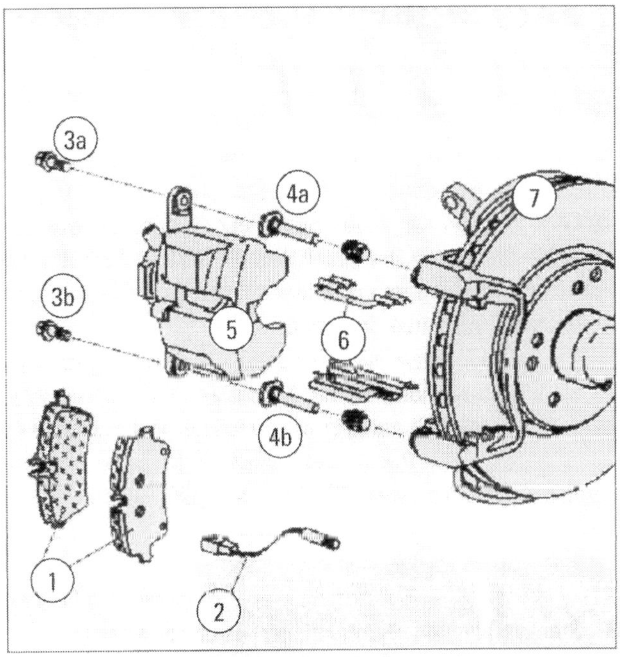

Prinzipieller Aufbau des Faustsattels der Scheibenbremsen:
(1) Bremsklötze, (2) Kontaktfühler Bremsbeläge mit Steckverbindung, (3a, 3b) Schrauben für (4a) oberen Führungsbolzen und (4b) unteren Führungsbolzen, (5) Faustsattel, (6) Haltebleche, (7) Bremsscheibe.

11 Anlageflächen der Bremsklötze am Bremssattel reinigen. Dabei keine scharfkantigen oder spitzen Gegenstände verwenden. Anlageflächen der Bremsklötze leicht fetten.

12 **Einbau** sinngemäß in umgekehrter Ausbaureihenfolge. Es dürfen nur von Mercedes-Benz freigegebene Bremsklötze satzweise eingebaut werden. Bremsklötze ungefettet einbauen. Die dem Reparaturset beiliegenden Antiquietschbleche müssen kolbenseitig verbaut werden.
Defekte Teile, z. B. Faltenbälge, Kontaktfühler Bremsbeläge, erneuern. Führungsbolzen Bremssattel an Bremssattelträger bei den meisten Typen mit 27 Nm, in einigen wenigen Fällen mit 55 Nm festziehen.

13 SBC- Bremsanlage mit Star Diagnosis aktivieren.

14 Vor Inbetriebnahme des Fahrzeugs das Bremspedal mehrmals betätigen, bis Druck im Bremssystem aufgebaut und gehalten wird. Bei Fahrzeugen mit Adaptive Brake Bremspedal mehrmals betätigen, bis die Bremsklötze an den Bremsscheiben anliegen. Am Bremspedal muss ein fester Widerstand spürbar sein.

15 Flüssigkeitsstand im Ausgleichsbehälter für Bremsflüssigkeit prüfen, bei Bedarf richtig stellen.

Bremsklötze Hinterachse (Faustsattel-Modelle) wechseln

Arbeits-schritte

Für diese Arbeit werden eine Rücksetzvorrichtung (MB-Werkzeug 000589 52 43 00) und Keile (MB-Werkzeug 601 589 07 63 00) für Mehr-Kolben-Bremssättel benötigt.

1-2 **Ausbau:** Vorbereitungen analog Vorderachse. Hinterräder abbauen.

3 Kontaktfühler Bremsbeläge von elektrischer Zuleitung trennen, Klammer abmontieren und die Schutzkappen über den Führungsbolzen abziehen. Bolzen herausdrehen.

4 Bremssattel mit innerem Bremsklotz abnehmen und spannungsfrei am Fahrzeug befestigen. Dabei Bremsschlauch nicht knicken oder auf Zug beanspruchen, anderenfalls wird er beschädigt.

5 Belagdicke der Bremsklötze messen und Zustand der Bremsscheiben prüfen. Bremssattel auf Dichtheit und Staubmanschette auf Beschädigung und festen Sitz prüfen. Kontaktfühler Bremsbeläge aus der Belagrückenplatte des Bremsklotzes herausziehen

6 Jetzt die Bremsklötze herausnehmen und als Sondermüll entsorgen.

7 Bremskolben mit Rücksetzvorrichtung zurückdrücken. Sind die Bremsklötze mehrerer Bremssättel ausgebaut, deren Kolben zuvor mit Keilen gegen Herausfallen sichern. Bei schwergängigen Bremskolben den Bremssattel erneuern.

8 Anlageflächen der Bremsklötze am Bremssattel und Bremssattelträger reinigen. Keine scharfkantigen oder spitzen Gegenstände verwenden. Anlageflächen der Bremsklötze leicht fetten.

9 **Einbau** sinngemäß in umgekehrter Ausbaureihenfolge. Nur von Mercedes-Benz freigegebene Bremsklötze satzweise einbauen. Inneren Bremsklotz mit aufgenieteter Feder in Bremskolben einstecken, äußeren Bremsklotz in Bremssattelträger einschieben. Bremsklötze ungefettet einbauen. Defekte Teile erneuern. Führungsbolzen Bremssattel an Bremssattelträger mit 28 Nm festziehen.

10 SBC-Bremsanlage mit Werkstattsystem aktivieren.

11 Vor Inbetriebnahme des Fahrzeugs Bremspedal mehrmals betätigen, bis Druck im Bremssystem aufgebaut und gehalten wird. Bei Fahrzeugen mit Adaptive Brake Bremspedal mehrmals betätigen, bis die Bremsklötze an den Bremsscheiben anliegen. Am Bremspedal muss ein fester Widerstand spürbar sein.

12 Flüssigkeitsstand im Ausgleichsbehälter für Bremsflüssigkeit prüfen, bei Bedarf richtig stellen.

Dichtheit der Bremsanlage prüfen

Arbeitsschritte

Die Elemente dieser wichtigen Überprüfung des Bremssystems sind in jeder Arbeitsabfolge bei Reparaturen an der Bremsanlage enthalten. Wir stellen sie hier noch einmal zu einer eigenständigen Arbeitsanleitung zusammen, die von Zeit zu Zeit oder im Anschluss an Bremsenreparaturen ausgeführt werden sollte.

1 Bremspedal nach dem Entlüften der Bremsanlage mehrmals kräftig betätigen, um die Bremsklötze an die Bremsscheiben anzulegen.

2 Motor starten und das Bremspedal mit ca. 200 bis 300 N (ca. 20 bis 30 kp) betätigen.

3 Die Dichtheit der Bremsanlage ist gegeben, wenn der in der Anlage aufgebaute Druck gehalten wird, ohne dass sich das Bremspedal weiter durchtreten lässt.

4 Leitungs- und Schlauchanschlüsse sowie sämtliche Komponenten der Bremsanlage per Augenschein auf Dichtheit prüfen. Gründlich vorgehen und alle fraglichen Stellen begutachten.

5 Flüssigkeitsstand im Ausgleichsbehälter für Bremsflüssigkeit prüfen. Bei Bedarf richtig stellen.

Feststellbremse einstellen

Arbeitsschritte

1 Für diese Arbeit sollten Sie sicherheitshalber die Ausführung der Pedalanlage prüfen. Seit September 2002 werden nämlich von Mercedes-Benz Pedalanlagen mit gezogener statt wie vorher mit geschobener Raste verbaut. Die jeweilige Ausführung ist erkennbar an der Lage des Achsbolzens und an der Farbe der Rasten.
Bei der neuen Pedalanlage, die sich so gut wie durchgängig in der E-Klasse findet, ist der Achsbolzen (1) aus der Mitte des Pedalhebels (2) versetzt montiert. Die Raste (3) ist hellgrau. Bei der alten Pedalanlage ist der Achsbolzen mittig im Pedalhebel montiert (Bilder S. 173). Die Raste ist schwarz.

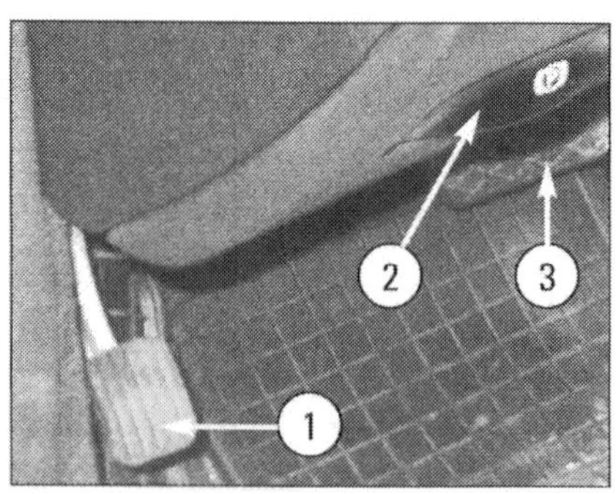

Relevant für das Bremsen: (1) Pedal der Feststellbremse, (2) Griff zum Lösen der Feststellbremse, (3) Pedal der Betriebsbremse.

2 Prüfen: Pedalweg der Feststellbremse prüfen. Dazu das Feststellbremspedal mit einer Kraft von 130 N (±50), also zwischen 8 und 18 kp, betätigen. Bei Pedalanlagen mit gezogener Raste muss dabei ein Rastschritt erfolgen, bei Pedalanlagen mit geschobener Raste sind es 5 Rastschritte. Liegt der Pedalweg außerhalb dieses Sollwerts, muss die Feststellbremse eingestellt werden.

3 Einstellen: Fahrzeug anheben. Am rechten und linken Hinterrad eine Radschraube herausschrauben. Leichtmetallräder wegen möglicher Beschädigung abmontieren!

4 Automatischen Seillängenausgleich (unter dem Fahrzeugboden) vorspannen.
Dazu Rastenexzenterbolzen (g) mit Innensechskantschlüssel nach links drehen (ca. eine halbe Umdrehung) und gleichzeitig im Längsschlitz nach hinten schieben, bis der federbelastete Rastenexzenter (b) mit seiner Erhebung (h) in die Federklammer (d) einrastet (Bilder rechte Spalte unten, oberes Bild).

5 Stellräder (Bild rechts oben) mit geeignetem Schraubendreher so verdrehen (linkes Stellrad in Fahrtrichtung, rechtes Stellrad entgegen der Fahrtrichtung), bis die Bremsbacken an der Bremstrommel anliegen und sich hinteres Laufrad oder Bremsscheibe von Hand nicht mehr drehen lassen.

6 Linkes und rechtes Stellrad um je 10 Zähne losdrehen.

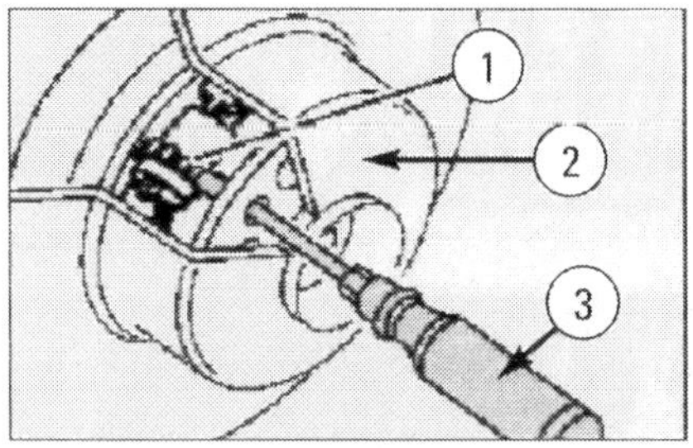

(1) Stellrad in der (2) Trommel der Feststellbremse, (3) Schraubendreher.

Das hintere Laufrad oder die Bremsscheibe müssen sich nun von Hand vollkommen frei drehen lassen.

7 Automatischen Seillängenausgleich entspannen.
Dazu mittlere Federklammer (Pfeil) mit einem Schraubendreher anheben, wodurch sich der Seillängenausgleich automatisch einstellt (Bild ganz unten).

8 Feststellbremspedal mehrmals betätigen (Betätigungskraft und Rastschritte je Ausführung der Pedalanlage siehe Arbeitsschritt 2) und Pedalweg des Feststellbremspedals prüfen.
Dann Feststellbremse lösen.

9 Freigängigkeit der hinteren Laufräder oder der Bremsscheiben prüfen.

10 Radschrauben oder Leichtmetallräder montieren.

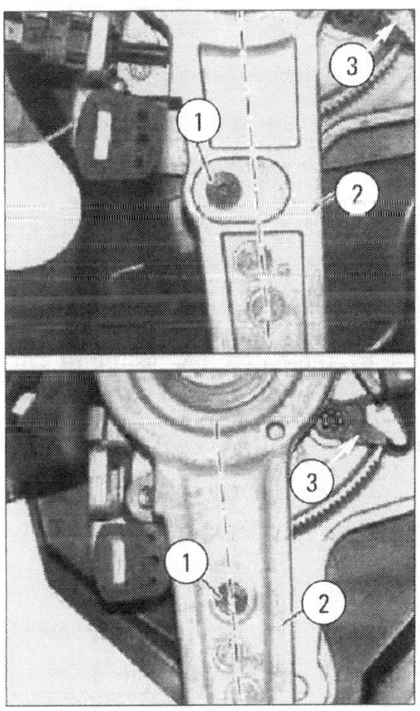

Betätigung der Feststellbremse: (1) Achsbolzen, (2) Pedalhebel, (3) Raste.

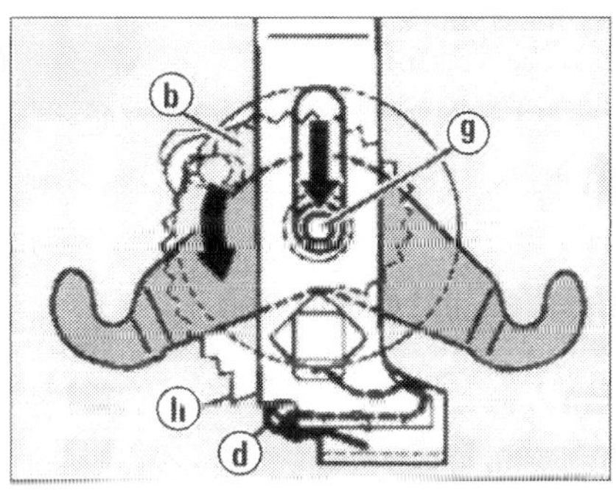

Automatischen Seillängenausgleich vorspannen. (b) Rasten exzenter, (d) Federklammer, (g) Bolzen, (h) Erhebung.

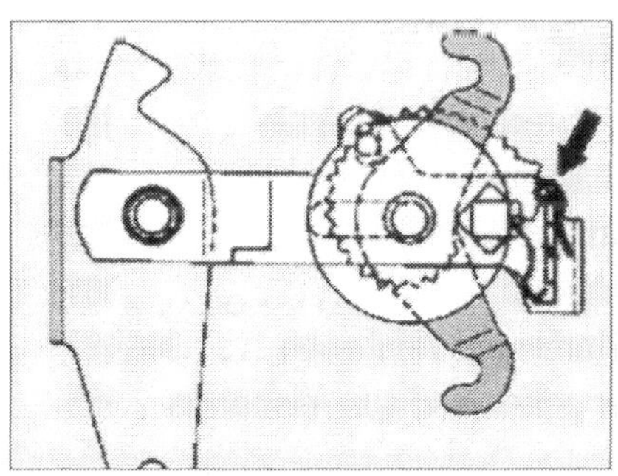

Automatischen Seillängenausgleich entspannen. Pfeil: mittlere Federklammer.

ELEKTRIK: BATTERIE, ANLASSER, LICHTMASCHINE

Bordnetz-Komponenten der E-Klasse: (1) Batterie (G1), (2) Generator (G2), (3) Batteriesteuergerät (N82), (4) Steuergerät EZS, (5) Zusatzbatterie (G1/7), (6) Relais Zusatzbatterie, (7) Steuergerät SAM mit Sicherungs- und Relaismodul Fahrer, (8) Kombi-Instrument, (9) Steuergerät Dachbedieneinheit, (10) Steuergerät SAM mit Sicherungs- und Relaismodul Fond, (11) Steuergerät Zentrales Gateway, (12) CAN-Bus Innenraum.

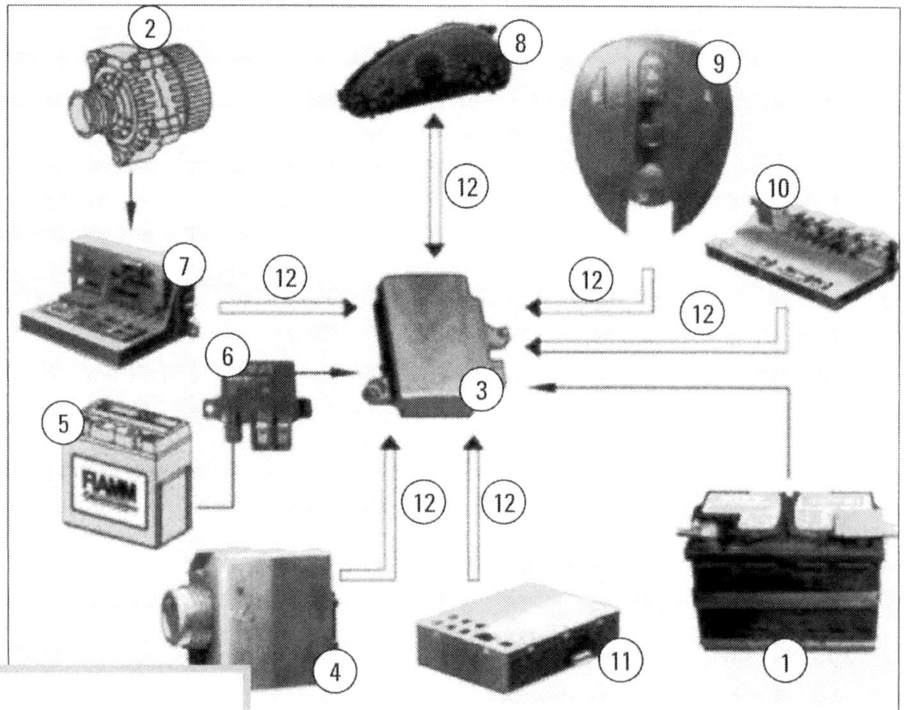

Wartung

Batterie:

Reparatur

Selbstverständlich benötigt Ihr Mercedes elektrischen Strom. Motorsteuerung und Kraftstoffeinspritzung müssen mit Elektroenergie versorgt werden. Alle für Fahrbetrieb, Sicherheit und Bequemlichkeit eingebauten Systeme und die gesamte Lichtanlage sind ohne sie arbeitsunfähig.

Autoelektrik war schon immer hochwichtig und gewinnt ständig noch mehr an Bedeutung. Die meisten Innovationen im Kraftfahrzeug sind heute von der Elektronik geprägt. Das Auto kommuniziert via Internet und Satellit, nimmt über Dutzende Sensoren Fahr-, Verschleiß- und Umgebungsdaten auf, reagiert darauf automatisch und ist bei alledem erstaunlich einfach zu bedienen.Das dezentral aufgebaute Bordnetz der E-Klasse mit verteilten Steuergeräten, Sicherungsboxen,

Relaisplätzen und Kupplungsstationen für die Leitungssätze (Kabel, Leitungsstränge) ermöglicht schnelle und genaue Fehlerdiagnose.
Zahlreiche Funktionen sind über CAN-Bus miteinander vernetzt. Das Controller Area Network (CAN) ist aus mehreren Bussystemen aufgebaut. Die einzelnen Systeme werden über eine Schnittstelle zusammengeführt, um reibungslosen Datenaustausch zu garantieren. Die CAN-Technik gewährleistet sehr schnelle Datenübertragung zwischen den Steuergeräten, gestattet Platzgewinn durch kleinere Steuergeräte und Stecker und ermöglicht die Einsparung von Kabeln und Sensoren, weil Signale mehrfach genutzt werden.

Komfort und Sicherheit durch Elektronik

Die Liste der mit Elektrik und Elektronik verbundenen Funktionen und Baugruppen ist heute schon für Kompaktwagen, vielmehr natürlich für ein Oberklasse-Fahrzeug sehr umfangreich. Das Prinzipbild zum Kapitelauftakt zeigt den Kern der vernetzten Ausstattungen für Komfort und Sicherheit.

Generator G2 am E-200-Kompressor-Motor.

Die E-Klasse setzt Technologie-Maßstäbe und bietet mit Pre-Safe, Intelligent Light System, Neck-Pro-Kopfstützen, weißen Leuchtdioden als Standlicht sowie adaptivem Bremslicht weltweit einzigartige Innovationen, um nur die Neuheiten zu nennen. Das neue Vierspeichen-Lenkrad mit elliptischen Bedientasten und ein neues Bediengerät der serienmäßigen Klima-Automatik Thermatic bringen Komfortgewinn.
Blinkende Bremsleuchten warnen nachfolgende Autofahrer bei Unfallgefahr besser als die herkömmlichen Bremslichter. Das Bremssystem Adaptive Brake ermöglicht durch elektronische Steuerung der hydraulischen Zweikreis-Bremse neue Sicherheits- und Komfort-Funktionen. Ein automatischer Reifendruck-Verlustwarner gehört ebenfalls zur erweiterten Serienausstattung. Wie gesagt, die Liste ist lang.

Arbeit an der Elektrik

Nötige Arbeiten an der elektrischen Anlage sind aber durchaus nicht immer von der kompliziert gewordenen Elektronik verursacht. Gerade Batterie, Lichtmaschine und Anlasser, die schon die gesamte Entwicklungsgeschichte des Automobils begleiten, sorgen bisweilen für Ärger. Weil viele Stromverbraucher an exponierten Stellen sitzen, sind auch bei ihnen Störungen programmiert. Sie brauchen daher nicht gleich den Mut zu verlieren, wenn Sie einen Schalter drücken und nichts geschieht. Oft sitzt nur ein Kabel lose oder ein Kontakt ist im Laufe der Zeit korrodiert.

Etwas Kenntnis ist vonnöten

Gar nicht so wenige Störungen an der Elektrik lassen sich mit einfachen Mitteln beheben. Man muss sich natürlich etwas auskennen, weswegen wir Ihnen Grundbegriffe erläutern und Hilfen bieten wollen. Wie bei anderen Baugruppen auch, gehören dennoch viele Störungen in die Fachwerkstatt. Denn das A und O angesichts vielfältiger Elektrik/Elektronik an Bord ist häufig doch die aufwändige Diagnose- und Messtechnik unter dem Namen »Star Diagnosis«.
Einige Beispiele für Störungen und ihre Behebung:

- Bei Blei-Säure-Batterien kann die Batterieflüssigkeit Wasser verlieren. Auch Selbstentladung durch lange Standzeiten oder Tiefentladung durch versehentlich nicht ausgeschaltete starke Stromverbraucher kom-

Grundbegriffe und Messtechnik

Technik-lexikon

Elektrischer Strom: Fließt im geschlossenen Stromkreis aus Erzeuger (z. B. Batterie) mit einer bestimmten Spannung, Verbraucher (z. B. Glühlampe, Anlasser) mit bestimmter Leistungsaufnahme und den Leitungen (Kabel), mit denen Erzeuger und Verbraucher (über Schalter, Relais und Sicherungen) verbunden sind.

Kabel: Die Dicke der Leitung (Querschnitt) hängt vom Verbraucher ab. Ein zu dünnes Kabel heizt sich auf, der elektrische Widerstand nimmt zu, die Spannung fällt ab.

Leistung: Das Produkt aus Spannung und Strom gibt an, welche elektrische Arbeit ein Stromerzeuger an einen Verbraucher abgibt. Wird in Watt (W) angegeben.

Multimeter: Vielfachinstrumente mit digitaler Anzeige. Stromversorgung über eigene Batterie. Sie sind nötig, wenn präzise gemessen werden soll.

Prüflampe: Nadelkontakt und Klemme erlauben auf einfache Weise zu testen, ob in einem Stromkreis Spannung anliegt. Je heller die Lampe, desto höher die Spannung. Mit der Nadel die Isolierung des zu prüfenden Kabels durchstechen, die Klemme an blankes Metall (Masse) anclipsen.

Spannung: Lässt den elektrischen Strom fließen. In Volt (V) gemessen. Um mit dem Multimeter Spannungen zu messen, das mit Minus markierte Kabel an den Minuspol, das Plus-Kabel an den Pluspol von Spannungsquelle oder zu messender Leitung klemmen.

Spannungsprüfer: Mit ihren Leuchtdioden sind sie für Tests an der Elektronik gedacht. Je nach Ausführung zeigen solche Geräte Gleich- und Wechselspannungen zwischen 6 und rund 700 Volt an.

Stromstärke: Maßeinheit ist Ampere (A). Zum Messen der Stromstärke den Stromkreis auftrennen und das Messgerät dazwischen schalten. Bei einer Reihe von Messungen genügt es, einen Steckkontakt abzuziehen und das Messgerät zwischen Stecker und Kontaktzunge zu schalten. Messbereich des Multimeters beachten!

Widerstand: Fließt der Strom ungehindert, ist der Widerstand 0. Ist der Widerstand hoch bis unendlich, geht der Stromfluss gegen 0. Maßeinheit des Widerstands ist Ohm (Ω). Mit dem Multimeter prüfen Sie, ob eine Leitung oder ein Schalter Durchgang hat (Messwert 0). Ist der Stromweg an einer Stelle unterbrochen, erhalten Sie den Messwert unendlich. Außerdem können Sie feststellen, welchen Innenwiderstand ein bestimmtes Bauteil hat, was wichtig für die Funktionsprüfung ist..

men als Ursache in Frage. Füllen Sie destilliertes Wasser nach, weil Leitungswasser ebenso wie abgekochtes Wasser Salze und andere mineralische Stoffe enthält, die der Batterie schaden.

■ Wirkt die Batterie trotz richtigem Säurestand kraftlos, wird per Säureheber die Säuredichte in der Batteriezelle geprüft. Diese Prüfung gibt zusammen mit der Belastungsprüfung Aufschluss über den Batteriezustand. Sie entfällt bei den wartungsfreien Vlies-Batterien. Diese erkennt man am schwarzen Gehäuse mit dem Aufdruck VRLA.

■ Eine ausgebaute Batterie oder den Akku in einem vorübergehend stillgelegten Fahrzeug sollten Sie einmal im Monat nachladen. Verwenden Sie dazu aber nur Geräte, die ausgewiesen ohne Strom- und Spannungsspitzen arbeiten.

■ Räume, in denen Batterien geladen werden, dürfen wegen des sich bildenden Gases nicht mit offenem Licht oder rauchend betreten werden. Funken beim An- oder Abklemmen könnten das Gas ebenfalls zur Explosion bringen (Piktogramme auf den Akkus beachten!). Stellen Sie auf jeden Fall gute Durchlüftung sicher!

■ Batteriestopfen müssen gut schließend eingeschraubt sein. Die Batterie muss zum Laden eine Mindesttemperatur von 10 °C haben. Schnellladen schadet der Batterie und ist nur im Ausnahmefall (z. B. bei Starthilfe) akzeptabel.

■ Funktioniert der Anlasser nicht, sind meist mehrere Teile die Ursache. Der Magnetschalter oder die Schleifkohlen können klemmen oder stark abgenutzt sein. Auch ein Verschleiß der Lagerung ist möglich. Es kann vorkommen, dass sich der Anlasser bei geladener Batterie nicht oder zu langsam dreht und den Motor nicht durchzieht. Dann sollten auch die Leitungsanschlüsse am Magnetschalter und die Massebänder zwischen Motor, Aufbau und Batterie auf festen Sitz überprüft werden. Diese Teile dürfen nicht oxidiert sein.

■ Fahrzeuggeneratoren sind Austauschteile: Ein defekter wird beim Kauf eines überholten oder neuen Generators vom Hersteller in Zahlung genommen.

■ Bei allen Arbeiten an der Lichtmaschine gelten die bekannten Hinweise: Nach Abklemmen des Massekabels den Minuspol an der Batterie am besten mit Isolierband abkleben, Generator nicht bei angeschlossener Batterie ausbauen, beim Ausbau Radio-Codierungen beachten, nach Wiedereinbau den Fehlerspeicher auslesen und Grundprogrammierung vornehmen.

■ Liefert die am Vortag intakte Batterie keinen Strom, hat vielleicht ein defekter Verbraucher im Bordnetz

Technik-lexikon

Batterie: Begriffe und Normen

Kälteprüfstrom: Ein definierter Entladestrom in Ampere (A), der einer 12-Volt-Batterie bei -18 °C entnommen werden kann, ohne dass die Spannung in 30 Sekunden unter 9 V, in 150 Sekunden unter 6 V absinkt.
Kennzeichnung: Befindet sich auf dem Gehäuse der Batterie, bezeichnet ihre Eigenschaften. Beispiel: 12 V 280 A 70 Ah (12V = Nennspannung; 280A = Kälteprüfstrom; 70Ah = Nennkapazität).
Nennkapazität: Speichervermögen einer Batterie, gemessen in Amperestunden (Ah). Sie gibt an, wie viel eine voll geladene Batterie bei einer Temperatur von 27 °C in 20 Stunden abgeben kann, ohne dass dabei die Spannung unter 10,5 Volt absinkt (Entladeschlussspannung).
Nennspannung: Beträgt bei allen Modellen 12 V (Volt). Die tatsächliche Spannung hängt allerdings vom Ladezustand der Batterie ab. Sie kann größer oder kleiner sein als die Nennspannung.
Selbstentladung: Chemische Vorgänge im Inneren der Batterie führen zur Entladung, auch wenn kein Verbraucher angeschlossen ist. Eine Starterbatterie verliert täglich etwa 0,5 Prozent ihrer Ladung. Hohe Temperaturen, Beschädigungen und Verschmutzungen des Batteriedeckels beschleunigen die Selbstentladung.

den Akku über Nacht leer gesaugt. Das überprüfen Sie zunächst mit einer Strommessung. Wenn nötig, ermitteln Sie dann den betreffenden Verbraucher.

- Bei Schäden an Leitungssätzen (Kabel, Kabelbäume) ist es wichtig, die Ursache wie Schmoren, Überhitzung, Scheuern, Klemmen, Quetschen, Durchtrennen, Ermüdungsbruch, Korrosion, Marderbiss oder Montagefehler herauszufinden. Nur so kann sichergestellt werden, dass sich der Schaden nach der Reparatur nicht wiederholt.

Batterie, Anlasser und Generator

Damit das Fahrzeug starten kann, muss der Anlasser (Starter) ausreichend Power erhalten. Das sind zwischen 400 Watt (Durchdrehen des warmen Motors) und 2.000 Watt (Kaltstart). Diese Startenergie bereitzustellen, ist die wichtigste Aufgabe der Batterie.

Sechs in Reihe geschaltete Zellen bilden das Herz einer 12-Volt-Auto-Batterie (MB-Bauteil G1). Jede Zelle besteht aus positiven und negativen Hartblei-Gitterplatten. Die positive Platte enthält Bleidioxid, die negative Platte reines Blei. Dazwischen sitzt ein Separator. Er trennt die beiden Platten voneinander, lässt aber den Elektrolyten, bei Säurebatterien Schwefelsäure plus destilliertes Wasser, bei Gel-Batterien ein gasungsfreies, auslaufsicheres Gel, durch feinste Poren passieren.

Durch chemische Prozesse produziert die Batterie elektrische Energie und speichert sie im Rahmen ihrer Kapazität. Beim Laden wird elektrische in chemische, bei der Stromabgabe chemische in elektrische Energie umgewandelt. Dabei setzt die Blei-Säure-Batterie Gase frei, die über Rohr und Schlauch zentral abgeführt werden. Der Schlauch muss stets knickfrei verlegt und darf nicht abgeklemmt werden! In der Batterie, für die bestimmte Warnhinweise gelten (Bild unten), verhindert ein Rückzündungsschutz die Zündung des brennbaren Gases.

Zwei Batterien an Bord

Zusätzlich zur im Kofferraum eingebauten Batterie G1 verfügt die E-Klasse über eine Zweitbatterie G1/7 hinten rechts im Motorraum. Das Batteriesteuergerät N82 (siehe Prinzipbild) ist in das Bordnetz des Fahrzeugs zu dem Zweck eingebunden, die Verfügbarkeit des Bordnetzes durch die Einleitung von Energiemanagement-Maßnahmen zu erhöhen. Dazu bestimmt es die Leistungsfähigkeit der Batterie G1. Das Steuergerät ist für ein 14-V-Bordnetz mit der 12-V-Bleibatterie G1 als Energiequelle ausgelegt. Die Zusatzbatterie G1/7 wird bei Bedarf zum Laden zugeschaltet, um das Bordnetz in bestimmten Situationen zu unterstützen. Über das

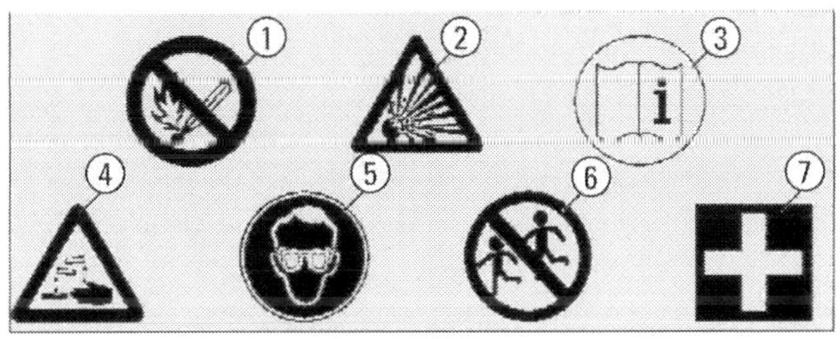

Warnhinweise auf Blei-Säure-Akkus: (1) Feuer, offenes Licht, Rauchen verboten; (2) Explosionsgefahr; (3) Bedienungsanleitung beachten; (4) Verätzungsgefahr; (5) Augenschutz tragen; (6) von Kindern fern halten; (7) Erste Hilfe.

Relais K57/2 kann die Zusatzbatterie durch das Batteriesteuergerät zugeschaltet werden.
Aus den Strom- und Spannungswerten im Bordnetz wird laufend der dynamische Innenwiderstand der Batterie G1 ermittelt. Bei laufendem Generator G2 ist dies die wesentliche Größe für folgende Funktionen:

- Verbraucherabschaltung,
- Leerlaufdrehzahlanhebung,
- Zuschaltung der Zusatzbatterie G1/7.

Durch Verbraucherabschaltung wird der maximale Strombedarf des Fahrzeugs auf 100 A begrenzt. Zusätzlich wird berechnet, welche Spannungslage sich bei Belastung der Batterie G1 mit 100 A einstellt. Dies ist ein Maß für die Leistungsfähigkeit der Batterie G1. Fällt der Generator aus, werden der Batterie 100 % der benötigten Leistung entnommen.
Im Zusammenhang mit dem Zwei-Batterien-Management muss Folgendes berücksichtigt werden:

- Nach dem Abklemmen der Batterie G1 muss das Fahrzeug gestartet werden, weil das Batteriesteuergerät N82 so den Startwert für den Batterie-Innenwiderstand bestimmt.
- Das Batteriesteuergerät N82 ist allerdings nicht in der Lage, Batteriedefekte vorherzusagen.
- Sollten Batterie G1 und/oder Zusatzbatterie G1/7 ersetzt werden, dann nur durch die von DaimlerChrysler freigegebenen Ersatzteile.

Die Batterien im E-Klasse-Wagen: G1 im Kofferraum / Reserveradmulde (oben), G1/7 im Motorraum (unten).

Batterie und Lichtmaschine

Störungsbeistand

Störung	Ursache	Abhilfe
A Rote Ladekontrollleuchte brennt nicht beim Einschalten der Zündung.	**1** Batterie leer.	Starthilfekabel nehmen oder anschleppen.
	2 Batteriekabel gebrochen, Kabelklemmen lose oder oxidiert, Kabelweg unterbrochen.	Batteriekabel und -klemmen sowie Stromweg kontrollieren, mit Prüflampe untersuchen.
	3 Kontrollleuchte oder Spannungsregler defekt; Schleifkohlen abgenutzt.	Leuchte oder Regler austauschen.
	4 Lichtmaschine schadhaft.	Überholen lassen oder austauschen.
	5 Feuchtigkeit zwischen den Schleifringen und Kohlen (z. B. nach Motorwäsche).	Lichtmaschine mit Druckluft ausblasen oder Schleifringe und Kohlen sauber reiben.
B Ladekontrolle brennt oder glimmt bei laufendem Motor.	**1** Keilrippenriemen lose.	Riemenspannung kontrollieren, nachspannen.
	2 Schlechter Kontakt an Lichtmaschine oder unterbrochene Kabel.	Kabelanschlüsse und Kabel prüfen. Klemmen festschrauben oder/und Kabel ersetzen.
C Batterieoberfläche feucht.	**1** Zuviel destilliertes Wasser.	Ausgasen lassen, keine Säure absaugen.
	2 Batterieverschlüsse verstopft.	Entlüftungsbohrungen säubern.

Kauf und Entsorgung von Batterien

Beim Kauf einer Autobatterie muss eine alte Batterie zurückgegeben oder ein Pfand gezahlt werden. Haben Sie für die alte Batterie bereits Pfand gezahlt, erhalten Sie dort, wo Sie sie gekauft haben, gegen Vorlage der Quittung Ihr Geld zurück. Geben Sie beim Kauf der neuen Batterie eine alte zurück, für die Sie noch kein Pfand entrichtet haben, ist es egal, wo Sie sie kauften. Ein Pfand für die neue Batterie entfällt aber auch in diesem Fall.

Eine ausgediente Blei-Batterie muss

- beim Hersteller,
- in der Verkaufsstelle oder
- beim Altmetallhändler abgegeben werden.

Dort ist man verpflichtet, die Alt-Akkus unentgeltlich abzunehmen. Bei der Rückgabe fürs Blei-Recycling und die Nutzung des Sekundärbleis dürfen verbrauchte Blei-Säure- nicht mit Blei-Gel-Batterien vermischt werden.

Praxistipp

Warnhinweise beachten!

Für den Umgang mit Blei-Säure-Batterien gelten folgende Sicherheitsvorschriften (Piktogramme beachten!):

- Feuer, Funken, offenes Licht und Rauchen sind verboten. Funkenbildung durch elektrostatische Entladungen und Kurzschlüsse vermeiden, daher keine Werkzeuge oder andere leitende Gegenstände auf der Batterie ablegen!
- Vor dem Aus- und Einbau von Blei-Säure-Batterien müssen alle schaltbaren Stromverbraucher sowie der Motor ausgeschaltet werden, um versehentlich herbeigeführte Funkenbildung auszuschließen.
- Ladegerät erst nach dem Anschließen an die Batteriepole einschalten, vor dem Abklemmen ausschalten.
- Beim Laden von Batterien entsteht ein hochexplosives Knallgasgemisch: Explosionsgefahr! Bei erforderlichem Schnellladen darf sich das Gehäuse nicht über 55 °C erwärmen.
- Hinweise in der Betriebsanleitung und auf der Batterie unbedingt beachten.
- Die Verätzungsgefahr ist groß. Batterie nicht kippen, Augenschutz und Schutzhandschuhe tragen.
- Halten Sie Kinder von Säure und Batterien fern.
- Entsorgen Sie Altbatterien nach Vorschrift und nie über den Hausmüll!

Der Schub-Schraubtrieb-Starter

Das Fahrzeug ist mit einem Schub-Schraubtrieb-Anlasser (MB-Bauteil M1) vorn am Motor an der Trennstelle zwischen Motor und Getriebe ausgestattet. Auf dem eigentlichen Anlasser sitzt der Magnetschalter mit den Anschlüssen Klemme 30 (dickes Pluskabel von der Batterie) und Klemme 50 (dünnes Kabel vom Zündanlassschalter; Steuergerät EZS). Beim Starten wird Spannung an die Halte- und Einzugswicklungen des Einrückrelais (Magnetschalter) gelegt. Der Relaisanker zieht den Einrückhebel an. Dieser schiebt den Mitnehmer mit dem Zahnritzel gegen den Zahnkranz des Motorschwungrads. Wenn das Ritzel bis zum Ende des Schubweges eingespurt ist, wird der Startermotor eingeschaltet.

Der Starteranker schraubt durch die Wirkung des Steilgewindes das Ritzel bis zum Anschlagring der Ankerwelle in den Zahnkranz hinein. Die Einzugswicklung ist kurzgeschlossen, die Haltewicklung hält den Relaisanker durchgedreht. Wenn der Motor angesprungen ist, wird die kraftschlüssige Verbindung zwischen Ritzel und Ankerwelle gelöst, das Ritzel bleibt aber im Eingriff. Beim Ausschalten des Startschalters gehen Einrückhebel, Mitnehmer und Ritzel durch eine Rückstellfeder in die Ruhestellung zurück. Dort bleibt das Ritzel bis zum nächsten Startvorgang.

Kraftwerk mit 2 Kilowatt

Der im Fachjargon »Lichtmaschine« genannte Drehstrom-Synchrongenerator Ihres Fahrzeugs ist das leistungsfähige MB-Bauteil G2. Dieses vom Motor mit angetriebene Nebenaggregat versorgt schon bei Motorleerlauf alle elektrischen Baugruppen mit Strom und

Generator G2 des Kraftpakets E 420 CDI.

lädt ständig die Batterie auf. Der Generator bringt es auf mehr als 2 kW elektrische Leistung.
Eine Drehstrom-Lichtmaschine produziert dreiphasigen Wechselstrom. Da die Batterie mit Gleichstrom geladen werden muss, besorgen Leistungsdioden die Gleichrichtung des Wechselstroms. Sie verhindern auch die Entladung der Batterie bei stehendem Fahrzeug. Der Generator ist wartungsfrei, da es nichts zu schmieren gibt. Selbst die Schleifkohlen sind ohne Weiteres für 100.000 Kilometer gut.

Der Spannungsregler

Je schneller die Lichtmaschine dreht, umso höher steigt die Spannung. Ein Regler schützt vor Überspannungen und verhindert ein Überladen der Batterie. Der Regler ist an die Lichtmaschine angeschraubt. Er reguliert die Betriebsspannung je nach Temperatur von Batterie und Umgebung auf Werte zwischen 13,8 und 14,5 Volt im so genannten 14-Volt-Toleranzfeld.

Sichtprüfung der Batterie

Arbeits-schritte

1 Auf Schäden am Gehäuse untersuchen. Wenn Säure ausgelaufen ist: Mit Säurewandler oder Seifenlauge entfernen und reinigen. Undichte Batterien auswechseln!

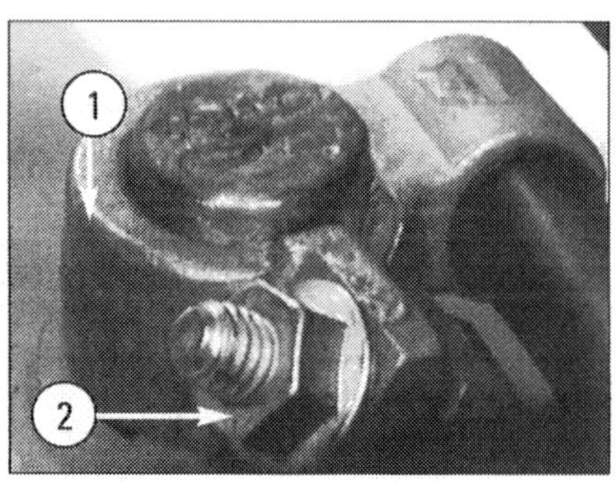

2 Sind die Batteriepole (Leitungsanschlüsse) beschädigt? Bei Polbeschädigungen könnte der nötige Kontakt der Klemmen nicht mehr gewährleistet sein. Die Batteriepolklemmen (1) müssen korrekt aufgesteckt und mit der Mutter (2) festgezogen sein, weil es sonst zu Leitungsbränden und Funktionsstörungen der elektrischen Anlage kommen kann. Der Funktionszustand des Fahrzeugs ist dann in erheblichem Maße nicht gewährleistet.

3 Der Austritts-Schlauch der zentralen Entgasung (Entlüftungsschlauch) darf nicht verstopft oder geknickt sein.

Batterie richtig behandeln

Arbeits-schritte

1 Oxidkristalle an Batterieklemmen mit warmem Sodawasser abwaschen oder mit Säurewandler Neutralon behandeln. DaimlerChrysler/Mercedes-Benz empfiehlt, die Batteriepole »leicht mit Batteriepolfett einzufetten«.

2 Die Batterie-Polklemmen dürfen nur gewaltfrei von Hand aufgesteckt werden, um Gehäuse nicht zu beschädigen. Immer zuerst Minuspol ab- und Pluspol anklemmen! Erst wenn Pluspolklemme befestigt ist, darf die Minuspolklemme (Masseband) auf den Minuspol der Batterie gesteckt werden. Verpolung und Kurzschlüsse vermeiden!

3 Wenn die Batterie längere Zeit im abgestellten Fahrzeug verbleibt, sollte der Minuspol abgeklemmt werden.

4 Nach Wiederanklemmen der Batterie die Grundprogrammierung mit dem Werkstattsystem Star Diagnosis (Normierroutine) oder nach der Anleitung im Kapitel »Die Fahrzeugreparatur« (Seite 39) vornehmen. Die aktuelle Uhrzeit und bei Fahrzeugen mit Standheizung die Uhrzeit für die Heizung im Kombi-Instrument nach Betriebsanleitung einstellen.

Defekten Verbraucher ermitteln

Arbeits-schritte

1 Batterie-Minuskabel abnehmen, Kabel des Multimeters zwischen Minuspol und Batteriekabel anschließen. Türen schließen. Wenn das Gerät Stromfluss anzeigt, liegt ein Kurzschluss vermutlich durch defekten Verbraucher vor.

2 Messgerät abnehmen und Massekabel wieder anschließen. Eine Sicherung herausnehmen. An die freien Kontakte im Sicherungshalter das Multimeter anschließen. Fließt kein Strom, ist der betreffende Stromkreis in Ordnung. Auch geringer Stromfluss ist noch nicht unbedingt ein Alarmsignal: Geräte wie Bordcomputer, Uhren, Radios und Warnanlagen entnehmen ständig Energie von der Batterie (Ruhestrom).

3 Wiederholen Sie die Messungen, bis das Gerät in einem der überprüften Kreise einen höheren Stromfluss anzeigt. Das

Sicherungsbelegungsblatt in der Sicherungsbox des Fahrzeugs und ein Stromlaufplan zeigen, welche Verbraucher zu diesem Stromkreis gehören.

4 Die Verbraucher des Stromkreises mit dem Kurzschluss-Stromfluss der Reihe nach ausbauen und jeweils den Strom im so aufgetrennten Kreis messen. Wenn das Multimeter keinen Stromfluss mehr anzeigt, ist das ausgebaute Teil dasjenige mit dem Defekt durch Kurzschluss.

Flüssigkeitsstand prüfen, Wasser nachfüllen

Arbeitsschritte | W 15.000 km 12 Monate

Wartungsfreie Säure-Batterien (durch Aufdruck VLRA gekennzeichnete Vlies-Batterien mit schwarzem Gehäuse) müssen nicht geprüft werden. Ihre Abdeckung darf nicht entfernt werden (Aufschrift beachten!). Bei den zu wartenden Blei-Säure-Batterien (z. B. G1/7) ist der Flüssigkeitsstand zumeist von außen zu kontrollieren.

1 Abdeckung ausbauen. Die Batteriezellen sind richtig gefüllt, wenn die Flüssigkeit bis zu einer entsprechenden Markierung reicht. Wenn Flüssigkeitspegel von außen nicht geprüft werden kann, müssen die Verschlussstopfen der Batteriezellen herausgeschraubt werden.

2 Das Säure-Wasser-Gemisch soll 12 bis 15 mm über den Platten stehen. Dieser Stand wird durch einen in die Füllöffnung eingelassenen Steg markiert. Bei zu niedrigem Flüssigkeitsstand ausschließlich destilliertes Wasser nachfüllen, um nicht durch Verunreinigungen die Selbstentladung der Batterie zu fördern. Möglichst eine Batterie-Füllflasche verwenden!

3 Geladene Batterien bis zur Markierung, stark entladene Batterie nur bis zum Bedecken der Platten auffüllen.
Den Akku nicht überfüllen, weil Elektrolyt sonst an Verschlussstopfen oder seitlicher Entlüftungsbohrung austritt. Überschüssige Batteriesäure mit einem Säureheber absaugen!

4 Die originalen Verschlussstopfen wieder einschrauben, um die Dichtheit zu gewährleisten. Beim Ersetzen nur gleiche Bauart verwenden. Stopfen müssen O-Ring-Dichtung haben.

5 Bei Batterien mit »Magischem Auge« gestattet eine kleine runde Glasscheibe in der Nähe des Batterie-Minuspols über Farbanzeigen die Prüfung des Säurestandes. Wenn die Anzeige farblos oder gelb ist, wurde der kritische Säurestand erreicht. Dann muss unbedingt destilliertes Wasser nachgefüllt werden, besser: Batterie **ersetzen** (siehe unten).

6 Batteriestopfen einschrauben, Abdeckung einbauen.

Säuredichte prüfen

Arbeitsschritte | W 12 Monate

1 Verschlussstopfen herausschrauben, Säureheber in die Zelle tauchen. Säure ansaugen, bis Messspindel frei schwimmt. Je höher die Säuredichte, desto mehr taucht der Schwimmer auf. Säuredichte (kg pro Kubikdezimeter/Liter) ablesen und mit den Werten in der Tabelle vergleichen:

Säuredichte in kg/dm³ und Ladezustand

Dichte in normalen Klimazonen:	1,28	1,20	1,12
Ladezustand:	gut	halb	entladen
Dichte in tropischen Klimazonen:	1,23	1,16	1,08
Ladezustand:	gut	halb	entladen

2 Die Säuredichte muss in normalen Klimazonen mindestens 1,24 kg/dm³ (kg/l) betragen. Die Messwerte für die Säuredichte der einzelnen Batteriezellen dürfen nicht mehr als 0,03 kg/l voneinander abweichen. Ist die Dichte zu gering: Batterie laden und Säuredichteprüfung wiederholen.

3 Wenn die Sollwerte erreicht werden, Verschlussstopfen (original und mit O-Ringen) einschrauben. Werden die Sollwerte nicht erreicht, Batterie **ersetzen**; dazu ausbauen.

Batterie aus-/einbauen: Die Batterie G1 befindet sich unter einer Abdeckung rechts im Kofferraum (Reserveradmulde). Sie ist mit einer Schraube an einem Halter befestigt und mit Haltegurt gesichert. Rechts vor der (roten) Pluspolabdeckung ist eine kleinere Abdeckung für den Entlüftungsschlauch.
- Masseleitung der Batterie wie beschrieben abklemmen.
- Abdeckung Pluspol abnehmen. Mutter lösen und Plusleitung an der Batterie abnehmen.
- Schlauchabdeckung abclipsen, Schlauch abziehen.
- Schraube herausschrauben, Halter abnehmen. Haltegurt lösen und Batterie mit Tragebügel herausnehmen.
- Beim **Einbau** auf richtigen Sitz der Batterie achten. Grundprogrammierung vornehmen.

Belastungsprüfung mit Testgerät

Praxistipp

Eine Belastungsprüfung gibt Hinweise zum Zustand der Batterie. Dazu wird ein Tester verwendet und nach Bedienungsanleitung verfahren. DaimlerChrysler setzt zur Prüfung aller verwendeten Typen von Nass- und Vliesbatterien das Batterietest- und Analysegerät »Midtronics MCR 717« mit Softwarestand 2.0 ein. Die Batterie bleibt eingebaut und angeschlossen. Zündung aus, Lichtdrehschalter auf »0«, Radio aus, Batteriespannung >12,4 V. Original-Midtronics-Prüfklemmen direkt an die Batterie, nicht an Nebenklemmen anschließen.
Hinter der Angabe des Kälteprüfstroms ist auf der Batterie die Testnorm aufgedruckt.. Fehlt die Angabe, dann die Europäische Norm (EN) wählen. Einige Prüfbeispiele:

Nass-Batterie-kapazität	Kälteprüf-strom	VRLA-Batterie-kapazität	Kälte-prüfstr.
12 Ah	170 A	50 Ah	680 A
30 Ah	540 A	60 Ah	510 A
35 Ah	520 A	70 Ah	760 A
46 Ah	420 A	80 Ah	800 A
62 Ah	480 A	90 Ah	950 A
74 Ah	680 A	95 Ah	850 A
84 Ah	700 A		
100 Ah	760 A		

Durch die starke Belastung der Batterie während dieser Prüfung sinkt die Batteriespannung bis zur Mindestspannung. Ist die Batterie defekt oder nur schwach geladen, sinkt die Spannung sehr schnell unter den Mindestwert und steigt nur langsam wieder an.
Der Tester zeigt als Ergebnis verschiedene Informationen zum Batteriezustand an. Beim Midtronics-Gerät gibt es folgende Anzeigen, auf die laut Hersteller wie von uns angegeben zu reagieren ist:

- *Batterie gut:* Keine weiteren Maßnahmen erforderlich.
- *Laden und prüfen:* Batterie kann noch nicht bewertet werden. Vollständig aufladen (Spannung >12,4 V) und nochmals prüfen.
- *Batterie ersetzen:* Die Batterie muss erneuert werden.
- *Batterie konditionieren:* Diese Meldung erscheint nur in Ausnahmefällen. Dann mehrmals starten und Verbraucher zuschalten, die Batterie 5 Minuten ohne Belastung ruhen lassen und die Prüfung erneut durchführen.

Wurde die Batterie nach der Prüfung geladen, muss Oberflächenspannung abgebaut werden: Fahrlicht für 1 Minute einschalten.

Ruhespannung messen

Arbeitsschritte | W | 12 Monate

Die Werte der Ruhespannung geben Aufschluss über den Ladezustand der Batterie. Es muss ein hochgenau anzeigendes Multimeter (Anzeigegenauigkeit ± 0,02 Volt; z. B. Fluke 189) benutzt werden. Die Batterie darf mindestens zwei Stunden vor der Messung nicht geladen und nicht durch angeschlossene Verbraucher belastet worden sein.

1 Zündung ausschalten, alle Stromverbraucher ausschalten. Minuskabel der Batterie abklemmen. Voltmeter zur Messung an die Batteriepole anschließen. Die Spannungsmessung zwischen den Polklemmen mehrfach wiederholen!

2 Zeigt das Messgerät 12,5 Volt oder darüber an, ist die Batterie in Ordnung. Die folgenden Daten verdeutlichen das Verhältnis von Ruhespannung und Batteriezustand:
Spannung >12,66 V = Batterie 100% geladen
Spannung 12,48 V = Batterie 75% geladen
Spannung 12,30 V = Batterie 50% ge-/entladen

3 Unterschreitet nach Auffüllen der Batteriesäure und Aufladen der Batterie die Ruhespannung doch immer noch den Wert von 12,5 V, muss die Batterie ersetzt werden.
Anmerkung: Um Ruhestromverbraucher schnell aufzufinden, kann der Spannungsabfall direkt an einer Sicherung gemessen werden. Dazu Prüfspitzen der Messleitungen durch die Öffnungen im Sicherungsgehäuse stechen.

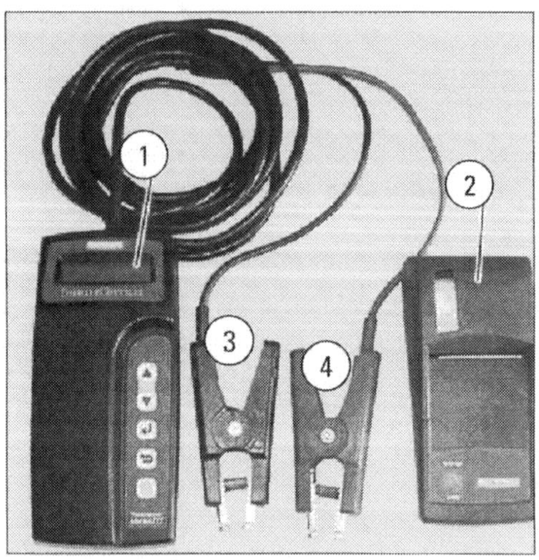

(1) Messgerät Midtronics MCR 717,
(2) Drucker für das Messgerät MCR 717
(3) schwarze, (4) rote Polklemme (A080, A081).

Batterie laden

1 **Normales Laden:** Zündung und alle elektrischen Verbraucher ausschalten. Bei Verwendung eines Ladegerätes, das ohne Spannungsspitzen lädt und daher Datenerfassung, Motorsteuerung, Airbag und Telefon nicht beeinflusst, muss die Batterie im Fahrzeug nicht abgeklemmt werden. Sie muss aber eine Temperatur von mindestens 10 °C haben. Plusleitung des ausgeschalteten Ladegerätes an den Pluspol der Batterie, Minusleitung an Batterie-Minuspol anschließen, nicht verpolen! Laden nach Betriebsanleitung.

2 Vorsicht bei tiefentladenen Batterien! Bei ihnen ist die Ruhespannung unter 11,6 V abgesunken, ihre Batteriesäure besteht fast nur noch aus Wasser, der Schwefelsäureanteil ist stark reduziert. Daher können völlig leere Batterien bei Frost einfrieren und platzen. Auch wenn sie nicht platzen, dürfen gefrorene Batterien nicht mehr verwendet werden!
Bei Tiefentladung sulfatieren Batterien, die Plattenoberflächen verhärten, die Batteriesäure ist schwach weißlich eingefärbt. Beim Laden unmittelbar nach Tiefentladung bildet sich die Sulfatierung zurück, sonst verhärten die Platten weiter, ihre Ladungsaufnahme wird eingeschränkt.

3 Ladestrom am Batterieladegerät einstellen: maximal 10 % der Batteriekapazität (bei 100 Ah also 10 A). Maximale Ladespannung: 14,4 V. Ladegerät einschalten. Schnellladen vermeiden, die Batterien werden dadurch geschädigt. Tiefentladene Batterien werden von Ladegeräten automatisch erkannt. Dann lädt das Gerät zunächst schonend mit niedrigem Ladestrom. Die Zellverschlussstopfen (wenn vorhanden) während des Ladens nicht öffnen!

4 Bei tiefentladenen Batterien: Ladezeit 24 Stunden. Nehmen Sie danach eine Belastungsprüfung vor.

5 **Schnell laden:** Ladestrom maximal 50 % der Batteriekapazität für 30 Minuten, bei 100 Ah-Batterie also maximal 50 A Ladestrom.

6 Ladegerät ausschalten, um beim Abklemmen Funkenbildung auszuschließen. Dann Gerät abklemmen.

7 Aufgeladene Batterie wie beschrieben auf ihren Zustand prüfen. Wiederum auf richtige Einbaulage von Entlüftungsschlauch und Verschlussstopfen achten, damit keine Batteriesäure auslaufen kann.

Praxistipp: Wagen anschieben oder anschleppen

Fahrzeuge mit Automatikgetrieben können nicht angeschoben oder angeschleppt werden!
Motor und Anlasser müssen in Ordnung sein. Wenn der Motor wegen einer defekten Zündanlage nicht startet, sollte man aufs Anschieben oder Anschleppen ganz verzichten. Unverbrannte Gemischanteile könnten nachgezündet werden und die Temperatur im Katalysator auf gefährliche Höhen treiben. Ohnehin gilt generell:

Anschieben oder Anschleppen über eine Strecke von mehr als 50 Metern ruiniert den Katalysator!

- Zündung einschalten und zweiten oder dritten Gang einlegen. In höheren Gängen wird die Lichtmaschine für kräftige Stromlieferung zu langsam durchgedreht.
- Kupplung durchtreten, Wagen anschieben lassen, bis er in Schwung ist.
- Kupplung schnell kommen lassen. Der Motor wird abrupt durchgedreht und müsste anspringen. Dann sofort Kupplung treten und Gas geben.

Wenn der Motor dabei nicht anspringt, versuchen Sie es mit Anschleppen:

- Zündung einschalten, zweiten oder dritten Gang einlegen und Kupplung treten.
- Der Zugwagen muss langsam anfahren.
- Bei etwa 15 km/h die Kupplung langsam kommen lassen. Stets bremsbereit bleiben (Handbremse!).
- Motor springt an: Kupplung treten und Gas geben.
- Dem Schleppfahrer ein Hupsignal geben, beide Fahrzeuge sanft abbremsen.

Motor mit Starthilfekabel starten

1 Wenn ein Fahrzeug nach mehrmaligen Startversuchen von 10 bis 20 Sekunden nicht mehr anspringt, ist so gut wie immer Hilfe für eine entladene Batterie angesagt. Ein Hilfsfahrzeug mit einer vollen Batterie gleicher Nennspannung dicht an das Fahrzeug mit der leeren Batterie heran fahren, damit die Kabel bequem angeschlossen werden können. Die Karosserien beider Fahrzeuge dürfen sich während der Starthilfe allerdings nicht berühren. Motoren beider Fahrzeuge abstellen.

2 Warnblinkanlage des »Spenderautos« einschalten. Die Pluspole mit dem roten Starthilfekabel verbinden: zuerst die leere, dann die volle Batterie anklemmen.

3 Die eine Polzange des schwarzen Starthilfekabels erst am Minuspol der vollen Batterie des Hilfsfahrzeugs anklemmen, die andere an einen blanken Massepunkt des Fahrzeugs mit entladener Batterie. Eventuell sind dazu Hinweise des Fahrzeugherstellers zu beachten, aber üblich wäre ein Anklemmen am Motorblock.

4 Motor des Hilfswagens starten und mit erhöhter Drehzahl laufen lassen, aber möglichst nicht mehr als 15 Sekunden. Fahrzeug, dem geholfen wird, starten. Wenn der Motor nicht gleich anspringt, nach weiteren Versuchen immer wieder eine Pause von mindestens einer Minute einlegen, damit der Anlasser abkühlen kann.

5 Zum Abnehmen der Kabel in umgekehrter Reihenfolge vorgehen:
Zuerst den Minuspol der Batterie im Fahrzeug, dem geholfen wurde, von Masse abklemmen, dann den Minuspol der Fremdbatterie abklemmen. Anschließend Kabel von den Pluspolen abnehmen: erst von der vollen Batterie, dann von der Leerbatterie.

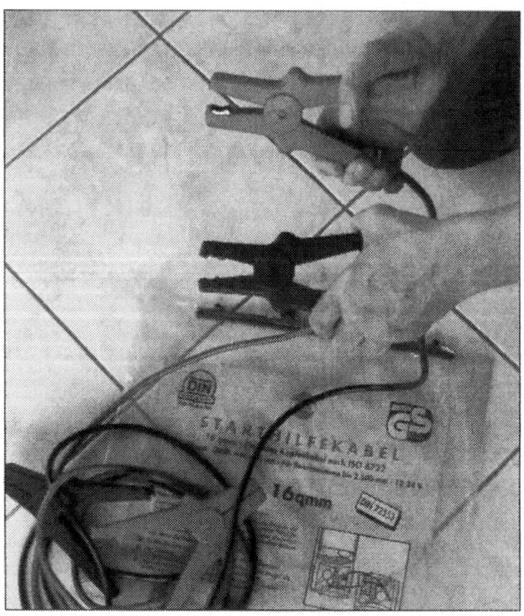

Handelsübliche Starthilfekabel in rot (obere Polzange) und schwarz (untere Polzange).

6 Nach dem Start eine hinreichende Zeitspanne mit höheren Drehzahlen fahren, damit die Lichtmaschine die Batterie aufladen kann.

Drehstromgenerator aus-/einbauen

Arbeits-schritte

1 **Ausbau Benziner (Motoren 272 / E 240, E 280, E 350):** Masseleitung der Batterie wie beschrieben abklemmen. Klemme der Masseleitung isolieren, damit es nicht zu ungewolltem leitendem Kontakt zwischen Klemme und Batteriepol kommen kann.

2 Motorabdeckung nach oben herausziehen.

3 Rechten Saugluftkanal neben dem Motor und den Keilrippenriemen ausbauen (»Die Motoren«).

4 Fahrzeug zwischen den Hebebühnensäulen ausrichten, die Aufnahmeteller wie vorgeschriebenen platzieren und den Wagen heben.

5 Untere Motorraumverkleidung abmontieren. Abdeckkappe abziehen und die elektrische Leitung B+/Klemme 30 vom Generator abmontieren. Dazu die Mutter abdrehen.

6 Stecker der elektrischen Leitung D+/Klemme 61 vom Generator abziehen.

7 Untere Schrauben (3) des Generators (1) herausdrehen. Fahrzeug absenken (Bild nächste Seite). Den Halter der vorderen Motorabdeckung abmontieren und zusammen mit dem Umschaltventil der Luftpumpe zur Seite legen. Die Leitungen an der Luftpumpe angeschlossen lassen.

8 Bei einigen Fahrzeugmodellen muss die elektrische Luftpumpe (Bauteil M33) ausgebaut werden. Die Information dazu ist den technischen Daten des konkreten Fahrzeugs zu entnehmen.

9 Luftabschaltventil am rechten Zylinderkopf ausbauen. Die oberen Schrauben (2) herausdrehen und den Generator nach oben herausnehmen (Bild nächste Seite).

10 **Einbau** in sinngemäß umgekehrter Reihenfolge. Die

Generatorschrauben (2, 3) werden mit 20 Nm am Steuergehäuse festgezogen. Der Halter mit dem Luftpumpen-Umschaltventil wird mit 9 Nm an den Zylinderkopf geschraubt. Die Mutter für die Klemme 30-Leitung mit 15 Nm am Generator festziehen.

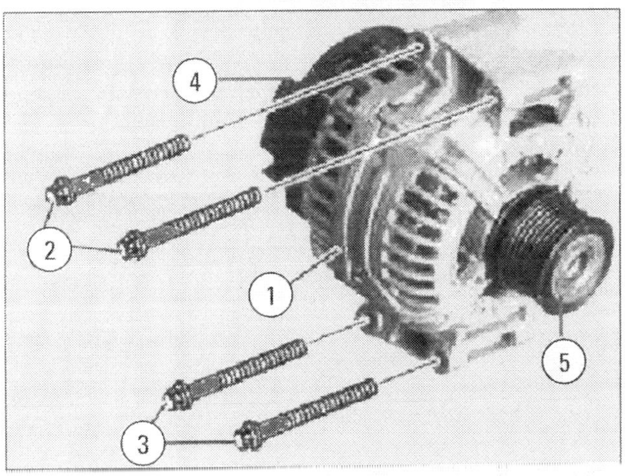

Bild oben: Im konkreten Einbaufall (hier: Motor 272) muss stets erst Baufreiheit geschaffen werden.
Bild unten: (1) Generator, (2) obere, (3) untere Schrauben, (4) Reglerseite, (5) Riemenscheibe. Beispiel Benzinmotoren 272. Bei anderen Modellen ist die Situation ähnlich.

1 Ausbau Diesel (Motoren 646 / E 200 CDI, E 220 CDI): Masseleitung der Batterie abklemmen, Abdeckung der Zylinderkopfhaube ausbauen, Luftfiltergehäuse ausbauen, Keilrippenriemen ausbauen, vorderes Geräuschkapselunterteil ausbauen.

2 Ladeluftschlauch vom Ladeluftkanal trennen. Beim Wiedereinbau müssen die Dichtringe überprüft und bei Beschädigung erneuert werden.
Auf exakte Montage der Sicherungsklammern achten, um Undichtigkeiten zu vermeiden. Ölspuren und geringe Ölmengen im Ladeluftschlauch sind zulässig. Sie stammen von der Motorentlüftung.

3 Ladeluftkanal am Abgasturbolader und Generator abschrauben. Elektrische Leitungen für Klemme 30 und Klemme 61 (B+ und D+) abschrauben.

4 Obere und untere Generatorschrauben herausdrehen und den Generator nach oben herausnehmen.

5 Einbau in sinngemäß umgekehrter Reihenfolge. Mutter für Klemme B+ mit 18 Nm, die vier Generatorschrauben mit 20 Nm festziehen.

11/6 Abschluss alle Motoren: Grundprogrammierung durchführen. Es ist nicht günstig, beim Generatorausbau ein Ruhestromerhaltungsgerät anzuschließen, um die Grundprogrammierung zu vermeiden, weil es zum Kurzschluss kommen könnte. Fehlerspeicher auslesen und löschen.

Spannungsregler prüfen

Arbeitsschritte

1 Motorhaube öffnen, Spannungsmesser an Plus-Klemme (B+, Klemme 30) der Lichtmaschine und Masse anschließen.

2 Motor zwei Minuten mit 3.000 bis 4.000 U/min drehen lassen, damit der Generator betriebswarm wird (ca. 80 °C). Beim Start darf die Spannung bis 8 Volt absinken.

3 Standlicht, Radio oder Frischluftgebläse einschalten. Die Regulierspannung muss jetzt zwischen 13,5 und 14,8 Volt liegen. Fernlicht einschalten und Messung bei 3.000 U/min wiederholen. Die Spannung darf nicht mehr als 0,4 V über dem zuvor gemessenen Wert liegen.

4 Werden höhere Spannungen gemessen, ist der Regler defekt. Ist die Spannung zu niedrig, sind meist die Schleifkohlen abgenutzt. Die Länge der Kohlebürsten (1) beträgt neu 12 mm, Verschleißgrenze 5 mm, Längenabweichung beider zueinander maximal 1 mm. Bei Defekt oder abgenutzten Schleifkohlen: Regler ersetzen. Sind die Bürsten schräg abgenutzt (Bild S. 186), muss der Generator erneuert werden.

Fahren mit defekter Lichtmaschine

Praxistipp

Wenn Lichtmaschine oder Regler unterwegs streiken, können Sie trotzdem weiterfahren. Die Batterie übernimmt dann die Stromversorgung.

Je nach Ladezustand und Kapazität reicht die Energie für etwa fünf Stunden, wenn Sie bei der Fahrt keine überflüssigen Verbraucher einschalten. Beachten Sie dann folgende Regeln:

- Mehrfachstecker an der Lichtmaschine abziehen, damit sich die Batterie nicht über den defekten Generator oder Spannungsregler entladen kann.
- Die Fahrt nicht unnötig unterbrechen, denn der Anlasser braucht besonders viel Strom. Wenn möglich, den Wagen anrollen lassen.
- Heckscheiben-Beheizung, Gebläse und Radio nicht einschalten.
- Scheibenwischer und Scheibenwaschanlage nur bei unumgänglichem Bedarf in Betrieb nehmen.
- Bei Dunkelheit möglichst ohne Fernlicht und Nebelscheinwerfer fahren.

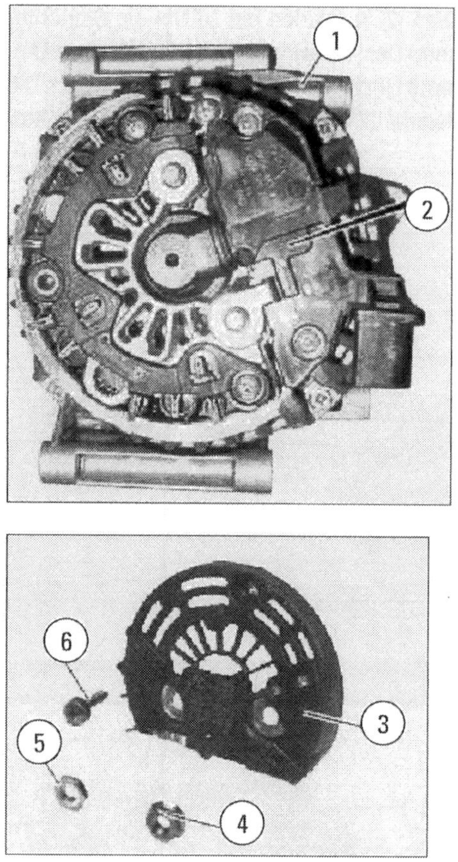

(1) Drehstromgenerator G2, (2) Spannungsregler, (3) Reglerabdeckung, (4) Bundmutter, (5) Sechskantmutter, (6) Schrauben.

Spannungsregler aus-/einbauen

Arbeitsschritte

Der Spannungsregler (1) wird am ausgebauten Generator (2) aus- und eingebaut (die folgenden Bilder).

1 Ausbau: Bundmuttern (4) an der Abdeckung (3) des Reglers hinten am Generator abschrauben und die Abdeckung vom Generator abnehmen.

2 Die Befestigungsschrauben (6) herausdrehen und den Regler vom Generator abnehmen.

3 Einbau: Sinngemäß umgekehrt. Dabei die Schleifkohlen nicht beschädigen! Wenn ein neuer Spannungsregler eingebaut wurde, muss eine Sicherung am Regler hineingedrückt werden, nachdem die Befestigungsschrauben (mit 3 Nm) angezogen worden sind. Danach die Abdeckung aufsetzen und die Bundmuttern ebenfalls mit 3 Nm festziehen.

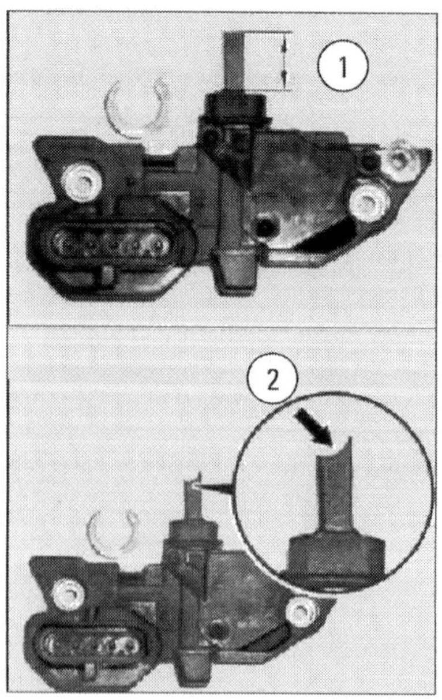

Bild oben: (1) Die Länge der Schleifkohle beträgt neu = 12 mm. Bild unten: (2) zeigt eine schräg abgenutzte Schleifkohle. Das weist auf Schäden am Generatorlager hin.

Anlasser (Starter)

Störungsbeistand

Störung	Ursache	Abhilfe
A Beim Drehen des Zündschlüssels in Startstellung dreht der Anlasser zu langsam oder gar nicht.	**1** Kontrolllampen brennen schwach oder verlöschen: a) Batterie entladen, b) Kabelanschlüsse lose oder oxidiert, c) Anlasser hat Masseschluss.	 Starthilfekabel, anschleppen. Befestigen, Anschlüsse säubern. Anlasser überholen lassen oder austauschen.
	2 Kontrolllampen brennen hell, Klicken vom Anlasser: Auf den Magnetschalter klopfen. Anlasser dreht noch nicht: a) Kohlebürsten oder Anschlüsse gelöst, b) Magnetschalter-Kontakte verschmort, c) Anlasserwicklung schadhaft.	 Anlasser überholen lassen. Anlasser überholen lassen oder austauschen. Anlasser überholen lassen oder austauschen.
	3 Kontrolllämpchen brennen hell, keinerlei Anlassergeräusche: a) Anschluss Klemme 50 lose. b) Klemme-50-Leitung vom Zündschloss zum Magnetschalter unterbrochen.	 Anschluss überprüfen. Leitung mit Prüflampe kontrollieren.
B Anlasser läuft, ohne den Motor durchzudrehen.	**1** Ritzel verschmutzt.	Ritzel reinigen.
	2 Einrückvorrichtung klemmt.	Anlasser überholen lassen.
	3 Verzahnung des Ritzels oder der Motorschwungscheibe beschädigt.	Wagen vorschieben. Erneut starten. Beschädigte Teile ersetzen lassen.
C Magnetschalter schaltet ein und aus, Anlasser läuft nicht an.	Batterie stark entladen. Beim Einschalten des Magnetschalters fällt Spannung ab und er schaltet wieder aus.	Batterie laden.
D Anlasser läuft weiter, obwohl der Zündschlüssel losgelassen wurde.	**1** Magnetschalter hängt oder schaltet nicht ab.	Zündung sofort abschalten, notfalls Batterie abklemmen. Magnetschalter reparieren oder Anlasser austauschen.
	2 Zünd-/Anlassschalter defekt.	Schalter ersetzen.
E Ritzel spurt nach Anspringen nicht aus.	Rückstellfeder des Einrückhebels lahm oder gebrochen.	Zündung abschalten, Anlasser austauschen.

Anlasser aus-/einbauen

Arbeitsschritte

1 Ausbau: Batterie-Masseleitung abklemmen. Fahrzeug aufbocken oder anheben. Untere Motorverkleidung (Benziner) oder Geräuschkapselunterteil (Diesel) ausbauen.

2 Hinteren Motorquerträger mit hinterem Motorlager ausbauen, um den Motor etwas nach hinten ankippen zu können. Querbrücke der Mittelschaltung ausbauen. Auspuffanlage abstützen und aus ihren Aufhängungen lösen (vergl. Kapitel »Motoren«, »Kraftübertragung«, »Abgasanlage«).

3 Berührungsschutz vom Kabelanschluss am Starter abziehen. Die Muttern für Klemmen 30 (Batterie+) und 50 abschrauben und den elektrischen Leitungssatz abnehmen.

4 Kabelhalter an der Fuge Magnetschalter/Anlasser abschrauben. Befestigungsschrauben herausdrehen und Starter nach unten herausnehmen.

5 Einbau: Sinngemäß umgekehrt. Bei Starterwechsel Motor an der Riemenscheibe durchdrehen, Zahnkranz von Schwungrad oder Mitnehmerscheibe auf Verschleiß und Schäden prüfen, ggf. erneuern. Starter mit 19 Nm, Muttern Klemme 30 mit 14 Nm, Klemme 50 mit 6 Nm festziehen.

ELEKTRIK: SCHEIBEN-WISCH- UND -WASCHANLAGE

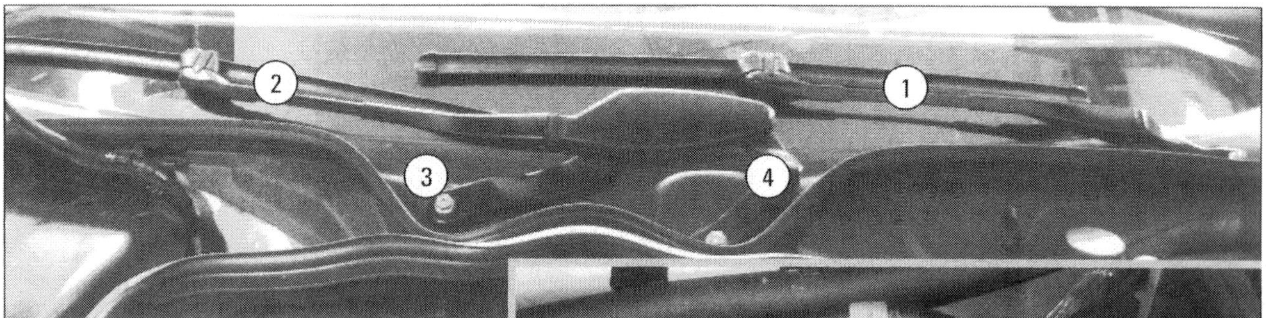

Wischeranlage vorn (Bild oben) und Waschwasserbehälter (Bild rechts) der E-Klasse. (1) Wischerarm Fahrerseite, (2) Wischerarm Beifahrerseite, (3) eine der Schraubverbindungen Wischeranlage an Karosserie, (4) Gestänge zum Wischermotor, (5) Waschwasserbehälter.

Wartung

Reparatur

Über den Kombischalter (S4) an der Lenksäule wird die als Baugruppe »WSA« bezeichnete Wischeranlage der Mercedes-Benz-Fahrzeuge zentral bedient. Die am Kombischalter gewählte jeweilige Funktion wird über das Mantelrohrmodul (N80, in der Lenksäule) und den CAN-Bus Innenraum (CAN-Bus Klasse B = »CAN-B«) an das Steuergerät SAM (Baugruppe N10) gesendet, das die komplette Steuerung der Wischeranlage realisiert.

Die WSA realisiert folgende Funktionen:

- Tippwischen: Kombischalter kurzzeitig bis zum Rastpunkt drücken.
- Intervallwischen: Kombischalter in Stellung »I« bewirkt das Wischen in festen Intervallen oder, bei entsprechender Ausstattung, automatisch gesteuerten Intervallen in Abhängigkeit von Daten des Regen/-Licht-Sensors B38/2.
- Dauerwischen: Kombischalter in Stellung »II« bewirkt Wischen mit langsamer Geschwindigkeit. Diese Stufe 1 wischt mit ca. 40 Zyklen pro Minute. Kombischalter in Stellung »III« bewirkt Wischen mit schneller Geschwindigkeit (Stufe 2, ca. 60 Zyklen pro Minute).
- Wischen der Rückwandtür: Bei Vorwärtsfahrt Wischen in festen Intervallen; bei Rückwärtsfahrt Dauerwischen, wenn an der Frontscheibe die Funktion Wischen aktiv ist, und bei so ausgerüsteten Fahrzeugen Regensensorbetrieb in Abhängigkeit von der Wischeranlage Frontscheibe.
- Waschen der Frontscheibe wird durch Drücken des Schalters Scheibenwaschanlage im Kombischalter in axialer Richtung über den Rastpunkt hinaus aktiviert. Die Pumpe (M5/1) wird aber nur maximal 15 Sekunden lang angesteuert. Wird längeres Waschen gewünscht, muss die Zeit durch erneutes Betätigen des Schalters neu gestartet werden.
- Waschen der Heckscheibe wird durch Drücken des Schalters »Scheibenwaschanlage Rückwandtür« oder des Schalters »Intervallwaschen Rückwandtür« im Kombischalter über das Steuergerät SAM realisiert. Pumpe und Wischermotor werden für die Dauer der Betätigung angesteuert.
- Beheizung der Scheibenwaschanlage: Bei Außentemperaturen unter 5 °C werden die Heizungen für die Waschdüsen und die Waschdüsenschläuche aktiviert. Das Abschalten erfolgt bei abgeschalteter Klemme 61 (Motor aus) oder bei Außentemperaturen über 8 °C. Die Pumpe für Scheiben- und Scheinwerferwaschwasser befindet sich am Wasserbehälter im vorderen linken (Fahrerseite) Radhaus. Der Kombischalter (S4) links an der Lenksäule bedient neben Wischen und Waschen noch die Funktionen Blinker, Fern- und Abblendlicht sowie Lichthupe.
- Fahrzeuge mit Bi-Xenon-Scheinwerfern verfügen über eine Scheinwerfer-Reinigungsanlage (SRA). Zum Aktivieren der Anlage dient der Schalter SRA (S4/1). Durch Drücken des Schalters oder nach 15-maligem Betätigen der Funktion »Frontscheibe Waschen« schaltet das Steuergerät SAM die Anlage ein. Die Pumpe SRA (M5/2) baut in der Waschwasserleitung Druck auf, der gegen die Rückholfedern der Hubdüsen wirkt. Dadurch fahren die Düsen aus und sprühen Waschwasser auf die Scheiben der Leuchteinheiten vorn. Nach der Einschaltdauer fällt der Druck ab, die Hubdüsen fahren durch Federkraft zurück.

Arbeiten an der Wisch-/Waschanlage

Bei Arbeiten an der Scheibenwischermechanik muss stets der Zündschlüssel abgezogen sein (siehe Gefahrenhinweis). Folgende wesentliche Funktionen der WSA sind zu kontrollieren:

- Spritzdüsen der Scheibenwaschanlage. Dazu muss allerdings die Zündung eingeschaltet werden. Zeigt es sich, dass Düsen verstopft sind, müssen sie mit einer geeigneten Nadel und mit Druckluft von außen gereinigt werden.
- Auch die Spritzdüse der Scheibenwaschanlage an der Rückwandtür und bei Fahrzeugen mit Scheinwerferreinigungsanlage deren Düsen prüfen. Bei Verstopfung mit Nadel und Druckluft reinigen.
- Bei allen Spritzdüsen die Einstellung überprüfen.
- Einstellung der Wischerarme an der Windschutzscheibe und an der Heckscheibe prüfen. Die Wischerblätter dürfen nicht an A-Säule oder Windlauf anstoßen oder über die Glasfläche der Heckscheibe hinauslaufen, weil es sonst zu Schäden an der Karosserie oder an der Wischermechanik kommt.
- Flüssigkeitsstand im Vorratsbehälter der Scheibenwaschanlage prüfen. Bei entsprechender Ausstattung ermöglicht ein Schalter unten am Behälter die Wasserstandskontrolle durch Anzeige. Nachfüllen mit Wasser und Waschmittelkonzentrat, auch bei Fahrzeugen mit beheizter Scheibenwaschanlage.

Gefahrenhinweis

Arbeit an der Scheibenwischermechanik

Ziehen Sie bei Arbeiten an der Scheibenwischermechanik unbedingt immer den Zündschlüssel ab! Die Verletzungsgefahr durch Klemmen oder Quetschen ist groß. Im extremen Fall kann es zur Abscherung von Gliedmaßen bei Eingriffen in die Mechanik kommen!

Wischerblätter

Störungs-beistand

Störung	Ursache	Abhilfe
A Wasser und Schmutz werden gleichmäßig über das Wischfeld verteilt oder im Wischfeld bleiben feine Wasserstreifen stehen.	**1** Scheibe durch Lackpflegemittel, ölhaltige Rückstände oder Insektenreste verschmutzt.	Auf der Scheibe ein Putzmittel auftragen, einwirken lassen, dann mit einem sauberen Lappen abreiben.
	2 Wischergummi teilweise oder ganz verschlissen.	Durch Beschleifen mit Schleifpapier Abhilfe schaffen, sonst austauschen.
	3 Wischerarm am Anlenkpunkt des Wischerblattes verdreht.	Wischerarmende nachbiegen (in sich verdrehen).
B Im Wischfeld bleiben feine Wassertropfen zurück.	Neigungswinkel des Wischergummis zur Windschutzscheibe zu flach.	Anstellwinkel ggf. korrigieren lassen, sonst Wischergummi austauschen.
C Im Wischfeld bleibt ein breiter Wasserfilm zurück.	Ungleiche Druckverteilung durch verbogene oder defekte Anpressfeder im Wischergummi.	Wischerblatt austauschen.
D Im Wischfeld bleiben einige Wasserfelder zurück.	**1** Anpressdruck des Wischerarms ist zu gering.	Anpressdruck überprüfen. Feder leicht einölen, ggf. Wischerarm ersetzen.
	2 Scheibenwischerantrieb verschlissen.	Kontrollieren, defekte Teile ersetzen.
	3 Wischerarm lose oder verbogen.	Festschrauben oder nachbiegen.
	4 Wischerblatt verbogen.	Austauschen.
E Wischerblatt rattert.	**1** Zuviel Spiel in Verbindungen.	Wischerblatt oder -arm auswechseln.
	2 Wischerarm in sich verdreht.	Wischerarm zurecht biegen.

Flüssigkeitsstand prüfen und richtig stellen

Arbeitsschritte

1 Motorhaube öffnen. Der Waschwasserbehälter befindet sich vorn links im Motorraum (Bild rechts). Fahrzeuge mit beheizter Scheibenwaschanlage nach Code 875 haben Verschlussdeckel mit angebautem Wärmetauscher.

2 Den Füllstand durch Augenscheinprüfung feststellen. Der Behälter fasst 4,7 Liter. Wenn nur noch wenig Flüssigkeit im Behälter ist, muss nachgefüllt werden. Dazu den Verschlussdeckel ausclipsen und hochklappen.

3 Mit einer Mischung aus Wasser und Scheibenwaschkonzentrat befüllen. Mercedes-Benz empfiehlt für alle Pkw-Typen das Waschmittelkonzentrat nach Sachnummer 001 986-4471 (Sommer-Formel) oder 001 986 4571 (Winter-Formel). Beide Ausführungen dürfen miteinander gemischt werden. Beim Mischungsverhältnis mit Wasser muss die Tabelle auf der Verpackung des Konzentrats beachtet werden.

4 Behälterdeckel und Motorhaube schließen.

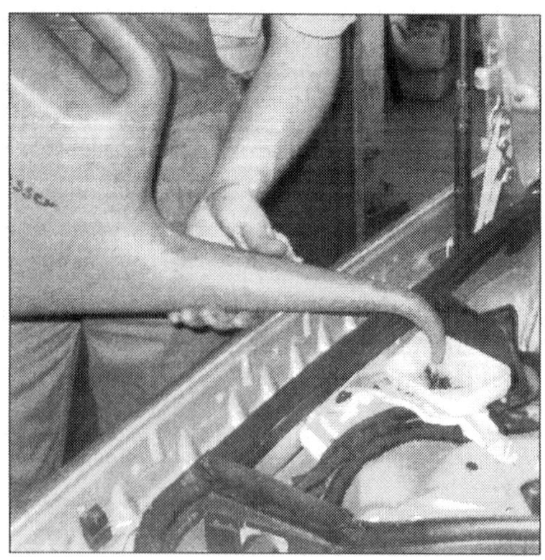

Befüllen des Waschwasserbehälters.

Scheibenwischer und Waschanlage prüfen

Arbeits-schritte — ständige Wartung

1 Zündung einschalten. In der Scheibenwaschanlage muss Wasser mit Zusatzmittel sein. Wischerhebel betätigen.

2 Läuft der Wischer in allen Geschwindigkeiten? Geht er beim Ausschalten in die Parkstellung zurück? Funktioniert die Wischer-Intervallschaltung? Lassen sich die verschiedenen Stufen einstellen?

3 Spritzt Wasser aus der Wascherdüse? Wie sind die Spritzstrahlen? Bilden sie einen breiten »Fächer«? Treffen die einzelnen Spritzstrahlen ihre Bereiche auf der Windschutzscheibe? Sonst Düse (entsprechend der folgenden Anleitung) einstellen!

4 Wenn die Wischerblätter »rubbeln« oder Geräusche machen, den Anstellwinkel der Blätter prüfen.

Anmerkung zum Wischergummi: Die Wischerblätter müssen sich fest auf die Scheiben pressen. Die Lebensdauer der Wischergummis ist jedoch begrenzt. Sie werden mit der Zeit durch die Bewegungen der Wischer abgerubbelt, Ozon und UV-Strahlen machen das Material zusätzlich spröde. Winzige Kratzer in der Scheibe verursachen Scharten im Gummi, was die Waschwirkung beeinträchtigt.
Eine gewisse Abhilfe bringen spezielle Schleifwerkzeuge, mit denen die Scheibenwischer-Lippe in trockenem Zustand wieder geglättet werden kann. Die abgestumpften Kanten werden geschärft und gleichzeitig gereinigt. Die Lieferung erfolgt inklusive Reserve-Schmirgelstreifen und Talkum zur Nachbehandlung. Mit dem Talkum werden verhärtete Gummilippen eingerieben. Am besten ist es jedoch, das Wischergummi im Frühjahr und im Herbst zu ersetzen.

Einstellung der Spritzdüsen prüfen und korrigieren

Arbeits-schritte

Die Spritzdüsen werden werkseitig voreingestellt. Abweichungen vom gewünschten Spritzbild können jedoch ausgeglichen werden.

1 Hierzu die Zündung einschalten, bei Arbeiten an der Scheibenwischermechanik jedoch stets Zündschlüssel abziehen. Kombischalter über den Rastpunkt hinaus drücken.

2 Die beiden Spritzdüsen der Frontscheiben-Waschanlage spritzen je zwei Strahlen aus. Diese müssen in den im Bild unten dargestellten Bereichen auf die Scheibe auftreffen. Bei Bedarf kann die Einstellung der Düsen mit einem Dorn (MB: 110 589 02 63 00) korrigiert werden.

3 Die Wascherdüse an der Heckscheibe der T-Modelle spritzt nur einen Strahl aus. Auch hier soll, wenn nötig, nachreguliert werden. Verwendbar dazu ist wiederum das MB-Sonderwerkzeug 110 589 02 63 00 (Bild ganz unten). Seit Oktober 2002 ist für alle Mercedes-Fahrzeugtypen allerdings auch der Düseneinsteller 003 589 03 63 00 vorgesehen. Dieser Spezialdorn in verschiedenen Längen von 150 bis 680 mm hat einen magnetischen Kopf.

4 Bei der Überprüfung sind auch die Spritzdüsen der Scheinwerferreinigungsanlage SRA zu kontrollieren. Dazu den betreffenden Schalter betätigen. Der Spritzstrahl muss im Bereich vor den Lampen auf der Streuscheibe auftreffen. Einstellen mit Regulierdorn.

Anmerkung: Beim Überprüfen der Düsenfunktion und -einstellung auch die Gummilippen der Wischerblätter auf Verhärtung, Risse und Verschleiß prüfen. Wenn nötig: erneuern.

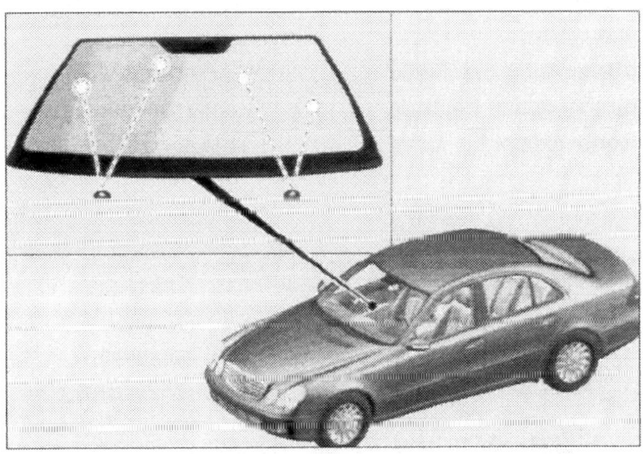

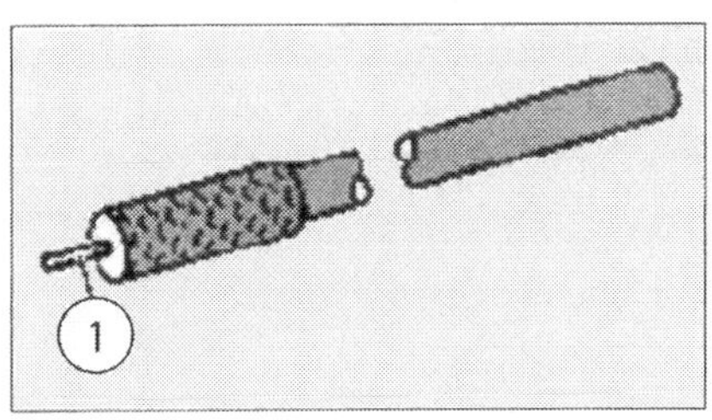

Auftreffbereiche der Spritzstrahlen (oben) und Einstelldorn (1) für die Spritzdüsen (links).

Wichtig ist noch ein Hinweis zur Scheinwerferreinigung:

SRA richtig programmieren

Gelegentlich kann es passieren, dass die Scheinwerferreinigungsanlage unmotiviert beim Betätigen der Wischeranlage zu arbeiten beginnt. Die Serieneinstellung sieht aber vor, dass die Scheinwerfer, um einer Verschmutzung vorzubeugen, nur dann automatisch gereinigt werden, wenn:

- das Licht eingeschaltet ist (Betriebsanleitung zum Punkt »Klare Sicht«) und
- die Scheibenwaschanlage zum fünfzehnten Mal betätigt wird.

Der Serienstand wird wieder hergestellt, wenn bei falscher SRA-Funktion die Zündung ausgeschaltet und damit der Zähler zurückgesetzt wird.

Wischeranlage und -arme prüfen und einstellen

Arbeits-schritte

1 Den Zündschlüssel abziehen. Bei den folgenden Arbeiten darauf achten, dass der angehobene Wischerarm Fahrer- ebenso wie Beifahrerseite nicht auf die Windschutzscheibe fällt, da diese sonst beschädigt wird. Die Wischerblätter abbauen.

2 Anstellwinkel vom Wischerarm Fahrerseite und vom Wischerarm Beifahrerseite zur Windschutzscheibe messen und notieren. Die Einstellung der Wischeranlage darf nur bei Abweichung der Prüfwerte beider Wischerarme vom Toleranzbereich in Parklage erfolgen. Die angegebenen Einstellwerte gelten für Linkslenker. Sie gelten für Rechtslenker-Fahrzeuge mit umgekehrten Vorzeichen. Für die E-Klasse (Linkslenker) sollen die Anstellwinkel in Parklage auf der Fahrer- ebenso wie der Beifahrerseite 2,5° - 6,5° betragen. Messung mit geeignetem Winkelmesser (empfehlenswert der MB-Satz) vornehmen.

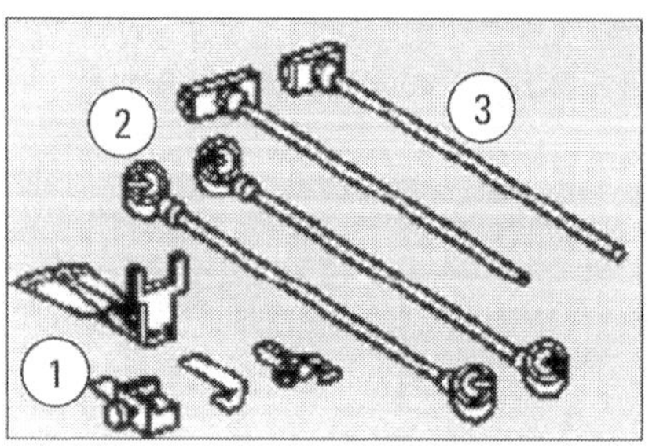

Werkzeugsatz 211 589 02 21 00 (links) mit (1) Winkelmesser, (2) Einstellhebel Z4 (auch unten), (3) Griffstücke.

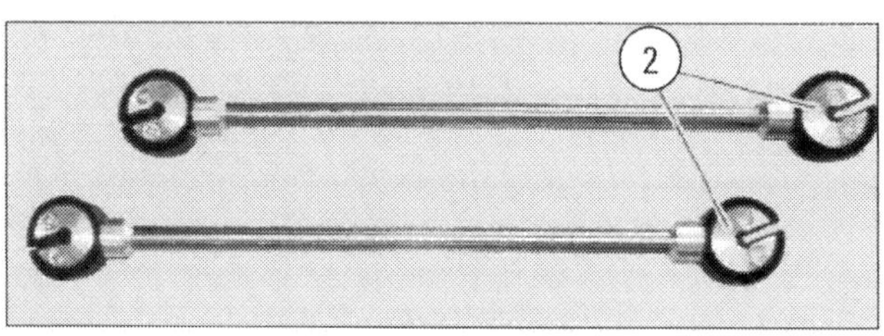

3 Wenn der Prüfwert vom Toleranzwert in Parklage abweicht, muss der richtige Anstellwinkel am jeweiligen Wischerarm eingestellt werden. Das lässt sich vorsichtig durch Verschränken mit einer geeigneten, ggf. abgepolsterten Zange oder einem sehr sorgfältig geführten Gabelschlüssel erreichen. Anzuraten aber ist die im Folgenden demonstrierte Arbeitsweise mit den Sonderwerkzeugen (Bilder unten links), die sich eventuell ausleihen lassen.

4 Wischeranlage einstellen: Winkelmessgerät (5) an den Wischerarm Fahrerseite (1) anbauen. Motorhaube öffnen. Dichtgummi (2) im linken Bereich lösen. Leitungssatzhalter (4) von der Trennwand (3) lösen und den Leitungssatz zur Seite ablegen. Spreizclip (6) ausbauen (Bild unten).

(1) Wischerarm Fahrerseite, (2) Dichtgummi, (3) Trennwand, (4) Leitungssatzhalter, (5) Winkelmesser aus dem MB-Sonderwerkzeugsatz, (6) Spreizclip.

5 Einen Montagekeil (1; MB-Werkzeug 110 589 03 59 00) zwischen Wassersammler (2) und Trennwand (3) einführen. Schraube (4) lösen. Einen Ausziehhaken (6; MB-Werkzeug 140 589 02 33 00) am Halter der Wischeranlage einhängen und diesen horizontal verschieben, bis der richtige Einstellwert an der Skala des Winkelmessgerätes (5) angezeigt wird. Schraube (4) festschrauben (Bild nächste Seite links oben).

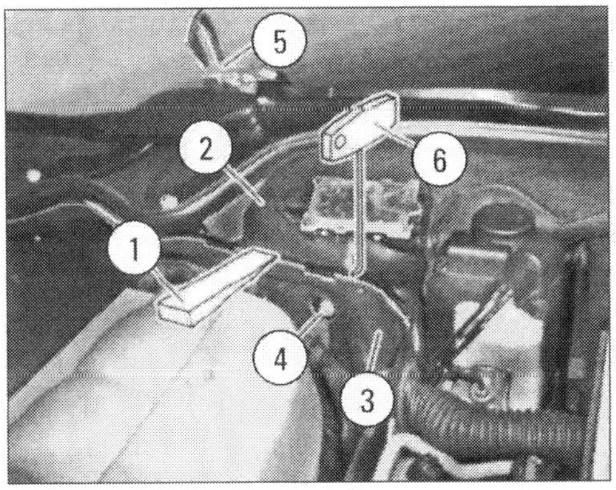

(1) Montagekeil, (2) Wassersammler, (3) Trennwand, (4) Schraube, (5) Winkelmesser aus dem MB-Sonderwerkzeugsatz, (6) Ausziehhaken.

6 Montagekeil und Ausziehhaken abnehmen. Spreizclip prüfen, bei Beschädigung erneuern und einbauen. Leitungssatzhalter und Dichtgummi an der Trennwand befestigen. Richtigen Sitz des Dichtgummis beachten!

7 Motorhaube schließen. Winkelmessgerät vom Wischerarm Fahrerseite abbauen.

8 **Wischerarm einstellen:** Die Einstellung des Anstellwinkels an den Wischerarmen Fahrerseite und Beifahrerseite erfolgt grundsätzlich in der Parklage und nur bei Abweichung der Prüfwerte vom Toleranzbereich in Umkehr- bzw. Parklage. Dabei wird der jeweilige Wischerarm mindestens um den Wert der Toleranzabweichung in Umkehrlage verschränkt.

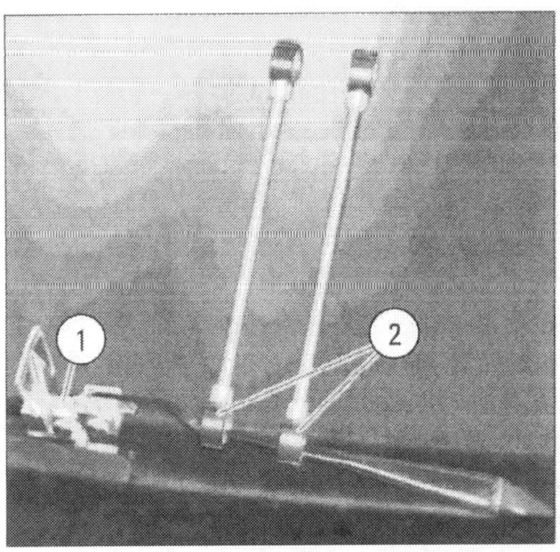

(1) Winkelmesser, (2) Einstellhebel Z4.

Dazu sollten, wie oben angemerkt, die Einstellhebel Z4 aus dem MB-Satz Einstellwerkzeug verwendet werden.

9 Winkelmessgerät (1) mit Adapter am einzustellenden Wischerarm anbauen. Wischerarm absenken, bis alle drei Auflagepunkte am Gerätefuß des Winkelmessgerätes an der Windschutzscheibe aufliegen. Einstellhebel (2) so weit wie möglich voneinander entfernt an diesem Wischerarm ansetzen (Bild links unten).

10 Die Verschränkung des Wischerarmes erfolgt über denjenigen Einstellhebel, der nahe dem Winkelmessgerät positioniert wurde. Der zweite Einstellhebel dient als Gegenhalter. Einstellhebel in die erforderliche Richtung drücken, bis der Wischerarm mindestens um den Wert der Toleranzabweichung in Umkehrlage verschränkt ist. Einstellhebel vom Wischerarm abnehmen.

11 Anstellwinkel des eingestellten Wischerarmes an der Skala des Winkelmessgerätes ablesen. Notieren Sie sich den Wert und vergleichen ihn mit den Prüf- und Einstellwerten. Nach erfolgreicher Korrektur das Winkelmessgerät mit Adapter vom eingestellten Wischerarm abbauen.

Anmerkung: Der richtige »Anstellwinkel«, also die Neigung der Scheibenwischerblätter in Parkstellung zur Scheibe, ist für präzises Umlegen der Wischerblätter auch in der Umkehrstellung (Position der Wischerarme an der Säule von Frontscheibe oder Heckscheibe) verantwortlich. Korrekte Einstellung bewirkt einen ruhigen Verlauf des Wischerblatts auf der Scheibe.
Um festzustellen, ob die ganze Wischeranlage oder nur ein Wischerarm eingestellt werden muss, wird die Prüfung der Anstellwinkel vorgenommen. Bei Abweichung der Prüfwerte beider Wischerarme vom Toleranzbereich in Parklage muss die **Wischeranlage** eingestellt werden.
Bei Abweichung der Prüfwerte vom Toleranzbereich in Umkehr- oder in Park- und Umkehrlage bei nur einem **Wischerarm** muss dieser eingestellt werden.
Die Einstellung erfolgt dann wie beschrieben. Die Änderung der Anstellwinkel wird durch »Verdrehen« (Verschränken) der Wischerarme mit den Einstellhebeln erreicht. Grundsätzlich ist der Anstellwinkel der Wischerarme in Parklage einzustellen. Der Anstellwinkel in Park- und Umkehrlage ändert sich um den gleichen Wert. Der Anstellwinkel des einzustellenden Wischerarmes wird dabei mindestens um den Wert der Toleranzabweichung in Umkehrlage verstellt. Damit beide Einstellwerte auch wirklich innerhalb des Toleranzbereiches liegen, muss man den Anstellwinkel erneut in Parklage prüfen und ggf. nochmals korrigieren.

Viergelenk-Wischerarm aus-/einbauen

Durch Einklemmen der Gummidichtung an der Lagerstelle infolge eines Fertigungsfehlers kann es am Scheibenwischerarm vorn in einzelnen Fällen zu Graunz- und Quietschgeräuschen kommen. Dieses Geräusch der Lager wird häufig als Quietschen des Gummi-Wischerblattes auf der Scheibe fehlgedeutet. Deshalb:

1 Genau prüfen, ob der Viergelenk-Scheibenwischerarm vorn beifahrerseitig im gegebenen Fall an einer der beiden oder sogar an beiden Lagerstellen (Bild unten) diese leichten bis stark graunzenden oder auch quietschenden Geräusche erzeugt.

2 Wenn beim ausgebauten Teil auch nur eines der beiden Viergelenk-Wischerarmlager beim Bewegen des Wischerhebels von Hand Geräusche verursacht, ist ein Wischerarm-Austausch angesagt.

3 Dazu muss nur der Scheibenwischerarm vorn auf der Beifahrerseite ausgebaut und erneuert werden.

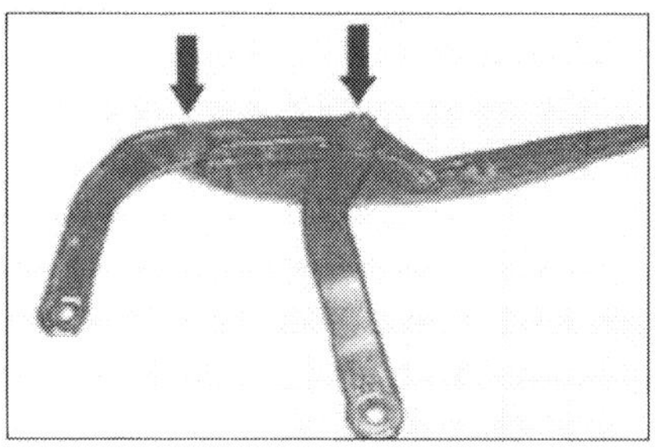

Die Pfeile weisen auf die Lager des Viergelenk-Wischerarms.

Waschwasserbehälter aus-/einbauen

1 Der Waschwasserbehälter (1) für die Scheiben- und die Scheinwerferreinigungsanlage befindet sich im rechten Innenkotflügel hinter dem Radlauf. Zum **Ausbau** öffnen Sie zuerst den Schlauchhalter (7) am Waschwasserbehälter mit einem geeigneten Schraubendreher und trennen die elektrischen Steckverbindungen (3) und (5).

Über die Steckverbindung (5) verfügen nur Fahrzeuge mit Scheinwerferreinigungsanlage.

2 Dann die Haltelaschen an der elektrischen Steckverbindung (4) entriegeln und die Steckverbindung vom Waschwasserbehälter (1) abnehmen.

3 Bei den Fahrzeugen mit SRA die Sicherungsklammer (Pfeil A) drücken und den Waschwasserschlauch von der Pumpe SRA (M5/2) trennen. Auslaufendes Waschwasser auffangen. Dichtring am Schlauchanschluss erneuern.

4 Ebenso den Waschwasserschlauch von der Pumpe für Scheibenwaschwasser (M5/1) trennen und auch dabei das auslaufende Waschwasser auffangen.

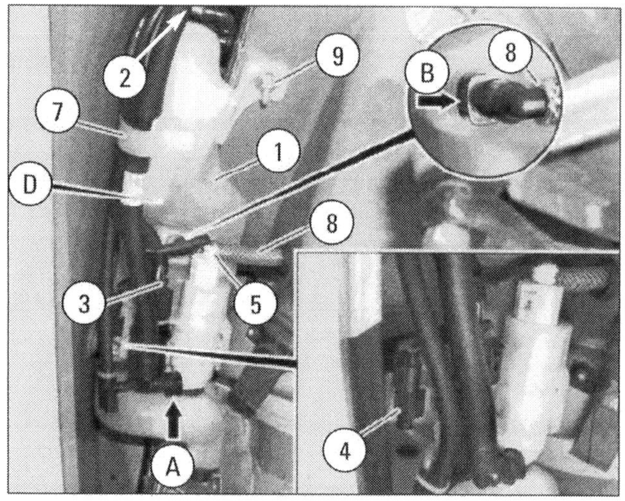

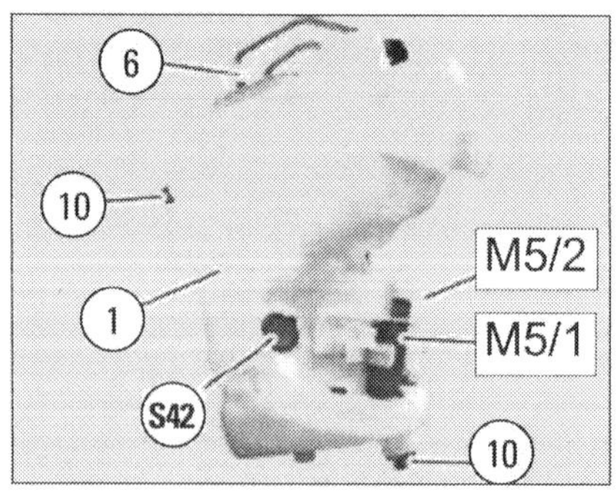

(1) Waschwasserbehälter, (2) Einfüllstutzen, (3, 4, 5) elektrische Steckverbindungen, (6) Deckel, (7) Schlauchhalter, (8) Verbindungsschlauch, (9) Selbstsichernde Mutter, (10) Aufnahmen; (M5/1) Pumpe Scheibenwaschwasser, (M5/2) Pumpe Scheinwerfer-Reinigungsanlage SRA, (Pfeile A, B) Sicherungsklammern, (S42) Schalter Wasserstandskontrolle.

5 Sicherungsklammer (Pfeil B) drücken und Verbindungsschlauch (8) vom Waschwasserbehälter (1) trennen. Auslaufendes Waschwasser auffangen. Dichtring am Schlauchanschluss erneuern.

6 Elektrische Steckverbindung am Schalter Wasserstandskontrolle (S42) der Scheibenwaschanlage trennen.

7 Selbstsichernde Mutter (9) abschrauben. Diese Mutter muss beim Einbau erneuert werden.

8 Deckel (6) des Waschwasserbehälters (1) lösen und Waschwasserbehälter aus den Aufnahmen (10) lösen.

9 Deckel (6) mit Heizstäben aus dem Waschwasserbehälter (1) herausnehmen und zur Seite legen.

10 Waschwasserbehälter vom Einfüllstutzen (2) abziehen und den Behälter abnehmen (Bild unten; Legende S. 194).

11 **Einbau:** In umgekehrter Reihenfolge. Dichtung des Einfüllstutzens (2) am Waschwasserbehälter (1) erneuern. Auf richtigen Sitz des Behälters in den Aufnahmen (10) achten. (Alle Positionen Bilder Seite 194/195)

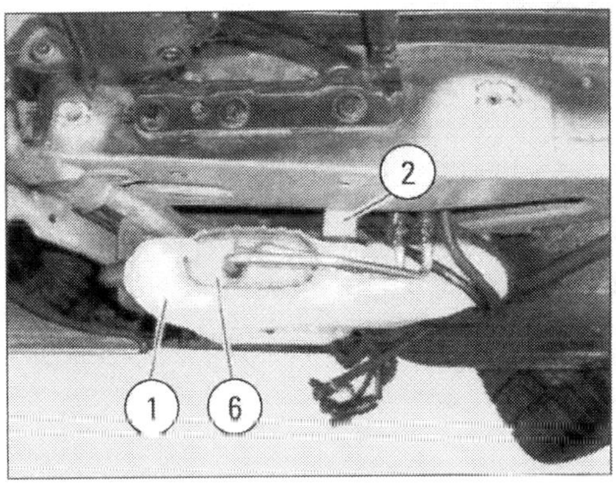

(1) Wasserbehälter, (2) Einfüllstutzen, (6) Deckel.

Praxistipp

Das Scheibenwaschwasser

■ Der Wascherbehälter sollte immer vollständig bis zum Rand gefüllt sein. Auffüllen mit Leitungswasser. Im Sommer muss etwas Reinigungsmittel, im Winter unbedingt ein Frostschutzmittel dazu gegeben werden.

■ Für alle Fahrzeuge der Marke Mercedes-Benz schreibt der Hersteller das DaimlerChrysler Scheibenwaschkonzentrat MB 371.0 »Summerwash« oder Formel 9422 »Winterwash« vor. Diese Produkte haben die Sachnummern »001 989 4471« (Sommer) und »001 986 4571«. Sie entfernen wirksam wachsartige und ölige Rückstände von der Scheibe und schützen im Winter die Düse, den Flüssigkeitsbehälter und die Verbindungsschläuche zuverlässig vor dem Einfrieren. Diese Flüssigkeit hält durch ihre geringe Viskosität bei Minusgraden die Düsen stets funktionsfähig.

■ Erst Zusatzmittel und dann Wasser einfüllen, damit sich die Flüssigkeiten im Behälter gut vermischen. Die Verwendung des originalen MB-Scheibenwaschmittels ist auch gut für die Scheinwerfer, da nur Zusätze zulässig sind, die diese Kunststoffgläser nicht beeinträchtigen.

■ Damit bei starkem Frost die Wascherdüsen nicht einfrieren, raten wir zur Anwendung des Konzentrats 001 986 4571 (Winterwash) der DaimlerChrysler AG, Stuttgart. 1 Teil auf 3 Teile Wasser bietet Frostschutz bis etwa -18 °C, 1 Teil auf 2 Teile Wasser Schutz bis maximal -25 °C und 1:1 gemischt sogar bis fast -35 °C. Auf der Verpackung befindet sich die für die Freigabe maßgebende Sachnummer.

■ Brennspiritus, der allerdings aufdringlich riecht, ist übrigens auch ein guter Frostschutzzusatz.

Wischerarme vorn aus-/einbauen

Arbeitsschritte

1 **Ausbau:** Wischerarme in Parkstellung bringen und Zündschlüssel abziehen oder Senderschlüssel vom Steuergerät EZS trennen. Motorhaube öffnen.

2 Muttern an den Wellen vom Wischerarm Fahrerseite und vom Arm Beifahrerseite abschrauben. Wischerarme durch Hin- und Herbewegen von der Wischerwelle lösen und abnehmen. Nicht den Lack der Motorhaube beschädigen!

3 **Einbau:** Wischerarme auf die Wischerwellen aufstecken und ausrichten. Dazu Metallmaßband verwenden und die Markierungen im Wassersammler beachten. Arme mit den Muttern an der Wischeranlage mit 20 Nm festschrauben. Motorhaube schließen.

Wischerarm und -motor der Rückwandtür aus-/einbauen

1 Ausbau: Wischerarm (1) an der Hecktür des T-Modells in Parkstellung bringen. Zündung ausschalten und Senderschlüssel vom Steuergerät EZS abziehen. Abdeckung (2) über der Wischerwelle aufklappen (Bilder unten).

2 Mutter an der Wischerwelle einige Gewindegänge lösen. Wischerarm mit Hilfe eines 1/4-Zoll-Steckschlüsseleinsatzes SW 8 mm (5) und eines Abziehers (6) von der Welle (4) lösen. Dabei den Abzieher sehr vorsichtig handhaben, um die Türlackierung nicht zu beschädigen. Der Steckschlüsseleinsatz verhindert beim Lösen des Wischerarms die Beschädigung der Spritzdüse in der Wischerwelle.

3 Steckschlüsseleinsatz und Abzieher (MB: 000589883300) abnehmen, dabei den Abzieher vorsichtig handhaben, um Lackschäden zu vermeiden. Mutter (3) vollständig von der Wischerwelle (4) abschrauben. Die Abdeckung (2) zurückklappen und den Wischerarm (1) abnehmen.

4 Falls der Wischerarm erneuert werden soll, das Wischerblatt vom Arm abnehmen.

5 Den Türbelag an der Rückwandtür abbauen (»Der Innenraum«). Elektrische Steckverbindung trennen. Schlauch der Scheibenreinigungsanlage mit einem geeigneten Schraubendreher abdrücken. Schrauben herausschrauben und den Wischermotor (M6/4) von der Hecktür abnehmen. Die Gummitülle in der Durchführung für die Wischerwelle auf Beschädigungen prüfen und ggf. erneuern.

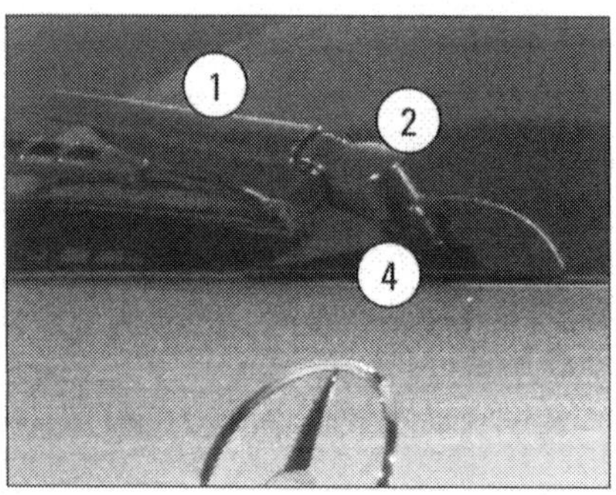

Wischer an der Hecktür: (1) Wischerarm, (2) Abdeckung, (3) Mutter, (4) Wischerwelle, (5) 1/4-Zoll-Steckschlüsseleinsatz SW 8 mm, (6) Abzieher.

Der zweiarmige Abzieher hat bei MB die Nummer 000589883300. Er wird in diesem Beispielbild am Heckwischer der A-Klasse gezeigt.

6 Einbau: In umgekehrter Reihenfolge. Den Wischermotor ansetzen und die Befestigungsschrauben mit 10 Nm festziehen. Den Schlauch auf den Anschlussstutzen am Wischermotor aufstecken und auf richtigen Sitz achten. Elektrische Steckverbindung am Motor aufstecken und den Türbelag wieder einbauen.

7 Falls das Wischerblatt abgenommen worden ist: Blatt auf den Wischerarm aufstecken und sichern. Die Wischerwelle reinigen und Korrosionsschutzfett (MB: 001989375110) auftragen. Wischerarm auf die Wischerwelle aufstecken. Dabei muss sich der Wischermotor in Parkstellung befinden. In Höhe des Wischerarmkopfes gibt es dafür eine Einstellmarkierung an der Tür.

8 Mutter (3) mit 13 Nm festschrauben und Abdeckung (2) zurückklappen (Bilder links). Funktionskontrolle der Heckwischeranlage vornehmen.

Hubdüse der Scheinwerferreinigungsanlage (SRA) aus-/einbauen

1 Mittig unterhalb jeder der vorderen Leuchteinheiten befindet sich bei den Fahrzeugen mit Code 600 eine Spritzdüse für die Scheinwerferreinigung. Diese so genannten Hubdüsen (Bilder S. 197) sind ein ausfahrbares Teleskop mit integrierter Rückholfeder. Zum Aus- und Einbau Motorhaube öffnen. Wenn beide Düsen ausgebaut werden, muss der Stoßfänger vorn ausgebaut werden (»Die Karosserie«). Soll nur eine Düse ausgebaut werden, braucht am angehobenen Fahrzeug der vordere Stoßfänger nur an der Ausbauseite gelöst zu werden.

2 Ausbau: Linken oder rechten Waschwasserschlauch (oder beide Schläuche) am jeweiligen Gehäuse der vorderen Leuchteinheiten aushängen. Die dann zugängliche Schraube herausdrehen.

3 Linken oder rechten Waschwasserschlauch (oder beide) mit Klemmen abklemmen und an der Kupplung (2; Bild unten) von der Hubdüse links oder rechts (oder an beiden Seiten) trennen.

4 Die jeweilige Hubdüse oder beide Hubdüsen nach vorn von den Gehäusen der Leuchteinheit abnehmen.

5 **Einbau** in umgekehrter Reihenfolge. Die richtigen Fugenmaße einstellen:
Motorhaube zu Kotflügel = 3,5 plus/minus 0,5 mm;
Motorhaube zu Scheinwerfer = 4,0 plus/minus 0,5 mm.
Dann die Funktion der Hubdüsen prüfen.

Anmerkung: Wenn der Waschwasserschlauch für die Hubdüsen gewechselt werden soll, muss er zusammen mit dem Anschlussstück von der Pumpe SRA getrennt werden. Dann das Anschlussstück vom Waschwasserschlauch abziehen.
Waschwasserschlauch an linker und rechter Hubdüse entriegeln und abziehen. Die vier Halteklammern am Querträger vorn vor dem Kühler abclipsen und den Schlauch nach vorn herausziehen.
Der Einbau erfolgt in umgekehrter Reihenfolge. Nach dieser Arbeit eine Funktionsprüfung der Scheinwerferrenigungsanlage durchführen.

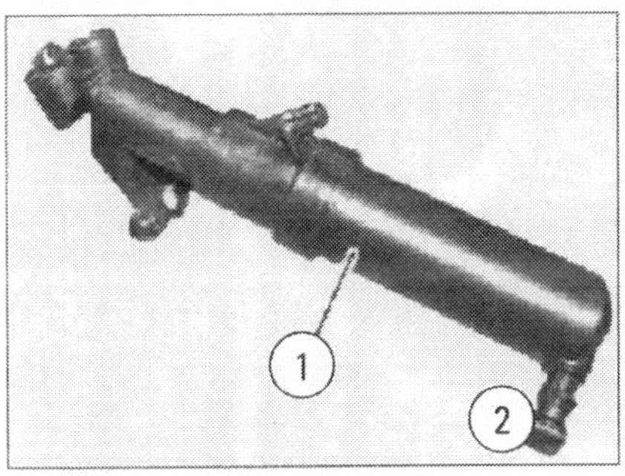

(1) Hubdüse der Scheinwerfer-Reinigungsanlage. Links ausgebaut, unten in Funktion.
(2) Kupplung für Waschwasserschlauch.

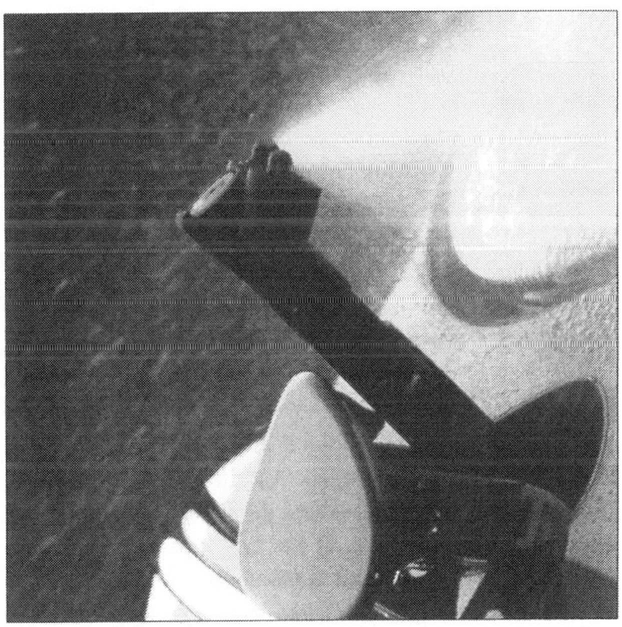

Spritzdüse Rückwandtür aus-/einbauen

Arbeitsschritte

1 **Ausbau:** Zündung ausschalten und den Senderschlüssel vom Steuergerät EZS abziehen. Die Abdeckung am Wischerarm wie bereits beschrieben aufstellen.

2 Die Spritzdüse mit einer passenden Zange aus der Wischerarmwelle herausziehen. Die Düse muss ganz gerade und nicht verkantet herausgezogen werden, weil sie sonst abbrechen könnte. Falls allerdings die Spritzdüse beim Ausbau abbricht und eine neue Düse eingesetzt werden muss, können die abgebrochenen Reste mit der neuen Düse tiefer in die Wischerarmwelle geschoben werden.

3 **Einbau:** Spritzdüse an der Wischerarmwelle ansetzen. Die Düsenöffnung muss nach rechts zeigen. Der Einstellwinkel beträgt etwa 15° zur Senkrechten. Die Spritzdüse ganz gerade in die Welle eindrücken und nicht verkanten, damit sie nicht abbricht. Abdeckung am Wischerarm herunterklappen.

4 Die Einstellung der Düse prüfen und ggf. mit dem Regulierdorn in der vorher beschriebenen Weise korrigieren.
Funktionsprüfung der Wisch-/Wasch-Anlage Rückwandtür vornehmen.

ELEKTRIK: DIE BELEUCHTUNGS-ANLAGE

Bi-Xenon-Scheinwerfer mit zusätzlichem Abbiegelicht sind schon Standard in Limousinen der E-Klasse. Aber auch vor der Beleuchtung macht der rasante Fortschritt der Autoelektrik nicht Halt. Jetzt kommen die Leuchtdioden für das Abblendlicht.

Wartung

Reparatur

Schwungvoll gezeichnete Doppel-Scheinwerfer bestimmen den sportlich-kraftvollen Auftritt der neuen E-Klasse. Hinter den Kunststoff-Abdeckscheiben in Klarglas-Optik verbirgt sich moderne Lichttechnik, die für großflächige und gleichmäßige Ausleuchtung der Fahrbahn sorgt.

Zentraler Sicherheitsfaktor

Die Fahrzeugbeleuchtung ist bekanntlich das zentrale aktive Sicherheitselement im nächtlichen Straßenverkehr und bei schlechten Sichtverhältnissen am Tage. Die Hauptscheinwerfer sollen den Gegenverkehr möglichst nicht blenden, auch bei höheren Geschwindigkeiten die Fahrbahn gut ausleuchten und dem Fahrzeug ein unverwechselbares Gesicht geben.

Ihre wesentlichen Teile sind Lichtquelle, Reflektor und Abdeckscheibe, heute meist wie auch bei den Fahrzeugen der E-Klasse nicht mehr als geriffelte »Streuscheibe«, sondern in Klarglasoptik. Damit das Abblendlicht die gesetzlich vorgeschriebene Lichtverteilung mit asymmetrischer Hell-Dunkel-Grenze bei Lichtmaximum auf der rechten Fahrbahnseite aufweist, hat der Reflektor Freiformflächen, die mit einem dünnen Aluminiumbelag plus Spezialschicht präpariert sind. Die optimale Form ist per Computer berechnet. Einzelne Segmente im Reflektor sind bestimmten Bereichen auf der Straße zugeordnet.

Die Scheinwerfer im Vier-Augen-Gesicht der E-Klasse sind im oberen Bereich mit transparenten Lamellen ausgestattet (Bild rechts), die ein attraktives Leuchtbild erzeugen. Ihr »Intelligent Light System« basiert auf den lichtstarken Bi-Xenon-Scheinwerfern mit fünf verschiedenen Lichtfunktionen:

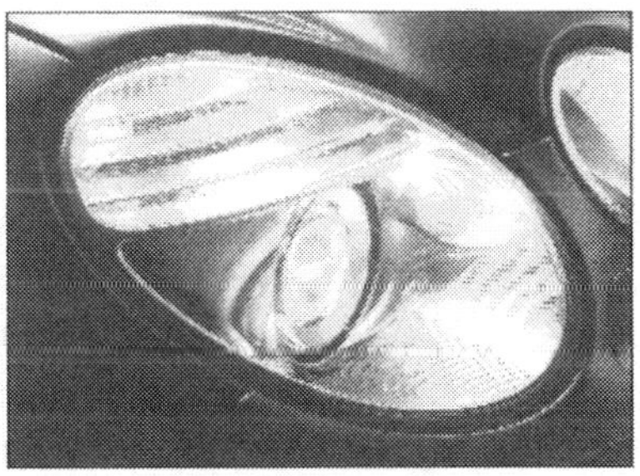

- Das neue Landstraßenlicht (Bild unten links) leuchtet den linken Fahrbahnrand heller und weiträumiger aus als bisheriges Abblendlicht. Hier vergrößert sich der Sichtbereich des Autofahrers um rund zehn Meter. Er kann dadurch bei Dunkelheit andere Verkehrspartner oder Hindernisse früher erkennen.
- Beim Autobahnlicht (Bild unten rechts), das sich automatisch ab einer Geschwindigkeit von 90 km/h einschaltet, entsteht ein gleichmäßiger, bis zu 120 Meter weit reichender Lichtkegel. Er leuchtet die Fahrbahn auf ihrer gesamten Breite aus. Im Zentrum dieses Lichtkegels sieht der Autofahrer rund 50 Meter weiter.
- Das erweiterte Nebellicht vermindert die Eigenblendung durch das vom Nebel reflektierte Licht.
- Das aktive Kurvenlicht, im Frühjahr 2003 erstmals in der E-Klasse angeboten, wurde weiterentwickelt und nochmals verbessert (Bild S. 200).
- Das Abbiegelicht erhöht die Sicherheit an Kreuzungen und bei langsamer Kurvenfahrt.

Das Halogen-Fernlicht ist bei allen Modellen separat

Landstraßenlicht im Vergleich alt-neu.

Autobahnlicht im Vergleich alt-neu.

Kurvenlicht im Vergleich alt-neu.

im Scheinwerfergehäuse untergebracht; es sind Reflexionsscheinwerfer mit H7-Glühlampen. Ein Positionslicht setzt zusätzliche Akzente. Die für Elegance und Avantgarde serienmäßigen, für Classic auf Wunsch lieferbaren Nebelscheinwerfer sind in der Stoßfängerverkleidung untergebracht.

Bi-Xenon-Scheinwerfer

Unter zwei markanten Wölbungen der chromverzierten Abdeckblende finden das Positionslicht und die zum Xenonlicht gehörende dynamische Leuchtweitenregulierung Platz. Bi-Xenon erfordert für Fern- und Abblendlicht nur eine einzige Lampe. Während beim Fernlicht der gesamte Lichtstrom genutzt wird, schiebt sich beim Umschalten auf Abblendlicht eine Blende zwischen Lampe und Linsenoptik, die einen Teil des Lichtbündels abdeckt. Beim Fernlicht treten zusätzlich die H7-Spotscheinwerfer in Aktion und vergrößern noch die Reichweite des Lichts.
Bei nur 35 Watt Leistungsaufnahme bieten die von Mercedes-Benz entwickelten Bi-Xenon-Scheinwerfer im Vergleich zu herkömmlichen H7-Glühlampen bei Abblendlicht eine um 87 Prozent höhere Leuchtstärke. In der Fernlichtfunktion beträgt das Plus an Leuchtstärke sogar rund 180 Prozent. Zur Bi-Xenon-Ausstattung gehört dynamische Leuchtweiteregulierung, die den Neigungswinkel der Lichtbündel automatisch an die jeweilige Karosserielage anpasst, und die Reinigungsanlage mit Hochdruck-Wasserstrahl.

Abbiegelicht bis 40 km pro Stunde

Das Abbiegelicht wird bis Tempo 40 beim Einschalten des Blinkers oder beim Einschlagen des Lenkrads automatisch aktiviert und leuchtet den Bereich seitlich vor dem Fahrzeug bis zu 65 Grad und etwa 30 Meter weit aus.
So macht das Abbiegelicht Fahrbahnbereiche sichtbar, die mit konventioneller Scheinwerfertechnik beim Abbiegen im Dunkeln bleiben. Fußgänger und Radfahrer neben dem Fahrzeug sind dadurch bei Dunkelheit wesentlich besser zu erkennen. Auch bei langsamer Kurvenfahrt kann sich der Fahrer mit diesem Licht besser orientieren. Dank spezieller Elektronik schaltet sich das Abbiegelicht nicht abrupt ein oder aus, sondern dimmt auf oder ab, wobei das Einschalten schneller geht als das Ausschalten. Dies gibt dem Auge Zeit, sich an eine verändernde Lichtsituation anzupassen. Die Nebelscheinwerfer erhalten für die Abbiegelicht-Funktion einen modifizierten Reflektor mit erweiterter Seitenausleuchtung.

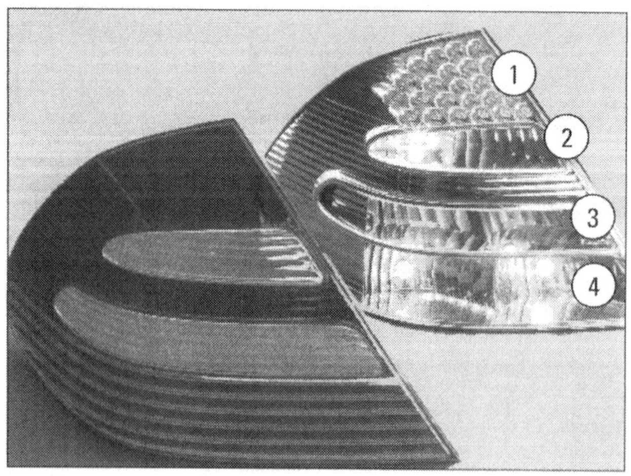

Die attraktive Rückleuchte der E-Klasse: (1) Bremslicht, in diesem Fall mit Leuchtdioden, (2) Rückfahrlicht, (3) Blinklicht, (4) Schluss- und Nebelschlusslicht.

Leuchtdioden am Heck

Die Rückleuchten sind großflächig und vereinen in untereinander angeordneten Ebenen Bremslicht, Rückfahrlicht, Blinklicht, Schluss- und Nebelschlusslicht (Bild S. 200, rechts unten). Erste Exemplare haben als Leuchtmittel für das Bremslicht bereits die effizienten Leuchtdioden. Die hochgesetzte dritte Bremsleuchte hinter der Heckscheibe ist ohnehin mit leistungsstarken, langlebigen Leuchtdioden bestückt.
Zur Vermeidung von Auffahrunfällen stattet Mercedes-Benz die neue Generation der E-Klasse mit blinkenden Bremsleuchten aus. Sie warnen nachfolgende Autofahrer bei Unfallgefahr besser als die herkömmlichen Bremslichter. Tests zufolge erfolgen die Bremsreaktionen der Fahrer im Durchschnitt bis zu 0,2 Sekunden schneller, wenn in Notbremssituationen ein blinkendes Warnsignal erfolgt. Das verkürzt den Anhalteweg bei 100 km/h um rund 5,50 Meter.

Lichtanlage regelmäßig prüfen

Lassen Sie in angemessenen Abständen die Einstellung der Scheinwerfer an Ihrem Fahrzeug prüfen (Aktionen von ADAC, TÜV und DEKRA). Außerdem müssen Sie die Beleuchtung regelmäßig kontrollieren. Vom Gesetzgeber ist das vor jedem Fahrtantritt vorgeschrieben. Sie sollten mindestens einmal wöchentlich die Beleuchtungsanlage checken: Zündung einschalten und dann nacheinander Standlicht, Abblendlicht, Fernlicht und Nebelscheinwerfer; am Heck Rücklichter, Kennzeichenleuchten, Rückfahrscheinwerfer und Nebelschlussleuchte, schließlich auch die Brems- und Blinkleuchten auf ihre Funktion überprüfen.

Übliche Ersatzlampen (alle für 12 V)

Glühlampe für:	Typ	Leistung
Fernlicht (Halogen)	H7	55 W
Standlicht, Parklicht	R	5 W
Blinklicht vorn	PY Bajonett (orange)	21 W
Blinklicht hinten	P	21 W
Bremslicht	P (oder Leuchtdioden)	21 W
Rückfahrscheinwerfer	P	21 W
(Nebel-)schlusslicht	P	21 W
Rücklicht, Parklicht	P	4 W
Kennzeichenleuchte	Soffitte C	5 W
Innenleuchte	Soffitte	10 W
Nebelscheinwerfer	H11	55W

Führen Sie bei Fahrten stets Ersatzlampen mit. Bezeichnungen stehen auf Sockel oder Glaskörper. In der Betriebsanleitung für Ihr Fahrzeug sind die verwendeten Lampen konkret angegeben. Fast immer richtig liegen Sie mit dem Sortiment, das wir unten links in der kleinen Tabelle aufgeführt haben.

Praxistipp

Vorsicht bei Lampen und Abdeckscheiben!

- Glühlampen niemals mit bloßen Fingern am Glaskolben anfassen! Lampe stets mit Handschuhen oder einem sauberen Tuch einsetzen. Handschweiß trübt den Glaskolben und kann im Extremfall das Lampenglas zerstören.
- Die Abdeckscheiben der Scheinwerfer bestehen aus Polykarbonat-Kunststoff und sind mit einem Klarlack beschichtet. Sie sollen nur mit einem nassen Schwamm gereinigt und nicht mit Scheuermitteln oder trockenen Tüchern abgerieben werden, weil sonst die Oberfläche verkratzt wird.
- Die Scheiben nicht mit Lösungsmitteln oder lösungsmittelhaltigen Reinigern in Berührung bringen. Aus falscher Behandlung könnten milchiger Belag, matte Stellen und Spannungsrisse resultieren.

Leuchteinheiten vorn aus- und einbauen

Arbeits-schritte

Achtung! Bei Arbeiten an Xenon-Scheinwerfern besteht Lebensgefahr durch Hochspannung! Personen mit Herzschrittmachern dürfen an diesen Anlagen keine Arbeiten durchführen. Wenn an den Leuchteinheiten mit Bi-Xenon-Scheinwerfern gearbeitet wird, muss der Senderschlüssel vom Steuergerät EZS abgezogen werden.
Bei Fahrzeugen mit Bi-Xenon-Scheinwerfern oder Bi-Xenon-Scheinwerfern mit integriertem Kurvenlicht und »Keyless Go«-Funktion: Start- und Stopptaster wiederholt drücken, bis die Zündung ausgeschaltet ist. Senderschlüssel aus dem Fahrzeug entfernen und außerhalb der Senderreichweite (mindestens 2 m) aufbewahren.

1 Ausbau: Motorhaube öffnen. Vorderes Teilstück am Innenkotflügel des Vorderkotflügels ausbauen: Fahrzeug anheben, linkes oder rechtes Laufrad vorn einschlagen, Kabelbinder und Leitungshalter am vorderen Teilstück abbauen. Spreizclip herausnehmen, die drei Schrauben unten und eine oben am Teilstück herausschrauben und die drei Muttern im mittleren Bereich abdrehen. Mit einem Montagekeil das hintere Teilstück des Innenkotflügels ca. 20 cm aus dem Kotflügel herauslösen und das vordere Teilstück aus dem Kotflügel herausnehmen

2 Bei Fahrzeugen ab Baudatum Februar 2004 muss in der Fuge Innenkotflügel/Stoßfänger eine Schraube gelöst und eine Klemmleiste nach vorn geschoben und abgenommen werden. Bei Fahrzeugen mit Parktronic-System (PTS) muss die elektrische Kupplung vorn hinter der Stoßfängerverkleidung getrennt werden.

3 Fahrzeuge bis Februar 2004: Vordere Stoßfängerverkleidung ausbauen (»Die Karosserie«). Schraube (1) unten an der Leuchteinheit, danach die drei Schrauben (2) herausschrauben (Bild unten). Leuchteinheit links (E1) nach vorn herausnehmen, bis elektrische Steckverbindungen zugänglich sind. Steckverbindungen trennen und Leuchteinheit abnehmen. Bei Leuchteinheit rechts (E2) analog verfahren.

3a Fahrzeuge ab Februar 2004: Zwei Schrauben unten, zwei Schrauben oben am Stoßfänger herausschrauben und den Stoßfänger nach vorn herausziehen. Stoßfänger vorn und Vorderkotflügel im Übergangsbereich zur jeweiligen Leuchteinheit mit geeignetem Klebeband abkleben, um Lackschäden zu vermeiden. Schraube (1) und die drei Schrauben (2) herausschrauben (Bild unten). Elektrische Steckverbindungen an der Rückseite der Leuchteinheiten trennen. Stoßfänger am Steg nach vorn ziehen und Leuchteinheiten herausnehmen.

Schrauben (1) und (2) an der Leuchteinheit vorn (hier: links)..

4 Einbau: In umgekehrter Reihenfolge. Einstellung der Leuchteinheit vorn links (E1) und vorn rechts (E2) prüfen, ggf. richtig stellen (spätere Anleitung). Auf richtigen Sitz der elektrischen Steckverbindungen achten.

4a Einbau detailliert Fahrzeuge ab 2004: Stoßfänger vorn am Steg zwischen den beiden Scheinwerfern jeder Leuchteinheit nach vorn ziehen und Leuchteinheit(en) einsetzen. Elektrische Steckverbindungen an der Rückseite der Leuchteinheiten kontaktieren. Schrauben (2) und Schraube (1) hineinschrauben, Klebeband am Stoßfänger und am Vorderkotflügel entfernen, Stoßfänger vorn seitlich in den Halter einschieben, auf richtigen Sitz achten und anschrauben.
Elektrische Kupplung Trennstelle PTS vorn (Parktronic; X26/27) wieder verbinden, Klemmleiste zwischen Stoßfänger und Innenkotflügel einbauen und festschrauben.
Übergang zwischen Steg am Stoßfänger und Motorhaube mit der Einstellmutter einstellen. Der Steg und die geschlossene Motorhaube müssen am Übergang die gleiche Höhe haben.
Steg zwischen den Scheinwerfern der Leuchteinheiten ausrichten und mit der Schraube festschrauben.
Vorderes Teilstück am Innenkotflügel des Vorderkotflügels einbauen. Motorhaube schließen.
Einstellung der Leuchteinheiten und der Nebelleuchten prüfen, ggf. richtig stellen. Scheinwerfereinstellung prüfen und richtigstellen.

Lampen der Leuchteinheit wechseln

Arbeits-schritte

1 An der ausgebauten Leuchteinheit (E1/E2) ist der Lampenwechsel sehr einfach. Der Austausch von Glühlampen kann aber problemlos auch bei eingebauter Leuchteinheit erfolgen. Dazu die gesamte Beleuchtung ausschalten und die Motorhaube öffnen. Isolierende Sicherheitsschuhe, Schutzbrille und Schutzhandschuhe tragen. Leicht entzündliche Stoffe aus dem Gefahrenbereich entfernen. Für ausreichende Belüftung des Arbeitsbereiches sorgen. Unbedingt beachten: Hochspannung führende Teile nicht berühren! Personen mit elektronischen Implantaten wie Herzschrittmacher dürfen an Xenon-Scheinwerfern keine Arbeiten durchführen!

2 Falls Sie relativ häufig damit zu tun haben, dass die H7-Glühlampen in den Leuchteinheiten defekt sind, kann es an einer systembedingten Überspannung liegen. Das Bordnetz

der E-Klasse ist für 14 Volt ausgelegt, die Betriebsspannung kann daher auf 13,2 Volt geregelt sein. Das führt vor allem bei regelmäßigem Einsatz von Tagfahrlicht zum vorzeitigen Ausfall der H7-Glühlampe(n). Überprüfen Sie das: Die Spannungsanzeige kann über das Werkstattmenü im Kombi-Instrument (KI) abgerufen werden. Lassen Sie sich eventuell in der Werkstatt behilflich sein: KI 15R auf »EIN« und Multifunktionsdisplay in der Standard-Anzeige (Grundzustand).
Um das Werkstattmenü zu aktivieren, muss der Resetknopf am KI dreimal innerhalb von 1,5 s betätigt werden. Das Werkstattmenü wird verlassen, sobald die Zündung ausgeschaltet ist.

3 Falls die Betriebsspannung 13,2 Volt beträgt, muss die Spannung an den Glühlampen auf 12,8 Volt reduziert werden. Das ist seit Baudatum April 2003 über »Star Diagnosis« machbar. Sie werden die guten Dienste der Werkstatt brauchen: Nach Austausch der defekten H7-Glühlampe das Diagnose-System anschließen. Für das Steuergerät SAM Fahrerseite muss »Steuergeräteanpassung« angewählt werden. Dann über das Menü den Punkt »Codierung zurücksetzen« durchführen und eine Funktionsprüfung vornehmen.

4 **Lampenausbau Abblendlicht:** Zum Wechsel der Bi-Xenon-Lampe den Deckel (1) an der Leuchteinheit (E1, E2) nach links drehen und abnehmen (Bildleiste unten). Elektrische Steckverbindung (2) am Zündgerät Xenon-Scheinwerfer (E1n2, E2n2) trennen. Zündgerät nach links drehen und zusammen mit Abblendlicht links oder/und rechts (E1e2, E2e2) vorsichtig herausziehen. Die Abblendlichtlampe nur mit fettfreiem, weichem Tuch anfassen, um spätere Funktionsstörungen zu vermeiden.
Einbau sinngemäß umgekehrt. Beim Einsetzen der neuen Lampe wieder ein Tuch benutzen.
Änderung in 2006: Abblendlicht und Zündgerät Xenon-Scheinwerfer bilden ab Baudatum Juni 2006 eine Einheit und können nur wie beschrieben zusammen ersetzt werden. Bei den bis Mai 2006 gebauten Fahrzeugen gilt folgendes Vorgehen:
Zündgerät durch Verdrehen entriegeln und vorsichtig abnehmen, die Rastnasen können abbrechen. Die elektrische Steckverbindung wird automatisch getrennt. Abblendlicht aus der jeweiligen Leuchteinheit mit einem fettfreien, weichen Tuch herausnehmen.
Einbau: Abblendlicht in die Leuchteinheit einsetzen, Haltefedern verriegeln. Abblendlicht nicht mit bloßen Fingern am Glaskolben anfassen, sondern ein fettfreies, weiches Tuch verwenden. Auf korrekte Einbaulage (Kerbe) achten! Zündgerät Xenon-Scheinwerfer (E1n2, E2n2) an der jeweiligen Leuchteinheit ansetzen und durch Verdrehen verriegeln. Auch hier wieder die korrekte Einbaulage beachten! Elektrische Steckverbindung kontaktieren.

5 **Ausbau weitere Lampen:** Die jeweilige Glühlampe aus der Fassung herausnehmen und neue Lampe einsetzen. Lampen nicht mit bloßen Fingern anfassen, sondern ein öl- und fettfreies weiches Tuch verwenden, um Schäden der Lampe durch Überhitzung im Betrieb zu vermeiden.

6 Beim **Lampeneinbau** Lage der Entriegelungsnase an Sockel und Lampenbajonettring beachten. Befestigungsklammer andrücken, elektrischen Anschluss aufstecken. Die Gehäusedeckel aufsetzen und verclipsen. Auf richtigen und festen Sitz achten, um Eindringen von Feuchtigkeit auszuschließen.

Nebelleuchte im Stoßfänger aus-/einbauen, Glühlampe wechseln

Arbeitsschritte

1 **Ausbau:** Fahrzeug anheben. Beim Ausbau der Leuchte links die Vorderräder vollständig nach rechts, beim Ausbau der Leuchte rechts die Vorderräder vollständig nach links einschlagen. Die Nebelleuchten haben die Bauteilbezeichnung E5/1 (links) und E5/2 (rechts).

2 Spreizclips am Innenkotflügel ausbauen. Innenkotflügel mit Montagekeil (MB: 110589035900) so weit aus dem Radlauf herauslösen, bis Nebelleuchte von hinten zugänglich ist. Elektrische Steckverbindung unten an der Leuchte trennen.

3 ***Glühlampe:*** Die Glühlampe mit Fassung und Steckanschluss gegen den Uhrzeigersinn verdrehen und aus der

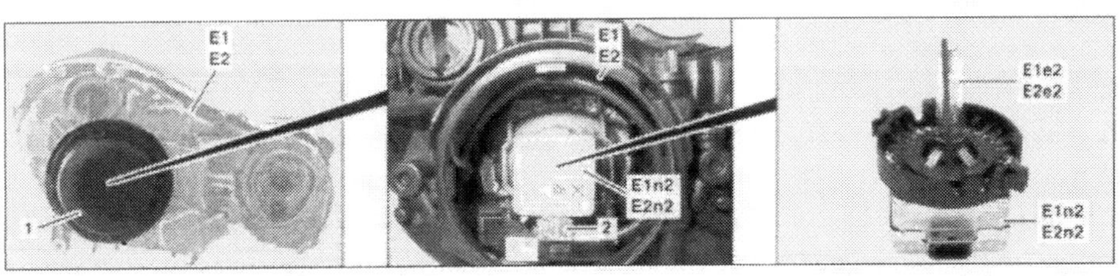

(E1/E2) Leuchteinheit vorn l/r, (E1n2/E2n2) Zündgerät l/r, (E1/e2/E2e2) Glühlampe für Abblendlicht l/r, (1) Deckel, (2) elektr. Steckverbindung.

Nebelleuchte herausziehen. Lampe wechseln. ***Leuchte:*** Die Halteschrauben (zwei oben und unten am äußeren, eine oben am inneren Scheinwerferrand) herausdrehen und die Nebelleuchte aus dem vorderen Stoßfänger herausnehmen.

4 Einbau in sinngemäß umgekehrter Reihenfolge. Dabei beschädigte Spreizclips am Innenkotflügel erneuern. Einstellung der Nebelleuchte links und/oder rechts kontrollieren und ggf korrigieren (Anleitung »Scheinwerfer einstellen«).

Anmerkung: An älteren Fahrzeugen der neuen E-Klasse kann es sein, dass im Nebelscheinwerfer die Kappe der Strahlenblende infolge Toleranzüberschreitung zwischen Rastung, Strahlenblende und Abdeckung nicht fest genug sitzt. Die Rastung der Kappe Strahlenblende ist dann zu gering. Inzwischen wurde die Haltekraft der Kappe aber ausreichend erhöht. Bei lockerer Kappe wie folgt am ausgebauten Nebelscheinwerfer reparieren:

- Halteklammern (1) entfernen. Streuscheibe (2) abnehmen.
- Rastnasen (3) für Kappe Strahlenblende (4) leicht nach außen biegen, aber nicht zu stark, weil sie brechen können!
- Kappe hörbar einrasten und bei Verschmutzung mit einem weichen Tuch den Reflektor reinigen.
- Streuscheibe wieder mit den drei Halteklammern (1) befestigen und Nebelscheinwerfer einbauen (Bild unten).

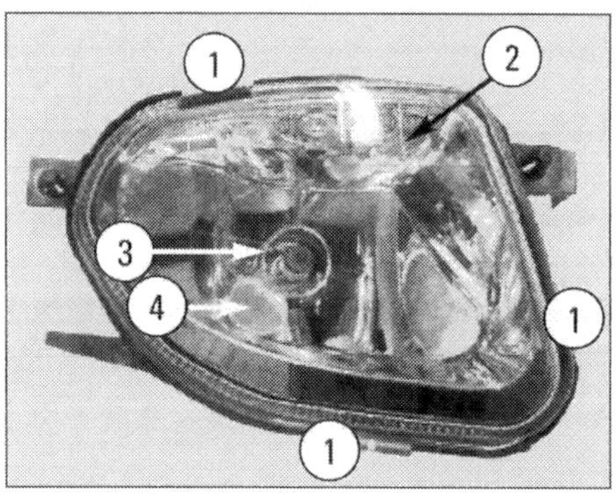

(1) Halteklammern, (2) Streuscheibe, (3) Rastnasen um die Glühlampe, (4) herabgefallene Kappe Strahlenblende.

Leuchtenscheiben beschlagen

Praxistipp

Das Beschlagen der Abdeckscheiben an den Haupt-, Zusatz- und Nebelscheinwerfern von innen stellt, wenn sich keine Schmutzrückstände bilden, keinen Schaden dar. Es kann erfolgen in warm-feuchter Umgebung nach Fahrt bei niedriger Temperatur; bei sehr schneller Abkühlung warmer Scheinwerfer; am stehenden Fahrzeug bei Wetterumschwung und durch kräftige Sonneneinstrahlung bei niedrigen Temperaturen nach Fahrt in warm-feuchtem Klima.

Scheinwerfer einstellen

Zur exakten Einstellung der Scheinwerfer benutzen Fachwerkstätten ein Scheinwerfer-Einstell-Prüfgerät (z. B. von Robert Bosch GmbH). Das Vorgehen mit diesem Gerät beschreiben wir in betreffenden Bänden unserer Buchreihe »Autoreparaturanleitung«. Hier empfehlen wir Ihnen besser, die knifflige Einstellarbeit der Werkstatt zu überlassen, die auch die genauen Sollwerte kennt.

Für Prüfung und Einstellung muss der Reifenfülldruck stimmen, sollen die Lichtaustrittsscheiben (Streuscheiben, Abdeckscheiben) weder beschädigt noch verschmutzt sein, dürfen keinerlei Schäden an Reflektoren und Glühlampen vorliegen und muss die richtige Fahrzeugbelastung hergestellt sein.

Richtig belastet bedeutet, dass der Tank zu mindestens 90% gefüllt ist, alle im normalen Fahrzeugbetrieb mitgeführten Ausrüstungsteile (»Tirefit«, Bordwerkzeug) an Bord und eine Person oder 75 kg Gewicht auf dem Fahrersitz platziert sind. Wenn der Tank nicht ausreichend gefüllt ist, Zusatzgewichte (Wasserkanister) in den Kofferraum: Bei ¼ Tankfüllung 15 kg, bei ½ Tankfüllung 10 kg, bei ¾ Tankfüllung 5 kg

Sie können die Scheinwerfer aber provisorisch prüfen und einstellen, wenn Sie z. B. am Wochenende eine Glühlampe oder einen kompletten Scheinwerfer ausgetauscht haben. Wir beschreiben im Folgenden diese provisorische Einstellung. Sie kann jedoch nur eine Notlösung sein. Lassen Sie den Scheinwerfer bei der nächsten Gelegenheit präzise einstellen. Zentralmarke für die Lichtbündelmitte und die genaue Hell-Dunkel-Grenze sind nur mit dem Gerät genau zu erfassen.

Haupt- und Nebelscheinwerfer (provisorisch) einstellen

Arbeitsschritte

1 Fahrzeug einer geeigneten Wandfläche gegenüber auf ebener Fläche abstellen. Der Abstand zwischen Fahrzeugfront und Wand muss exakt fünf Meter betragen.

Die Einstellung erfolgt bei Abblendlicht. Damit wird gleichzeitig der Fernscheinwerfer eingestellt. Das vorgeschriebene Neigungsmaß beträgt zehn Zentimeter auf zehn Meter Entfernung (Projektionsabstand).

2 Abstand zwischen Boden und Mittelpunkt der Scheinwerfer in den Leuchteinheiten messen. Maß an der Wand markieren, Punkte durch eine Linie (S 1) verbinden. Fünf Zentimeter darunter eine parallele Linie E anzeichnen: Neigung des Abblendlichts auf fünf Meter Entfernung (Bild unten).

3 Durch das Heckfenster nach vorn peilen, von einem Helfer in Fahrzeugmitte die senkrechte Linie M einzeichnen lassen. Abstand zwischen Fahrzeugmitte und Mittelpunkten der Scheinwerfer messen. Werte auf die Hilfslinie S1 (rechts und links vom Schnittpunkt der Linien M und S1) übertragen und mit einem Einstellkreuz (S2) markieren (Bild unten).

4 Fünf Zentimeter unter diesen Kreuzen werden die Abknickpunkte des Abblendlichts auf der Linie E justiert. Dazu die Scheinwerfer an den Einstellschrauben der Leuchteinheit seitlich und in der Höhe korrigieren: Zündung und Abblendlicht einschalten. Zur Höhenverstellung an der Schraube (1) links oben am linken, rechts oben am rechten Scheinwerfer so lange drehen, bis die waagerechte Hell-Dunkel-Grenze des Abblendlichtstrahls mit der Linie E übereinstimmt (Position in Fahrtrichtung).

5 Zur Seiteneinstellung die Schraube (2; liegt tiefer und mehr zur Fahrzeugmitte hin) so verdrehen, dass der Abknickpunkt im Abblend-Lichtbild genau auf das Einstellkreuz ausgerichtet ist Bild unten). Ein Streuanteil von 15 Prozent darf dabei über der Linie liegen.

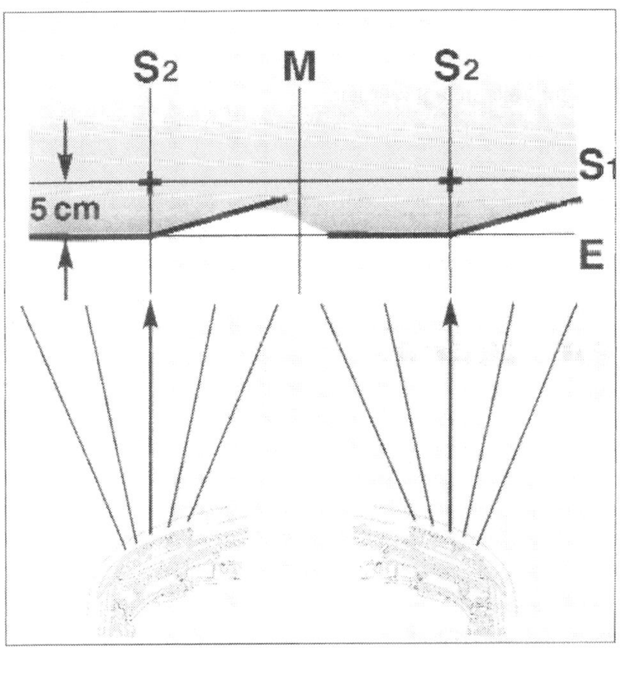

6 Bei der Einstellung auch prüfen, ob beide Scheinwerfer bei manueller Leuchtweitenregulierung gleichmäßig arbeiten: Beim Verstellen des Schalters müssen sich die Lichtbündel beider Scheinwerfer gleichmäßig verändern.

7 **Nebelscheinwerfer im Stoßfänger:** Das Neigungsmaß dieser Scheinwerfer (E5/1 und E5/2) beträgt 20 cm. Zum Verstellen der Leuchtweite die Einstellschraube am unteren Rand rechts beim linken und links beim rechten Scheinwerfer drehen. Seitenverstellung ist nicht vorgesehen.

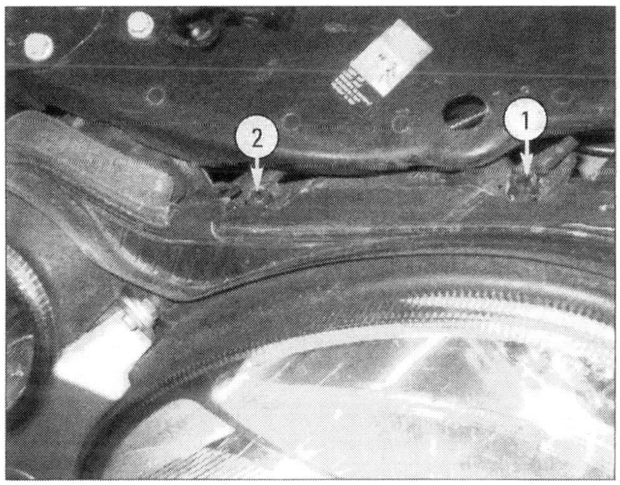

Scheinwerfer einstellen:
Linien an einer Wand vor dem Fahrzeug (Bild links).
Einstellschrauben (1) und (2) an der Leuchteinheit vorn. Hier die Situation links; rechts verhält es sich spiegelbildlich (Bild oben).

Scheinwerfer auf Linksverkehr umstellen

Arbeitsschritte

Bei Fahrten in Ländern mit Linksverkehr müssen die Scheinwerfer den Leuchtweite-Gesetzen entsprechend umgestellt werden. Die Umstellung erfolgt mechanisch. Durch Betätigen eines Hebels wird eine bewegliche Blende verschoben. Diese deckt dann den Teil des Lichtstrahls ab, der durch entsprechende Projektion für die Ausleuchtung des Fahrbahnrandes zuständig ist.

Der Hebel befindet sich neben der Glühlampe (Bild unten) und ist nach Entfernen der entsprechenden Abdeckung am Scheinwerfergehäuse zugänglich. Der Umstell-Effekt ist ist in den MB-Bildern (ganz unten) dargestellt.

Lage, Ausführung und Betätigung des Hebels sind vom Hersteller des Scheinwerfers und dem Typ abhängig. Auf jeden Fall sind beim Umstellen die Sicherheitsvorschriften beim Umgang mit den Hochspannungsbauteilen an Xenon- und Bi-Xenon-Scheinwerfern zu beachten!

Beim Typ E-Klasse/211 mit Xenon-Scheinwerfern erfolgt seit Fertigungsdatum 1. Juni 2006 die Umstellung der Scheinwerfer elektronisch mit Hilfe des Werkstattsystems Star Diagnosis. Nach der Umstellung muss mit einem Scheinwerfereinstellgerät die Einstellung geprüft werden (also: Werkstattangelegenheit oder Hilfe durch Fachwerkstatt).

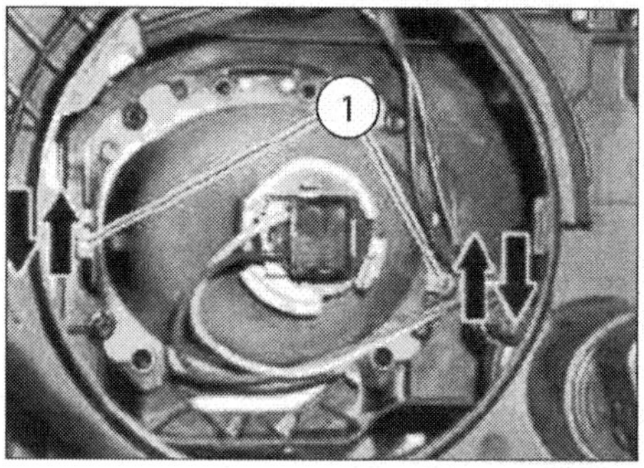

(1) Umstellhebel an der Rückseite der Leuchteinheit bei der E-Klasse. Es muss nur einer der beiden Hebel verstellt werden, der andere bewegt sich automatisch mit.

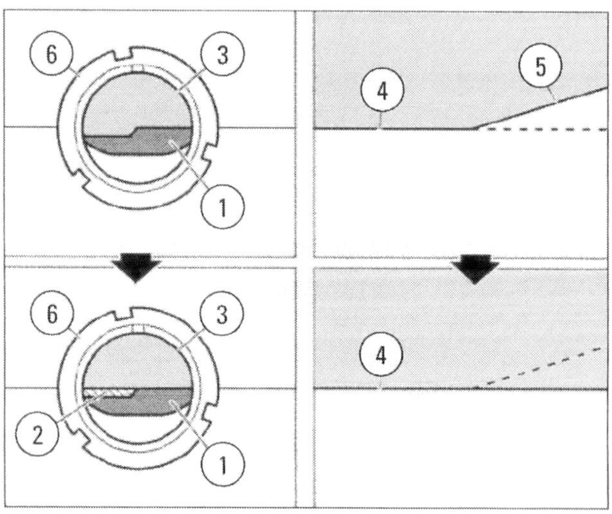

Scheinwerfer-Umstellung auf Linksverkehr:
(1) Blende Abblendlicht, (2) bewegliche Blende, (3) Lampenöffnung, (4) Hell-Dunkel-Grenze, (5) umgelenkter Lichtstrahl, (6) Reflektor (Außenseite).

Technik-lexikon

Leuchtweiten-regelung

Gesetzlich ist für die Fahrzeugscheinwerfer eine Leuchtweitenregelung vorgeschrieben, die verhindern soll, dass bei beladenem Fahrzeug der Gegenverkehr geblendet wird. Dafür befindet sich in jedem Scheinwerfer ein Stellmotor, der per Regler von Hand oder automatisch angesteuert wird. Bi-Xenon-Scheinwerfer haben dazu Steuergeräte und Niveaugeber.

Schlussleuchte und Lampenträger aus-/einbauen

Arbeitsschritte

1 Ausbau Leuchte: Verkleidung Heckmittelstück ausbauen (»Der Innenraum«). Die Spreizclips am Rahmen der Scharnierhebeldurchführung (Kofferraumklappe) ausbauen und den Rahmen abnehmen.

2 Linke oder rechte Verkleidung seitlich im Kofferraum so weit lösen, bis die Schlussleuchte links (E3) oder rechts (E4) zugänglich ist.

3 Bei Fahrzeugen mit fahrdynamischer Sitzregelung muss beim Ausbau der linken Schlussleuchte (E3) der Halter mit der Pneumatikpumpe (1) aus der Aufnahme herausgenommen und zur Seite gelegt werden.

4 Elektrische Steckverbindung (2) trennen. Muttern (3) herausschrauben und die Schlussleuchte abnehmen.

5 Einbau Leuchte in umgekehrter Reihenfolge.

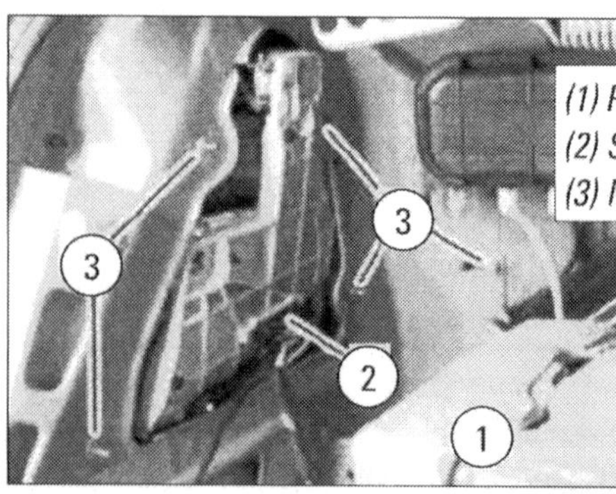

(1) Pneumatikpumpe, (2) Steckkontakt, (3) Muttern.

1 Ausbau Lampenträger: Dichtung (2) von der Schlussleuchte (1; im Beispiel Leuchte links, E3) abnehmen.

2 Schrauben (3) herausschrauben und Lampenträger (4) aus der Schlussleuchte (1) herausnehmen.

3 Elektrische Steckverbindungen (5) trennen und Lampenträger (4) abnehmen (Bilder unten).

4 Bei Bedarf können jetzt einzelne Lampen der Leuchte (Bremslicht, Schlusslicht, Blinklicht) gewechselt werden. Zur genauen Dimensionierung und zur Position der Lampen siehe die Betriebsanleitung für das konkrete Fahrzeug.

5 Einbau in umgekehrter Reihenfolge, Dichtung erneuern.

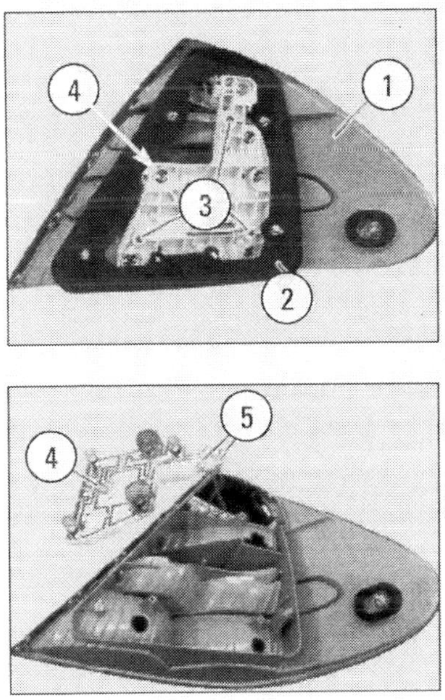

(1) Schlussleuchte, (2) Dichtung, (3) Schrauben, (4) Lampenträger, (5) Steckkontakte.

Kennzeichenleuchten aus-/einbauen

1 Ausbau: Verkleidung außen am Heckdeckel ausbauen (»Die Karosserie«). Kennzeichenleuchte links (E19/1) oder rechts (E19/2) an den Rasthaken ausclipsen und aus dem Heckdeckel herausziehen.

2 Elektrische Steckverbindung trennen und die Kennzeichenleuchte abnehmen.

3 Einbau in umgekehrter Reihenfolge.

Deckenleuchte im Fond aus-/einbauen

1 Ausbau: Bei Fahrzeugen ohne »Keyless Go« Zündung ausschalten und Senderschlüssel aus dem Steuergerät EZS abziehen. Bei Fahrzeugen mit »Keyless Go« (Code 889) Zündung ausschalten und Senderschlüssel aus der Senderreichweite des Fahrzeugs entfernen.

2 Innenraumleuchte hinten E15/3 (1) mit einem Montagekeil (MB: 110 589 03 59 00) aus der Dachverkleidung (2) ausbauen. Steckverbindung (4) trennen. Leuchte durch Abziehen der Zapfen (5) von den Rasthaken (3) abnehmen (Bilder unten).

3 Lampen nach Betriebsanleitung des konkreten Fahrzeugs wechseln. Flachbandleitung an (4) nicht beschädigen!

4 Einbau umgekehrt. Zapfen und Haken sicher verrasten!

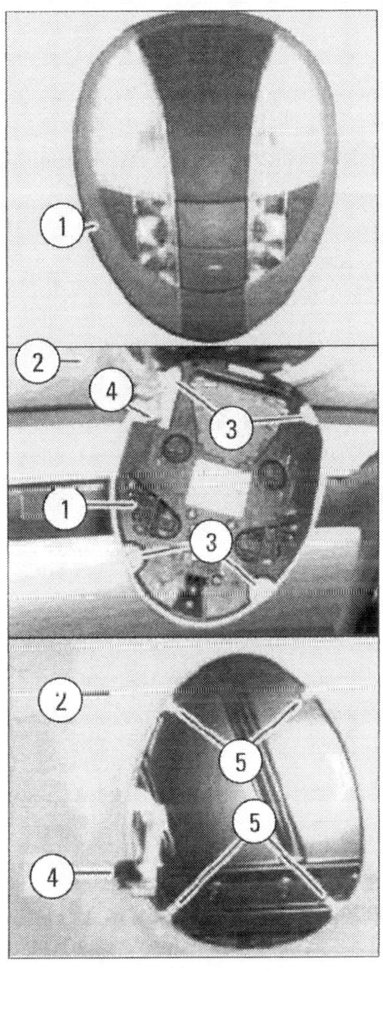

(1) Innenraumleuchte im Fond, (2) Dachverkleidung, (3) Rasthaken, (4) elektrische Steckverbindung, (5) Zapfen.

***Anmerkung:** Andere Leuchten und Lampen im Innenraum werden ähnlich behandelt und gewechselt. Zum Ausbau der vorderen Innenraum-Deckenleuchten vergl. »Dachbedieneinheit«, Seite 215.*

ELEKTRIK: SIGNALANLAGE UND SCHALTER

Bild rechts Schalter im Cockpit:
(1) elektr. Außenspiegelverstellung,
(2) Lichtdrehschalter, (3) Kombischalter,
(4) Funktionstasten links am Lenkrad,
(5) Druckplatte für Hupe/Fanfare/Signalhorn,
(6) Zündstartschalter, (7) Bedienfeld Klima,
(8) Bedienfeld Radio/Navigation,
(9) Tastenschalter Mittelkonsole mit Warnblinkschalter.
Bild unten Signalanlage:
(1) Doppelhorn/Fanfare.

Wartung

Reparatur

Die Signaleinrichtungen des Fahrzeugs sind ein wichtiges Instrument, um andere Verkehrsteilnehmer zuverlässig über die eigenen Fahrabsichten zu informieren. Wenn Sie die Fahrtrichtung ändern wollen, betätigen Sie den Blinker, beim Tritt aufs Bremspedal warnen die Bremslichter den Hintermann, bevor Sie außerhalb einer geschlossenen Ortschaft ein Fahrzeug überholen, betätigen Sie kurz die Lichthupe am Kombischalter. Wenn es einmal gar nicht anders geht, benutzen Sie das Signalhorn.
Jedes Kraftfahrzeug muss zum Abgeben von Warnzeichen mit einer Hupe versehen sein. Die Fahrzeuge der E-Klasse sind mit Fanfaren ausgestattet, die sowohl eine einzelne Hupe als auch ein Doppelhorn sein können. Sie befinden sich ganz vorn im Motorraum rechts bis Mitte vor dem Kühler.
Vorschrift für alle Fahrzeuge ist die Warnblinkanlage, damit im Notfall der haltende oder liegen gebliebene Wagen gesichert werden kann. Da die Warnblinkanlage auch bei ausgeschalteter Zündung arbeiten soll,

wird der Schalter direkt von Batterieplus versorgt. Die Richtungsblinker dagegen erhalten nur bei eingeschalteter Zündung Strom.
An den zwei Tastergruppen beiderseits der Druckplatte des Multifunktionslenkrads (4 im Bild Seite 208, Tastergruppe links S110), die die Aufnahme und Weiterleitung verschiedenster Befehle erlauben, sollte wegen des Airbag-Lenkrads nicht gearbeitet werden. Zu beachten ist ferner, dass bei der E-Klasse im Mai 2004 bestimmte konstruktive Veränderungen an der elektrischen Anlage und auch an Schaltern erfolgten. Dazu gehören vor allem der Kombischalter mit u. a. dem Tempomat-Tastschalter am Mantelrohrmodul und das Mantelrohrmodul (in der Lenksäule) selbst.
Zum Aushebeln von Schaltern aus Abdeckungen und Verkleidungen den Montagekeil 110589035900 benutzen, um Beschädigungen zu vermeiden!

Signaleinrichtungen überprüfen

Arbeitsschritte

1 Warnblinkanlage: Drücken Sie bei ausgeschalteter Zündung auf den Druckschalter der Warnblinkanlage (Symbol rot umrandetes Dreieck) in der Mittelkonsole. Alle vier Blinklampen und die Kontrollleuchte im Druckschalter sollten im gleichen Rhythmus aufleuchten.

2 Richtungsblinker: Zündung einschalten, Blinkerhebel des Kombischalters drücken. Die beiden Leuchten auf der jeweiligen Fahrzeugseite müssen im gleichen Rhythmus blinken, ebenso die Blinkerkontrolle im Kombi-Instrument.

Warnblink- und Blinkanlage

Störungsbeistand

Störung	Ursache	Abhilfe
A Kontrolllampe leuchtet in falschen Intervallen.	LED defekt oder ohne Kontakt.	Schalttafeleinsatz auswechseln.
B Blink- und Kontrollleuchte brennen dauernd oder gar nicht.	Fehler in Relais oder Steuergerät.	Überprüfen lassen.
C Richtungsblinken funktioniert, aber kein Warnblinken.	1 Kabel am Warnblinkerschalter unterbrochen.	Durchgang kontrollieren, reparieren.
	2 Sicherung, Warnblinkschalter defekt.	Auswechseln.
D Warnblinken funktioniert, aber kein Richtungsblinken.	1 Kabel vom Blinkerschalter unterbrochen.	Durchgang kontrollieren, reparieren.
	2 Sicherung oder Blinkerschalter defekt.	Auswechseln.

Hupe (Signalhorn, Fanfare)

Störungsbeistand

Störung	Ursache	Abhilfe
A Hupe tönt nicht.	1 Sicherung oder Hupe defekt.	Prüfen, ggf. ersetzen.
	2 Kabel vom Druckschalter im Lenkrad zur Hupe unterbrochen.	Kabelverlauf kontrollieren, Steckkontakte der Hupe blank kratzen.
	3 Fehler in Relais oder Steuergerät.	Prüfen, reparieren, ggf. ersetzen.
B Hupe tönt dauernd.	1 Hupenkontakt im Lenkrad defekt. Kabel vom Hupenkontakt zur Hupe hat Dauerstrom.	Kabel von der Hupe abziehen. Hupt es jetzt nicht mehr, Kontakt bzw. Kabel reparieren.
	2 Hupe hat inneren Masseschluss.	Hupe ersetzen. (Sofort Kabel abziehen)

3 Bremsleuchten: Bremspedal drücken und Helfer die Funktion der beiden Lampen in den Schlussleuchten überprüfen lassen. Muss man die Prüfung allein vornehmen, Fahrzeug mit dem Heck zu einer Wand stellen. Beim Druck aufs Pedal muss die Wand rot aufleuchten. Funktionieren beide Bremsleuchten nicht, kontrollieren Sie die Sicherung und den Bremslichtschalter.

4 Lichthupe: Wenn Sie bei eingeschalteter Zündung den Kombischalterhebel zum Lenkrad hin ziehen, müssen Fernlicht und Fernlichtkontrolle stets aufleuchten. Funktioniert die Lichthupe nicht, obwohl die Scheinwerfer bei eingeschalteter Beleuchtung brennen, sollten Sie zuerst prüfen, ob an den beiden roten Klemme-30-Kabeln Spannung anliegt. Ist dies der Fall, könnten Lichtumschalter oder Steuergerät defekt sein.

5 Signalhorn: Betätigen Sie die Druckplatte auf dem Lenkrad. Die Fanfaren (Doppelhorn) müssen ertönen.

Fanfaren aus-/einbauen

1 Ausbau: Motorhaube öffnen. Unten rechts vor dem Kühler (Bild unten) und im Innenkotflügel links (Bild rechts oben) sind die Signalhörner/Fanfaren H2/1 und H2 angeschraubt.

2 Schraube (2) herausschrauben. Steckverbindungen (3; verdeckt) trennen, Fanfare rechts (H2/1) abnehmen.

3 Vorderes Teilstück am Innenkotflügel des linken Vorderkotflügels ausbauen, Schraube (2) herausschrauben

(1) Horn rechts (H2/1) mit (2) Schraube, (3) Anschluss und Kabel (verdeckt), (4) Schallaustrittsöffnung.

3 Elektrische Steckverbindungen (3) trennen und Fanfare rechts (H2/1) abnehmen (1, Bild unten).

4 Einbau in umgekehrt.er Reihenfolge.

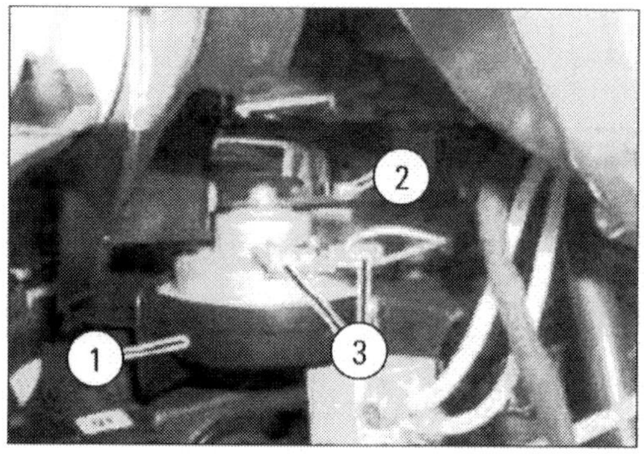

(1) Horn links (H2) mit (2) Schraube und (3) elektrischen Steckverbindungen.

Lichtdrehschalter aus-/einbauen

Fahrzeuge mit Bi-Xenon-Licht und damit automatischer Leuchtweitenregelung haben im Lichtdrehschalter-Modul

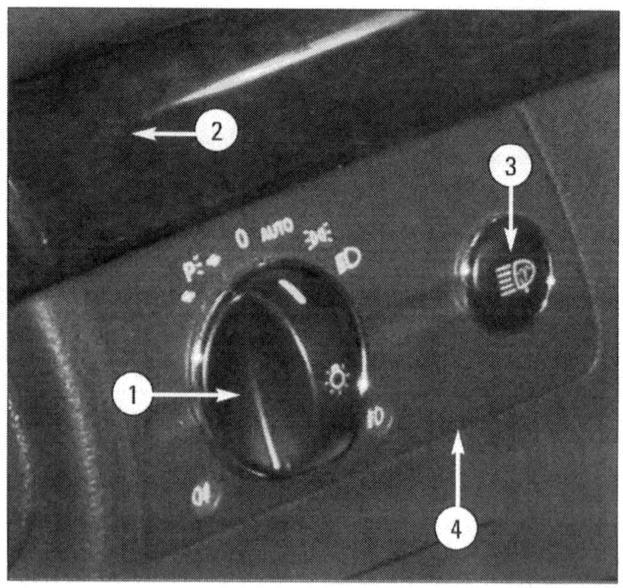

(1) Lichtdrehschalter mit Schraube unter der Zierleiste (2) und Druckschalter (3) für die SRA. (4) Ansatzkante für Montagekeil.

Bremslicht

Störungsbeistand

Störung	Ursache	Abhilfe
A Eine Bremsleuchte brennt nicht.	1 Glühlampe durchgebrannt.	Austauschen.
	2 Masseverbindung oder Zuleitung unterbrochen. Brennen alle übrigen Lampen in derselben Schlussleuchte?	Kabel kontrollieren.
B Beide bzw. alle drei Bremslichter brennen nicht.	1 Sicherung defekt.	Ersetzen.
	2 Bremslichtschalter oder Zuleitungskabel defekt.	Überprüfen, ggf. ersetzen.
C Bremslicht brennt dauernd.	Kabel zum Bremslichtschalter haben (evtl. im Schalter) direkten Kontakt.	Kabel kontrollieren.

anstelle des manuellen Leuchtweitenreglers (Rändelrad) den Schalter für die (zum Xenon-Licht gehörende) Scheinwerfer-ReinigungsAnlage SRA (3; Bild S. 210, rechts unten).

1 Ausbau: Zierstab (2) links an der Instrumententafel ausbauen und Schraube darunter herausschrauben.

2 Lichtdrehschalter S1 (1) mit einem Montagekeil (MB-werkzeug: 110 589 03 59 00) schräg nach rechts oben aus der Instrumententafel ausclipsen und aus der Tafel so weit herausziehen, bis die elektrische Steckverbindung problemlos zugänglich ist.

3 Elektrische Steckverbindung (2) trennen und Lichtdrehschalter S1 (1) abnehmen (Bild unten).

4 Einbau in umgekehrter Reihenfolge. Funktionskontrolle des Lichtdrehschalters durchführen.

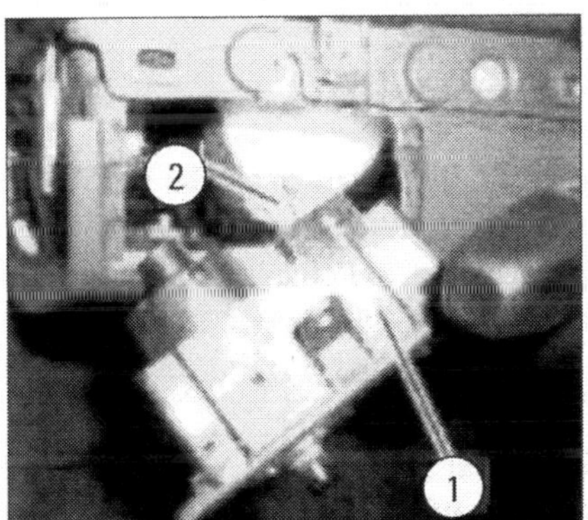

(1) Lichtdrehschalter mit SRA-Druckschalter im Modul, (2) elektrische Steckverbindung.

Parktronic-Sensoren aus-/einbauen

Arbeitsschritte

Die Sensoren für die Einparkhilfe Parktronic sind hinten und vorn prinzipiell gleich eingebaut. Unterschiede gibt es allerdings zwischen den bis 31. Mai 2006 und den ab 1. Juni 2006 gebauten Fahrzeugen.

1a Ausbau Fahrzeuge bis 5/06: Schutzleiste am Stoßfänger vorn/hinten ausbauen und die Verriegelungen an den Sensoren mit dem Entriegelungswerkzeug (MB-Spezialwerkzeug 168 589 02 31 00) entriegeln. Einzelnen Sensor oder alle sechs bzw. vier (Bauteilbezeichnungen A42b1, A42b2, A42b3, A42b4, A42b5 und A42b6 vorn; A43b7, A43b8, A43b9, A43b10 hinten) aus der Schutzleiste herausnehmen.

1b Ausbau Fahrzeuge ab 6/06: Stoßfänger vorn/hinten ausbauen. Elektrische Steckverbindung am einzelnen Sensor oder an allen Sensoren (A42b1, A42b2, A42b3, A42b4, A42b5 und A42b6 vorn - Bild unten; A43b7, A43b8, A43b9 oder A43b10 hinten) trennen. Sensoren von Hand aus dem Stoßfänger ausclipsen und abnehmen.

2 Einbau in umgekehrter Reihenfolge. Den Dichtring am Sensor erneuern.

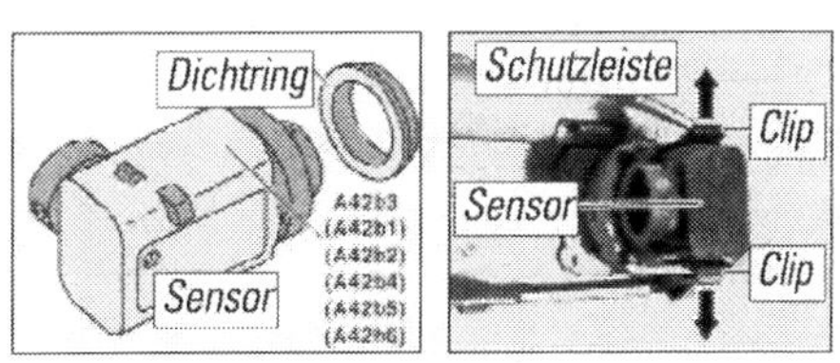

Parktronic-Sensor vorn.

ELEKTRIK: GERÄTE, KABEL, RELAIS, SICHERUNGEN

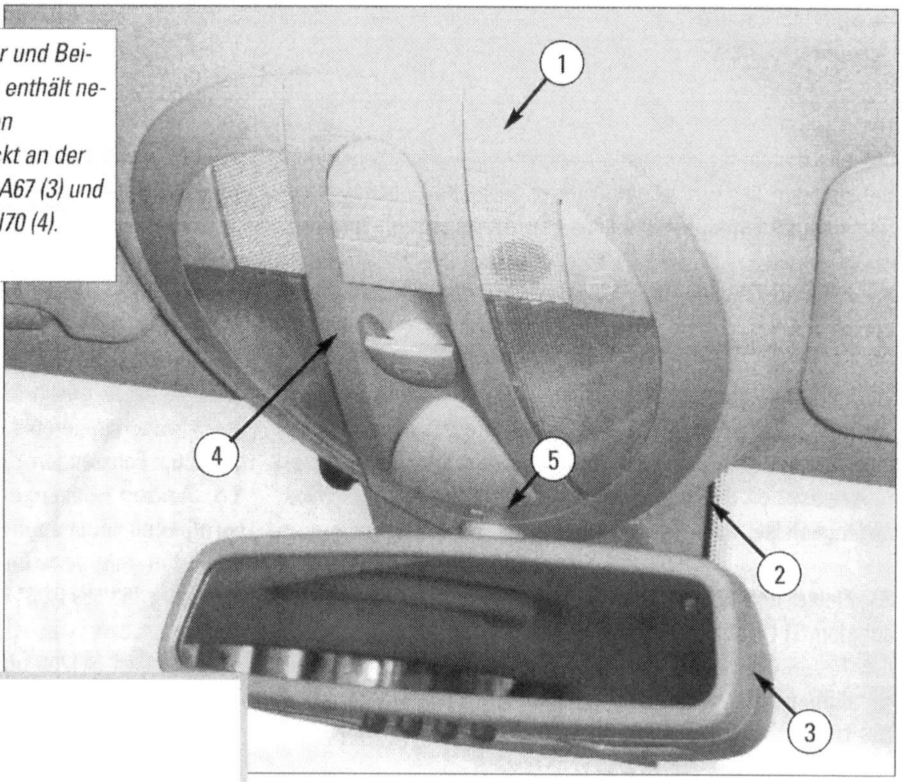

Weit mehr als Innenleuchte für Fahrer und Beifahrer: Die Dachbedieneinheit (1). Sie enthält neben den Leuchten links und rechts den Regen/Licht-Sensor (2; im Bild verdeckt an der Vorderseite), die Innenspiegeleinheit A67 (3) und das Steuergerät Dachbedieneinheit N70 (4). (5) Spiegelfußabdeckung.

Wartung

Reparatur

Steuergeräte und andere Elektronik im modernen Kraftfahrzeug werden in ihrer Funktion von Anzeigen überwacht. Darum müssen Sie sorgfältig alle Kontrollleuchten (LED) und das Zentraldisplay beachten. Nehmen Sie eventuelle Fehleranzeigen immer ernst: Leuchtet während der Fahrt plötzlich eine Kontrollleuchte auf oder/und ertönt ein Warnsignal, ist dies grundsätzlich ein Alarmzeichen.
Schon bevor Sie losfahren, sollten Sie einen Blick auf die Instrumententafel werfen. Die Anzahl der Anzeigen hängt von der jeweiligen Ausstattung ab, bestimmte Funktionen und Signale werden jedoch immer realisiert. Diese sollten Sie kontrollieren.

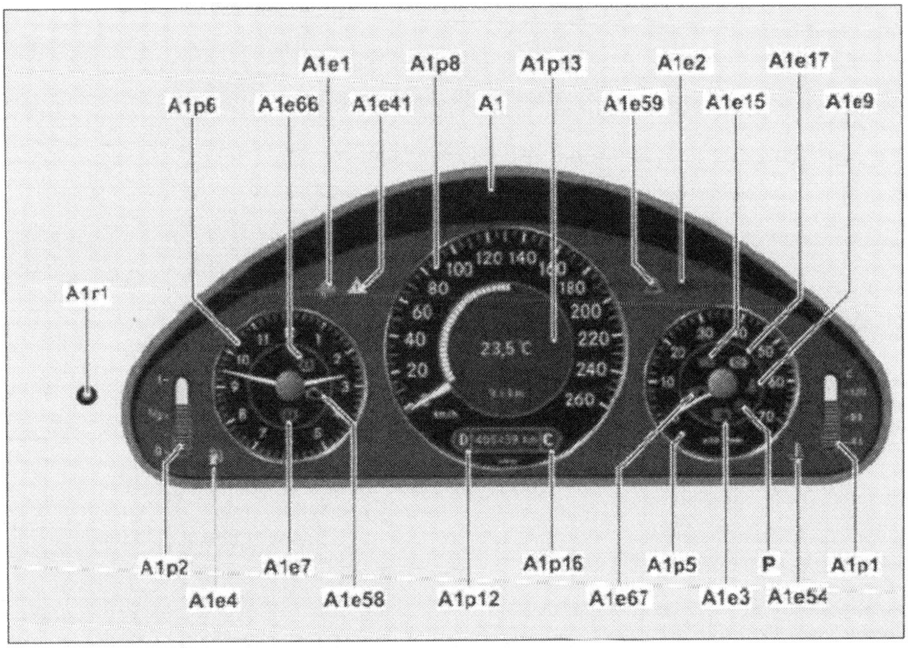

Funktionen des Kombi-Instruments (A1): (P) Fototransistor, (A1e1) KI Blinker links, (A1e2) KI Blinker rechts, (A1e3) KI Fernlicht, (A1e4) WI Kraftstoffreserve, (A1e7) WI Bremsflüssigkeit und Feststellbremse, (A1e9) WI Sicherheitsgurt, (A1e15) KI und WI Airbag, (A1e17) KI ABS, (A1e41) WI ESP und ABS, (A1e54) WI Kühlmitteltemperatur, (A1e58) KI Motordiagnose, (A1e59) WI DTR, (A1e66) WI Reifendruckkontrolle, (A1e67) KI Abblendlicht, (A1p1) Temperatur Kühlmittel, (A1p2) Kraftstoffvorrats- und Reserveanzeige, (A1p5) Drehzahlmesser, (A1p6) elektronische Uhr, (A1p8) elektronischer Tachometer, (A1p12) Ganganzeige, (A1p13) Multifunktionsanzeige, (A1p16) Fahrprogrammanzeige, (A1r1) Helligkeitsregler, Instrumentenbeleuchtung und Rückstellknopf.
KI = Kontrollleuchte, WI = Warnleuchte.

- Wenn Sie die Zündung einschalten, müssen auf jeden Fall Ladekontrolle und Öldruckwarnleuchte, die Kontrollleuchten für Kühlmittelmangel, Airbagsystem, Bremsanlage und Feststellbremse, für Wegfahrsperre und ABS leuchten.
- Betätigen Sie die Schalter für Warnblinker und Nebelschlussleuchte. Reagieren die Kontrolllampen?
- Brennen die Leuchten für Instrumente und Schalter sowie die Kontrollleuchte für Fernlicht?
- Leuchtet die Blinkerkontrolle? Funktioniert auch die Lichthupe einwandfrei?
- Funktioniert die Scheibenwisch-/-waschanlage?
- Starten Sie den Motor. Die Lade- und die Öldruckkontrollleuchte müssen verlöschen, dann auch die anderen leuchtenden Kontrollzeichen.
- Prüfen Sie während der Fahrt die Funktion des Tachometers und schließlich auch, ob die Uhr im Instrumenteneinsatz richtig geht.

Wenn Anzeigen nicht einwandfrei funktionieren, kann das meist mehrere Gründe haben. Brennt z. B. die Öldruck-Kontrolle nicht, können der Öldrucksensor oder -schalter, die Zuleitung, die Leiterfolie des Kombi-Instruments oder die Warnlampe defekt sein.

Bleibt die Tankanzeige aus, sind Anzeigeinstrument oder Tankgeber defekt oder die Stromzufuhr unterbrochen. Wenn die Kühlmittel-Warnleuchte nicht brennt, kann es am Temperaturgeber im Kühlmittelrohr hinter dem Zylinderkopf liegen.

Leuchten Kontroll- und Warnlampen permanent in gelb oder gar rot, muss jedenfalls die Werkstatt aufgesucht werden. Sie riskieren sonst schwere Schäden an Motor und Fahrzeug.

Das Kombi-Instrument enthält den Geschwindigkeits- und den Drehzahlmesser, die Anzeigen für Kraftstoffvorrat und für Kühlmitteltemperatur sowie die Kontrollleuchten. Reparieren oder zerlegen lässt sich an ihm nichts. Im Falle von Defekten muss man das Kombi-Instrument komplett austauschen. Wir geben daher später eine Anleitung zum Aus- und Einbau.

Elektrostatische Entladungen vermeiden

Beim Ausbau des Kombi-Instruments ebenso wie bei anderen Arbeiten an der Elektronik gilt es, elektrostatische Entladungen (»ElectroStatic Discharge« = ESD) nach Möglichkeit zu vermeiden. Solche Ladungen entstehen bei Trennung und Reibung zweier nichtleitender Materialien. Die intensivste derartige Ladung wird zumeist von Kunststoffen erzeugt.

Eine elektrostatische Entladung ist meist zumindest so stark, dass man einen kleinen elektrischen Schlag verspürt. Schon geringere Entladungen aber, die der Mensch gar nicht bemerkt, können elektronische Bauteile, empfindliche Steuergeräte, Radios, Telefone, Displays usw. nachhaltig schädigen. Oft zeigt sich eine solche Beschädigung erst nach einiger Zeit.

Arbeitsplatz nach ESD-Richtlinien

Risiken für Schäden ergeben sich bei Transport, Handhabung, Prüfung und Einbau von Teilen in der Produktion, aber auch bei Reparaturen. Daher sollen bei Arbeiten an empfindlicher Elektrik geeignete Kleidung aus Baumwolle und Schuhwerk mit leitfähigen Sohlen getragen werden. Der Arbeitsplatz soll den ESD-Richtlinien entsprechen (siehe auch »Praxistipp«):

- Ersatzteile sollen möglichst lange in der Originalverpackung bleiben und Versiegelungen nicht aufgerissen, sondern aufgeschnitten werden;
- ESD-Schutzverpackungen vor dem Auspacken am ESD-Arbeitsplatz entladen;
- ausgebaute elektronische Bauteile auf einem ESD-Arbeitsplatz ablegen;
- elektronische Bauteile nur am Gehäuse anfassen, nicht an den Pins oder an den Kontakten;
- elektronische Bauteile vor dem Kontaktieren zuerst einbauen, damit über die Karosserie ein Potenzialausgleich stattfinden kann.

Steuergeräte aus- und einbauen

In die hochkomplizierte Netz-Welt der diversen Steuergeräte an Bord können und wollen wir im Rahmen dieses Buches nicht ausführlich eindringen. Es kann hier allenfalls darum gehen, bei Erfordernis zu wissen, wo im Fahrzeug die wichtigsten Geräte zu finden sind und wie sie zum Austausch aus- und wieder eingebaut werden müssen.

Auf die Motorsteuergeräte für CDI und für die Benziner gehen wir an dieser Stelle nicht mehr ein. Ihr Aus- und Einbau wurde auf den Seiten 100 bis 104 im Kapitel »Einspritzung und Zündung« ausführlich beschrieben. Hier greifen wir einige andere der wichtigsten Geräte heraus, und zwar das Kombi-Instrument in der Schalttafel, die Dachbedieneinheit, das Bordnetz-Steuergerät und die komplexen Steuergeräte SAM mit Sicherungs- und Relaisbox.

Praxistipp

Schäden durch ESD vorbeugen!

ESD-Schutz ist nur wirksam, wenn die Sicherheitsvorschriften/Schutzmaßnahmen eingehalten werden:

- Regale und Arbeitstische müssen direkt auf dem Boden stehen, es dürfen keine isolierenden Materialien zwischen Regalfüßen/Tischbeinen und Fußboden vorhanden sein. Können die Isolatoren nicht entfernt werden, muss man Regale oder Tische erden. Das kann durch eine niederohmige elektrische Leitung von den metallenen Regalen und Tischen zu einem Heizungsrohr geschehen.
- Leitfähige Transportbehälter/Kisten nie isoliert (z. B. auf Holzpaletten) abstellen, da sonst kein Potenzialausgleich stattfinden kann.
- Kontakt mit elektrostatisch aufladbaren Materialien wie PE, PVC, Styropor etc. vermeiden und nur Originalverpackungen oder gekennzeichnete und definierte Verpackungs- und Transportmaterialien einsetzen.
- Ausgebaute Steuergeräte bzw. elektrische Bauteile dürfen niemals auf der Schutzfolie für Fahrzeugsitze abgelegt werden, da sich deren statische Aufladung überträgt. Die üblichen Schutzfolien für Sitz, Lenkrad und Fußraum laden sich sehr stark statisch auf. Es muss ein ESD-Service-Kit oder eine komplette angeschlossene ESD-Tischmatte verwendet werden.

- Informationen zu den Sicherheitsvorschriften und Schutzmaßnahmen sind der Broschüre
»Risikofaktor ESD - Elektrostatische Entladungen verstehen und vermeiden«
zu entnehmen. Diese Broschüre kann unter
Tel: +49 (0)711 17-83160
Fax: +49 (0)711 17-83451
E-Mail: service.informationen@daimlerchrysler.com
bestellt werden. Bestell-Nummer: **6516 1310 00**.

Kombi-Instrument aus- und einbauen

Arbeitsschritte

1 Ausbau: Lenkrad in die hinterste und unterste Stellung bringen. Wenn das Kombi-Instrument gewechselt werden soll: Zuerst Star Diagnosis anschließen und Grunddaten vom Kombi-Instrument (A1) zwischenspeichern.

2 Mit den Fingern in den Spalt (Pfeil) zwischen Blende (1) und Kombi-Instrument (A1) greifen und Blende leicht nach hinten ziehen, bis sie an den Rasthaken oben (2) ausrastet.

3 Blende von Hand an den Rasthaken unten (3) ausclipsen und nach hinten aus der Instrumententafel herausziehen. Das Ausclipsen der Blende muss bei Haken (2) und (3) gleichermaßen vorsichtig geschehen, damit die Rasthaken nicht abbrechen.

4 Schrauben (4) herausschrauben und Kombi-Instrument aus der Instrumententafel so weit herausziehen, bis die elektrische Steckverbindung (5) zugänglich ist. Steckverbindung trennen und Kombi-Instrument abnehmen. Bei Auswechseln des Gerätes: Als Elektronikschrott entsorgen.

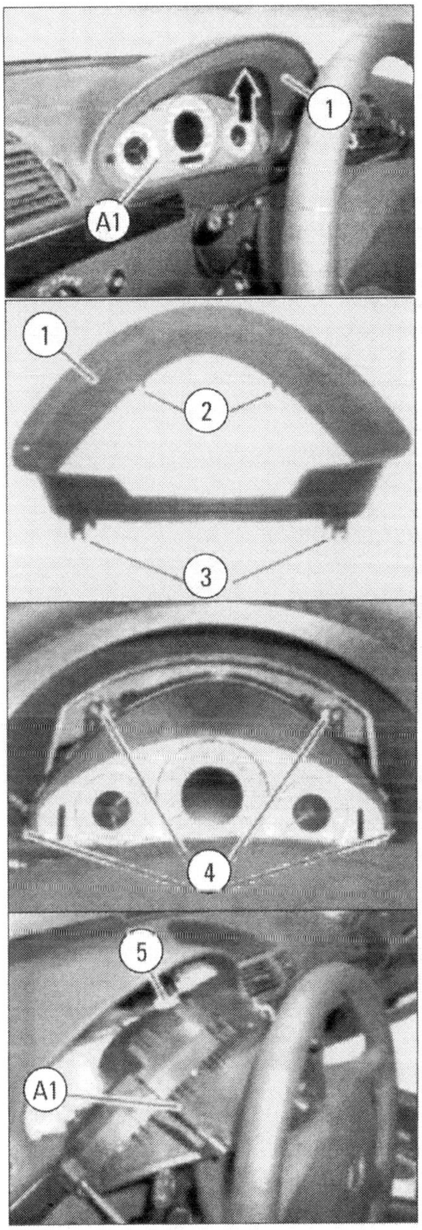

Ausbau des Kombi-Instruments: (A1) Kombi-Instrument, (1) Blende, (2) obere Rasthaken, (3) untere Rasthaken, (4) Schrauben, (5) elektrische Steckverbindung.

5 **Einbau** in umgekehrter Reihenfolge. Star Diagnosis anschließen, Fehlerspeicher auslesen und löschen.

Dachbedieneinheit aus-/einbauen

Arbeitsschritte

Fahrzeuge mit Panorama-Schiebedach sind mit dem so genannten Steuergerät Dachbedieneinheit Mitte (N70/2) ausgestattet. Dieses Gerät wird jedoch prinzipiell ähnlich wie das N70 aus- und eingebaut, für das wir im Folgenden den Arbeitsablauf beschreiben.

1 **Ausbau:** Wie üblich müssen beim Wechseln des Gerätes die Grunddaten vom Steuergerät Dachbedieneinheit (N70) mit Star Diagnosis zwischengespeichert werden.
Zündung ausschalten, Senderschlüssel aus dem Steuergerät EZS abziehen und im Falle von »Keyless Go« aus der Senderreichweite des Fahrzeugs entfernen.

2 Blende Regen-/Lichtsensor mit einem Montagekeil nach unten abdrücken und abnehmen. Spiegelfußabdeckung (5) vom Steuergerät Dachbedieneinheit N70 (1) ausclipsen. Innenspiegeleinheit A67 (7) durch seitliches Schwenken am

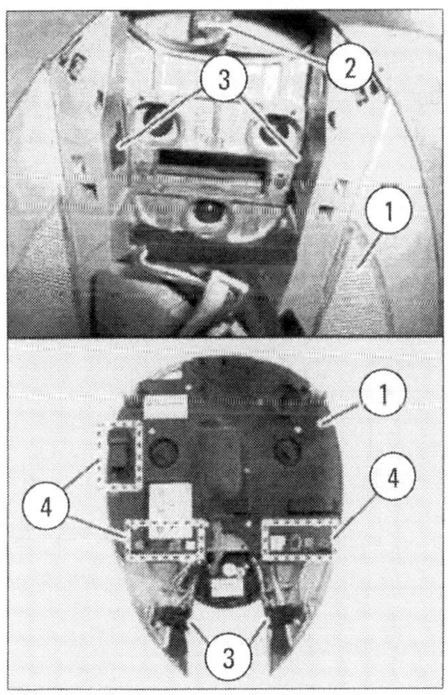

Ausbau der Dach-Bedieneinheit: (1) Dachbedieneinheit N70, (2) elektrische Steckverbindung, (3) Drucktasten, (4) elektrische Anschlüsse.

Spiegelfuß und gleichzeitiges nach unten Ziehen aus der Spiegelaufnahme lösen (diese und folgende Schritte am Bild S. 212 und den Bildern S. 215/216 orientieren). Spiegeleinheit am Leitungssatz hängen lassen.

3 Elektrische Steckverbindung (2) am Regen-/Lichtsensor trennen und Steuergerät Dachbedieneinheit N70 (1) durch Betätigen der Drucktasten (3) vorne entriegeln.

4 Steuergerät Dachbedieneinheit durch seitliches Abdrücken mit dem Montagekeil hinten entriegeln. Die Dachbedieneinheit so weit von der Dachverkleidung abnehmen, bis die elektrischen Steckverbindungen der Innenspiegeleinheit (7) und die elektrischen Anschlüsse (4) zugänglich sind.

5 Elektrische Steckverbindungen der Innenspiegeleinheit vom Steuergerät Dachbedieneinheit trennen und Innenspiegeleinheit abnehmen.

6 Elektrische Steckverbindungen an den elektrischen Anschlüssen (4) der Dachbedieneinheit abziehen und das Steuergerät N70 vorsichtig abnehmen, damit die Flachbandleitungen nicht beschädigt werden.
Anmerkung: Die Anzahl der elektrischen Steckverbindungen ist von der Fahrzeugausstattung abhängig.

7 **Einbau** in umgekehrter Reihenfolge. Federbolzen (6) mit einer Zange zusammendrücken (Pfeil) und Sicherung einrasten lassen. Auf richtige Verlegung des Leitungssatzes achten. Bei Fahrzeugen mit Schiebehebedach den Einklemmschutz normieren. Fehlerspeicher auslesen und ggf. löschen. Dazu ist wieder ein Werkstattsystem wie Star Diagnosis erforderlich.

8 Beim Erneuern der Dachbedieneinheit müssen die zwischengespeicherten Grunddaten auf das neue Steuergerät N70 übertragen werden.

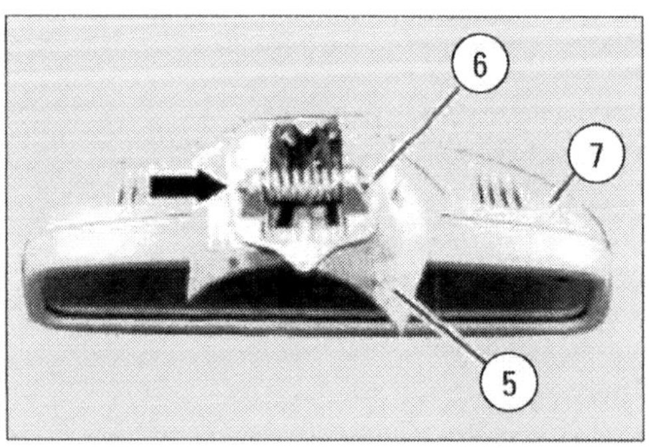

(5) Spiegelfußabdeckung, (6) Federbolzen, (7) Innenspiegeleinheit.

Steuergerät Bordnetz aus-/einbauen

1 **Ausbau:** Bodenabdeckung aus dem Kofferraum herausnehmen. Auch Abdeckung Reserverad oder Verkleidung der Reserveradmulde ausbauen. Gerät ist vorn links eingebaut.

2 Minuspol der Batterie G1 über geeignete Adapterleitung und Abgreifklemme mit Masse (Klemme 31) verbinden.

3 Masseleitung (1) am Bordnetzsteuergerät (2) abbauen. Schrauben, erst (4) und dann (3), herausschrauben.

4 Elektrische Steckverbindung (5) trennen und Steuergerät N82 (2) abnehmen.

5 **Einbau:** Steuergerät am Einbauort positionieren und zuerst mit Schraube (3), dann mit Schraube (4) festschrauben. Masseleitung (1) an das Bordnetz- oder Batteriesteuergerät N82 anbauen. Adapterleitung mit Abgreifklemmen entfernen, elektrische Steckverbindung (4) am Steuergerät kontaktieren. Abdeckungen einbauen, Boden einlegen.

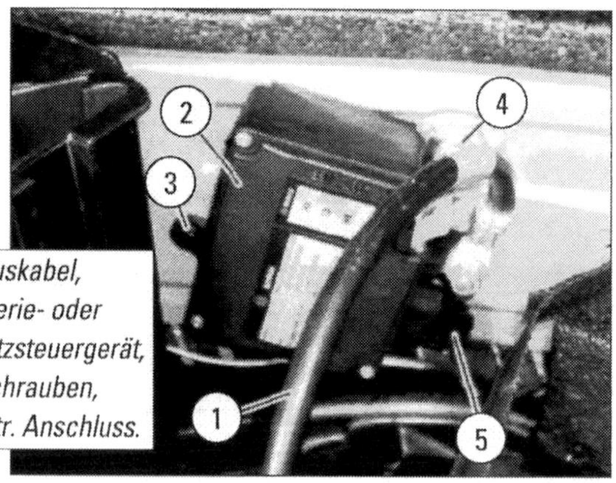

(1) Minuskabel, (2) Batterie- oder Bordnetzsteuergerät, (3, 4) Schrauben, (5) elektr. Anschluss.

SAM-Steuergeräte aus-/einbauen

Die »**S**ignalerfassungs- und **A**nsteuer**M**odule«, kurz SAM, sind an verschiedenen Stellen im Fahrzeug verbaut. Die wichtigsten sind das SAM mit Relais- und Sicherungsbox Fahrerseite

N10/1 (im Motorraum hinten links), das SAM Beifahrerseite N10/11 unter der Fußraumabdeckung und das SAM Fond mit Sicherungs- und Relaisbox N10/2 im Kofferraum links. Weitere Steuergeräte befinden sich hinten unter dem Schalthebel (N72 Unteres Bedienfeld) und in der Schalttafel Fahrerseite (N93 Zentrales Gateway ZGW). Aus- und Einbau sind prinzipiell immer ähnlich:

- Grunddaten mit Star Diagnosis vor Ausbau zwischenspeichern, beim Einbau übertragen.
- Masseleitung der Batterie beim Ausbau ab-, beim Einbau anklemmen. Dieser Arbeitsschritt kann bei neueren Fahrzeugen, etwa ab Mitte 2005, oft auch schon entfallen.
- Abdeckungen und Deckel entriegeln und abnehmen, beim Einbau wieder verrasten.
- Elektrische Steckverbindungen trennen/kontaktieren.
- Befestigungsschrauben herausdrehen/einschrauben.
- Module leicht ankippen und aus den Boxen herausnehmen, Leitungsanschlüsse trennen/Leitungen verbinden, Module einbauen. Die elektrischen Leitungen und Anschlüsse sind farb- und formcodiert, um Verwechslungen zu vermeiden.

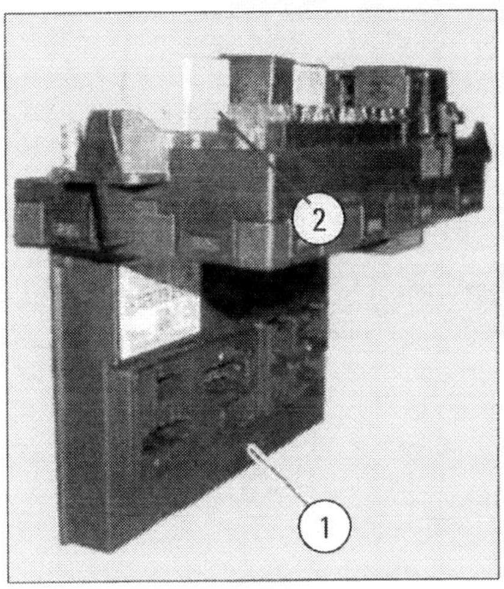

Beispiel für Steuergeräte: SAM mit Relais- und Sicherungsbox Fahrerseite. (1) Steuergerät SAM, (2) Relais und Sicherungen.

Relais-/Sicherungsboxen: Belegung. Ausbau innen

Arbeitsschritte

Im Fahrzeug gibt es Verbraucher, die einen hohen Strom aufnehmen. Diese werden nicht direkt durch Schalter, sondern durch **Schaltrelais** in Betrieb genommen. Wenn Sie einen Schalter betätigen, aktivieren Sie dadurch zunächst nur einen geringen Schaltstrom. Erst über das Schließen des Schaltstromkreises wird der Stromkreis für den Arbeitsstrom hergestellt.

Für den Schutz der elektrischen Systeme sorgen zahlreiche **Schmelzsicherungen**. Eine Sicherung als Teil eines Stromkreises tritt in Aktion, wenn bei einem Kurzschluss (defekter Verbraucher, beschädigtes Kabel) oder bei Anschluss zusätzlicher Verbraucher an einen bereits voll ausgelasteten Stromkreis der Strom plötzlich stark ansteigt. Das Sicherungs-Innere wird zerstört, der Stromfluss unterbrochen, eine Überlastung des Stromkreises verhindert.

Relais und Sicherungen der E-Klasse-Fahrzeuge sind auf den Kasten F1 im Motorraum hinten links neben dem Bremsflüssigkeitsbehälter, die Box im Kofferraum und die Box im Innenraum Fahrerseite verteilt. Ferner sind noch Vorsicherungsdosen hinten (u. a. 150- bzw. 200-A-Sicherungen für die Steuergeräte) und vorn (u. a. 100-, 150- und 200-A-Sicherungen für Zuheizer, Glühzeitendstufe und Sauglüfter) verbaut.

Wir geben im Folgenden die Relais- und Sicherungsbelegung (Sicherungen: wichtigste ausgewählt) in den drei Boxen an:

Relais in der Box im Fond

Relais	Belegung
A	Kraftstoffpumpe (N10/2kA) außer Motor 156.983 (E 63 AMG) Klemme 87, Fahrwerk (N10/1kK)
B Relais 2	Klemme 15R (N10/2kB)
C	Reserve 2 (N10/2kC)
D	Heckwischer (N10/2kD)
E	Heckscheibenheizung (N10/2kE)
F Relais 1	Klemme 15R (N10/2kF)
G	Tankdeckel Polwende 1 (N10/2kG)
H	Tankdeckel Polwende 2 (N10/2kH)

Relais in der Box Motorraum links

Relais	Belegung
I	Klemme 87, Motor (N10/1kI)
K	Klemme 87, Fahrwerk (N10/1kK)
L	Starter (N10/1kL)
M	frei
N	Klemme 15 (N10/1kN)
O	Fanfaren (N10/1kO)
P	Klemme 15R (N10/1kP)
R	Relais Luftpumpe (N10/1kR) außer Motor 156.983 (E 63 AMG) oder Lüfter Ölkühler (N10/1kR) nur Motor 156.983 (E 63 AMG)
S	Airmatic (K67) bei Luftfederung

Sicherungen der Box im Fond

Sicherung / Stärke	Abgesicherte Funktion
f1 / 30 A	Beifahrersitz-Verstellung
f2 / 30 A	Fahrersitzverstellung
f3 / 7,5 A	Reifendruckkontrolle
f4 / 20 A	Kraftstoffpumpe (außer AMG)
f7 / 15 A	Steuergerät Rückwandtür
f9 / 25 A	Steuergerät Dachbedieneinheit
f10 / 40 A	Heckscheiben-Beheizung
f12 / 15 A	Steckdose Laderaum
f13 / 15 A	Steckdose Innenraum
f15 / 10 A	Tankklappen-Verriegelung
f20 / 7,5 A	Relais Heckscheibenrollo

Sicherungen der Box Motorraum

Sicherung / Stärke	Abgesicherte Funktion
f21 / 30 A	Türsteuergerät hinten rechts
f22 / 30 A	Türsteuergerät vorn rechts
f25 / 25 A	Standheizung
f26 / 7,5 A	CD-Wechsler
f27 / 5 A	Relais Klemme 15
f28 / 15 A	Radio und Navigation
f29 / 7,5 A	Mantelrohrmodul / EZS-Gerät
f30 / 7,5 A	Prüfkupplung Diagnose
f32 / 30 A	Türsteuergerät hinten links
f33 / 30 A	Türsteuergerät vorn links
f42 / 7,5 A	Motorsteuergerät ME

Sicherungen der Box Innenraum

Sicherung / Stärke	Abgesicherte Funktion
f43 / 15 A	Steuergerät ME Motor 156 AMG
f44 / 15 A	Steuergerät CDI Motor 646 bzw. Steuergerät ME Motoren 271/2/3
f46 / 7,5 A	Automatisches Getriebe
f47 / 5 A	Steuergerät ESP
f48 / 7,5 A	Steuergerät Rückhaltesysteme
f51 / 5 A	Reserve
f52 / 7,5 A	Lichtdrehschalter und Kombi-Instrument
f53b / 15 A	Relais Fanfaren
f46 / 40 A	Wischermotor
f58 / 15 A	8 Zündspulen Motor 156
f65 / 20 A	Elektr. Lenkungsverriegelung
f66 / 7,5 A	Leuchteinheiten rechts/links
f67 / 5 A	Bremslichtschalter

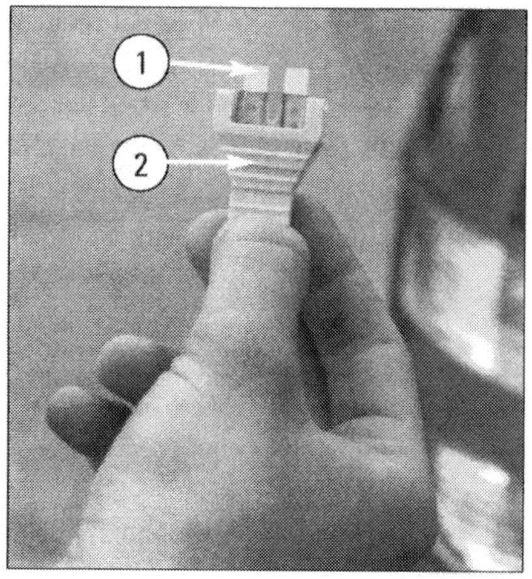

(1) Schmelzsicherung in ihrer üblichen Ausführung als Flach-Stecksicherung, (2) kleine Kunststoffzange in den Sicherungsboxen zum Herausziehen und Einstecken der Sicherung.

1 Ausbau der Sicherungsbox Innenraum: Masseleitung der Batterie abklemmen. Abdeckung (1) an der linken Seite der Instrumententafel (2) abclipsen (folgendes Bild).

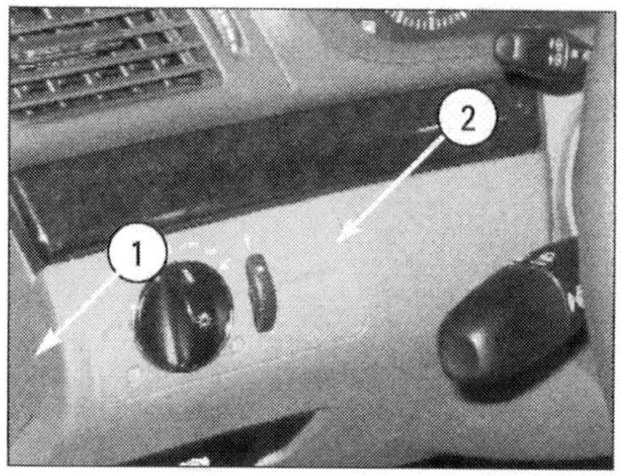

(1) Abdeckung der (2) Instrumententafel vorn links (Fahrerseite) im Innenraum.

2 Sicherungen (2; Bilder S. 219) ausbauen. Jeweiligen Einbauort der Sicherungen (s. a. Tabelle links) dem genauen Belegungsplan für das aktuelle Fahrzeug entnehmen.

3 Schrauben (3) herausschrauben. Dabei die Hinweise zum Bearbeiten von Magnesium-Bauteilen beachten, da der Querträger unter der Instrumententafel aus diesem Werkstoff hergestellt ist und Brand- und Explosionsgefahr bei der mechanischen Bearbeitung von Magnesium besteht. Zündquellen und offenes Licht fernhalten!

4 Sicherungsbox Innenraum F34 (1) vom Querträger unter der Instrumententafel abnehmen, bis Rückseite zugänglich ist.

5 Plusleitung (5) von der Sicherungsbox abbauen. Sicherungshalter (6) von der Sicherungsbox abclipsen. Dazu mit einem Schraubendreher (S) die Rasthaken (7) zurückdrücken. Die Anzahl der Sicherungshalter richtet sich nach der Ausstattung des jeweiligen Fahrzeugs. Steckkontakte (4) sowie den durch den Pfeil im zweiten Bild von oben gekennzeichneten Steckkontakt aus der Sicherungsbox ausbauen. Dann die Box abnehmen.

6 **Einbau** in umgekehrter Reihenfolge. Dabei die Einbauorte der Steckkontakte genau beachten, da bei falscher Belegung dieser Kontakte die Gefahr von Beschädigungen an der elektrischen Anlage besteht.

7 An allen Stellen die lektrischen Leitungen kreuzungsfrei verlegen. Unbedingt die Farbcodierung der Sicherungshalter beachten!

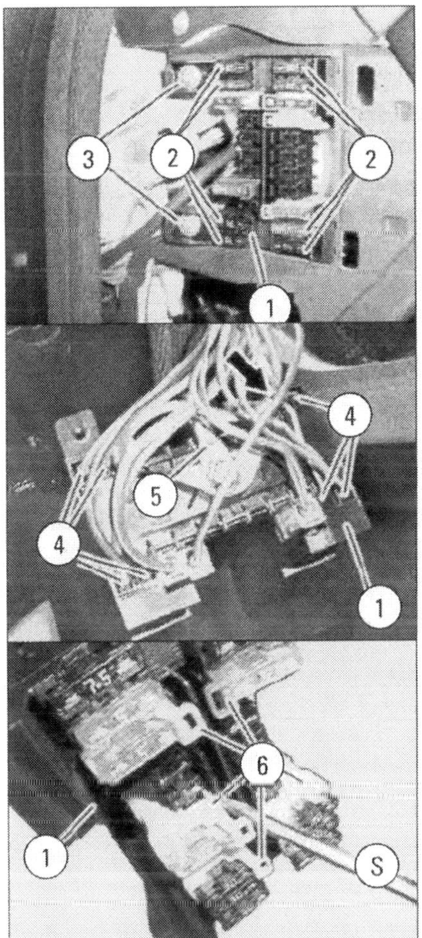

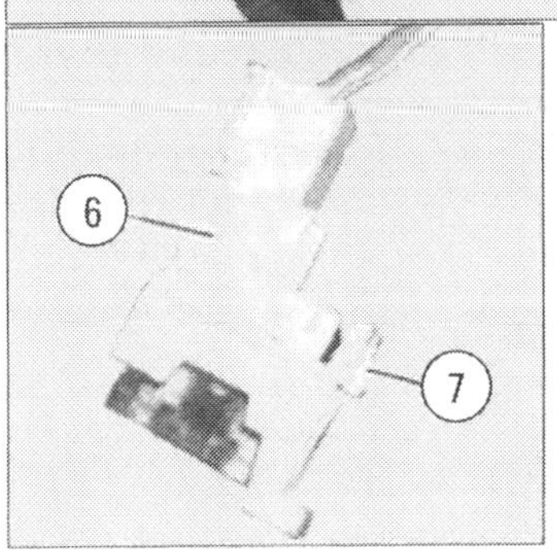

(1) Sicherungsbox F34, (2) Sicherungen, (3) Schrauben, (4) Steckkontakte. (5) Plusleitung, (6) Sicherungshalter, (7) Rasthaken. (S) Schraubendreher.

Kabel, Klemmen, Kupplungen und Schaltpläne

Die zahlreichen **Kabel** aus gebündelten Leitungen im Fahrzeug werden von uns nach dem DCAG-Sprachgebrauch auch »Leitungssätze« genannt. Sie sind sehr gut geordnet. Die Kabelfarben weisen den Weg, die Anschlüsse an Kontaktpunkten, Massestellen, Steckverbindungen, Relais und Sicherungen sind mit Buchstaben-Zahlen-Kombinationen gekennzeichnet.
Die Farben der Leitungen weisen auf jeweilige Funktionen hin. In den Schaltplänen werden die Leitungsfarben in Abkürzungen nach der englischen Farbbenennung angegeben. Es gibt herstellerinterne und allgemein genormte Farben. Für die wichtigsten Funktionen gelten folgende Festlegungen:

- Rot (red; RD). Erhält dauernd Strom vom Pluspol der Batterie bzw. bei laufendem Motor von der Lichtmaschine.
- Schwarz (black; BK). Erhält nur bei eingeschalteter Zündung Strom ab Zündschloss. Außer Zünd- und Einspritzanlage werden Stromverbraucher versorgt, die tatsächlich nur bei Betrieb des Wagens Strom erhalten sollen.
- Braun (brown; BN). Ist meist für direkte Masse-Verbindungen reserviert.
- Grau (grey; GY). Oft für die Stromkreise der Begrenzungs-, Schluss- und Kennzeichenleuchten und für das Standlicht verwendet.

Weitere Kabelfarben sind blau (blue; BU), gelb (yellow; YE), grün (green; GN), violott (violet; VT), orange (orange; OG) und weiß (white; WH), rosa (pink; PK) und naturfarben (transparent; TR).
Den Kabelfarben (eine Buchstabenkombination aus Grundfarbe und Kennfarbe) sind Ziffern vorangestellt, die angeben, welchen Querschnitt die Leitung in mm^2 hat. So bedeutet z. B. »1,5 YEBK« eine Leitung von 1,5 mm^2 Querschnitt mit gelber Grund- und schwarzer Kennfarbe .

Die Bezeichnung bestimmter **Klemmen** ist ebenfalls allgemein genormt. Einige wichtige Klemmen sind:

- Klemme 30 = Hier liegt immer die Batteriespannung an. Kabel meist rot oder rot mit Farbstreifen.
- Klemme 31 = Führt zu Masse, meist braune Kabel.

- Klemme 15 = Über das Zündschloss gespeist. Leitungen führen nur bei eingeschalteter Zündung Strom. Kabel oft grün oder grün mit Streifen.
- Klemme X = Speist alle größeren Stromaufnehmer, zum Beispiel das Fernlicht. Die Klemme führt bei eingeschalteter Zündung Strom.

Steckverbindungen

Steckverbindungen bestehen aus Kupplung und Stecker. Kontaktbuchse und Kontaktstift bilden das Kontaktpaar. Die Gruppierung der Stecker und Kupplungen erfolgt bei DaimlerChrysler analog der Kontaktgruppierung in Familien.
Dabei sind Ausführung und Form der Aufnahmekammer des Gehäuses ein prägnantes Unterscheidungsmerkmal. Innerhalb eines Gehäuses können auch verschiedene Kontaktfamilien verbaut sein, und innerhalb einer Stecker/Kupplungsfamilie können außerdem verschiedene Kodierungen (meist einzelne Großbuchstaben: A, B, C) auftreten.
Die Kontaktbuchsen und Kontaktstifte sind eindeutig den so genannten Familien zugeordnet. Die Kontakte unterscheiden sich u. a. durch ihre Beschichtung: Zinn, Gold, Silber. Die Kontakte werden durch Crimpen (mit jedem Typ zugeordneter Matrize per Crimpzange) aufgequetscht. Im Fahrzeuginnenbereich werden ab Werk vorwiegend Zinn-Zinn-Kombinationen der Kontakte verwendet. Im Außen- und Spritzwasserbereich werden Silber-Silber-Kontakte eingesetzt, und für Sicherheitssysteme wie Airbag setzt man Gold-Gold-Kontakte ein. Das ist wichtig zu wissen, weil für die Reparatur »gleichartige Kontaktpaarungen« vorgeschrieben sind.

Einbauorte für elektrische Leitungs- und Steckverbindungen

Wichtige Einbauorte für Steckverbindungen (X plus Kennzahl) sind, um einige Beispiele anzugeben:
- Cockpit: Mittelkonsole und Schalttafel Beifahrerseite;
- Innenraum links/rechts: Beide Türen vorn und im Fond, und Innenkotflügel vorn links und hinten rechts;
- Kofferraum links und rechts: Unter Abdeckungen;
- Motorraum links und rechts: Bis hinein in den Aggregateraum (siehe Beispiel im Bild rechts oben).

Ebenso festgelegt sind die Einbauorte der Masseverbindungen, der so genannten Massestellen »W« mit einer Kennzahl:
- Massestellen Cockpit,
- Massestellen Innenraum links,
- Massestellen Kofferraum rechts und
- Massestellen Motorraum rechts.

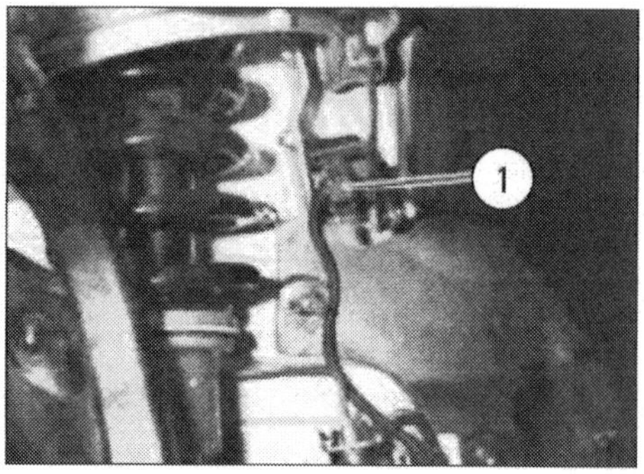

(1) Steckverbindung Vorderachs-Verteiler links, X62/7, im Aggregateraum.

Bei der Reparatur an Steckern und Kupplungen wird die Entnahme von Kontaktbuchsen und -stiften als »Auspinn-Vorgang« bezeichnet. Dazu ist ein Entriegelungswerkzeug erforderlich, das der jeweiligen Kontaktfamilie entspricht. Gelegentlich müssen zuvor die Gehäuse zerlegt und entsperrt werden.

Schalt- oder Stromlaufpläne

Die verwirrende Elektrik wird anschaulich durch die Stromlaufpläne. Bei ihrer Benutzung geht man am sinnvollsten so vor, dass man in der Legende zunächst das betreffende Bauteil sucht, um das es sich dreht. Die Bauteile haben Kennbuchstaben, die zur Konkretisierung mit Zahlen kombiniert werden (in unseren Arbeitsanleitungen wurden einige bereits genannt). In durchweg allen Stromlaufplänen werden für gleiche Bauteile die folgenden gleichen Teile-Bezeichnungen verwendet.
Die Schaltpläne füllen in gedruckter Form einen Ordner von beträchtlichem Umfang. Sie sind in einzelne Pakete gepackt, die den Fahrzeug-Funktionsgruppen PE von 00 bis 91 nach DaimlerChrysler-Konzept entsprechen. Die wichtigsten Gruppen sind:
- Funktionsübergreifende Schaltpläne (PE00.19)
- Schaltpläne Gemischaufbereitung (PE07.00)
- Schaltpläne elektrische Anlage, Motor (PE15.00)
- Schaltpläne Bremsen (PE42.00)
- Schaltpläne Lenkung (PE46.00)
- Schaltpläne elektrische Anlage, Ausrüstung und Instrumente (PE54.00)
- Schaltpläne Scheiben und Fenster (PE67.00)

- Schaltpläne Türen (PE72.00)
- Schaltpläne Schiebedach, Verdeck (PE77.00)
- Schaltpläne Zentralverriegelung, Komforthydraulik (PE80.00)
- Schaltpläne Elektrische Anlage, Aufbau (PE82.00)
- Schaltpläne Klimatisierung (PE83.00)
- Schaltpläne Anbauteile, Außenspiegel (PE88.00)
- Schaltpläne Sitze, Rückhaltesysteme (PE91.00)

Es gibt

- **Systemblockschaltbilder**

Alle zum System (z. B. ABS) gehörenden Steuergeräte werden als Block dargestellt. Bauteile und Signale, die system- oder funktionsbedingt auf die Steuergeräte wirken, werden mit Richtungspfeilen dargestellt.

- **Steuergerätepläne**

Steuergeräte werden komplett mit allen angeschlossenen Bauteilen dargestellt. Vorangestellt ist die Einspeisung der Steuergeräte (Beispiel Bilder unten).

Die Schaltpläne enthalten auch Verknüpfungen von möglichen Varianten und Funktionen. Verknüpfungen sind, als Varianten erkennbar, eingerahmt und mit einer Kurzbezeichnung/Abkürzung versehen. Bei Änderung werden die Varianten mit 1 und 2 bezeichnet.

Die Schaltplan-Nummer besteht aus sieben Gruppen von Buchstaben oder Zahlen: Informationsart (PE), Funktionsgruppe (z. B. 82), Funktionsuntergruppe (z. B. 20), Erstellerkennung (z. B. P), Ordnungs-Nummer (z. B. 2000-), Informationseinheit-Nummer (z. B. 99) und Gültigkeitsbuchstabe(n) (z. B. ABC).

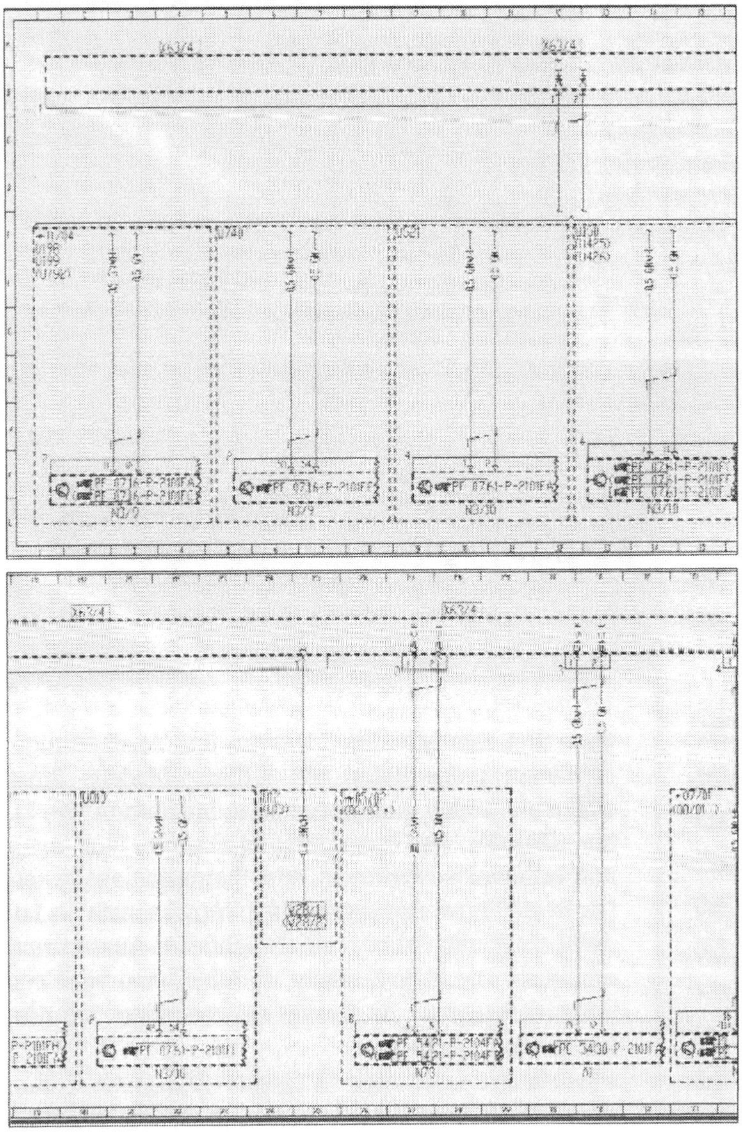

Beispiel für einen Schaltplan:
Diese ersten beiden Seiten des Stromlaufplans für den CAN-Bus Motor des Ottomotors 271.94x (E 200 Kompressor) zeigen die Struktur der Pläne. Oben das erste Blatt mit den Verbindungen zum ME-Steuergerät. Die Kennzeichnungen der Blöcke im unteren Bildteil verweisen auf die Schaltpläne für die Funktionsgruppen PE 07.xx, also die Gemischaufbereitung.
Die zweite Seite (Bild unten) komplettiert die Verbindung zum Steuergerät ME und beginnt mit den Leitungen zum Steuergerät Elektronischer Zündstartschalter/EZS. Dieses komplexe Gerät gehört zu PE 54.xx, der Funktionsgruppe Ausrüstung und Instrumente.

DER INNENRAUM

Die neue E-Klasse bietet Eleganz und Komfort: Zierteile aus braunem Wurzelnuss-Holz, Chromringe an den Cockpit-Instrumenten, Schalthebel in Leder-Holz-Ausführung, Lederlenkrad. Aber sie ist auch ein Raumwunder und überraschend in ihrer Variabilität.

Wartung

Reparatur

In drei eigenständigen Design- und Ausstattungs-Linien präsentieren die E-Klasse-Modelle ihren komfortablen und großzügigen Innenraum. Die Linie »Classic«: Der Innenraum ist mit dem Stoff Avignon wahlweise in Schwarz oder Sierragrau ausgestattet. Beide Farbvarianten sind auf Wunsch auch als Ledernachbildung Artico oder als Echtleder-Ausstattung erhältlich. Die Holz-Zierteile im Innenraum sind aus edlem Eukalyptus: Es erzeugt ein besonders warmes, angenehmes Ambiente.

Die E-Klasse-Limousine »Elegance« bringt zur Vollendung, was dieses Wort in sich trägt. Dafür sorgen im

Innenraum der Stoff »Orléans« in Schwarz oder Sierragrau, hochwertiges Wurzelnussholz und edle Chrom-Applikationen. Auch die Kombination Stoff/Ledernachbildung Artico, Echtleder-Ausstattung oder feinstes Leder-Nappa in Schwarz, Kaschmirbeige oder Sierragrau ist im Innenraum möglich. Das Lenkrad kann eine Leder-Holz-Ausführung und beheizt sein.
Stilsicher präsentiert sich auch der Innenraum der Line »Avantgarde«. Die Sitze im Dessin Biarritz sind mit einer Kombination aus Stoff und dem Artico-Leder bezogen, wieder in Schwarz oder Sierragrau. Das harmoniert perfekt mit der Vogelaugenahorn-Ausstattung. Echtleder und Nappaleder in edlen Farben sind wieder optional.

Entspannt fahren in »Multikontur«

Besonders entspannt fährt sich die E-Klasse dank ihrem hohen Sitzkomfort. Auf Wunsch sind für Fahrer und Beifahrer einfache oder »fahrdynamische« Multikontursitze erhältlich. Sie lassen sich den orthopädischen Anforderungen der Passagiere präzise anpassen. Sitzbelüftung und -heizung sowie individuelle Regulierbarkeit von Lehnen- und Sitzkontur sind dazu die perfekte Voraussetzung.
Mit dem optionalen Memory-Paket lassen sich bis zu drei individuelle Sitzeinstellungen für den Fahrersitz oder auch für beide Vordersitze sowie Lenksäule und Außenspiegel speichern. Per Tastendruck sind diese Einstellungen dann jederzeit abzurufen.

Elegantes Cockpit: (1) Chromränder, (2) Wurzelholz und Leder, (3) Material- und Farbkombination für Multikontursitz.

T-Modell mit Laderaummanagement

Ob Reisegepäck, Umzugskisten oder der alltägliche Einkauf: Im T-Modell bringen Sie vieles unter. Der glattflächige Laderaum und die niedrige Ladekante lassen das Ein- und Ausladen spielend erledigen. Besonders praktisch gibt sich das T-Modell mit dem optionalen Laderaummanagement Easy-Pack-System. Dessen verschiedene Komponenten erleichtern zusätzlich den Transport vieler kleiner und großer Gegenstände.
So befinden sich unter dem Laderaumboden zwei Staufächer, wovon das eine mit einer strapazierfähigen Wanne ausgestattet ist. Diese vordere und hintere Kammer unter dem Boden lassen sich separat öffnen. Die praktische Kunststoffwanne in der einen ist mit Fächern und rutschfester Beschichtung ausgestattet. Alternativ zum doppelten Laderaumboden ist ein elektrisch ein- und ausfahrbarer Easy-Pack-Laderaumboden erhältlich. Per Knopfdruck gleitet er bis zu 60 cm über die Ladekante des Fahrzeugs hinaus. Das ist besonders bei schweren Gegenständen eine starke Hilfe.

Effektive Rückhaltesysteme

Die E-Klasse war bei ihrer Weltpremiere im Frühjahr 2002 der neue Schrittmacher für Pkw-Sicherheit in der Oberklasse. Sie verfügt über adaptive Front-Airbags und Gurtkraftbegrenzer, die sich der jeweiligen Unfallschwere anpassen können. Überschlagsensor, serienmäßige Windowbags und eine intelligent konstruierte Karosseriestruktur bieten den Insassen auch bei schweren Kollisionen sehr guten Schutz.
Eine weitere sicherheitstechnische Besonderheit der neuen E-Klasse-Generation heißt »Neck-Pro«. Mercedes-Benz beschreibt damit eine neuartige Kopfstütze, deren Entwicklung ebenso wie »Pre-Safe« und andere Innovationen auf Analysen des realen Unfallgeschehens basiert.
Neck-Pro ist eine wirksame Maßnahme, um beim Heckaufprall das Risiko einer Verletzung der Halswirbelsäule zu verringern. Diese sensorgesteuerte, crashaktive Kopfstütze kann beim Heckaufprall aktiviert werden. Haben die Messfühler eine solche Kollision mit definierter Aufprallschwere erkannt, geben sie

vorgespannte Federn im Inneren der Kopfstützen frei, mit deren Hilfe die Polsterflächen der Stützen sekundenschnell um rund 40 Millimeter nach vorn und um 30 Millimeter nach oben geschoben werden (Bild unten). So können sie die Köpfe der Frontpassagiere frühzeitig abstützen und die aufprallbedingte Überbiegung der Halswirbelsäulen verhindern.

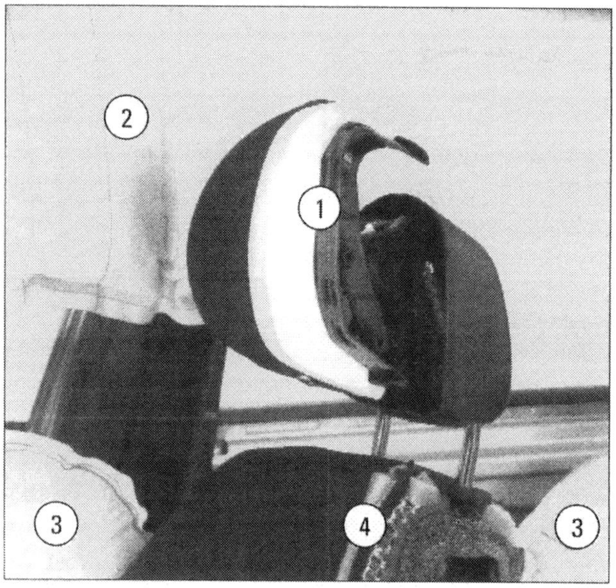

»Neck-Pro«-Kopfstützen werden im Notfall 40 mm nach vorn und 30 mm nach oben geschoben.
(1) herausbewegte Stütze im Querschnitt mit sichtbarer Polsterung, (2) Windowbag, (3) weitere Airbags, (4) Sitz im Schnitt.

Vier Klimazonen

Die E-Klasse steht nun einmal für Komfort vom Feinsten, wozu auch das Mikroklima im Innenraum gehört. Serienmäßig sorgt das Klimatisierungssystem Thermatic und auf Wunsch die hochgezüchtete Thermotronic für eine angenehme Atmosphäre im Wagen. Bei der in mehreren Zonen arbeitenden Thermotronic verarbeitet ein Rechner eine Vielzahl von Sensordaten wie z. B. die Intensität der Sonneneinstrahlung ins Fahrzeug. Ein Vier-Quadranten-Sonnensensor steuert die Luftmenge und die Lufttemperatur je nach Einfallswinkel der Sonne für jede der vier Raumzonen. Ein Multifunktionssensor überwacht dabei die Luftfeuchtigkeit und den Schadstoffgehalt der Außenluft. Registriert er ungünstige Verhältnisse, wird im Fahrzeug automatisch auf Umluftmodus umgestellt.

Arbeiten im Innenraum

Vor bestimmten Arbeiten im Innenraum müssen wir warnen: Hände weg! Das sind alle Reparaturen im Zusammenhang mit Komponenten der Sicherheitstechnik. Wenn es an Kenntnis und Erfahrung mangelt, sollten Sitze und Lenkrad der Airbags wegen tabu sein. Denn selbst in den Werkstätten darf nur speziell geschultes Personal daran tätig werden. Vermeiden Sie, bei der Reparatur verletzt zu werden und bei Unfall keinen ordnungsgemäß funktionierenden Insassenschutz zu haben!
Vor einer Verschrottung des Fahrzeugs etwa nach Unfall müssen die Airbageinheiten und Gurtstraffer nach festen Vorschriften entsorgt werden. Auf keinen Fall dürfen Sie diese Komponenten wie üblichen Abfall behandeln. Das gilt auch für gezündete Einheiten und Gurtstraffer, denn es ist möglich, dass beim crashbedingten Zündvorgang nicht alle pyrotechnischen Ladungen ausgelöst wurden.

Staubfilter, Ablagen, Verkleidungen

Lässt man während der Fahrt die Fenster geschlossen, wird man mit sauberer Frischluft versorgt: Die von vorn in die Ansaugung einströmende Luft muss einen Staub-/Pollenfilter (auch als »Kombifilter« bezeichnet) passieren. Die Sauberkeit dieses Filters ist von wesentlicher Bedeutung für gutes Klima im Wagen und auch dafür, dass die Scheiben nicht so schnell von innen beschlagen. Höheres Laufgeräusch und geringer Luftdurchsatz an den Düsen zeigen Probleme an, frische Luft anzusaugen. Laut DEKRA müssen die Filter jährlich oder alle 15.000 km gewechselt werden. Das ist eine wichtige Wartungsarbeit.
Alle Ablagen und Fächer, Blenden und Spiegel, Abdeckungen und Verkleidungen, Haltegriffe und Sitze lassen sich aus- und einbauen. Das kann schon nötig werden, weil Mechanik, Elektrik und Elektronik hinter Ablagen und Verkleidungen versteckt sind. Vorsicht

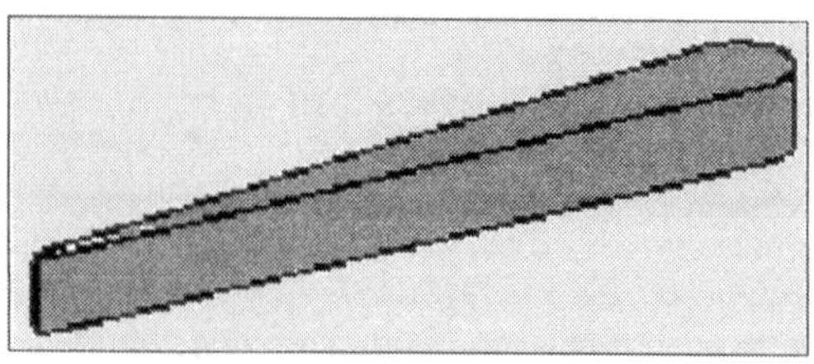

beim Umgang mit Kunststoff-Verkleidungen: Clipselemente können schnell beschädigt werden, Oberflächen sind oft kratzempfindlich. Arbeiten Sie beim Aushebeln mit einem Kunststoffkeil (siehe Bild)!
Alle Schraubverbindungen, Clips und elektrischen Steckverbindungen an oder unter Verkleidungen müssen in logischer Reihenfolge getrennt und wieder zusammengebracht werden. Wichtig ist es, beim Einbau den Sitz und den Zustand der Clips zu überprüfen. Wenn immer nötig: Ersetzen, sonst hält später die Verkleidung nicht. Nach dem Einbau muss der richtige Sitz der Dichtungen hergestellt werden. Wo der Umlenkbeschlag für Sicherheitsgurte abgeschraubt wurde, ist beim Wiedereinbau die Funktion der Gurthöhenverstellung zu prüfen.

Sicherheitsgurte prüfen

Arbeits-schritte

1 Das Gurtband der Sicherheitsgurte sollten Sie immer einmal auf Beschädigung prüfen. Es muss bei allen erkannten Schäden komplett mit Gurtschloss in der Werkstatt gegen ein neues Originalteil ausgetauscht werden.
Ziehen Sie zur Prüfung das Gurtband vollständig aus dem Aufrollautomaten oder der Beckengurt-Verstellzunge heraus. Prüfen Sie auf Verschmutzung (ggf. mit Seifenwasser auswaschen), gerissene Gewebeschlingen an der Gurtkante, Schnitte, Risse und Scheuerstellen oder auf Brandflecken etwa durch Zigaretten o. Ä.

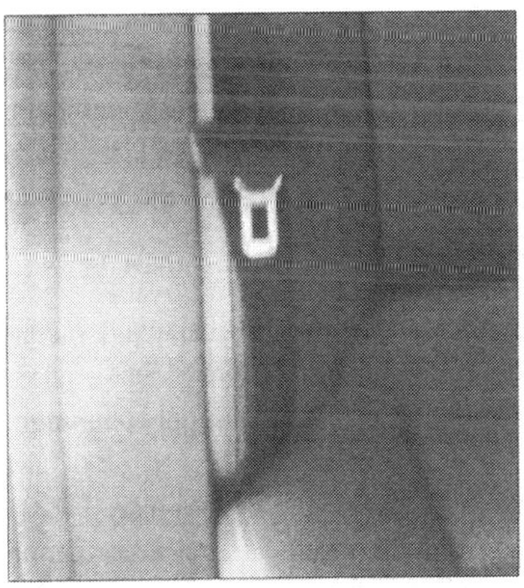

Sicherheitsgurte regelmäßig auf Zustand untersuchen!

2 Das Gurtschloss muss per Augenschein auf Rissbildung und Abplatzungen geprüft werden. Bei Beschädigung gegen neuen Originalgurt mit Schloss austauschen.
Schieben Sie die Schlosszunge in das Gurtschloss, bis es hörbar einrastet. Prüfen Sie durch kräftiges Ziehen am Gurtband, ob der Schließmechanismus eingerastet ist. Falls die Schlosszunge bei mindestens fünf Prüfvorgängen auch nur ein einziges Mal nicht verriegelt ist, muss der Gurt mit Schloss gegen ein Neuteil ausgetauscht werden.
Prüfen Sie in ähnlicher Weise die Entriegelung: Fingerdruck auf die Taste am Gurtschloss. Bei entspanntem Gurtband muss die Schlosszunge selbstständig aus dem Gurtschloss herausspringen. Ist das bei fünf Prüfungen auch nur ein einziges Mal nicht der Fall: Austauschen! Falls Sie Geräusche oder Schwergängigkeit der Tasten feststellen: Keinesfalls Schmiermittel einsetzen!

3 Der Aufrollautomat muss gründlich auf seine Sperrwirkung geprüft werden:
Die **erste** Sperrfunktion wird durch rasches Herausziehen des Gurtes aus dem Aufrollautomaten ausgelöst. Ziehen Sie mit kräftigem Ruck!

- Keine Sperrwirkung: Sicherheitsgurt komplett mit Schloss austauschen.
- Bei Störungen des Gurtaus- oder Gurtrückzuges sollten Sie zunächst prüfen, ob sich die Lage des Aufrollautomaten geändert hat.

Die **zweite** Sperrfunktion (fahrzeugabhängig) wird durch Änderung des Fahrzeugbewegungsablaufs ausgelöst. Beschleunigen Sie das Fahrzeug auf einer verkehrsfreien Fläche, wo

Gefahrenhinweis

Vorsicht mit Rückhaltesystemen!

Arbeiten an Airbags und Gurtstraffern

- Ziehen Sie vor den Arbeiten den Zündschlüssel und klemmen Sie die Masseleitung der Batterie ab. Warten Sie ca. 60 s den Rechnernachlauf ab.
- Airbag- oder Gurtstraffereinheiten, die aus einer Höhe von mehr als 50 cm gefallen sind, müssen unbedingt ersetzt werden.
- Lassen Sie nach den Arbeiten in einer Werkstatt den Fehlerspeicher auslesen (»Star Diagnosis«).
- Sie sind gesetzlich verpflichtet, zu entsorgende Altteile der sachgerechten Verschrottung zuzuführen. Lassen Sie sich dazu von Ihrem örtlichen Entsorger fachlich beraten.

Sie niemanden gefährden können, bis 20 km/h und nehmen Sie dann eine Vollbremsung mit der Betriebsbremse vor.

- Wird der Gurt beim Bremsvorgang nicht durch die Blockiereinrichtung gesperrt, so muss er komplett mit Schloss ausgetauscht werden.

4 **Befestigungsteile und Befestigungspunkte** überprüfen Sie auf die folgenden Beschädigungen:

- Ist die Schlosszunge verformt (gestreckt)?
- Ist der Höhenversteller ohne Funktion?
- Sind die Befestigungspunkte (Sitz, Säule, Fahrzeugboden) verzogen oder ist das Gewinde beschädigt?

Lassen Sie in allen Schadensfällen den Gurt austauschen oder ein neues Originalteil einbauen. Bei Beschädigungen, die nicht als Unfallfolge auftreten, sondern beispielsweise durch Verschleiß, ist nur das jeweils beschädigte Teil durch ein neues Originalteil zu ersetzen.

Staubfilter erneuern

Arbeitsschritte | W | 1 Jahr 30.000 km

1 **Ausbau:** Der Staub- bzw. Kombifilter (1) befindet sich hinter dem Wischwasserbehälter im Motorraum auf der Beifahrerseite. Kunststoffmutter (2) links (Fahrtrichtung!) neben dem Wischwasserbehälter abschrauben (Bild unten).

2 Schnappverschlüsse am Filtergehäuse (1) entriegeln. Gehäuse vorn nach oben schwenken und abnehmen.

(1) Staubfiltergehäuse mit Einsatz, (2) Kunststoffmutter an Haltelasche des Gehäuses.

3 Filter aus dem Gehäuse herausnehmen und entsorgen. Der Staub- bzw. Kombifilter darf nicht gereinigt, er muss erneuert werden.

4 **Einbau** sinngemäß in umgekehrter Reihenfolge.

Anmerkung: Zum Filteraus- und -einbau siehe auch das Kapitel »Die Fahrzeugreparatur«, Seiten 36/37.

Innenspiegel aus-/einbauen

Arbeitsschritte

Siehe dazu auch Aus-/Einbau der Dachbedieneinheit auf den Seiten 215/216 sowie das Übersichtsbild auf Seite 212.

1 **Ausbau:** Zündung ausschalten und Senderschlüssel aus dem Steuergerät EZS abziehen. Bei Fahrzeugen mit »Keyless Go« den Senderschlüssel aus der Senderrechweite des Fahrzeuges entfernen.

2 Blende Regen-/Lichtsensor mit Montagekeil nach unten abdrücken und abnehmen. Spiegelfußabdeckung vom Steuergerät Dachbedieneinheit ausclipsen. Innenspiegel am Fuß seitlich schwenken und gleichzeitig nach unten ziehen. Spiegel aus der Aufnahme lösen und am Leitungssatz hängen lassen. Elektrische Steckverbindung in unmittelbarer Nähe zur Frontscheibe am Regen-/Lichtsensor trennen.

3 Steuergerät Dachbedieneinheit durch Betätigen der beiden links und rechts in Richtung Fahrzeuginnenraum am Gehäuse angebrachten Drucktasten und durch seitliches Abdrücken mit einem Montagekeil hinten entriegeln.

4 Elektrische Steckverbindungen der Flachbandleitungen (seitlich links und rechts an der der Frontscheibe zugewandten Seite des Steuergerätes Dachbedieneinheit) vorsichtig trennen und Steuergerät am Leitungssatz hängen lassen. Bei Fahrzeugen mit Soundsystem die elektrische Steckverbindung in der Mitte des Steuergerätes trennen.

5 Elektrische Steckverbindungen des Innenspiegels (mittig an der der Frontscheibe zugewandten Seite des Steuergerätes Dachbedieneinheit) trennen und Innenspiegel abnehmen.

6 **Einbau** sinngemäß in umgekehrter Reihenfolge. Federbolzen an der Rückseite des Innenspiegels mit einer Zange zusammendrücken und Sicherung einrasten lassen. Auf richtige Verlegung des Leitungssatzes achten.

Radio aus-/einbauen

1 Ausbau: Wenn die Bedien-, Anzeige- und Steuereinheit Comand erneuert werden soll, müssen zuerst die Grunddaten zwischengespeichert werden, um sie nach Neueinbau zurück übertragen zu können (Star Diagnosis).

2 Aschergehäuse an der Mittelkonsole vorn ausbauen. Fahrzeuge mit CD-Wechsler: Lichtwellenleiterkupplung (Mitte) nach vorne aus der Halterung ausclipsen. Elektrische Steckverbindungen rechts und links aus der Halterung ausclipsen.

3 Beide Schrauben links und rechts unter dem Steuergerät Oberes Bedienfeld herausdrehen. Ablagefach Kinematik oder CD-Wechsler aus der Mittelkonsole herausziehen, bis die beiden Schrauben rechts und links unter dem Radio bzw. der Bedien-, Anzeige- und Steuereinheit Comand zugänglich sind. Die Schrauben gegen den Uhrzeigersinn bis zum Anschlag herausdrehen.

4 Radio bzw. Comand-Einheit aus der Mittelkonsole herausziehen, bis die Lichtwellenleiterkupplung und die elektrische Steckverbindung an der Rückseite zugänglich sind. Kupplung und Steckverbindung trennen und Radio bzw. Bedien-, Anzeige- und Steuereinheit Comand abnehmen.

5 Lichtwellenleiter vorsichtig mit einem sauberen Lappen abdecken. Der Lichtwellenleiter darf nicht geknickt, nicht über scharfe Kanten gelegt und nicht in kleineren Radien als 25 mm gebogen werden!

6 Einbau sinngemäß in umgekehrter Reihenfolge.

Luftdüsen Mitte, Seite und Fond aus-/einbauen

1 Ausbau der mittleren Luftdüsen: Lautsprecher in der und Zierstab rechts an der Instrumententafel ausbauen.

2 Schrauben links und rechts unter dem Steuer- und Bediengerät Klimaanlage (2 Schrauben) und links und rechts über der mittleren Luftdüse (2 Schrauben) herausdrehen.

3 Steuer- und Bediengerät Klimaanlage zusammen mit der mittleren Luftdüse von der Instrumententafel abnehmen bis die elektrischen Steckverbindungen zugänglich sind und elektrische Steckverbindungen trennen.

4 Schrauben (5 an der Vorderseite, 4 an der Rückseite des Steuer- und Bediengerät Klimaanlage) herausdrehen und das Gerät von der mittleren Luftdüse abnehmen. Bei Fahrzeugen mit Komfort-Klimatisierungsautomatik die Kupplung der Beleuchtung Luftdüse Mitte abziehen.

5 Ausbau der seitlichen Luftdüsen: Türabdichtrahmen im Bereich der seitlichen Abdeckung der Instrumententafel abziehen und die Abdeckung mit Montagekeil von der Instrumententafel abclipsen.

6 Zierstab an der Instrumententafel an der jeweiligen Seite ausbauen. Lüftungsgitter über der Luftdüse mit geeignetem Schraubendreher vorsichtig von der Luftdüse abclipsen.

7 Schrauben (jeweils eine unter der seitlichen Abdeckung der Instrumententafel, unter und über der Luftdüse auf der Fahrzeuginnenseite) herausdrehen.

8 Luftdüse von der Instrumententafel abnehmen, bis die elektrische Steckverbindung zugänglich ist. Elektrische Steckverbindung trennen und Luftdüse abnehmen.

9 Ausbau Luftdüsen im Fond: Deckel Ablagebox in der Mittelkonsole öffnen. Einleger aus der Ablagebox herausnehmen, Bodenplatte mit Ausziehhaken herausziehen und aus der Ablagebox herausnehmen.

10 Rückwand in der Ablagebox mit Schraubendreher ausclipsen und in der Box zur Seite legen. Schraube hinter der Rückwand herausdrehen.

11 Beifahrersitz in vorderste Stellung bringen. Ablagefach unter der Luftdüse mit Montagekeil von der Ablagebox abclipsen und mit angeschlossener elektrischer Leitung zur Seite legen.

12 Beide Schrauben unter Bediengerät Luftdüse oder Schaltergruppe Fond Bedienanlage herausdrehen und beide seitlichen Rasthaken mit einem geeignetem Schraubendreher durch das Lüftungsgitter der Luftdüse entriegeln. Luftdüse aus der Ablagebox herausziehen.

13 Beide Hebel an der Luftdüse vorsichtig abclipsen. Schrauben herausdrehen und das Bediengerät Luftdüse oder die Schaltergruppe »Fond Bedienanlage« aus der Luftdüse herausnehmen.

15 Einbau alle in umgekehrter Reihenfolge. Beim Einbau der Fonddüse muss die Bodenplatte der Ablagebox hörbar einrasten.

Gefahrenhinweis

Vorsicht mit Magnesiumteilen!

Magnesium verbindet sich in chemischer Reaktion sehr leicht mit Sauerstoff und verbrennt dabei extrem heiß. Magnesiumstaub ist sogar explosionsfähig. Das Metall umgibt sich mit einer dünnen Oxidschicht und ist so an der Luft beständig. Beachten Sie daher bei

Arbeiten an Bauteilen aus Magnesium:

- Zündquellen und offenes Licht fernhalten. Die Teile niemals mit offener Flamme bearbeiten.
- Bei strukturellen Beschädigungen sind die Teile komplett zu erneuern. Fehlbeschichtungen und korrosionsbefallene Stellen dürfen nicht ausgebessert werden. Keine großflächigen Reparaturen durchführen.
- Um Kontaktkorrosion an Verschraubungen zu vermeiden, sind Anlageflächen und Schraubenschäfte nach Demontagen mit Lack einzustreichen (keine Zinkstaubfarbe!). Oder: die Schrauben erneuern.
- Serienmäßige Buchsen und Scheiben aus Kunststoff nicht entfernen, beschädigte Teile erneuern.
- Beschädigte Gewinde in Magnesium-Druckguss dürfen wegen extrem starker Kontaktkorrosion nur mit den von MB freigegebenen Helicoil-Gewindeeinsätzen aus Aluminium instand gesetzt werden.

Instrumententafel Oberteil aus-/einbauen

Arbeitsschritte

1 Ausbau: Kombi-Instrument ausbauen. Erst links und dann rechts Verkleidung der A-Säule ausbauen, Abdeckung mit Montagekeil ausclipsen und Zierstab an der Instrumententafel ausbauen. Das Steuer- und Bediengerät Klimaanlage vorn ausbauen.

2 Sieben Schrauben (jeweils eine oben mittig unter den Abdeckungen, vier unter dem Zierstab rechts und eine unter dem Zierstab links) herausdrehen.

3 Drei Schrauben (jeweils eine oben an der A-Säule unter den Abdeckungen und eine mittig über dem Steuer- und Bediengerät Klimaanlage) herausdrehen. ***Achtung:*** Die Schrauben stecken im Querträger unter der Instrumententafel, der aus einer Magnesiumlegierung besteht (siehe Gefahrenhinweis Magnesiumteile).

4 Instrumententafel-Oberteil anheben und die elektrischen Steckverbindungen an den seitlichen Luftdüsen trennen.

5 Instrumententafel-Oberteil mit einem Helfer an der rechten Seite nach hinten vom Querträger unter der Instrumententafel abnehmen und an der A-Säule rechts vorbeiführen. Vorsichtig vorgehen wegen Bruchgefahr der elektrischen Steckverbindung an der Zündpille Windowbag vorn rechts. **Fahrzeuge mit Parktronic-System:** Instrumententafel-Oberteil nur so weit abnehmen, bis die elektrische Steckverbindung an der Warnanzeige Parktronic-System in der Mitte der Tafel zugänglich ist. Dann die Steckverbindung trennen, wozu ein Helfer das Instrumententafel-Oberteil halten muss.

6 Instrumententafel-Oberteil mit einem Helfer an der linken Seite nach hinten vom Querträger unter der Instrumententafel abnehmen und vorsichtig an der A-Säule links vorbeiführen. Vorsicht: Auch hier wieder Bruchgefahr der Steckverbindung an der Zündpille Windowbag (vorn links).

7 Einbau sinngemäß in umgekehrter Reihenfolge.

Aus-/Einbauten an der Instrumententafel

Arbeitsschritte

1 Ausbau Zierstäbe: Den Zierstab links mit Montagekeil aus den beiden Steckklammern in der Instrumententafel ausclipsen.

2 Der Zierstab rechts ist in vier Langlöchern in der Instrumententafel zwischen der seitlichen Luftdüse und dem Steuer- und Bediengerät Klimaanlage fixiert. Zum Ausbau den Stab über dem Steuergerät elektronischer Zündstartschalter am Gewindestift mit Montagekeil aus der Steckklammer ausclipsen. Zierstab nach rechts schieben und von der Instrumententafel abnehmen.

3 Einbau sinngemäß in umgekehrter Reihenfolge. Defekte Steckklammern müssen erneuert werden.

4 Ausbau Lautsprecher: Abdeckung für Lautsprecher ausbauen: Bei Fahrzeugen bis Mai 2004 die seitlichen Haltelaschen im ersten Rillenzwischenraum mit Schraubendreher nach unten entriegeln und Abdeckung nach hinten aus der Instrumententafel herausziehen. Bei Fahrzeugen ab Juni 2004 die Abdeckung schrittweise mit einem Langkeil vorsichtig aus der Instrumententafel ausclipsen. Dabei den Langkeil an den im Bild unten markierten Bereichen ansetzen. Abdeckung vorn anheben und von der Instrumententafel abnehmen.

5 Beide Schrauben seitlich unter dem Lautsprecher herausdrehen. Lautsprecher aus der Instrumententafel herausnehmen, bis die elektrische Steckverbindung zugänglich ist. Steckverbindung trennen und Lautsprecher abnehmen.

6 Einbau sinngemäß in umgekehrter Reihenfolge.

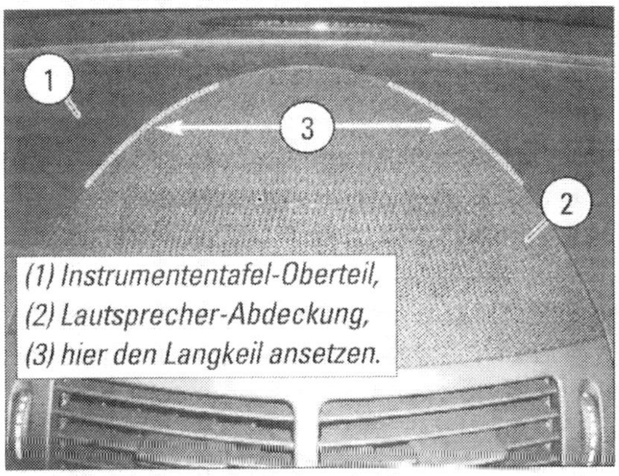

(1) Instrumententafel-Oberteil, (2) Lautsprecher-Abdeckung, (3) hier den Langkeil ansetzen.

7 Ausbau Schubfach: Verkleidung der A-Säule rechts ausbauen, seitliche Abdeckung der Instrumententafel rechts mit Montagekeil ausclipsen und Zierstab rechts an der Tafel ausbauen, Lautsprecher in der Instrumententafel und Steuer- und Bediengerät Klimaanlage ausbauen und mit angeschlossener elektrischer Leitung zur Seite legen.

8 Fünf Schrauben (eine oben mittig unter der seitlichen Abdeckung rechts, vier unter dem Zierstab rechts) herausdrehen.

9 Zwei Schrauben (eine oben an der A-Säule unter der seitlichen Abdeckung und eine mittig über dem Steuer- und Bediengerät Klimaanlage) herausdrehen. Achtung: Querträger aus Magnesiumlegierung!

10 Schublade öffnen, den Rasthaken seitlich links mittig mit geeignetem Schraubendreher anheben und Schublade aus Schubfach herausziehen.

11 Rasthaken seitlich links vorn am Schubfach mit geeignetem Schraubendreher entriegeln und Schubfach leicht nach hinten ziehen. Beide Rasthaken seitlich rechts vorn unten und oben am Schubfach mit geeignetem Schraubendreher entriegeln und Schubfach leicht nach hinten ziehen.

12 Instrumententafel-Oberteil leicht anheben und Schubfach herausziehen.

13 Beim Erneuern des Schubfaches: Rasthaken mit geeignetem Schraubendreher entriegeln und Abdeckung von der Schublade abnehmen.

14 Einbau sinngemäß in umgekehrter Reihenfolge. Vor Einbau des Schubfachs die Schublade ins Fach einbauen. Die seitlichen Rasthaken müssen hörbar einrasten.

Abdeckung unter Instrumententafel aus-/einbauen

1 Ausbau Vordersitze vollständig nach hinten schieben.

2 Rechte Seite: Schraube unter dem Hebel Motorhaubenentriegelung herausdrehen, Clip aus der Abdeckung ausclipsen, Hebel aus der Abdeckung ziehen, Entriegelungszug aushängen und Hebel Motorhaubenentriegelung abnehmen. Drei Schrauben (jeweils eine oben links und rechts neben dem Hebel, eine oben rechts außen an der Abdeckung) herausdrehen. Abdeckung nach unten klappen.

3 Elektronik-Bauteile von links nach rechts trennen: Verriegelung an der Prüfkupplung Diagnose in Richtung Motorraum schieben und Kupplung aus der Abdeckung herausnehmen; Steckverbindung am Steuergerät Zentrales Gateway trennen; Steckverbindung an der Fußraumleuchte vorn links trennen.

4 Abdeckung aus dem Fußraum herausnehmen.

5 Linke (Fahrer-)Seite: Fahrzeuginnenbeleuchtung ausschalten. Beide Schrauben an der Abdeckung hinten herausdrehen. Abdeckung nach unten klappen und Steckverbindung trennen.

6 Abdeckung nach hinten aus Fußraum herausnehmen.

7 Einbau sinngemäß in umgekehrter Reihenfolge. Links und rechts auf richtigen Anschluss des Luftkanals achten.

Steuergerät Elektronischer Zündstartschalter EZS aus-/einbauen

Arbeitsschritte

1 »Star Diagnosis« anschließen und Fehlerspeicher auslesen. Bei EZS-Erneuerung Grunddaten des Steuergerätes im Werkstattsystem zwischenspeichern.

2 Masseleitung der Batterie abmontieren, Rosette um das Steuergerät EZS mit Klauenschlüssel (MB Spezialwerkzeug 210 589 00 07 00) herausdrehen, Abdeckung unter Instrumententafel links ausbauen. Fahrzeuge mit Komfort-Klimatisierungsautomatik: Luftführung unter dem Lenkrad ausbauen.

3 Steuergerät EZS aus dem Instrumententafel-Unterteil nach unten herausnehmen, bis die elektrischen Steckverbindungen zugänglich sind. Bei Fahrzeugen mit automatischem 5-Gang-Getriebe den Wählhebelentriegelungszug am EZS in Fahrtrichtung ausclipsen und abnehmen. Elektrische Steckverbindungen trennen und Steuergerät EZS abnehmen.

4 Einbau sinngemäß in umgekehrter Reihenfolge. Bei Einbau eines neuen EZS: Grunddaten von »Star Diagnosis« aufs Steuergerät übertragen. Fahrzeuge mit elektrischem Glas-Schiebehebedach: unbedingt den Einlernlauf für Einklemmschutz durchführen!

Bodenbelag aus-/einbauen

Arbeitsschritte

1 Ausbau vorn: Abdeckung unter Instrumententafel und Verkleidung A-Säule, Kantenschutz im Bereich der Einstiegsverkleidung und Einstiegsverkleidung ausbauen.

2 *Fahrerseite:* Stopfen unten hinter dem Fahrpedal mit Montagekeil ausbauen, darunter liegende Mutter herausschrauben, Fahrpedal abnehmen und elektrische Steckverbindung am Fahrpedal trennen.

3 Vordere Bodenbeläge (1 und 2; Bilder unten), unter der Instrumententafel beginnend, an Mittelkonsole herausziehen und herausnehmen.

4 Ausbau Fond: Vordersitze, Fondsitzkissen bzw. Drehlager Fondsitzkissen und Ablagebox ausbauen. Kantenschutz Vordertür an beiden Fahrzeugseiten im Bereich der Einstiegsverkleidung abbauen und die Verkleidung ausbauen.

5 Kantenschutz Hintertür an beiden Fahrzeugseiten im Bereich der Einstiegsverkleidung abbauen und hintere Einstiegsverkleidung ausbauen.

6 Fahrzeuge mit Durchlademöglichkeit und T-Modell: Blende Lastverankerung an beiden Fahrzeugseiten ausclipsen, Schraube herausdrehen und Lastverankerungen abnehmen.

7 Linkes und rechtes Lüftungsgitter Fußraum Fond ausclipsen und nach hinten abnehmen. Clips auf dem Mitteltunnel ausclipsen und elektrischen Leitungssatz zur Seite legen.

8 Bodenbelag Fond (3) unter der linken und rechten B-Säulenverkleidung herausziehen. Elektrischen Leitungssatz der Sitzverstellung Fahrer- und Beifahrersitz aus dem Bodenbelag Fond herausführen und den Belag herausnehmen.

9 Einbau sinngemäß in umgekehrter Reihenfolge.

Bodenbeläge ausbauen: (1) Belag vorn links, (2) Belag vorn rechts, (3) Belag im Fond.

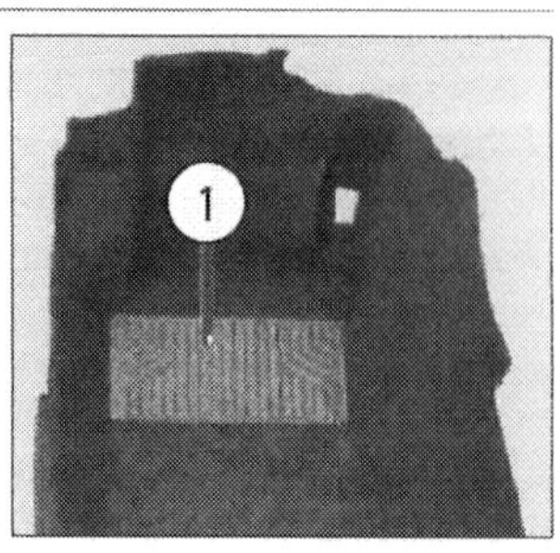

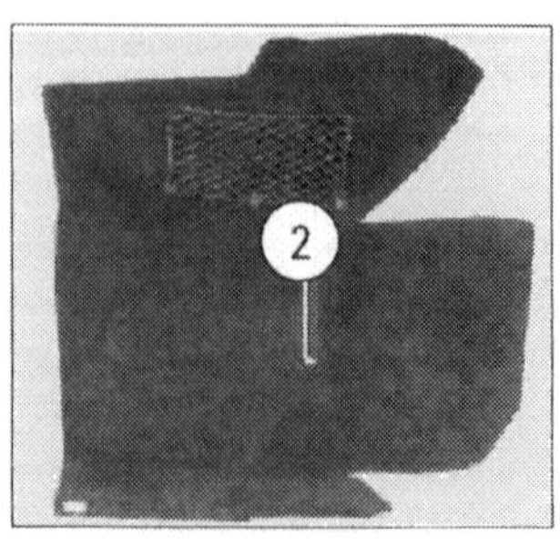

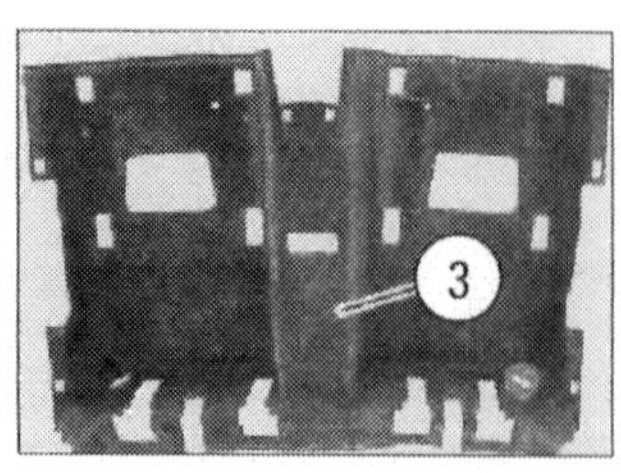

Am Handschuhkasten arbeiten

Arbeitsschritte

1 Kasten ausbauen: Der Ausbau erfordert viel Arbeit. Wir skizzieren den Ablauf hier mit allen seinen Phasen.
In den Spalt zwischen Blende über dem Kombi-Instrument und Instrument greifen. Blende leicht nach hinten ziehen, bis sie an den Rasthaken oben ausrastet.

2 Blende vorsichtig ausclipsen, damit die Rasthaken nicht brechen, und nach hinten aus dem Instrumententafel-Oberteil herausziehen.

3 Verkleidung rechte A-Säule, rechte seitliche Luftdüse sowie Steuer- und Bediengerät der jeweils eingebauten Klimaanlage ausbauen.

4 Schrauben (aus dem Magnesium-Querträger!) herausdrehen, Instrumententafel-Oberteil hinten rechts vorsichtig anheben, damit nichts an der elektrischen Steckverbindung der Zündpille Windowbag rechts abbricht, bei Fahrzeugen mit Parktronic die Steckverbindung (Instrumententafel Mitte) trennen, das Instrumententafel-Oberteil ganz anheben und auf geeignete Weise abstützen. Schrauben und elektrische Steckverbindungen müssen zugänglich sein.

5 Ablagebox, Radio oder »Comand«-Steuereinheit und Abdeckung rechts unter der Instrumententafel ausbauen. Schrauben (wiederum aus dem Magnesium-Querträger!) herausschrauben und elektrische Steckverbindung trennen.

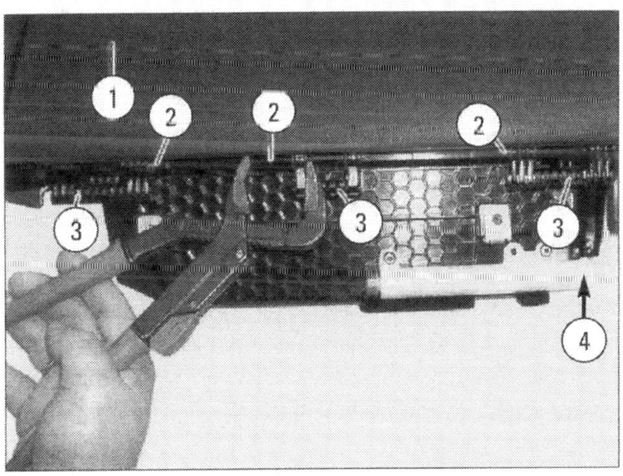

(1) Handschuhkastendeckel, (2) Bolzen, (3) Scharnier, (4) Dämpfer.

6 Handschuhkasten vom Luftkanal trennen, abnehmen und aus dem Fahrzeug herausnehmen. Wenn der Kasten später wieder **eingebaut** wird, muss wie stets bei Aus-/Einbauten in umgekehrter Reihenfolge vorgegangen werden.

7 Kastendeckel aus-/einbauen und einstellen: Bei ausgebautem Handschuhkasten kann am Kastendeckel gearbeitet werden. Bolzen (2) mit geeigneter Zange aus den Scharnieren (3) herausdrücken und Handschuhkastendeckel (1) aus den Scharnieren herausnehmen (Bild linke Spalte unten).

8 Dämpfer (4) aushängen und Deckel abnehmen.

9 Einbau sinngemäß in umgekehrter Reihenfolge. Einstellung des Handschuhkastendeckels prüfen, ggf. wie folgt:

10 Deckel einstellen: Handschuhkasten öffnen. Abdeckung innen im Handschuhkasten mit Langkeil abclipsen und herausnehmen.

11 Einstellung an den beiden Einstellschrauben am Handschuhkastenschloss vornehmen.
Der Handschuhkastendeckel muss leichtgängig im Schloss verriegeln. Er darf im geschlossenen Zustand kein Spiel aufweisen. Auf gleichmäßige Spaltbreite achten!

12 Nach Einstellung die Abdeckung innen im Handschuhkasten einbauen.

13 Ausbau Schließzylinder: Handschuhkasten öffnen. Abdeckung (1) nach hinten vom Gehäuse Handschuhkastenschloss abclipsen (Bilder unten).

14 Notschlüssel (3) in den Schließzylinder (2) einstecken und ca. 45° im Uhrzeigersinn drehen (Montagestellung; Bild unten rechts). Schließzylinder mit dem Notschlüssel aus dem Gehäuse herausziehen.

15 Einbau sinngemäß in umgekehrter Reihenfolge. Der Schließzylinder (2) muss hörbar einrasten.

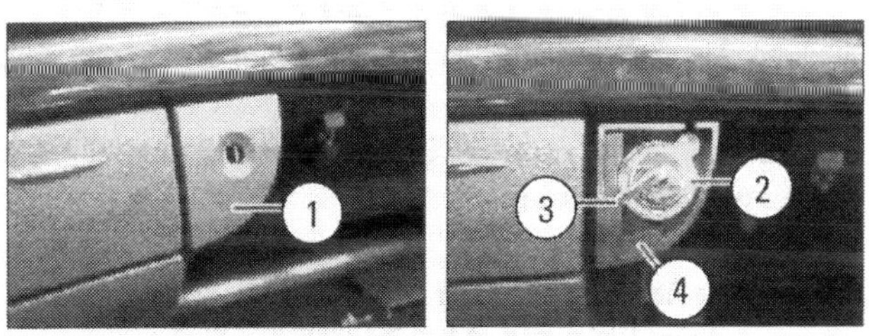

(1) Abdeckung Handschuhkasten-Schloss, (2) Schließzylinder, (3) Notschlüssel im Schließzylinder, (4) Anschlüsse.

Arbeiten an der Mittelkonsole

Arbeits-schritte

1 Ausbau Schalthebelabdeckung: Schalthebelmanschette mit Langkeil aus der Abdeckung Mittelkonsole ausclipsen und Schalthebelmanschette über den Schaltknauf stülpen.

2 Die darunter befindliche Schaltknaufverriegelung im Uhrzeigersinn entriegeln. Schaltknauf zusammen mit der Schalthebelmanschette vom Schalthebel abziehen.

3 Ausbau Abdeckung Mittelkonsole: Aschenbecher öffnen und die Abdeckung nach oben aus der Mittelkonsole ausclipsen.

4 Schaltknaufverriegelung gegen den Uhrzeigersinn entriegeln und Schaltknauf mit Schalthebelmanschette vom Schalthebel abziehen.

5 Je nach Ausstattung elektrische Steckverbindungen trennen.

6 Abdeckung zusammen mit dem Schaltknauf mit Schalthebelmanschette abnehmen und Schaltknauf mit Schalthebelmanschette aus der Abdeckung herausdrücken.

7 Ausbau Ascher: Schalthebel in hinterste Stellung bzw. Wählhebel in Stellung »D« bringen.

8 Aschenbecher öffnen und die Abdeckung Mittelkonsole nach oben aus der Konsole ausclipsen.

9 Aschenbecher aus der Mittelkonsole herausziehen, bis die elektrische Steckverbindung zugänglich ist (bei Fahrzeugen mit Keyless Go zwei elektrische Steckverbindungen).

10 Wenn vorhanden, zuerst elektrische Steckverbindung für Steuergerät Keyless Go trennen, dann elektrische Steckverbindung für Zigarrenanzünder trennen und Aschenbecher abnehmen.
Bei Fahrzeugen mit Keyless Go das Innenraummodul vom Aschenbecher abclipsen.

11 Ausbau Ablagefach in der Mittelkonsole: Aschenbecher öffnen und die Abdeckung Mittelkonsole nach oben ausclipsen. Die elektrischen Steckverbindungen am Steuergerät Unteres Bedienfeld nicht trennen.

12 Beide Schrauben vorn seitlich unter der Abdeckung Mittelkonsole herausdrehen.

13 Verkleidungen links und rechts vorne anheben und abnehmen. Beide Schrauben hinten seitlich unter den Verkleidungen herausdrehen.

14 Ablagefach aus der Mittelkonsole herausnehmen.

15 Ausbau Ablagefach im Fond: Beifahrersitz in vorderste Stellung. Deckel Ablagebox in der Mittelkonsole öffnen.

16 Einleger aus der Ablagebox herausnehmen. Bodenplatte mit Ausziehhaken herausziehen und aus Box herausnehmen.

17 Rückwand in der Ablagebox mit Schraubendreher ausclipsen und in der Ablagebox zur Seite legen. Schraube hinter der Rückwand herausdrehen.

18 Elektrische Steckverbindung der Steckdose Innenraum trennen. Mit Montagekeil das Ablagefach von der Ablagebox abclipsen und abnehmen. Dabei die elektrischen Leitungen der Steckdose Innenraum aus der Ablagebox herausziehen.

19 Ablagefach unter der Luftdüse mit Montagekeil von der Ablagebox abclipsen und mit angeschlossener elektrischer Leitung zur Seite legen.

20 Ausbau Deckel für Ablagebox: Luftdüse im Fond so weit ausbauen, bis die beiden Schrauben zugänglich sind. Schrauben herausdrehen. Deckel der Ablagebox öffnen.

21 Fahrzeuge ohne Telefonanlage bzw. Telefonanlagenvorrüstung: Beide Rasthaken an der Hinterwand der Ablagebox mit Schraubendreher vorsichtig entriegeln und Deckel Ablagebox nach oben von der Box abnehmen.

22 Fahrzeuge mit Telefonanlage bzw. Telefonanlagenvorrüstung: Einleger aus Ablagebox herausnehmen und Bodenplatte mit Ausziehhaken aus Ablagebox herausziehen. Beide Steckverbindungen der elektrischen Leitung trennen.
Rückwand ausclipsen und zur Seite legen. Halteclip von Ablagebox abclipsen und elektrische Leitung von Ablagebox abbauen. Schraube herausdrehen. Rahmen im hinteren Bereich der Ablagebox ausclipsen. Rasthaken mit Schraubendreher vorsichtig entriegeln und Deckel aus der Box herausziehen und abnehmen.

23 Ausbau Ablagebox: Ascher an der Mittelkonsole und Abdeckung Mittelkonsole wie beschrieben ausbauen.

24 Deckel Ablagebox öffnen, Einleger aus Ablagebox herausnehmen und Bodenplatte mit Ausziehhaken aus Ablagebox herausziehen. Elektrische Steckverbindungen (Anzahl je nach Ausstattung) unter der Bodenplatte trennen.

25 Vier Schrauben (zwei unter der Bodenplatte der Box, zwei vor dem Aschergehäuse) herausdrehen. Ablagebox vorne anheben und abnehmen.

26 **Einbau** sinngemäß in umgekehrter Reihenfolge. Die Bodenplatte der Ablagebox muss hörbar einrasten.

Kopfstützen aus-/einbauen

Arbeitsschritte

1 **Ausbau:** Vordersitz nach vorn und Sitzlehne gerade stellen. Fahrzeuge ohne Multikontursitz oder fahrdynamischen Sitz mit Multikontursitz: Abdeckung im Handrad Lordosestütze mit geeignetem Schraubendreher ausclipsen, darunter liegende Schraube herausdrehen und Handrad Lordosestütze abnehmen.

2 Beide Schrauben unten seitlich an der Sitzlehne herausdrehen.

3 Spannteil vorsichtig nach unten aus den Führungen schieben und abnehmen.

4 Vordersitz nach vorn und Sitzlehne schräg nach hinten stellen.

5 Kopfstütze aus den Führungen herausziehen.

6 **Einbau** sinngemäß in umgekehrter Reihenfolge. Korrekten Sitz der Kopfstütze im Motor Kopfstütze prüfen.
Anmerkung: Gilt für Fahrzeuge ab 1. Juli 2004 und Vordersitze mit Memorypaket.

Elektrische Fensterheber

Störungsbeistand

Störung	Ursache	Abhilfe
A Fensterscheibe wird nur in eine Richtung verstellt.	1 Schalter defekt.	Schalter auswechseln.
	2 Fensterscheibe schwergängig, Sicherung wegen Motorüberlastung durchgebrannt.	Fensterscheibe in den Führungen gängig machen, Sicherung erneuern.
	3 Motor läuft nicht, obwohl die Sicherung in Ordnung ist.	Spannung direkt an die Motoranschlüsse legen. Wenn der Motor jetzt läuft, liegt der Fehler in der Zuleitung. Läuft der Motor nicht, diesen auswechseln.
B Fensterscheibe wird im oberen oder im gesamten Bereich zu langsam verstellt.	1 Fensterscheibe in Führungen verklemmt.	Spiel der Scheibe prüfen und ggf. korrigieren.
	2 Zu starke Reibung in der gesamten Mechanik.	Mechanik ohne Scheibe auf Reibungsverluste überprüfen, ggf. erneuern (lassen).
	3 Kabelverbindungen defekt oder oxidiert.	Überprüfen, reinigen, ggf. auswechseln.

Zentralverriegelung

Störungsbeistand

Störung	Ursache	Abhilfe
A Verriegelung funktioniert gar nicht oder es wird nur ent-, aber nicht ver- bzw. ver-, aber nicht entriegelt.	1 Sicherung durchgebrannt.	Erneuern.
	2 Motor der Fahrer- oder Beifahrertür defekt. Verkabelung unterbrochen oder Mehrfachstecker an Motor oder Türkasten locker oder oxidiert.	Funktion überprüfen, ggf. auswechseln, festen Sitz kontrollieren, ggf. reinigen.
	3 Umschalter im Motor defekt.	Durchgangsprüfung an den Motorklemmen.
B Eines der Schlösser funktioniert nicht.	1 Kabel oder Stecker am Servomotor oder im Türkasten fehlerhaft.	Überprüfen, ggf. instand setzen.
	2 Mechanische Übertragungsteile klemmen.	Teile überprüfen, festen Sitz kontrollieren. Ggf. Teile etwas fetten, verschlissene Teile auswechseln.

DIE KAROSSERIE

Stabile geradlinige Längsträger in der Front- und Heckstruktur nehmen beim Aufprall hohe Kräfte auf und verzweigen sie großflächig.

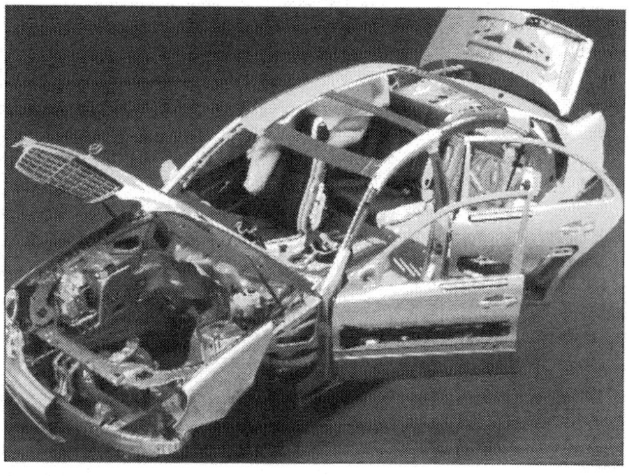

Wartung

Reparatur

Mercedes-Benz erfüllt mit der E-Klasse höchste Ansprüche an Insassensicherheit, Fahrstabilität, Schwingungs- und Geräuschkomfort und Reparaturfreundlichkeit. Das wird erreicht durch hohe Verwindungssteifigkeit der Karosserie, durchdachtes Crashboxen-Konzept und Einsatz hochwertiger Materialien.
Der Anteil hochfester Bleche, die bei einem Minimum an Dicke und Gewicht ein Maximum an Festigkeit bieten, hat sich mittlerweile auf 47%

erhöht. Der Aluminiumanteil der Rohbaukarosserie beträgt 10%. Aluminium wird nur dort eingesetzt, wo es gegenüber Stahl Vorteile bietet: in der Motorhaube, in den vorderen Kotflügeln, im Kofferraumdeckel, im Frontmodul, im Heckmodul, in der Hutablage und in der Rückwand hinter der Fondsitzlehne (bei Modellen mit einteiliger Sitzanlage).

Ein Novum ist der Dual-Phasen-Stahl, der sich dank seiner besonderen zweiphasigen Mikro-Struktur durch hohe Festigkeit auszeichnet und beim Crash hohen Belastungen standhält. Teile des Unterbodens sowie die Verstärkungen im Bereich der Stoßfänger und Federn bestehen aus dieser hochfesten Stahlsorte.

Auch die Lackierung ist durch Einsatz neuer Werkstoffe weniger anfällig. Resultat ist eine dreifach verbesserte Kratzbeständigkeit mit sichtbar höherem Glanz, Langzeitqualität und Wertbeständigkeit. Die heutige Nano-Technologie erlaubt es, weniger als ein Millionstel Millimeter kleine Keramikpartikel in die Molekularstruktur des Lackes einzufügen, die sich beim Trocknen der Lackierung zu einer sehr dichten, regelmäßigen Netzstruktur verbinden.

Sicherheit durch moderne Karosserietechnik

Im Vergleich zum Vorgängermodell zeichnet sich die Karosseriestruktur der neuen E-Klasse durch noch größere Verformungszonen im Frontbereich aus. Sie ermöglichen beim Aufprall eine noch bessere Energieaufnahme; die Fahrgastzelle bleibt selbst bei schweren Kollisionen weitgehend unbeschädigt.

Ein Aluminiumquerträger ist Hauptbestandteil des Frontmoduls. Er trägt maßgeblich zum Abbau der Aufprallenergie bei, indem er die Kräfte auf die nicht belastete Seite überträgt. Zwei Crash-Boxen aus Aluminium absorbieren Aufprallkräfte und sind mit den vorderen Längsträgern der Karosserie verbunden. Die nach vorn verlängerten Seitenschweller stützen beim Frontalcrash das Rad ab und verhindern, dass es in den Fußraum eindringt. Der Integralträger, an dem Teile der Vorderachse, das Lenkgetriebe und die Motorlager befestigt sind, verformt sich bei einer schweren Frontalkollision und nimmt dabei Crash-Energie auf.

Die Seitenwände setzen sich aus mehreren

Aus Aluminium: Motorhaube, vordere Kotflügel, Kofferraumdeckel, Front- und Heckmodule, Hutablage und bei Modellen mit einteiliger Sitzanlage die Rückwand hinter der Fondsitzlehne.

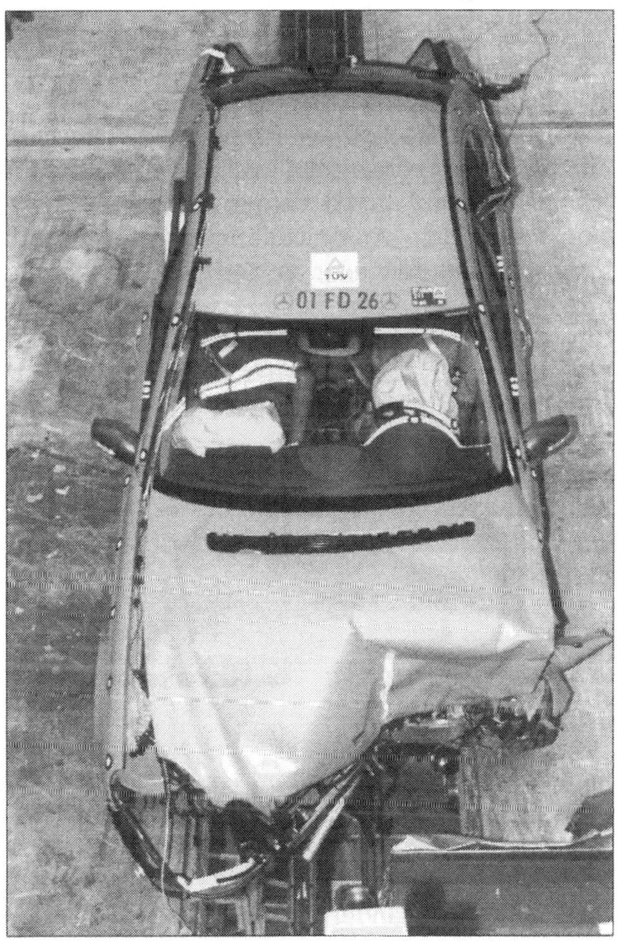

Der Verformungswiderstand steigt schon nach kurzem Deformationsweg stark an und bleibt während der gesamten Crash-Phase auf hohem Niveau.

Blechplatinen zusammen, die durch Laser zu einem Stück geschweißt und anschließend verformt werden. Jede B-Säule ist mit einem Stahlrohr versehen, das Schutz beim Seiten-Aufprall und beim Überschlagen gewährleistet.
Die hinteren Längsträger können hohe Kräfte aufnehmen und tragen beim Heckaufprall maßgeblich zur Insassensicherheit bei. Sie zeichnen sich durch ein durchgehendes geschlossenes Kastenprofil aus, dessen Materialstärke ganz gezielt abgestuft ist.
Das Heckmodul der neuen E-Klasse besteht aus einem hochfesten Aluminiumbiegeträger, der durch zwei stählerne Crash-Boxen mit der Heckstruktur verbunden ist.

Beste Ergebnisse im Crash-Test

Im Laufe ihrer kontinuierlichen Entwicklung hat die E-Klasse bis Ende 2006 rund 330 Crashtests absolviert. Im Euro NCAP-Crashrating erhielt die E-Klasse die Höchstbewertung von 5 Sternen, und das US-amerikanische Insurance Institute for Highway Safety (IIHS) vergab an die E-Klasse eine »Best Pick«-Auszeichnung für die höchste Insassensicherheit aller in den USA zugelassenen Pkw.
Um diese extrem harten Aufpralltests zu bestehen, wurden die B-Säulen der E-Klasse lokal verstärkt und die Auslösekriterien der Sidebags neu abgestimmt. Die stabile Konstruktion der Türen, Türschlösser und Türscharniere bewährte sich bei diesen Aufprallversuchen. Dieser starke Zugverband verzweigt die Aufprallkräfte auf die A- und B-Säulen.

Reparaturfreundliche Karosserie

Die Front- und Heckmodule bilden eine eigenständige Einheit. Schrauben sorgen für die zuverlässige Verbindung der Module mit der übrigen Karosserie.
Auch die einzelnen Blechteile innerhalb der Module sind miteinander verschraubt, sodass sich Unfallschäden schneller und kostengünstiger beseitigen lassen. Schweißarbeiten sind beim Austausch einzelner Teile oder des gesamten Front- oder Heckmoduls nicht mehr erforderlich.

Praxistipp: Hinweise und Regeln

Werkzeugausstattung:
Die meisten der in diesem Kapitel beschriebenen Reparaturen können mit einer Werkzeug-Grundausstattung erledigt werden.
Reparatur von Kunststoffteilen:
Bei groben Beschädigungen (Risse, tiefe Kratzer im Material) bleibt nichts weiter übrig, als die Teile zu erneuern. Bei kleineren Schäden wie Abschürfungen oder nicht sehr tiefen Rissen und Löchern erlauben die Materialien der Teroson-Kunststoff-Reparatur-Box (Henkel Loctite GmbH) erfolgreiche Reparaturen.
Lackierung von Kunststoffteilen:
- Lackieren nur im ausgebauten Zustand;
- Kunststoffanbauteile derart legen oder hängen, dass ihre Form erhalten bleibt;
- bei ungeeigneter Auflage und Trocknungstemperaturen über 60 °C kann es zu bleibenden Formveränderungen kommen.

Spaltmaße:
Die auch Fugenmaße genannten Abmessungen müssen nach Arbeiten an der Karosserie wieder stimmen (Übersicht zum Abschluss des Kapitels).

Gefahrenhinweis: Vibrationen, Zink und Schweißen

Elektrische Anlage: Bei Schweißarbeiten und anderen Funken erzeugenden Tätigkeiten: Gundsätzlich die Batterie abklemmen und beide Pole sorgfältig isolieren.
Gurtstraffer: Bei Karosseriereparaturen nicht mit Schlagschrauber oder Hammer in der Umgebung der Gurtrolle arbeiten. Die Gurtstraffer reagieren empfindlich auf Vibrationen und harte Schläge und können auslösen. Vor Arbeiten unter dem Fahrzeug Sicherung/Stecker für Gurtstraffer abziehen, Kondensatorentladung abwarten .
Klimaanlage: Es dürfen keine Schweiß- oder Lötarbeiten durchgeführt werden, bei denen sich Teile der Klimaanlage erwärmen können. Der Kältemittelkreislauf darf nicht geöffnet werden.
Verzinkung: Die Karosserieteile sind elektrolytisch verzinkt und mit zinkhaltigem Lack beschichtet. Bei Schweißarbeiten entsteht giftiges Zinkoxid. Deshalb für gute Belüftung sorgen!

Unterboden prüfen

1 Eine empfehlenswerte Wartungsarbeit ist die Kontrolle des Fahrzeug-Unterbodenschutzes und des Karosserielacks. Dazu die Unterbodenverkleidungen (untere Motorverkleidungen, Geräuschkapseln etc.) abbauen.

2 Unterboden, Radhäuser (Radläufe, Innenkotflügel) und die Unterseite des Wagens sorgfältig auf etwaige Schäden an der Beschichtung untersuchen.

3 Alle festgestellten Mängel müssen sofort beseitigt werden. Nehmen Sie dazu die Fachwerkstatt in Anspruch oder holen Sie sich fachmännischen Rat ein. Nur die empfohlenen chemischen Materialien und Lacke verwenden!

Stern aus-/einbauen

1 **Ausbau:** Motorhaube öffnen. Federbügel (2) unten am Stern (1) mit Montagewerkzeug (3; MB-Sonderwerkzeug 202 589 11 63 00) um 90° nach links drehen. Den Mercedesstern vorsichtig nach oben von der Motorhaube abnehmen.

2 **Einbau:** Stern (1) von oben vorsichtig in die Motorhaube einsetzen. Federbügel (2) mit dem Montagewerkzeug (3) um 90° nach rechts drehen. Einbaulage beachten! Motorhaube schließen. Bei Aus- und Einbau vorsichtig vorgehen, nicht den Lack beschädigen!
(Bilder unten)

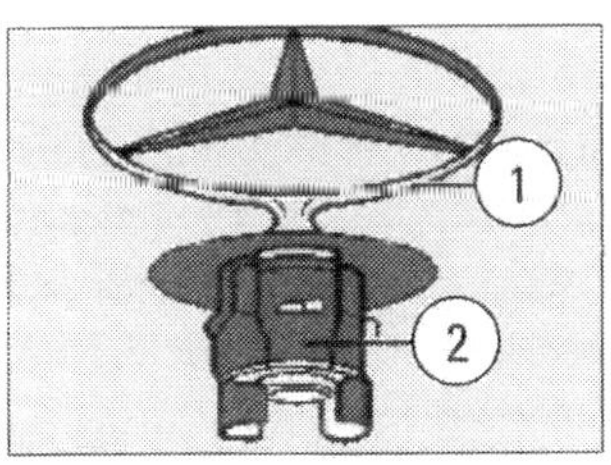

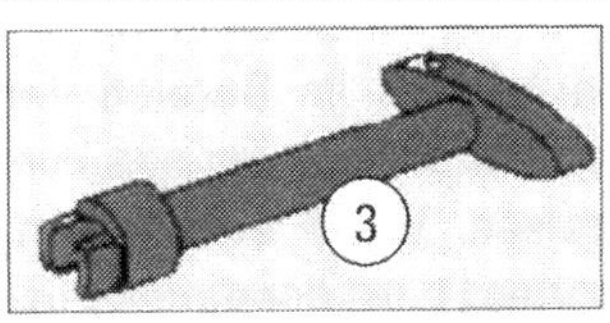

(1) Mercedesstern, (2) Federbügel, (3) Montagewerkzeug MB 202589116300.

Kühlerverkleidung und Kühlerbrücke aus-/einbauen

1 **Ausbau Kühlerverkleidung:** Motorhaube öffnen. Die sechs Schrauben unterhalb der Kühlerverkleidung herausdrehen und die Verkleidung abnehmen.

2 **Ausbau Kühlerbrücke:** Motorhaube öffnen. Dichtgummi im Bereich der Kühlerbrücke, die als Stahlblechprofil den Kühler oben überspannt, nach oben abziehen.

3 Alle Schrauben an der Brücke herausdrehen und die Spreizclips herausziehen.

4 Kühlerhalter abmontieren. Kühlerbrücke etwas anheben und Haubenzug des rechten Motorhaubenschlosses aus den Halteklammern ausclipsen.

5 Kühlerbrücke herausnehmen. Wenn sie ausgewechselt werden soll, müssen die Halteklammern vom Haubenzug abmontiet werden.

6 **Einbau** sinngemäß in umgekehrter Reihenfolge. Vorsichtig vorgehen und Lack nicht verschrammen oder zerkratzen. Die Haltenasen der Kühlerhalter prüfen, ggf. erneuern. Bei Fahrzeugen mit Distronic: Sensoreinstellung prüfen. Verschluss und Sicherungshaken der Motorhaube prüfen.

Lufteinlassgitter an Motorhaube aus-/einbauen

1 **Ausbau:** Motorhaube öffnen und senkrecht stellen. Dämmmatte im Bereich der Abdeckung zurückklappen und mit Klebeband fixieren. Spreizclips ausbauen und Abdeckung von der Motorhaube abclipsen.

2 Elektrische Steckverbindungen am Sonnensensor in der Mitte des Lufteinlassgitters (Fahrzeuge mit Komfort-Klimatisierungsautomatik) und an den Scheibenwaschdüsen trennen. Wasserschlauch von den Scheibenwaschdüsen abziehen, Schlauch und Leitungssatz aus dem Lüftungsgitter ausclipsen.

3 Schrauben herausdrehen. Lufteinlassgitter mit Montagekeil an den insgesamt 13 Rasthaken von der Motorhaube abclipsen und abnehmen. Gitter gegen Herabfallen aus der Motorhaube sichern.

4 **Einbau** sinngemäß in umgekehrter Reihenfolge. Einstellung der Spritzdüsen kontrollieren, ggf. korrigieren (Fahrzeugelektrik/Scheibenwaschanlage).

Motorhaube aus-/einbauen und einstellen

1 **Ausbau:** Motorhaube (1) öffnen und senkrecht stellen, Dämmmatte (4) im Bereich der Abdeckung (3) zurückklappen (Bild unten) und mit Klebeband fixieren.

2 Spreizclips (2) ausbauen und Abdeckung (3) von der Motorhaube abclipsen. Den Wasserschlauch der Scheibenwaschanlage an den Spritzdüsen abziehen und die elektrische Steckverbindung trennen. Wasserschlauch und Leitungssatz vom Lüftungsgitter abbauen.

3 Beide Gasdruckfedern an der Motorhaube abbauen. Dazu die Sicherungen oben und unten an den Gasdruckfe-

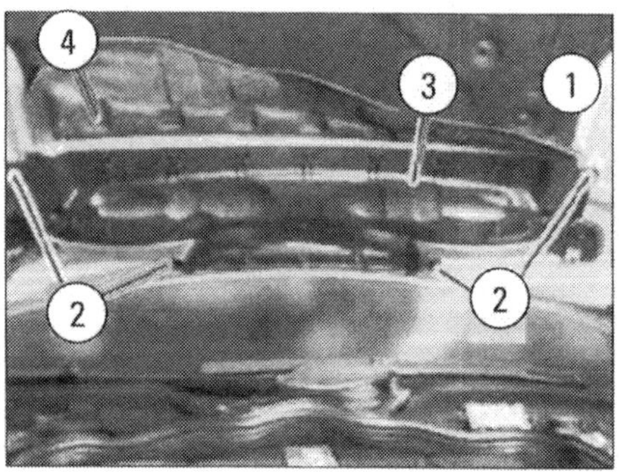

(1) Motorhaube, (2) Spreizclips, (3) Abdeckung, (4) Dämmmatte.

dern mit einem Schraubendreher anheben und die Federn von den Aufnahmen abclipsen. Die Sicherungen nicht ausbauen, da sonst ihre Vorspannung verloren geht.

4 Schrauben (5) am linken und rechten Motorhaubenscharnier (6) herausdrehen (Bild rechts oben). Die Motorhaube mit einem Helfer sichern.

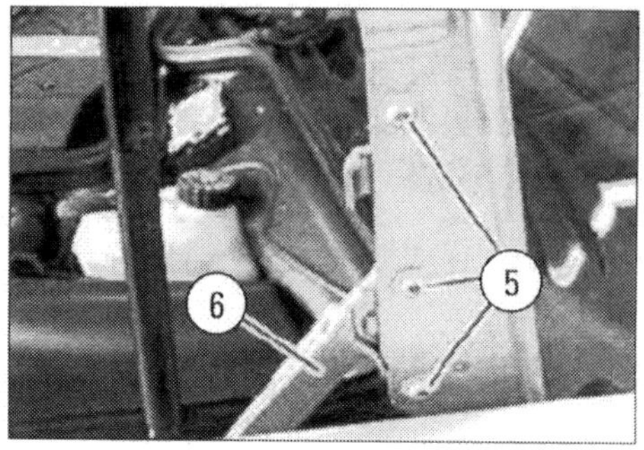

(5) Schrauben, (6) Motorhaubenscharnier.

5 **Einbau** sinngemäß in umgekehrter Reihenfolge. Die Schrauben (5) am linken und rechten Motorhaubenscharnier (6) nur so weit festdrehen, dass die Motorhaube fixiert ist. Die Schrauben werden erst nach dem Einstellen der Motorhaube festgezogen.

6 Gasdruckfeder mit eingebauten Sicherungen an den Aufnahmen einclipsen.

7 **Motorhaube einstellen:** Beide Haubenschloss-Oberteile (1, Bild unten) ausbauen. Schrauben an den Innenseiten der Haubenscharniere lösen und Motorhaube in Querrichtung einstellen. Schrauben mit 12 Nm festziehen.

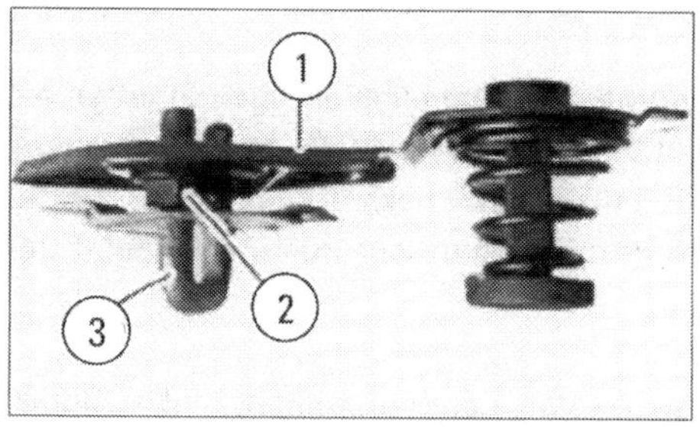

(1) Oberteil Haubenschloss, (2) Einstellmutter, (3) Schließöse.

8 Schrauben an Scharnieraußenseiten (Schrauben 5 an 6, Bild ganz oben) lösen und Motorhaube in Längsrichtung einstellen. Schrauben mit 8 Nm festziehen. Motorhaube schließen und auf die Anschlagpuffer auflegen.

9 Übergang der Motorhaube zu den Vorderkotflügeln und Fugenmaß Motorhaube zu Scheinwerfer prüfen. Falls erforderlich, Muttern an den Anschlagpuffern lösen und Höhe der Puffer so einstellen, dass sich Motorhaube und Kühlerverkleidung nicht verspannen. Motorhaube öffnen, Schloss-Oberteile einbauen und mit 8 Nm festschrauben.

10 Die verriegelte Motorhaube darf im Bereich der Schloss-Oberteile kein Spiel haben und nur geringe Vorspannung nach unten aufweisen. Wenn erforderlich, Schließöse (3) am Schloss-Oberteil (1) mit der darüber liegenden Einstellmutter (2) in der Höhe einstellen (Bild Seite 238 rechts unten).

11 Motorhaube schließen und Haubenschlösser auf Verriegelung prüfen. Dazu Motorhaube ruckartig nach oben ziehen. Die Haube muss aus einer Höhe von 100 bis 130 mm (gemessen über der Kotflügelspitze) selbstständig in die Schlösser fallen und verriegeln.

12 Motorhaube entriegeln und Einrastung des Sicherungshakens an der Kühlerbrücke prüfen. Lackbeschädigungen der Scharnierschrauben und der Einstellmuttern mit Lackstift ausbessern.

Innenkotflügel vorn/hinten und Vorderkotflügel aus-/einbauen

Arbeitsschritte

1 **Ausbau Innenkotflügel vorn:** Fahrzeug anheben und linkes oder rechtes Laufrad einschlagen.

2 Motorraumverkleidung hinten/unten oder hinteres Geräuschkapsel-Unterteil ausbauen, beide Schrauben unten am hinteren Teilstück des Innenkotflügels herausdrehen und Muttern herausschrauben. Spreiznieten ausbauen, Teilstück mit Montagekeil aus dem Vorderkotflügel herauslösen und abnehmen.

3 Am vorderen Teilstück Kabelbinder entfernen und Leitungshalter abmontieren, Spreizniet ausbauen, Schrauben und Muttern herausschrauben. Teilstück mit Montagekeil aus dem Vorderkotflügel herauslösen und abnehmen.

4 **Ausbau Innenkotflügel hinten:** Zwei Spreizniete vorn außen am Innenkotflügel ausbauen. Insgesamt fünf Muttern vorn, mittig und hinten herausschrauben. Abdeckung hinten herausnehmen, Schraube vorn herausdrehen. Innenkotflügel mit Keil aus Hinterkotflügel lösen, abnehmen.

5 **Ausbau Kotflügel vorn:** Nach Ausbau des Innenkotflügels beide Spreizclips neben den Aufnahmen für die Hebebühnenteller abbauen. Vordertür öffnen, Längsträgerverkleidung zwischen Radkasten und Vordertürausschnitt im vorderen Bereich mit Montagekeil vom Längsträger so weit lösen, bis die beiden Muttern zugänglich sind, und Muttern abschrauben.

6 Die Schraube an der Fuge Vorderkotflügel zu Stoßfänger vorn lösen, Klemmleiste nach vorn schieben, abnehmen und Fahrzeug absenken. Beide Schrauben (10 Nm) Kotflügel an Karosserie (Zugang vom Türausschnitt Vordertür) herausdrehen und Vordertür schließen.

7 Fünf Schrauben oben am Kotflügel (Zugang vom Motorraum) herausdrehen und Vorderkotflügel abnehmen.

8 **Einbau** in umgekehrter Reihenfolge.
Innenkotflügel: Auf korrekten Sitz vorn der Teilstücke und der Dichtgummis, hinten des Innenkotflügels achten. Am vorderen Teilstück vorn Kabelbinder erneuern.
Vorderkotflügel: Auf korrekte Lage des Kotflügels zu Vordertür, Motorhaube und Leuchteinheit achten (Fugenmaße!). Lackschäden an Schrauben und Muttern mit Lackstift ausbessern, beschädigte Spreizclips erneuern.

Stoßfänger vorn und hinten aus-/einbauen

Arbeitsschritte

1 **Ausbau vorn:** Motorhaube öffnen. Vordere Teilstücke Innenkotflügel links und rechts ausbauen. Beide Schrauben unten Mitte am Stoßfänger herausdrehen. Schraube an der Fuge Vorderkotflügel zu Stoßfänger lösen, Klemmleiste nach vorn schieben und abnehmen.

2 Trennstelle Parktronic-System (wenn vorhanden) vorn links außen hinter Stoßfänger trennen. Steckverbindung an den Nebelleuchten trennen. Sensor Außentemperatur neben der Nebelleuchte aus dem Stoßfänger ausclipsen.

3 Je zwei Schrauben neben den inneren Scheinwerfern herausdrehen. Stoßfänger vorsichtig mit einem Helfer abnehmen.

4 **Ausbau hinten (T-Modell):** Innenverkleidung Laderaum seitlich links und rechts ausbauen, elektrische Steckverbindung an Bassbox trennen, drei Muttern daneben und darunter herausdrehen und Bassbox abnehmen.

5 Bei fahrdynamischem Sitz/Multikontursitz: Warndreieck aus Halterung hinter der Innenverkleidung Laderaum seitlich links nehmen, zur Seite legen. Pneumatikpumpe mit Halter abnehmen und mit angeschlossenen Leitungen zur Seite legen. Bei Parktronic-System: Elektrischen Leitungssatz hinter der Pneumatikpumpe für Sitzregelung freilegen und elektrische Steckverbindung trennen.

6 Muttern hinten unten im Laderaum hinter den seitlichen Innenverkleidungen herausdrehen. Schraube am Steuergerät-Halter hinter der Innenverkleidung Laderaum seitlich links herausdrehen und den Halter nach vorn schwenken. Die je zwei Schrauben an den Seitenwänden hinter den Innenverkleidungen herausdrehen.

7 Steckclip hinten unten an beiden Innenkotflügeln hinten ausbauen, darüber liegende Mutter herausdrehen, Innenkotflügel mit Montagekeil vom Stoßfänger lösen, bis Schraube darunter zugänglich ist; diese herausdrehen.

8 Beide Schrauben mittig unter dem Stoßfänger herausdrehen und Stoßfänger abnehmen. Parktronic-Kabel durch die Öffnung der Karosserie führen.

9 **Einbau Vorderstoßfänger:** Teil mit Helfer vorsichtig in die Aufnahmen einsetzen, innere Schrauben neben inneren Scheinwerfern eindrehen. Temperaturfühler einclipsen, Nebelleuchten und Parktronic kontaktieren. Schrauben unten Mitte eindrehen, Klemmleiste an Fuge Kotflügel/Stoßfänger einbauen, Schrauben festziehen.
Äußere Schrauben eindrehen, Steg zwischen den Scheinwerfern muss sich verschieben lassen. Übergang zwischen Steg und Motorhaube mit Einstellmutter justieren, bis Steg und geschlossene Haube gleiche Höhe haben. Steg ausrichten, äußere Schrauben festziehen. Fugen zwischen äußeren und inneren Scheinwerfern müssen gleich breit sein. Leuchteneinstellung ggf. richtig stellen.
Einbau hinterer Stoßfänger: In umgekehrter Ausbaureihenfolge. Führungen an den Stoßfängerseiten müssen richtig in den Haltern an der Karosserie hinter den Radkästen sitzen. Ebenso auf richtigen Sitz des Dichtelements für die Durchführung des Parktronic-Kabels achten.

Fugenmaße und Toleranzen:		**Limousine**	**T-Modell**
Motorhaube zu Kotflügel	Maß »A«	3,5 mm (±0,5 mm)	3,5 mm (±0,5 mm)
Motorhaube zu Scheinwerfer	Maß »B«	4,0 mm (±1 mm)	4,0 mm (±0,5 mm)
Kühlergrill zu Stoßfänger	Maß »C«	5,5 mm (+1 mm)	5,5 mm (±1 mm)
Vordertür zur A-Säule	Maß »D«	4,5 mm (±0,5 mm)	4,5 mm (-0,5/+1,0 mm)
Vordertür zu Kotflügel	Maß »E«	4,0 mm (±0,5 mm)	4,0 mm (-0,5/+1,0 mm)
Vordertür zu Fondtür	Maß »F«	4,0 mm (+1 mm)	4,0 mm (-0,5/+1,0 mm)
Vordertür zu Dach	Maß »G«	4,5 mm (±0,5 mm)	4,5 mm (-0,5/+1,0 mm)
Fondtür zu Seitenteil oben	Maß »H«	4,5 mm (±0,5 mm)	---------
Fondtür zu Seitenteil unten	Maß »I«	3,5 mm (±0,5 mm)	3,5 mm (-0,5/+1,0 mm)
Heckdeckel zu Kotflügel oben	Maß »J«	3,5 mm (±0,5 mm)	---------
Heckdeckel zu Rückleuchte	Maß »K«	4,0 mm (±1 mm)	---------
Heckdeckel zu Stoßfänger.	Maß »L«	6,0 mm (±1,5 mm)	---------
Hinterkotflügel zu Rückleuchte	Maß »M«	4,0 mm (±1 mm)	---------
Heckdeckelblende zu Rückl.	Maß »N«	3,5 mm (±0,5 mm)	---------
Fugenmaß Tankklappe	Maß »O«	3,5 mm (±0,5 mm)	3,5 mm (±0,5 mm)
Rückwandtürspoiler zu Dach	Maß »P«	--------	7,0 mm (-0,5/+1,0 mm)
Rückwandtür zu Hinterkotfl.	Maß »Q«	---------	4,5 mm (±1,0 mm)
Rückleuchte in Rückwandtür zu Rückleuchte	Maß »R»	--------	5,0 mm (±1,0 mm)
Rückwandtür zu Stoßfänger	Maß »S«	--------	6,0 mm (±1,5 mm)
Heckscheibe zu D-Säule	Maß »T«	--------	4,5 mm (±1,0mm)
Fondtür zu Dach	Maß »U«	--------	4,5 mm (-0,5/+1,0 mm)

Motorhauben, Heckdeckel, Türen und Rückwandtüren so einstellen, dass das vorgeschriebene Fugenmaß in den engen Toleranzen eingehalten wird. Der Luftspalt darf nicht keilförmig verlaufen oder örtlich verengt sein. Abweichungen dürfen auf ganzer Länge maximal 0,5 mm betragen, sonst müssen die beweglichen Karosserieteile entsprechend ausgemittelt werden. Die Buchstaben für ein bestimmtes Fugen-Maß werden von Mercedes-Benz in Zeichnungen und in der Werkstattliteratur verwendet. Gemessen werden die Fugenmaße mit einer Fühlerblattlehre.

Technische Daten

Sieben Benzin- und sechs Dieselmotoren von 110kW/150PS bis 378 kW/514 PS, kombiniert mit Sechsgang-Schaltgetriebe oder Fünf- bzw. Siebengang-Automatik, sowie die Varianten Limousine und T-Modell ergeben für den Mercedes-Benz E-Klasse 29 Modellvarianten (16 Limousinen, 13 T-Modelle) unter 13 Verkaufsbezeichnungen. Die Motorenpalette dieser freilich durch Ablösung und Erneuerung gekennzeichneten Modelle der E-Klasse umfasst Vier-, Sechs- und Achtzylinder-Ottomotoren mit Einspritzanlage HFM (Mikroprozessor-Steuerung/Heißfilm-Luftmassenmesser) sowie Vier-, Fünf-, Sechs- und Achtzylinder-Dieselmotoren mit Common-Rail-Direkteinspritzung CDI. Der Tank fasst 65, 70 oder 80 Liter bei 8 bis 9 Liter Reserve, die Bordspannung beträgt 12 Volt.

Die Ausführung von Vorder- und Hinterachse ist bei allen Modellen gleich (siehe Tabellen). Auch die Bauart der Bremsanlagen einschließlich der Feststellbremse stimmt bei allen überein. Die Lenkung ist Zahnstangen-Servo- bzw. Zahnstangen-Parameterlenkung. Ebenso durchgängig ist die Einstufung in Schadstoffklasse EU4. Dabei wird in den Datenblättern angemerkt, dass diese Einstufung bei den CDI auch schon ohne Partikelfilter erreicht wird.

Für die Tabellen technischer Daten haben wir fünf Modelle ausgewählt, die zusammen den größten Anteil am Verkauf der E-Klasse ausmachen. An diesen Modellen werden beispielhaft die verschiedenen Parameter dargestellt. Die Unterschiede nach Ausstattungsvarianten (Classic, Elegance, Avantgarde) berücksichtigen wir im Rahmen unserer Übersicht nicht. Auch die inzwischen ersetzten Benziner und Diesel, die Allradmodelle 4Matic und das ausnahmemäßige AMG-Modell mit seinen über sechs Litern Hubraum erfassen wir hier nicht.

Ausgewählte Modelle

Mercedes-Benz	E 220 CDI	E 320 CDI	E 420 CDI	E 200 Kompressor	E 500
Modell:	Limousine	T-Modell	Limousine	Limousine	T-Modell
Typ-Nr.:	211.006	211.289	211.029	211.042	211.272
Motortyp:	Diesel, 125 kW	Diesel, 165 kW	Diesel, 231 kW	Otto, 135 kW	Otto, 285 kW
Hubraumklasse:	2,0 Liter	3,2 Liter	4,0 Liter	1,8 Liter	5,5 Liter
Getriebe:	6-Gang manuell	7-Gang automat.	7-Gang automat.	6-Gang manuell	7-Gang automat.

Motoren

Motortyp / Leistg.	Diesel, 125 kW	Diesel, 165 kW	Diesel, 231 kW	Otto, 135 kW	Otto, 285 kW
Motornummer	646.961	642.920	629.910	271.956	273.960
Hubraum	2148 cm³	3198 cm³	3996 cm³	1796 cm³	5461 cm³
Bohrung	88,0 mm	83,0 mm	86,0 mm	82,0 mm	98,0 mm
Hub	88,3mm	92 mm	86,0 mm	85,0 mm	90,5 mm
Verdichtung	17,5:1	17,7:1	16,7:1	8,5:1	10,7:1
Nennleistung	125 kW / 170 PS	165 kW / 224 PS	231 kW /314 PS	135kW / 184 PS	285 kW/ 388 PS
bei 1/min	3800	3800	3600	5500	6000
Nenndrehmom.	400 Nm	540 Nm	730 Nm	250 Nm	530 Nm
bei 1/min	2000	1600-2400	2200	2800-5000	2800-4800
Höchstgeschwindigkeit in km/h	227	240	250	236	250
Beschleunigung 0-100 km/h in s	8,4	7,3	6,1	9,1	5,4
Verbrauch in l/100 km					
– innerorts	8,7	10,6-11,0	13,2	11,7-12,2	17,3
– außerorts	5,0	5,9-6,4	7,0	6,3-6,7	8,5
– gesamt	6,3	7,6-8,1	9,3	8,2-8,8	11,8

Gewichte und Maße

Mercedes-Benz	E 220 CDI	E 320 CDI	E 420 CDI	E 200 Kompressor	E 500
Modell:	Limousine	T-Modell	Limousine	Limousine	T-Modell
Typ-Nr.:	211.006	211.289	211.029	211.042	211.272
Motortyp:	Diesel, 125 kW	Diesel, 165 kW	Diesel, 231 kW	Otto, 135 kW	Otto, 285 kW
Hubraumklasse:	2,0 Liter	3,2 Liter	4,0 Liter	1,8 Liter	5,5 Liter
Getriebe:	6-Gang manuell	7-Gang automat.	7-Gang automat.	6-Gang manuell	7-Gang automat.
Leergewicht*:	1615kg	1885 kg	1910 kg	1580 kg	1895 kg
Nutzlast:	525kg	575 kg	525kg	525 kg	565 kg
Zul. Gesamtgewicht:	2140 kg	2460 kg	2435kg	2105 kg	2460 kg
Kofferraumvolumen :	540 Liter	690-1950 Liter	530 Liter	540 Liter	670-1930 Liter
Dachlast /Stützlast	100 kg / 76 kg	100 kg / 84 kg	100 kg / 76 kg	100 kg / 76 kg	100 kg / 84 kg
Anhängelast	750kg / 1900 kg**	750 kg / 2100 kg**	400 kg / 1500 kg**	750 kg / 1900 kg**	750 kg / 2100 kg
Außenlänge:	4856 mm	4888 mm	4856 mm	4856 mm	4888 mm
Außenbreite:	1822 mm	1822 mm	1822 mm	1822 mm	1822 mm
Außenhöhe:	1483 mm	1506 mm	1465 mm	1483 mm	1500 mm
Wendekreis:	11,4 m	11,4 m	11,4 m	11,4 m	11,4 m
Radstand:	2854 mm	2854 mm	2854 mm	2854 mm	2854 mm
Spurweite vorn:	1577 mm	1559 mm	1567 mm	1577 mm	1567 mm
Spurweite hinten:	1570mm	1552 mm	1560 mm	1570 mm	1560 mm

*Serienmäßige Ausstattung, 68 kg schwerer Fahrer, 7 kg Gepäck und 90% Tankfüllung.
**Erste Angabe: ungebremst, zweite Angabe: gebremst.

Fahrwerk

Vorderachse:	**4- und 6-Zylinder:** Vierlenkerachse, Gasdruckstoßdämpfer, Schraubenfedern; **8-Zylinder:** volltragendes Luftfedersystem mit Niveauregulierung, Airmatic DC. **alle:** Bremsmomentabstützung, Drehstab-Stabilisator.
Hinterachse:	**4- und 6-Zylinder:** Raumlenker-Achse, Anfahr- und Bremsmomentabstützung; **8-Zylinder:** volltragendes Luftfedersystem mit Niveauregulierung, Airmatic DC. **alle:** Drehstab-Stabilisator.
Lenkung:	**4-Zylinder:** Zahnstangen-Servolenkung; **6- und 8-Zylinder:** Zahnstangen-Parameterlenkung.
Räder:	**4-Zylinder:** 7 J x 16 **6-Zylinder:** 7,5 J x 16 **8-Zylinder:** 8 J x 17
Reifen:	**4-Zylinder:** 205/60 R 16 **6-Zylinder:** 225/55 R 16 **8-Zylinder:** 245/45 R 17

Bremsanlage

Art der Bremsen: Hydraulisches Zweikreissystem »Adaptive Brake« mit Unterdruckverstärker und »Brake Assyst«. Vorn und hinten Scheibenbremse, vorn innenbelüftet, hinten bei 4-Zylindern massiv, bei 6- und 8-Zylindern ebenfalls innenbelüftet.

Bremsscheiben Durchmesser / Stärke in mm: **4-Zylinder:** Vorn 295 / 28. Hinten 300 / 10.
6-Zylinder: Vorn 312 / 28. Hinten 300 / 22.
8-Zylinder: Vorn: 350 / 32. Hinten: 320 / 24

Wirkung der Feststellbremse: Fußfeststellbremse (Seilzugbremse), wirkt auf die Hinterräder.

Kraftübertragung

Mercedes-Benz	E 220 CDI	E 320 CDI	E 420 CDI	E 200 Kompressor	E 500
Modell:	Limousine	T-Modell	Limousine	Limousine	T-Modell
Typ-Nr.:	211.006	211.289	211.029	211.042	211.272
Motortyp:	Diesel, 125 kW	Diesel, 165 kW	Diesel, 231 kW	Otto, 135 kW	Otto, 285 kW
Hubraumklasse:	2,0 Liter	3,2 Liter	4,0 Liter	1,8 Liter	5,5 Liter
Getriebe:	6-Gang manuell	7-Gang automat.	7-Gang automat.	6-Gang manuell	7-Gang automat.
Getriebeabstufungen (:1)					
1. Gang:	5,01	4,38	4,38	4,46	4,38
2. Gang:	2,83	2,86	2,86	2,61	2,86
3. Gang:	1,79	1,92	1,92	1,72	1,92
4. Gang:	1,26	1,37	1,37	1,25	1,37
5. Gang:	1,00	1,00	1,00	1,00	1,00
6. Gang:	0,83	0,82	0,82	0,84	0,82
7. Gang	----	0,73	0,73	----	0,73
Rückwärts-Gang:	4,57	3,42	3,42	4,06	3,42
Achsantrieb:	2,65	2,65	2,47	3,07	2,47

Emissionen, Füllmengen, Betriebsmittelnorm, Kraftstoffaufbereitung

Mercedes-Benz	E 220 CDI	E 320 CDI	E 420 CDI	E 200 Kompressor	E 500
Modell:	Limousine	T-Modell	Limousine	Limousine	T-Modell
Typ-Nr.:	211.006	211.289	211.029	211.042	211.272
Motortyp:	Diesel, 125 kW	Diesel, 165 kW	Diesel, 231 kW	Otto, 135 kW	Otto, 285 kW
Hubraumklasse:	2,0 Liter	3,2 Liter	4,0 Liter	1,8 Liter	5,5 Liter
Getriebe-Nr.	716.6xx	722.9xx	722.9xx	716.6xx	722.9xx
CO_2-Emission in g / km	167	215	246	195-210	280
Schadstoffklasse:	EU4	EU4	EU4	EU4	EU4
Füllmenge:					
Bremsflüssigkeit	1 Liter	1 Liter	1 Liter	1 Liter	1 Liter
Motoröl (mit Filter)	6,5 Liter	8,0...9,5 Liter	10,5 Liter	5,5 Liter	8,5 Liter
Getriebeöl	1,2...1,5 Liter	6,0 Liter	6,0 Liter	1,2...1,5 Liter	6,0 Liter
Kühlflüssigkeit	9,75 Liter	12,0 Liter	8,0 Liter	5,6 Liter	7,0 Liter

Spezifikation

Bremsflüssigkeit	FMVSS 116 DOT 4 (nach US-Norm) »plus«. Freigegebenes Produkt: MB 331.0 Bremsflüssigkeit mit der Sachnummer 000 989 08 07. Verteilt sich auf Bremsflüssigkeitsbehälter (0,1 l) und Bremsen (jede knapp 0,2 l = zusammen 0,75-0,8 l), insgesamt knapp 0,9 l, und Kupplungshydraulik (0,1 l).
Motoröl	Mehrbereichsöl 229.3/.31/.5/.51; für Fahrzeuge mit Dieselpartikelfilter DPF nur 229.31 und 229.51 DaimlerChrysler AG: Premium Synthetik Motorenöl ab 10 W-40 und 5 W-50
Getriebeöl	6-Gang-Schaltgetriebe 716.6xx: Blatt 235.10 - DaimlerChrysler AG Schaltgetriebeöl A 001 989 2603 5-Gang-Automatik 722.6xx: Blatt 236.10/.12 - DaimlerChrysler AG ATF 3353 A 001989 2103 7-Gang-Automatik 722.9xx: Blatt 236.12 - DaimlerChrysler AG ATF 3353 A 001989 4503
Kühlmittelzusatz	Korrosions-/Frostschutzmittel: Blätter BB00.40-P-0310-01A und BB00.40-P-0325-00A

Gemischaufbereitung

- **Dieselmotoren** — Hochdruckeinspritzung, Common-Rail-Technik, Abgasturbolader. Electronic Diesel Control EDC. E 420 CDI mit zwei Turboladern.
- **Ottomotoren** — Mikroprozessor-gesteuerte Einspritzanlage HFM (Heißfilm-Luftmassenmessung). E 200 K mit Kompressor.

Wartungsplan Mercedes-Benz E-Klasse

Die Wartungsintervalle bei Ihrem Fahrzeug hängen von den gefahrenen Kilometern und dem Zeitpunkt der letzten Inspektion ab. Seit fast 10 Jahren gilt für Mercedes-Benz-Fahrzeuge statt des Pkw-Wartungssystems mit starren Intervallen das »Aktive Service-System - ASSYST«. Schon seit Anfang 1997 sind damit Serviceintervalle bis zu 40.000 km oder 2 Jahre (mindestens aber 15.000 km oder 1 Jahr) möglich. Das System berücksichtigt die individuelle Fahrweise des Kunden durch Auswertung von Motordrehzahl, Motortemperatur, Motorlast und Zeit. Nach Auswertung wird der Zeitpunkt des notwendigen Service errechnet und die Fälligkeit im Kombi-Instrument als Reststrecke oder Restzeit angezeigt.
Die maximalen Service-Abstände von ASSYST sind auf normale Betriebsbedingungen abgestimmt. Bei erschwerten Bedingungen wie dauerndem Kurzstreckenverkehr oder extrem niedrigen Temperaturen muss der Ölwechsel vor Fälligkeit des nächsten Service ausgeführt werden.
Nach jedem Service (Ölwechsel oder/und Inspektion) muss die Wartungs-Intervall-Anzeige (WIA) mittels der Tasten am Lenkrad und der Multifunktionsanzeige (vergl. Seite 77) oder des Diagnose-Systems »Star Diagnosis« wieder auf Null zurückgesetzt werden. Danach zeigt die Anzeige die Laufstrecke für das nächste Wartungsintervall an. Zum Anschluss des Diagnose-Systems (Star Diagnosis Compact Pkw, Bestellnummer 6511 1801 00) gibt es die »Prüfkupplung Diagnose«. Sie ist im Innenraum unter der Schalttafel für den Stecker des Diagnosegerätes zugänglich.
Wenn Sie Wartungsarbeiten selbst erledigen, müssen Sie in der Werkstatt die Abfrage der Fehlerspeicher mit dem Fehlerauslesesystem vornehmen lassen, weil manche Defekte im elektronischen System während der Fahrt nicht auffallen. Die Steuergeräte verfügen über Notlaufprogramme, die so gut funktionieren können, dass der Fahrer einen Fehler gar nicht bemerken kann. Die Reparatur muss aber in jedem Falle erfolgen.
Im Folgenden listen wir die Wartungsarbeiten auf, wie sie in den Serviceblättern vorgesehen sind. Die Wartungen haben mit Ausnahme der zusätzlichen Arbeiten, die wir der umfassenden Liste voranstellen, alle 15.000 / 12.500 km oder einmal im Jahr bzw. entsprechend ASSYST-Anzeige zu erfolgen.

Zusatzarbeiten

Einmalig:
Bei der ersten Wartung nach dem generell üblichen-Serviceumfang Überprüfung aller Schraubverbindungen.

Nach mehr als 12 Monaten
Differenz zum letzten Wartungsdienst oder maximal 20.000 km den Luftfilter wechseln.

Alle 2 Jahre:
Karosserie auf Lack- und Rostschäden kontrollieren; Batterien im Funksender-Zündschlüssel erneuern; Kraftstofffilter erneuern (bei Dieselmotoren alle 25.000 km, bei Benzinmotoren alle 60.000 km). Falls erforderlich, Bremsflüssigkeit erneuern; Funktion der Diebstahl-Warnanlage prüfen.

Alle 3 Jahre:
Kühlmittel ablassen, neues Kühlmittel einfüllen.

Regelmäßig bei erweitertem Serviceumfang:
Zündkerzen erneuern. Geschieht nach Herstellervorschrift bei der dem entsprechenden Kilometerstand folgenden Wartung.

Übliche Wartungsarbeiten

Hinweisschilder kontrollieren
Bei Wartung in der Werkstatt werden die Schilder bezüglich Wegfahrsperre, Airbag (Kind!), Kraftstoffart und Reifenluftdruck (innen auf dem Tankdeckel) sowie das Typschild überprüft.

Diagnosetätigkeit
Bei Wartung in der Werkstatt müssen ein Kurztest durchgeführt, die Fehlerspeicher ausgelesen (und ggf. gelöscht), die Crashleitung für Airbag und der Querbeschleunigungssensor geprüft sowie die Wartungsintervall-Anzeige zurückgesetzt werden.

Schließanlage
Überprüft werden muss die Funktion der Verriegelung von Seitentüren und Rückwandtür, der Wegfahrsperre und des elektrischen Schiebe-Hebedachs.
Die Scharniere und Schlösser von Türen und Motorhaube müssen geschmiert/gefettet, die Führung des Schiebedachs muss gereinigt werden.

Fahrzeuginnenraum
Folgende Prüfungen müssen erfolgen:
Leerweg der Feststellbremse; Flüssigkeitsstand der Batterie, ggf. richtig stellen; Batteriepole auf ihren Zustand und Anschlüsse auf festen Sitz; Zuleitungen zur Batterie auf Verlegung und Scheuerstellen; Kompressor vom Pannenset »Tirefit« und das Verfallsdatum der Füllflasche; Sicherheitsgurte und Gurtschlösser auf äußere Beschädigung und Funktion; Verrastung der Sitzschiene Beifahrerseite; Heizung und Lüftung, Kontrollleuchten, Symbolbeleuchtung und Innenbeleuchtung, Fanfaren (Horn).

Beleuchtungsanlage
Überprüft werden muss die Funktion von
Front-, Heck- und Kennzeichenbeleuchtung, von Rückfahrscheinwerfer, Bremsleuchten, Nebelscheinwerfer und Nebelschlussleuchte, von Blinkleuchten, Warnblinker und Lichthupe.
Scheinwerfereinstellung prüfen, ggf. richtig stellen.

Wischeranlage
Scheibenwischer, Scheibenwaschanlage und Wischergummi vorn/hinten, die Funktion und Einstellung der Spritzdüsen für Scheibenwaschen und Scheinwerferreinigung müssen überprüft werden.

Motorraum
Motoröl ablassen, Öl und Filter wechseln; Luftfiltereinsatz erneuern; Ladeluftkühler auf äußere Verschmutzung prüfen und reinigen; Abgasanlage auf festen Sitz und Dichtheit prüfen; Komponenten der Abgasrückführanlage auf Dichtheit prüfen; Motordichtheit prüfen; Luftzuführung des Ladeluftkühlers sowie Keilrippenriemen auf Verschleiß und Beschädigung prüfen.

Kühlsystem
Motorkühlsystem auf Funktion sowie Schläuche auf Verlegung und Scheuerstellen prüfen; bei Flüssigkeitsverlust Ursache ermitteln und beseitigen.

Getriebe
Dichtheit prüfen, Ölstand kontrollieren. Funktion der Kupplung prüfen. Drehmomentwandler der Automatikgetriebe prüfen. Achswellenmanschetten auf Beschädigung kontrollieren.

Achsen
Flanschgelenke und Gummimanschetten prüfen. Fahrzeugunterseite auf Beschädigung, Spur- und Lenkstangengelenke auf Spiel, Gummilager und Gelenke auf Beschädigung kontrollieren.

Lenkung
Zahnstangenlenkung auf Spiel überprüfen. Lenkmechanik und Lenkmanschetten auf Beschädigung kontrollieren.

Bremsanlage
Bremsleitungen, Bremsseile und Bremssättel auf Beschädigung, Verlegung und Dichtheit kontrollieren. Bremsbeläge vorn/hinten auf Dicke, Bremsscheiben und Bremstrommeln der Feststellbremse auf Zustand und Verschleiß prüfen. Schrauben der Bremssättel mit Drehmoment nachziehen. Feststellbremse auf Leichtgängigkeit und gleichmäßige Nachstellung prüfen. Radbremszylinder auf Dichtheit, Beschädigung und Leichtgängigkeit prüfen.

Laufräder
Felgen und Reifen auf Beschädigung und Rissbildung prüfen. Profiltiefe prüfen. Reifenluftdruck richtig stellen. Radschrauben mit Drehmoment nach-/anziehen.

Betriebsflüssigkeiten
Motoröl, Bremsflüssigkeit, Korrosions-/Frostschutz, Waschwasser immer prüfen und auffüllen.

Stichwortverzeichnis

FSC
www.fsc.org
MIX
Papier | Fördert gute Waldnutzung
FSC® C083411

Zeitfracht Medien GmbH
Ferdinand-Jühlke-Straße 7
99095 Erfurt, Deutschland
produktsicherheit@kolibri360.de